深度学习入门与TensorFlow实践

林炳清◎著

人民邮电出版社
北京

图书在版编目（CIP）数据

深度学习入门与TensorFlow实践 / 林炳清著. -- 北京 : 人民邮电出版社, 2022.2（2023.12重印）
（深度学习系列）
ISBN 978-7-115-57533-3

Ⅰ. ①深… Ⅱ. ①林… Ⅲ. ①机器学习②人工智能—算法 Ⅳ. ①TP18

中国版本图书馆CIP数据核字(2021)第201637号

内 容 提 要

本书首先介绍深度学习方面的数学知识与 Python 基础知识，线性模型中的线性回归模型和 logistic 模型；然后讲述正向传播算法、反向传播算法及深度神经网络的完整训练流程，输出层的激活函数和隐藏层的常见激活函数，深度学习的过拟合和欠拟合，应对过拟合的方法，以及使用 TensorFlow 2 建立深度神经网络模型的步骤；接着介绍卷积神经网络及其两个重要的组成部分——卷积和池化，以及如何使用 TensorFlow 2 建立卷积神经网络；最后讨论如何从零开始实现循环神经网络，如何搭建深度学习框架，如何使用 TensorFlow 2 建立循环神经网络模型。

本书既可供从事人工智能方面研究的专业人士阅读，也可供计算机专业的师生阅读。

◆ 著　　　　林炳清
　责任编辑　谢晓芳
　责任印制　王　郁　焦志炜
◆ 人民邮电出版社出版发行　　北京市丰台区成寿寺路 11 号
　邮编　100164　　电子邮件　315@ptpress.com.cn
　网址　https://www.ptpress.com.cn
　北京七彩京通数码快印有限公司印刷
◆ 开本：800×1000　1/16
　印张：21.25　　　　　　2022 年 2 月第 1 版
　字数：487 千字　　　　　2023 年 12 月北京第 4 次印刷

定价：99.90 元

读者服务热线：(010)81055410　印装质量热线：(010)81055316
反盗版热线：(010)81055315
广告经营许可证：京东市监广登字 20170147 号

前　言

人工智能时代已经到来。现在，智能手机不仅可以自动给照片美颜，还能理解人们说的话；配备了摄像头、超声波传感器和雷达的汽车可以主动减速或制动，从而保护行人和汽车的安全；AlphaGo在围棋中战胜了人类最优秀的棋手。未来，汽车可以不需要人类干预并完全实现自动驾驶，快递、外卖等可以通过机器人配送，医院可以实现自动诊断。实现这一切的核心技术之一便是深度学习。本书就是一本以深度学习为主题的书，目的是让读者深入地理解深度学习的相关内容。

本书特点

市面上关于深度学习的书通常通过大量的数学公式来讲述算法和原理，常常忽略实现深度学习时必需的细节。看完这类书，读者在理论方面明白了深度学习中的算法，但是容易陷入困惑，不知道如何实现和应用所学习的算法。另外，为了更好地描述深度学习在不同场景下的应用技巧，一些关于深度学习的书通常只简单描述深度学习的基本原理和算法，然后讲述如何使用深度学习框架搭建网络模型并解决实际问题。这种方式可以帮助读者快速掌握和应用深度学习，但是由于读者缺乏对深度学习的基本原理和算法的理解，因此这种方式容易让读者陷入困惑，最终限制读者应用深度学习处理实际问题的能力。

本书旨在填补理论和应用的鸿沟，帮助读者更好、更快地掌握深度学习的算法和原理，并能够应用深度学习解决实际问题。本书将系统地介绍深度学习的各种基本算法和原理，并讲述如何使用Python中的函数从零实现这些算法。结合理论和实际代码，初学者可以更好、更全面地理解深度学习中的算法，打好坚实的基础。另外，本书还将介绍较流行的深度学习框架——TensorFlow 2。通过学习此框架，读者可以进一步理解深度学习的算法，同时学习在实践中如何搭建、训练和应用深度学习模型。

面向的读者

本书面向希望深入理解深度学习的读者，特别是对实际应用深度学习感兴趣的本科生、研究生、工程师和科研人员。本书不要求读者具有深度学习的很多相关知识，不要求读者具有专业的计算机编程经验。阅读本书要求读者掌握“线性代数”“微积分”“概率论与数理统计”这3门课程的一些核心概念和方法。这3门课程都是理工科学生的必修基础课，相信大部分读者在大学已经学习过。

内容和结构

本书共13章。

第1章简要介绍深度学习。

第2章讲述线性代数、微积分和概率论的相关知识，并且介绍Python编程的基础知识。

第3章讨论线性模型中的线性回归模型和logistic模型，并且介绍梯度下降法的3种变体——随机梯度下降法、全数据梯度下降法和批量随机梯度下降法。

第4章主要介绍正向传播算法、反向传播算法及深度神经网络的完整训练流程。

第5章主要介绍应用于输出层的激活函数，以及应用于隐藏层的激活函数。

第6章介绍深度学习的过拟合和欠拟合，以及4种应对过拟合的方法——使用早停法、L_2惩罚法、丢弃法和增加观测点。

第7章讲述如何使用TensorFlow 2建立深度学习模型。

第8章详细介绍卷积神经网络的两个重要组成部分——卷积和池化，以及如何从零开始建立卷积神经网络。

第9章讨论如何使用TensorFlow 2建立卷积神经网络，以及卷积神经网络的一些建模技巧。

第10章介绍循环神经网络，并描述从零开始实现循环神经网络。

第11章介绍如何搭建一个深度学习框架，这有助于读者更加深入地理解深度学习的原理和实现过程。

第12章讨论两个改良的循环神经网络模型——长短期记忆模型和门控循环单元模型。

第13章讲述如何使用TensorFlow 2建立循环神经网络模型。

学习本书的收获

阅读完本书，你将学会深度学习中基础和重要的知识，包括正向传播算法、反向传播算法、梯度下降法、激活函数、正则化、卷积神经网络、循环神经网络等。然而，我们希望这不是终点，而是学习深度学习的新起点！

以本书为基础，你可以继续学习深度学习，如优化算法（Adam、批量规格化等）、联邦机器学习、迁移学习、生成对抗网络（Generative Adversarial Network，GAN）、无监督深度学习等。我们相信深度学习不仅可以帮助你取得学业和事业上的成功，更可以帮助你收获信心和快乐！

你也可以找一个自己的兴趣点，看看深度学习是否可以提高效率，并且尝试去实现它。深度学习与任何其他工具一样，用得越多，我们就会越了解它的特性，也可以越好地应用它。

服务与支持

本书由异步社区出品，社区（https://www.epubit.com/）为您提供后续服务。

提交勘误

作者和编辑尽最大努力来确保书中内容的准确性，但难免会存在疏漏。欢迎您将发现的问题反馈给我们，帮助我们提升图书的质量。

当您发现错误时，请登录异步社区，按书名搜索，进入本书页面，单击“提交勘误”，输入勘误信息，单击“提交”按钮即可（见下图）。本书的作者和编辑会对您提交的勘误进行审核，确认并接受后，您将获赠异步社区的100积分。积分可用于在异步社区兑换优惠券、样书或奖品。

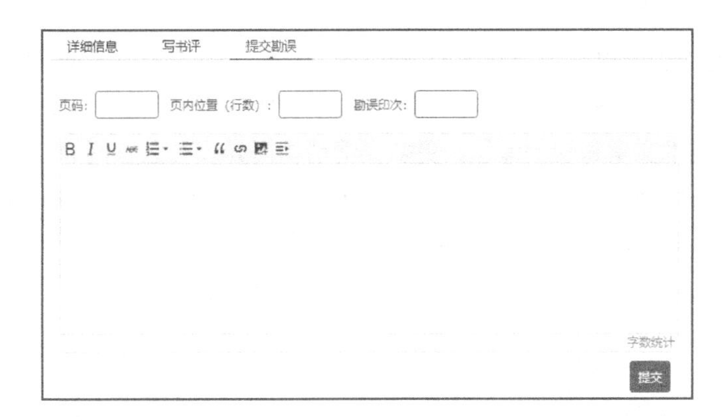

扫码关注本书

扫描下方二维码，您将会在异步社区微信服务号中看到本书信息及相关的服务提示。

与我们联系

我们的联系邮箱是 contact@epubit.com.cn。

如果您对本书有任何疑问或建议，请您发邮件给我们，并请在邮件标题中注明本书书名，以便我们更高效地做出反馈。

如果您有兴趣出版图书、录制教学视频，或者参与图书翻译、技术审校等工作，可以发邮件给我们；有意出版图书的作者也可以到异步社区投稿（直接访问 www.epubit.com/contribute 即可）。

如果您所在学校、培训机构或企业想批量购买本书或异步社区出版的其他图书，也可以发邮件给我们。

如果您在网上发现有针对异步社区出品图书的各种形式的盗版行为，包括对图书全部或部分内容的非授权传播，请您将怀疑有侵权行为的链接通过邮件发送给我们。您的这一举动是对作者权益的保护，也是我们持续为您提供有价值的内容的动力之源。

关于异步社区和异步图书

"异步社区"是人民邮电出版社旗下 IT 专业图书社区，致力于出版精品 IT 图书和相关学习产品，为作译者提供优质出版服务。异步社区创办于 2015 年 8 月，提供大量精品 IT 图书和电子书，以及高品质技术文章和视频课程。更多详情请访问异步社区官网 https://www.epubit.com。

"异步图书"是由异步社区编辑团队策划出版的精品 IT 专业图书的品牌，依托于人民邮电出版社的计算机图书出版积累和专业编辑团队，相关图书在封面上印有异步图书的 LOGO。异步图书的出版领域包括软件开发、大数据、人工智能、测试、前端、网络技术等。

异步社区

微信服务号

目录

第1章　深度学习简介

1.1 什么是深度学习

1.1.1 机器学习简介

毫无疑问，人类是地球上最具智慧的生物。一个重要体现是，人类可以做很多其他动物或者机器不能做的精细动作或者事情，如阅读、开车。人工智能的一个目的是让机器可以实现人类的某些能力，从而提高机器的工作效率，扩大机器的应用范围。我们如何让机器具有人类的某些智慧或者能力呢？一个自然的方法是，我们手把手教机器如何做。如图 1-1 所示，首先制定一套完成某项任务的规则（或称为算法），然后通过编程实现算法，最后输入指定值，通过算法得到输出值，依据输出值做出相应的决策。假设我们想让机器判断图片中的图形是一个矩形还是圆形，可以事先“告诉”（通过编程实现“告诉”的过程）机器判断矩形和圆形的标准或者规则。例如，我们已知由 4 条首尾相连的边组成且 4 条边的夹角均为 90° 的图形是矩形。在图形只包括矩形和圆形的情况下，判断矩形和圆形的规则如算法 1.1 所示。

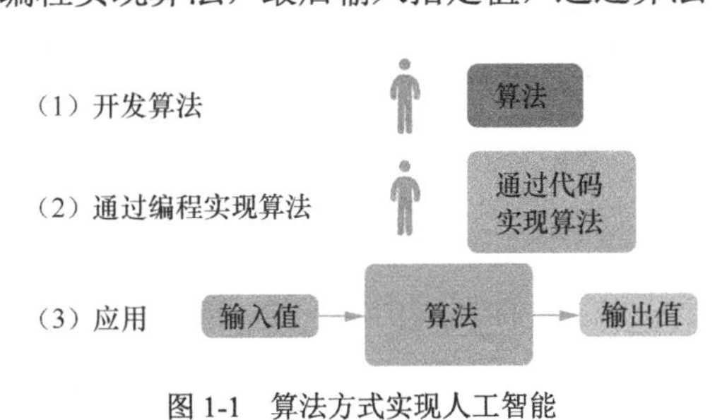

图 1-1　算法方式实现人工智能

算法 1.1　在图形只包括矩形和圆形的情况下，制定判断矩形和圆形的规则

如果图形由 4 条首尾相连的边组成且 4 条边的夹角均为 90°，

　　图形是矩形

否则，

　　图形是圆形

另一个方法是，给机器提供很多矩形和圆形，让机器从中学习矩形和圆形的特征，进而做出判断。我们首先测量并记录这些图形的一些属性（属性也称为特征），如边的数量、夹角度数等，得到数据（该数据称为训练数据），如表 1-1 所示。

表 1-1　判断矩形和圆形的训练数据

图形编号	特征		标签
	边的数量	夹角度数	
0	4	90°	矩形
1	0	0°	圆形

我们将该训练数据提供给一个机器学习算法，然后该算法通过学习得出一个关于图形特征和形状的模型。当碰到一个新的图形时，测量其特征，然后将特征代入训练好的模型，模型将会自动判断新的图形是矩形还是圆形。对于一般情况，机器学习方法实现人工智能的流程分为 3 个步骤（见图 1-2）。

（1）收集和预处理数据。

（2）根据数据特点，选择适合的机器学习算法，使用数据训练模型。

（3）给定输入值，使用训练好的模型得到输出值（通常为一个预测或者判断），做出相应的决策或者行动。

总体来说，第一种方法比较直接，对一些相对简单的情况，它可以取得很好的效果，而且编程实现较快。然而，第一种方法在实际应用中有两点不足。首先，这种方法难推广。例如，如果进一步希望算法可以判断 4 种图形，如圆形、椭圆形、矩形和正方形，那么我们需要从头开始设计算法，重新编程。其次，对于较难的问题，我们有时会很难设计有效的算法。例如，判断图 1-3 的矩形框中是否为眼睛。可以试着想想，如何采用算法教一个小宝宝判断图 1-3 的矩形框中是眼睛。

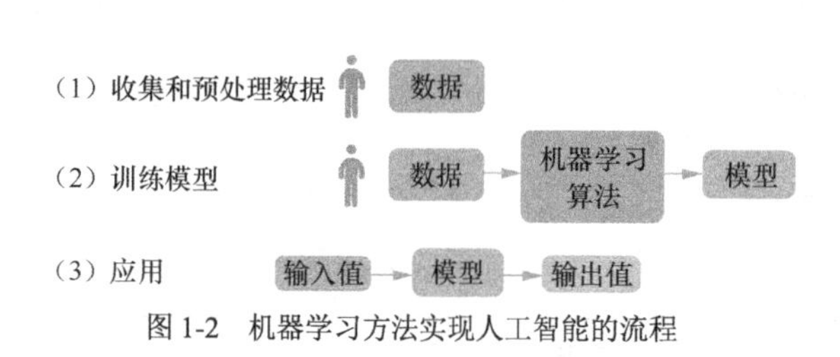

图 1-2　机器学习方法实现人工智能的流程

图 1-3　数字图像处理领域常用的标准图片

第二种方法基于机器学习算法，它可以有效克服第一种方法的缺点。首先，机器学习方法更易于推广。例如，如果已经建立了一个判断矩形和圆形的算法，现在，我们希望可以拓展模型的功能，判断图形是否是圆形、椭圆形、矩形和正方形，那么我们只需要收集这些图形的图片，测量其特征，得到训练数据，然后训练机器学习模型。在这个过程中，训练模型的方法是类似的，整个过程只在收集数据的步骤中增加了工作量，其他步骤中没有增加工作量。机器学习方法可以处理更加复杂的问题。例如，对于判断图 1-3 的矩形框中是否为眼睛的问题，我们只需要收集图片不同部位的特征，选择合适的机器学习算法，然后训练模型。这个过程与我们教小宝宝的过程类似，我们会指着图片的不同部位，告诉小宝宝哪个部位是眼睛，哪个部位不是眼睛；小宝宝通过学习不同的人脸、不同的部位，慢慢地便可以学会判断哪个脸部器官是眼睛。基于机器学习的诸多优点，现在机器学习是实现人工智能最重要的方法。深度学习是机器学习的一个分支。深度学习是机器学习的一部分，与机器学习的其他分支学科，以及统计学、人工智能等学科都有着紧密的联系。深度学习、机器学习、人工智能、统计学之间的关系如图 1-4 所示。

在实际应用中，深度学习在机器翻译、语音转文字、推荐系统、数据挖掘，以及其他相关领域都取得了非常好的效果。这些任务都具有同样的特征：输入数据到模型中，然后得到输出数据，如图 1-5 所示。

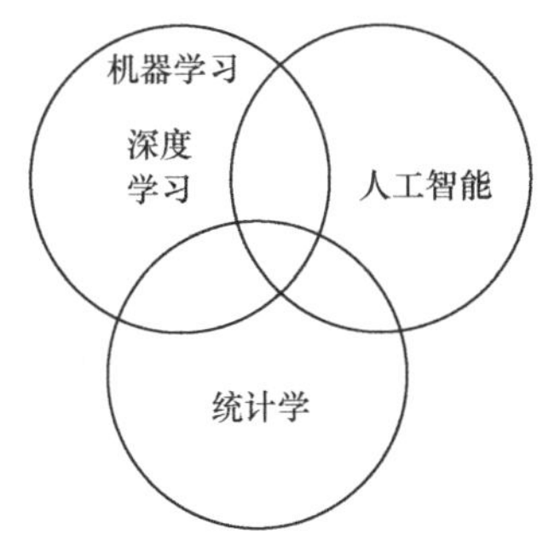

图 1-4 深度学习、机器学习、人工智能、统计学之间的关系

图 1-5 任务同样的特征

图 1-5 可以概括不同的应用，具体示例如下。

- 机器翻译：如把英文翻译成中文，我们知道的数据是英文，我们想知道的是对应的中文。
- 语音转文字：我们知道的数据是语音，我们想知道的是对应的文字。
- 推荐系统：我们知道的数据是个人信息（如性别、年龄、消费习惯等），我们想知道的是消费者购买某个商品的可能性。
- 股票预测：我们知道的数据是星期一的股价等信息，我们想知道的是星期二的股价。

这类任务在机器学习中统称为有监督学习。有监督学习使用的训练数据的每个观测点都是一对，由一个输入对象（通常记为 $\boldsymbol{x}$）和一个期望的输出值（通常记为 y）组成。有监督学习算法使用训练数据训练模型。当输入一个新的 $\boldsymbol{x}$ 时，模型可以输出一个预测值。例如，我们希望建立一个模型，该模型可以通过电子邮件的一些信息，自动判断电子邮件是否为垃圾邮件。表 1-2 中的数据是某员工收集的电子邮件信息。他查看了电子邮箱中的 4601 封电子邮件，统计每一封电子邮件中常用单词出现的频率，并人工判断每封电子邮件是否为垃圾邮件。把所有的数据总结成表 1-2。为了方便，这里只列出了两封电子邮件的输出数据和两封电子邮件中 8 个单词出现的频率。

表 1-2　判断垃圾邮件的数据

是否是垃圾邮件	you	your	hp	free	hpl	!	our	re	edu	…
Yes	2.26	1.38	0.02	0.52	0.01	0.51	0.51	0.13	0.01	…
No	1.27	0.44	0.90	0.07	1.43	0.11	0.18	0.42	0.29	…

在表 1-2 中，输入数据 $\boldsymbol{x}$ 表示每一封电子邮件包含的单词出现的频率；输出数据 y 表示每一行的“Yes”或者“No”。有监督学习的“监督”指的是期望的输出值 y。在这个例子中，期望的输出值帮助模型判断电子邮件是否是垃圾邮件。训练好模型之后，我们便可以使用模型判断刚收到的邮件是否为垃圾邮件了。

深度学习是有监督学习的一种算法。虽然随着深度学习的发展，深度学习也可以完成一些看似不像有监督学习的任务，例如，生成对抗网络（Generative Adversarial Network）可以用来生成图片，但是其算法的实质还是有监督学习。

1.1.2　深度学习与传统机器学习算法的区别

深度学习与传统机器学习算法最大的不同点在于深度学习可以实现自动特征学习。传统机器学习算法通常需要人工设计，计算数据特征，才能实现较好的预测效果；深度学习基于多层的网络结构，可以自主地学习输入数据的特征，最终得到很好的效果。深度学习与传统机器学习算法的区别如图 1-6 所示。

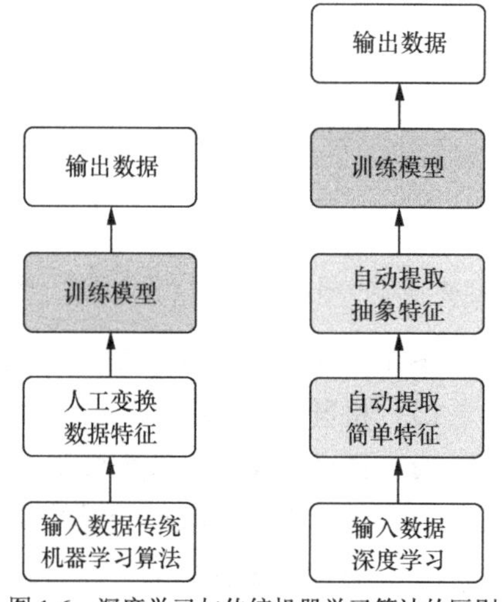

图 1-6　深度学习与传统机器学习算法的区别

什么是特征学习呢？特征学习是表达输入数据的方式。例如，在判断垃圾邮件的例子中，其最初始的数据是电子邮件，把电子邮件的信息用单词出现的频率表示，并得到表 1-2，这就是特征学习。在这个例子中，该过程是人工完成的。也就是说，为了使用传统机器学习算法，我们需要把电子邮件信息表达成表 1-2 所示的形式，然后把数据输入模型中。

另外，直接以电子邮件（可能需要一些简单处理）作为输入数据，深度学习模型便可以自动地学习电子邮件蕴含的信息作为特征，然后根据自动学习的特征判断电子邮件是否为垃圾邮件。

1.1.3　深度学习与人类神经网络的关系

深度学习也称为深度神经网络模型。在很多书中，我们经常会看到这样的描述，深度学习通过模拟人类神经网络的工作方式实现人脸识别、翻译、下棋等任务。我们很难考证是否最初发明神经网络模型的科学家受到了人类神经网络的启发。最初的神经网络模型非常简单，其工作原理与人类神经网络看上去只有一点点相似之处。随着神经网络模型的发展，其结构越来越复杂，变得越来越像人类的神经网络。把深度神经网络模型当作人类神经网络的模拟可能是一个很好的比喻或者类比。然而，深度学习模型本质是一个数学模型，提高其预测效果的方法主要源于对机器学习或者统计学习的思考，而不是源于对人类神经网络的深入模拟。

1.2 为什么需要学习深度学习

很高兴你已经阅读到本书的这部分内容。这说明你对深度学习感兴趣，或者说明你已经意识到深度学习正在改变我们的社会，或者你认为深度学习在未来将更广泛、更深入地改变我们的社会。确实，现在以深度学习为代表的机器学习和人工智能，正在极大地改变我们的生活方式、社会环境和工业发展。例如，深度学习改变了我们的驾驶体验，决定了我们的阅读内容，影响了我们中午吃什么等。深度学习已经无处不在，渗透到我们生活的各个方面。

1. 深度学习使人工智能快速进步

深度学习使机器更加智能。深度学习帮助机器完成以前只有人类才能完成的任务。特别是最近几年，深度学习取得了巨大进步，在商业和工业应用中取得了巨大的成功，如计算机视觉、语音识别、机器翻译等。深度学习帮助我们更好地理解我们所处的环境，更好地控制和改造我们所处的环境。深度学习也许可以媲美于蒸汽机、计算机等改变世界的工具。

2. 深度学习可能改变人们的生活和工作方式

蒸汽机的发明主要改造了人类从事体力劳动的方式，计算机的发明提高了我们从事脑力劳动的效率。然而，深度学习有可能带来不一样的变革，有可能使得很多的脑力劳动发生重大的变化。

现在，很多媒体和相关从业者在夸大深度学习的功能，使得这个行业处于比较狂热的状态，好像深度学习马上就可以让机器变得比人类更加聪明，世界马上要发生翻天覆地的变化。然而，深度学习不可能在短期让机器拥有与人类一样的智能。即使之后数年深度学习理论的发展变慢，只要现在的深度学习技术在各行各业广泛且深入地应用，深度学习就足以给我们的社会带来巨大的变化。

最大的变化可能是工作的置换。普通的教师、律师、程序员、医生、投资者等脑力劳动者的岗位空间可能会受到挤压。深度学习可以使脑力劳动者提高工作效率，其他人可能需要改变自己的工作方式。

慕课及其他类似或者改进的教学方法的出现，可能使得社会不需要那么多普通的教师年年上着同样的课程；制作精良的课程可以供成百上千的学生同时学习，提高学生的学习效率。制作智慧课程的老师可以给更多学生上课，创造更多的社会价值。普通教师可能需要把精力转换到教育的其他方面，例如，从“教书”转到“育人”。

对于医生，深度学习也将给他们带来机遇和挑战。现在，在某些领域，医学影像自动诊断系统的准确率已经超过具有丰富经验的影像科医生。未来，随着自动诊断或者辅助诊断系统的出现，医生的工作效率可以成倍提高。例如，现在患者去医院看病，医生需要花大量时间看患者的病历和检查结果。如果医院系统可以为医生总结需要的指标和信息，并以图片或者其他更有效的方式呈现给医生，或者看完病，系统可以自动地填写病历，那么医生的工作效率便可以极大提高。当然，工作效率的提高不会导致大量医生失业，医生可以有更多时间提供机器无法提供的人文关怀。

我们相信深度学习一定会改变我们的生活和工作方式。工作效率的提高虽然不一定意味着失业，但是一定意味着改变。我们需要从事机器不能做的事情，如创造性的工作、情感的关怀等。当然，有一个产业在这个变革中一定会收益，那就是深度学习。

3. 深度学习很有趣

我们因为深度学习的超强魅力才开始学习它。很多深度学习算法极具创造性。在应用领域，深度学习也极具创造性。例如，深度学习可以让机器像画家一样作画，像音乐家一样作曲，像有工作经验的医生一样读 X 光片，像摄影师一样修图。

1.3 谁需要学习深度学习

深度学习是一个强大的数据挖掘和人工智能工具。数据科学家、统计学家、商业分析师、人工智能专家等的工具箱中都应该有深度学习的一席之地。

不同行业的从业人员学习深度学习，对其事业的发展有很大的帮助；即使只是简单地了解深度学习的原理，也可以更好地了解相关技术的发展趋势，做出更明智的决策。

1.4 学深度学习之后，你可以做什么

学深度学习之后，你可以做什么？找一个你的兴趣点，看看深度学习是否可以提高效率，并且尝试去实现它。深度学习与任何其他工具一样，你用得越多，就会越了解它的特性，越好地应用它。

1.5 本章小结

深度学习是有监督的机器学习算法。深度学习可以自动从数据中学习特征，提高预测准确率。深度学习将会改变我们的生活和工作方式，加深我们对世界的认识。更重要的是，深度学习还是一门非常有趣的学科。从第 2 章开始，我们将正式踏上深度学习之旅。

第 2 章　数学和 Python 基础知识

深度学习是一类结构复杂的数学模型。我们需要掌握一定的数学知识，特别是线性代数、微积分和概率论的相关知识，才能很好地学习和理解深度学习。幸运的是，如果只需要理解深度学习的基本原理和应用，我们不需要精通这些数学知识，而只需要掌握一些核心概念和方法即可。为了方便随时复习和查阅相关知识，本章将介绍深度学习中常用的一些关键知识点。本章还将介绍 Python 编程的基础知识，包括 Anaconda、Jupyter Notebook。

2.1 线性代数

2.1.1 数、向量、矩阵和张量

数（scalar）是一个数字，通常指一个实数。例如，通常用自然数 n 表示数据中的观测点数。

把多个数字有序地放在一起可以构成向量。例如，如下形式的 $\boldsymbol{x}$ 表示一个向量。

$$\boldsymbol{x}=(x_1,x_2,\cdots,x_n),\ \boldsymbol{x}=\begin{pmatrix}x_1\\x_2\\\vdots\\x_n\end{pmatrix}$$

上面左边的向量叫作行向量；右边的向量叫作列向量。我们用**小写黑体字母**表示一个向量。向量里面的数字叫作向量的元素。在上面的例子中，$x_1,x_2,\cdots,x_n$ 是向量 $\boldsymbol{x}$ 的 n 个元素。向量的元素可以用对应的位置序号表示。例如，$\boldsymbol{x}$ 的第一个元素是 x_1，第二个元素是 x_2。

以二维的形式表示的多个数字可以构成矩阵。例如，把 6 个数字写成如下形式，用于表示一个 3×2 的矩阵。

$$X = \begin{pmatrix} x_{11} & x_{12} \\ x_{21} & x_{22} \\ x_{31} & x_{32} \end{pmatrix}$$

我们用**大写黑体字母**表示一个矩阵。矩阵中行和列的数量称为矩阵的维度。在上面的例子中，矩阵 $\boldsymbol{X}$ 有 3 行、2 列，因此，$\boldsymbol{X}$ 的维度为 3×2。当我们要强调矩阵的维度时，也会把矩阵 $\boldsymbol{X}$ 写成 $\boldsymbol{X}_{3\times2}$。矩阵元素可以用对应的行号和列号表示，例如，$\boldsymbol{X}$ 的第 2 行第 1 列的元素可以写成 $\boldsymbol{X}_{21}$。矩阵第 i 行可以用 $\boldsymbol{X}_i$ 表示，矩阵第 j 列可以用 $\boldsymbol{X}_j$ 表示。有一类特殊的矩阵在运算中经常会用到，那就是单位矩阵（identity matrix）。首先，单位矩阵是一个方阵（方阵的行数和列数相等）。其次，单位矩阵左上角到右下角的对角线（即主对角线）上的元素都是 1，其他位置的元素都是 0。单位矩阵通常用 $\boldsymbol{I}_n$（n 表示方阵的维度）表示。例如，$\boldsymbol{I}_3$ 表示 3×3 的单位矩阵。

$$\boldsymbol{I}_3 = \begin{pmatrix} 1 & 0 & 0 \\ 0 & 1 & 0 \\ 0 & 0 & 1 \end{pmatrix}$$

如果把多个数字写成大于二维的形式，就可以得到张量。例如，把 24 个数字写成图 2-1 的形式，用于表示一个 3 维的张量。我们用**大写黑体字母**表示张量。在图 2-1 中，$\boldsymbol{X}$ 的维度为 3×4×2。有时候，我们也会把 $\boldsymbol{X}$ 写成 $\boldsymbol{X}_{3\times4\times2}$。张量的元素也可以用对应的维度表示，例如，$\boldsymbol{X}$ 的(2,2,2)元素是 14。特别地，矩阵是一个只有两个维度的张量。在图 2-1 中，张量 $\boldsymbol{X}$ 由两个 3×4 的矩阵组成。有时候，深度学习的数据需要用张量来表示。由谷歌开发的深度学习框架叫作 TensorFlow，直译就是“张量流”。

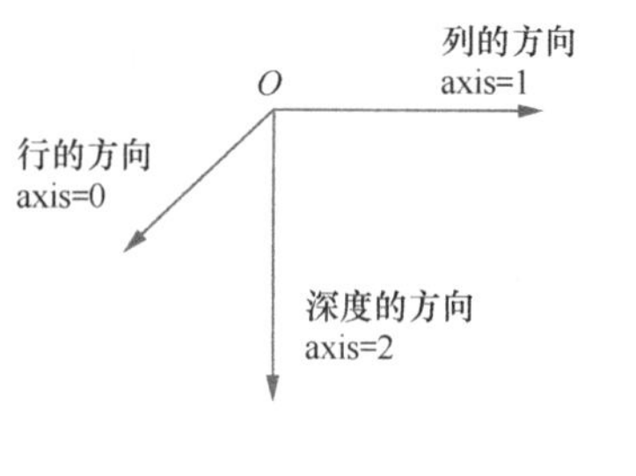

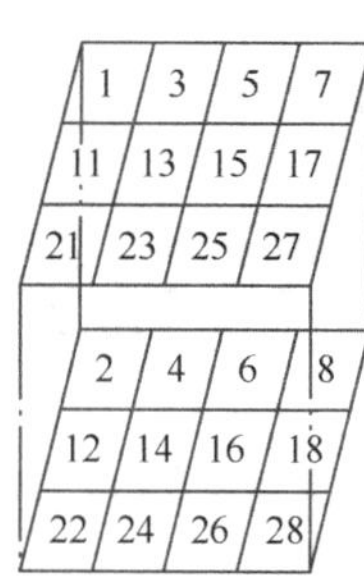

图 2-1　张量

2.1.2　矩阵的转置

最常用到的矩阵运算是矩阵的转置（transpose）。矩阵 $\boldsymbol{X}$ 的转置记为 $\boldsymbol{X}^\mathrm{T}$（符号 T 是英文 Transpose 的首字母）。直观来看，矩阵的转置是矩阵的翻转，即 $\boldsymbol{X}$ 的第一列变为 $\boldsymbol{X}^\mathrm{T}$ 的第一行，$\boldsymbol{X}$ 的第二列变为 $\boldsymbol{X}^\mathrm{T}$ 的第二行等。例如：

$$\boldsymbol{X} = \begin{pmatrix} x_{11} & x_{12} \\ x_{21} & x_{22} \\ x_{31} & x_{32} \end{pmatrix} \Rightarrow \boldsymbol{X}^\mathrm{T} = \begin{pmatrix} x_{11} & x_{21} & x_{31} \\ x_{12} & x_{22} & x_{32} \end{pmatrix}$$

因此，我们也可以得到

$$(\boldsymbol{X}^\mathrm{T})_{ij} = \boldsymbol{X}_{ji}$$

2.1.3 矩阵的基本运算

矩阵相加要求两个矩阵维度相同，矩阵对应元素相加。假设矩阵 $\boldsymbol{A}$ 和 $\boldsymbol{B}$ 的维度都是 $n\times p$，$\boldsymbol{C}=\boldsymbol{A}+\boldsymbol{B}$ 意味着 $C_{ij}=A_{ij}+B_{ij}$，$1\leqslant i\leqslant n$ 且 $1\leqslant j\leqslant p$。例如：

$$\begin{pmatrix}1&2\\4&5\\7&8\end{pmatrix}+\begin{pmatrix}3&1\\2&5\\1&1\end{pmatrix}=\begin{pmatrix}4&3\\6&10\\8&9\end{pmatrix}$$

在深度学习中，我们还会用到一些在传统“线性代数”课程中不常用的加法运算。例如，矩阵 $\boldsymbol{A}$ 和行向量 $\boldsymbol{b}$ 的加法运算（要求矩阵 $\boldsymbol{A}$ 的列数等于向量 $\boldsymbol{b}$ 的元素个数），$\boldsymbol{C}=\boldsymbol{A}+\boldsymbol{b}$ 定义为 $C_{ij}=A_{ij}+b_j$，$1\leqslant i\leqslant n$ 且 $1\leqslant j\leqslant p$。例如：

$$\begin{pmatrix}1&2\\4&5\\7&8\end{pmatrix}+\begin{pmatrix}2&3\end{pmatrix}=\begin{pmatrix}3&5\\6&8\\9&11\end{pmatrix}$$

矩阵相减要求两个矩阵维度相同，矩阵对应元素相减。假设矩阵 $\boldsymbol{A}$ 和 $\boldsymbol{B}$ 的维度都是 $n\times p$，$\boldsymbol{C}=\boldsymbol{A}-\boldsymbol{B}$ 意味着 $C_{ij}=A_{ij}-B_{ij}$，$1\leqslant i\leqslant n$ 且 $1\leqslant j\leqslant p$。例如：

$$\begin{pmatrix}1&2\\4&5\\7&8\end{pmatrix}-\begin{pmatrix}3&1\\2&5\\1&1\end{pmatrix}=\begin{pmatrix}-2&1\\2&0\\6&7\end{pmatrix}$$

矩阵 $\boldsymbol{A}$ 与行向量 $\boldsymbol{b}$ 的减法运算（要求矩阵 $\boldsymbol{A}$ 的列数等于向量 $\boldsymbol{b}$ 的元素个数）$\boldsymbol{C}=\boldsymbol{A}-\boldsymbol{b}$ 定义为 $C_{ij}=A_{ij}-b_j$，$1\leqslant i\leqslant n$ 且 $1\leqslant j\leqslant p$。例如：

$$\begin{pmatrix}1&2\\4&5\\7&8\end{pmatrix}-\begin{pmatrix}2&3\end{pmatrix}=\begin{pmatrix}-1&-1\\2&2\\5&5\end{pmatrix}$$

第一种矩阵乘法称为逐点相乘（element-wise product 或者 hadamard product），记为 $\boldsymbol{C}=\boldsymbol{A}\circ\boldsymbol{B}$。该乘法要求两个矩阵维度相同，矩阵对应元素相乘。假设矩阵 $\boldsymbol{A}$ 和 $\boldsymbol{B}$ 的维度都是 $n\times p$，$\boldsymbol{C}=\boldsymbol{A}\circ\boldsymbol{B}$ 意味着 $C_{ij}=A_{ij}B_{ij}$，$1\leqslant i\leqslant n$ 且 $1\leqslant j\leqslant p$。例如：

$$\begin{pmatrix}1&2\\4&5\\7&8\end{pmatrix}\circ\begin{pmatrix}3&1\\2&5\\1&1\end{pmatrix}=\begin{pmatrix}3&2\\8&25\\7&8\end{pmatrix}$$

第二种矩阵乘法是“线性代数”课程中介绍的矩阵乘法，记为 $\boldsymbol{C}=\boldsymbol{AB}$。该乘法要求矩阵 $\boldsymbol{A}$ 的列数等于矩阵 $\boldsymbol{B}$ 的行数。如果矩阵 $\boldsymbol{A}$ 的维度为 $m\times n$，矩阵 $\boldsymbol{B}$ 的维度为 $n\times p$，那么 $\boldsymbol{A}$ 和 $\boldsymbol{B}$ 相乘的结果 $\boldsymbol{C}$ 的维度为 $m\times p$。$\boldsymbol{C}$ 的 (i,j) 元素是 $\boldsymbol{A}$ 的第 i 行与 $\boldsymbol{B}$ 的第 j 列对应元素相乘，然后求

和的结果，即 $C_{ij}=\sum_k A_{ik}B_{kj}$ 。例如：

$$\begin{pmatrix}1 & 2\\4 & 5\\7 & 8\end{pmatrix}\begin{pmatrix}3 & 2 & 1\\1 & 5 & 1\end{pmatrix}=\begin{pmatrix}5 & 12 & 3\\17 & 33 & 9\\29 & 54 & 15\end{pmatrix}$$

点乘（dot product）是两个元素个数相同的向量中对应元素相乘，然后求和的结果，记为 $\boldsymbol{x}\bullet\boldsymbol{y}$ 。即 $\boldsymbol{x}\bullet\boldsymbol{y}=\boldsymbol{x}^{\mathrm{T}}\boldsymbol{y}$ ，这里，$\boldsymbol{x}$ 和 $\boldsymbol{y}$ 都为列向量。例如，$\boldsymbol{x}=(1\ 2\ 3)^{\mathrm{T}}$ ，$\boldsymbol{y}=(4\ 5\ 6)^{\mathrm{T}}$ ，那么 $\boldsymbol{x}\bullet\boldsymbol{y}=1\times4+2\times5+3\times6=32$ 。第二种矩阵乘法 $\boldsymbol{C}=\boldsymbol{AB}$ 也可以理解为，$\boldsymbol{C}$ 的 (i,j) 元素是 $\boldsymbol{A}$ 的第 i 行与 $\boldsymbol{B}$ 的第 j 列点乘的结果，即 $C_{ij}=A_i\bullet B_j$ ，示例如图 2-2 所示。

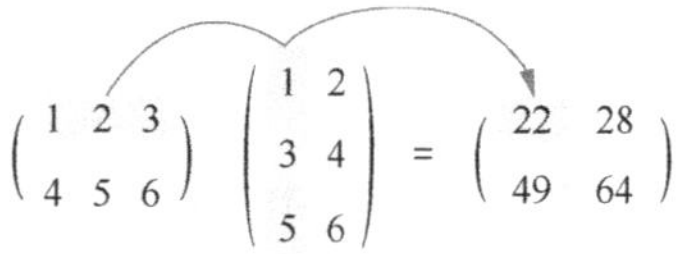

$$\begin{pmatrix}1 & 2 & 3\\4 & 5 & 6\end{pmatrix}\begin{pmatrix}1 & 2\\3 & 4\\5 & 6\end{pmatrix}=\begin{pmatrix}22 & 28\\49 & 64\end{pmatrix}$$

图 2-2　矩阵乘法的示例

2.1.4　向量和矩阵的范数

我们可以通过范数（norm）衡量向量或者矩阵的大小。向量 $\boldsymbol{x}$ 的 L^p 范数定义为

$$\|\boldsymbol{x}\|_p=\left(\sum_i|x_i|^p\right)^{\frac{1}{p}}$$

这里要求 $p\geqslant1$。特别地，在深度学习中，我们常用到 L^2 范数 $\|\boldsymbol{x}\|_2=\sqrt{\sum_i x_i^2}$ 。对于矩阵，在深度学习中，最常用的范数是 Frobenius 范数。矩阵 $\boldsymbol{A}$ 的 Frobenius 范数定义为矩阵的所有元素的平方和，再求平方根。

$$\|\boldsymbol{A}\|_F=\sqrt{\sum_{ij}A_{ij}^2}$$

2.2 微积分

在深度学习中应用较多的微积分概念是导数。因此，本节主要介绍导数和求导法则。

2.2.1　导数的概念

函数 $y=f(x)$ 在 x_0 处的导数记为 $\frac{\mathrm{d}y}{\mathrm{d}x}$ 或者 $f'(x)$ ，定义为

$$\frac{\mathrm{d}y}{\mathrm{d}x}=\lim_{x\to x_0}\frac{f(x)-f(x_0)}{x-x_0}$$

$f'(x)$ 为函数 $f(x)$ 在 x_0 处切线的斜率，表示函数 $f(x)$ 在 x_0 处的变化率。在图 2-3 中，实线表示 $f(x)=x^2$ 的曲线，虚线表示 $f(x)$ 在 $x=-1,0,1.5$ 处的切线。

如果函数 $z=f(x,y)$ 具有两个变量，可以把 y 看成固定常数，对 x 求导数，称为 z 关于 x 的偏导数，记为 $\frac{\partial z}{\partial x}$；也可以把 x 看成固定常数，对 y 求导数，称为 z 关于 y 的偏导数，记为 $\frac{\partial z}{\partial y}$。

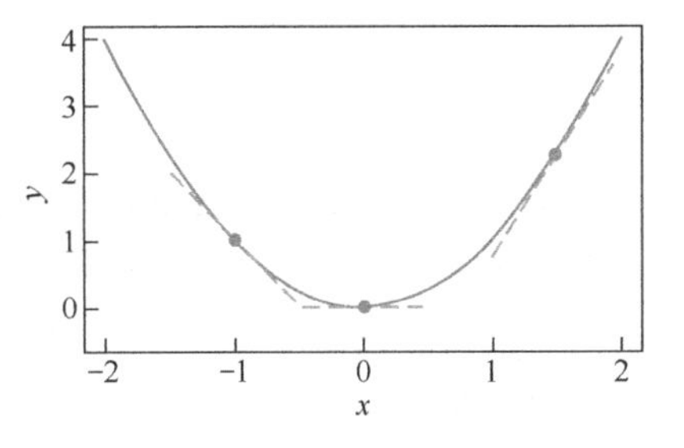

图 2-3　函数 $f(x)=x^2$ 及其在 $x=-1,0,1.5$ 处的导数

根据同样的方式，我们可以把偏导数的定义推广到有多个变量的函数情形。$f(x_1,x_2,\cdots,x_n)$ 关于 x_i 的偏导数为，固定 $x_1,\cdots,x_{i-1}$ 和 $x_{i+1},\cdots,x_n$，函数对 x_i 求导，记为

$$\frac{\partial f(x_1,x_2,\cdots,x_n)}{\partial x_i}$$

2.2.2　求导法则

主要求导法则如下。

- 如果 $f(x)=u(x)\pm v(x)$，则

$$f'(x)=u'(x)\pm v'(x)$$

- 如果 $f(x)=u(x)v(x)$，则

$$f'(x)=u'(x)v(x)+u(x)v'(x)$$

该计算方法也可以推广到任意有限个函数相乘的情形。例如，若 $f(x)=u(x)v(x)w(x)$，则

$$f'(x)=u'(x)v(x)w(x)+u(x)v'(x)w(x)+u(x)v(x)w'(x)$$

- 如果 $f(x)=\frac{u(x)}{v(x)}$，则

$$f'(x)=\frac{u'(x)v(x)-u(x)v'(x)}{v(x)^2}$$

- 如果函数 $y=f(u)$，$u=g(x)$，则复合函数 $y=f(g(x))$ 关于 x 的导数为

$$\frac{\mathrm{d}y}{\mathrm{d}x}=\frac{\mathrm{d}y}{\mathrm{d}u}\frac{\mathrm{d}u}{\mathrm{d}x}$$

2.3 概率论

在解决现实问题时，深度学习需要处理带有不确定性特征的数据。例如，建立一个天气预报的模型。未来的天气情况本身是很多因素在未知机制作用下的结果，这些影响因素有些是已知并且可以测量的（但是，测量过程可能具有不确定性），有些却是未知的或者不能够测量的。对于深度学习，在建模过程中需要考虑这些不确定的影响因素才能更好地做出预测。在这里，

我们将简要介绍深度学习中常用的概率论方面的概念。

2.3.1　随机变量

直观上，随机变量（random variable）是一个取值不确定的变量。该变量的结果可能有多种，而现实中，我们不能确定哪个结果会出现。通常，随机变量记为大写字母 X，而观测到的随机变量的值记为小写字母 x。例如，考虑 24 小时后某只股票的价格。在当前的这个时刻看来，24 小时后某只股票的价格可能上涨，可能下跌或者不涨不跌。在当前，我们可以把 24 小时后的股价看作随机变量，记为 X。24 小时后，我们观测到该股票的收盘价。这时，收盘价是观测到的随机变量 X 的值，记为 x。

随机变量可以分成两类，即离散型随机变量和连续型随机变量。离散型随机变量可能的结果的数量是有限的，或者是可数的。例如，掷一个骰子，可能的结果只有 6 种，即得到 1，2，3，4，5，6。连续型随机变量可能取到实数轴中某些区间的所有值。

2.3.2　随机变量的分布

随机变量的分布用来描述随机变量出现某种结果的可能性。随机变量的累积分布函数（Cumulative Distribution Function, CDF）记为 $F(x)$，定义为

$$F(x) = P(X \leqslant x)$$

离散型随机变量可以用分布函数表示，定义为

$$f(x) = P(X = x)$$

连续型随机变量也可以用概率密度函数（Probability Density Function, PDF）表示，记为 $f(x)$，且 $f(x)$ 满足

$$F(x) = \int_{-\infty}^{x} f(t)\mathrm{d}t, x \in (-\infty, \infty)$$

对于离散型随机变量，$F(x)$ 与 $f(x)$（PMF）等价地表示随机变量 X 的分布信息。如果已知随机变量 X 的累积分布函数 $F(x)$，则可以得到随机变量 X 的分布函数 $f(x) = F(x) - F(x-\varepsilon)$，这里 ε 是一个很小的正数；如果已知随机变量 X 的分布函数 $f(x)$，则可以得到随机变量 X 的累积分布函数 $F(x) = \sum_{i:x_i \leqslant x} f(x_i)$。

对于连续型随机变量，$F(x)$ 与 $f(x)$（PDF）等价地表示随机变量 X 的分布信息。如果已知随机变量 X 的累积分布函数 $F(x)$，则可以得到随机变量 X 的概率密度函数 $f(x) = F'(x)$；如果已知随机变量 X 的概率密度函数 $f(x)$，则可以得到随机变量 X 的累积分布函数，$F(x) = \int_{-\infty}^{x} f(t)\mathrm{d}t$。

2.3.3 常见的概率分布

常见的概率分布如下。

- 伯努利分布（bernoulli distribution）。伯努利试验只有两个可能的取值，即 1 和 0。1 和 0 出现的概率分别是 p 与 $1-p$，$0\leqslant p\leqslant 1$。$X=1$ 通常表示“成功”，p 表示成功的概率；$X=0$ 通常表示“失败”，$1-p$ 表示失败的概率。伯努利分布的分布函数为 $f(1)=P(X=1)=p$，$f(0)=P(X=0)=1-p$，可以用表 2-1 表示。

表 2-1　伯努利分布的分布函数

X	0	1
f(x)	$1-p$	p

- 多项分布（multinomial distribution）。多项分布有 n 个不同的取值，即 $\{1,2,\cdots,n\}$。第 i 个取值出现的概率为 p_i，$i=1,\cdots,n$，且要求 $\sum_{i=1}^{n}p_i=1$。多项分布的分布函数可以用表 2-2 表示。

表 2-2　多项分布的分布函数

X	1	2	…	n
f(x)	p_1	p_2	…	p_n

- 正态分布（gaussian distribution），也叫作高斯分布，是应用最广泛的概率分布。正态分布记为 $X\sim N(\mu,\sigma^2)$。正态分布的概率密度函数为

$$f(x)=\frac{1}{\sqrt{2\pi}\sigma}\mathrm{e}^{-\frac{(x-\mu)^2}{2\sigma^2}}$$

正态分布的两个参数 μ 和 σ^2 分别决定了正态分布的位置与分散程度，$\mu=E(X)$ 和 $\sigma^2=D(X)$。图 2-4 的两条曲线分别表示均值为 0、标准差为 1 和 2 的正态分布的概率密度函数。函数 $f(x)$ 最高点在 μ 处，$f(x)$ 在最高点处的值由 σ^2 决定。σ^2 越大，$f(x)$ 在最高点处的值越小。随着 $|x|$ 增大，$f(x)$ 变小。σ^2 越大，$f(x)$ 变小的速度越慢，意味着随机变量 X 分散程度越大。

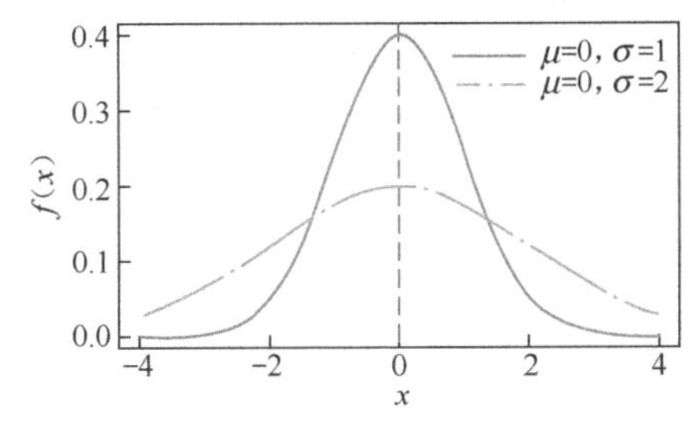

图 2-4　正态分布的概率密度函数

2.3.4　条件概率

很多情况下，我们会关心当 A 事件发生时，B 事件发生的概率。例如，在“概率论”这门课程中，同学们可能会关心，每周学习概率论 5 小时（A 事件），期末成绩是 A^+（B 事件）的概率。这就是条件概率。条件概率记为 $P(Y=y|X=x)$，定义为

$$P(Y=y|X=x)=\frac{P(Y=y,X=x)}{P(X=x)}$$

$P(Y=y|X=x)$ 表示随机变量 X 等于 x 时，Y 等于 y 的概率；$P(Y=y,X=x)$ 表示 $X=x$ 和 $Y=y$ 同时发生的概率；$P(X=x)$ 表示 $X=x$ 发生的概率。

2.4 Anaconda

当我们写 Python 代码或者使用其他人写的代码时，通常会使用特定的 Python 版本，如 Python 2 或者 Python 3。我们也有可能使用某些特定版本的 Python 模块或者包。例如，在一个项目中使用 Python 2，NumPy 1.13.0，而在另一个项目中使用 Python 3，NumPy 1.16.1。然而，在同一台计算机中，同时安装不同版本的 Python 和不同版本的包不是一件容易的事情。Anaconda 可以帮助我们实现这一点。Anaconda 是一个免费开源的包和环境的管理器，支持在同一台计算机上安装不同版本的 Python 和包，并允许在不同的版本之间切换。Anaconda 的主要作用如下。

- 管理虚拟环境：在 Anaconda 中允许建立多个虚拟环境，用于隔离不同项目所需的不同版本的软件或者工具包，以防止版本上的冲突。
- 管理包：使用 Anaconda 可以安装、更新和卸载包。

2.4.1　安装 Anaconda

Anaconda 支持多种系统，包括 Windows、macOS 和 Linux。用户可以从 Anaconda 官网下载适合自己系统的安装程序。我们建议下载 Python 3 的安装程序。虽然现在同时存在 Python 2 和 Python 3，但是我们相信 Python 3 会吸引越来越多的用户，而 Python 2 可能会慢慢地失去维护和更新。本书使用的 Python 版本的 Python 3。如果计算机操作系统是 64 位的，则最好选择 64 位的 Anaconda 安装程序。

在 Windows 系统中，只需要双击扩展名为.exe 的文件（如 Anaconda3-2018.12-Windows-x86_64.exe），然后按照操作提示就可以完成安装。完成安装后，打开 Anaconda Prompt，弹出图 2-5 所示的提示界面。

图 2-5 Anaconda 提示界面

在符号“>”后面输入以下命令，界面会显示 Anaconda 自带的 Python 和所有包的版本号。

```
conda list
```

安装文件自带的某些包可能不是最新版本的，因此我们可以在符号“>”后输入以下代码更新所有包。

```
conda upgrade --all
```

在运行上述命令的过程中，可能需要输入“y”，然后按 Enter 键，Anaconda 才会更新所有不是最新版本的包。

2.4.2 包的管理

包的管理包括以下几个方面。

- 安装一个包：使用命令 conda install package_name。例如，要安装 NumPy 库，使用命令 conda install numpy。
- 同时安装多个包，例如，使用命令 conda install numpy pandas。
- 安装指定版本的包，例如，使用命令 conda install pandas=0.46.4。
- 删除包：使用命令 conda remove package_name。例如，要删除 NumPy 库，使用命令 conda remove numpy。
- 更新包：使用命令 conda update package_name。例如，要更新 NumPy 库，使用命令 conda update numpy。
- 列出当前环境中所有的包：使用命令 conda list。

2.4.3 环境的管理

Anaconda 通过环境实现在同一台计算机中安装不同版本的 Python 和包。基本原理是，Anaconda 首先创立环境，然后在该环境中安装特定版本的 Python 和包。不同环境是完全隔离的。刚打开 Anaconda Prompt 时，可以看到光标所在行的最左边括号里写着 base，表示当前环境为 Anaconda 自带的 base 环境。

要创建环境，使用命令 conda create -n env_name package_names。例如，创建一个叫作 py37 的环境，安装 Python 3，同时安装 pandas 和 NumPy，命令如下。

```
conda create -n py37 python=3 pandas numpy
```

这里-n 后面的 py37 是新环境的名字。python=3 表示安装 Python 3。如果要在新环境中安装 Python 2，则使用以下命令。

```
conda create -n py37 python=2
```

我们还可以指定更加具体的 Python 版本，例如：

```
conda create -n py37 python=3.5
```

要列出已创建的所有环境，使用命令 conda env list。

进入或者退出环境在不同系统平台略有不同。在 Windows 系统中，用 conda activate env_name 进入环境，用 conda deactivate 退出环境。例如，要进入环境 py37，使用命令 conda activate py37，如图 2-6 所示。这时可以看到光标所在行的最左边括号里写着 py37，表示现在处于环境 py37 中。

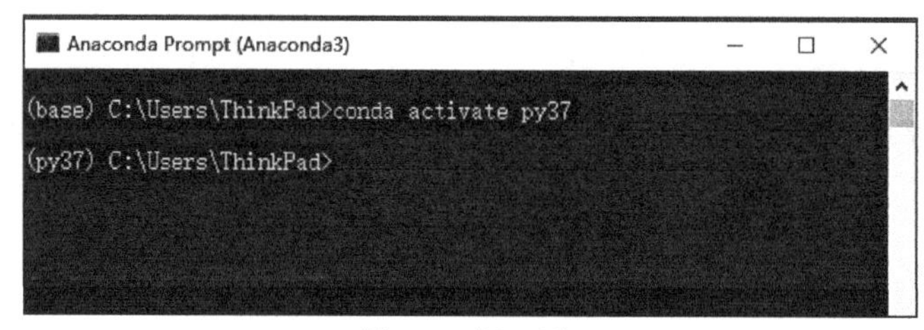

图 2-6　进入环境

在环境中安装 Python 包和上述介绍的包安装方法一样。例如，在 py37 中安装 NumPy，只需要进入 py37，然后输入 conda install numpy。

要删除环境，使用命令 conda env remove -n env_name。例如，输入 conda env remove -n py37，将删除刚刚创建的环境 py37。

2.5 Jupyter Notebook

Jupyter Notebook 是一个 Web 应用程序，用于创建和共享数据分析文档。我们可以使用 Jupyter Notebook 编辑代码，运行代码，查看结果，可视化数据，编辑说明文字、公式等。另外，Jupyter Notebook 还是一款便捷的数据分析工具，可以用于清理数据、统计建模、构建和训练机器学习模型、可视化数据与分析大数据等。

2.5.1　安装 Jupyter Notebook

安装 Jupyter Notebook 最简单的方式是使用 Anaconda 的 conda 命令，具体步骤如下。

（1）打开 Anaconda Prompt。

（2）使用 conda activate env_name 命令进入一个已经创建的环境（例如，要进入环境 py37，在符号“>”后输入 conda activate py37）。

（3）输入 conda install jupyter notebook，Anaconda 会自动在环境中安装 Jupyter Notebook。

2.5.2 打开和关闭 Jupyter Notebook

在 Anaconda Prompt 中输入 jupyter notebook，按 Enter 键便可以打开 Jupyter Notebook，如图 2-7 所示。

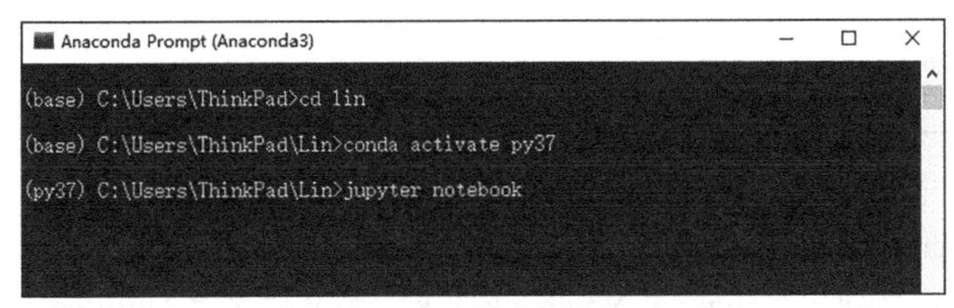

图 2-7 在 Anaconda 中打开 Jupyter Notebook

浏览器将打开图 2-8 所示的网页。

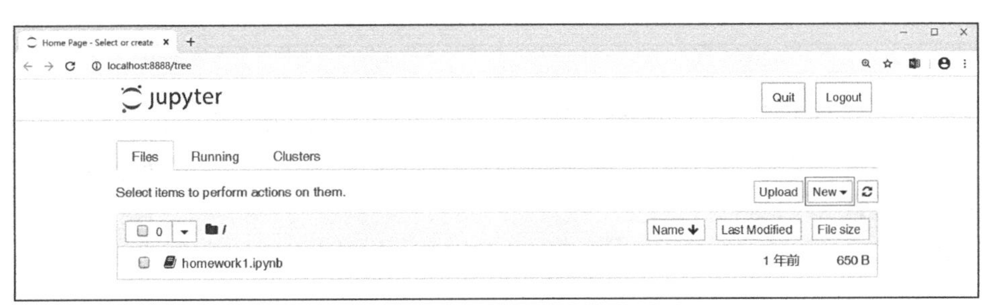

图 2-8 Jupyter Notebook 在浏览器中打开的网页

现在可以打开 Jupyter Notebook 文档（图 2-8 所示的文件夹中有一个 Jupyter Notebook 文档 howmework1.ipynb。Jupyter Notebook 文档的扩展名是.ipynb），或者新建一个 Jupyter Notebook 文档。单击网页右侧的 New 下拉列表，显示新建文件的类型，包括 Python 3、Text File 等，如图 2-9 所示。在 New 下拉列表中，选择 Python 3 将创建一个在 Python 3 中操作的 Jupyter Notebook 文档。

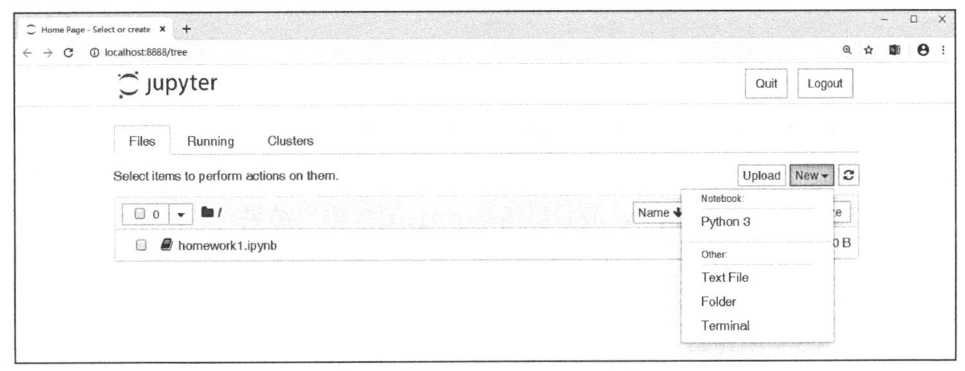

图 2-9 新建 Jupyter Notebook 文档

现在，一个新的 Jupyter Notebook 文件已经创建，如图 2-10 所示。

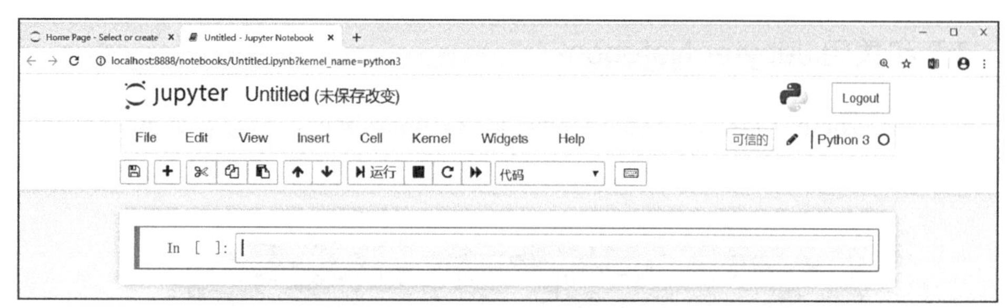

图 2-10　新建的 Jupyter Notebook 文档

新建的 Jupyter Notebook 文档的文件名都会以 Untitled 开头。第一个新建文档的名称是 Untitled.ipynb，若再新建一个 Jupyter Notebook 文档，则文件名是 Untitled1.ipynb，依次类推。在图 2-10 所示的界面中，选择 File→rename 命令，重命名 Jupyter Notebook 文档，如图 2-11 所示。

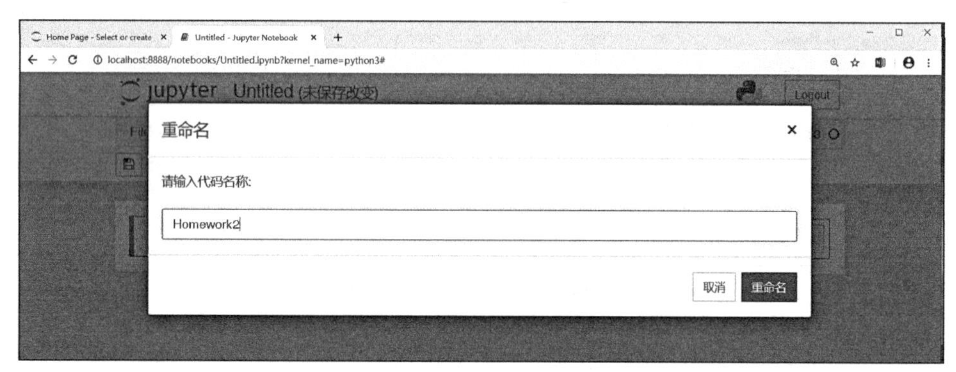

图 2-11　重命名 Jupyter Notebook 文档

当完成 Jupyter Notebook 文件的编辑后，单击 File 菜单下的第一个按钮，保存文档。完成编辑后，直接关闭网页，或者在 Anaconda 中连按两次 Ctrl+C 组合键完全关闭 Jupyter Notebook。

2.5.3　代码框

代码框（code cell）是在 Jupyter Notebook 上编写代码的地方。在代码框（见图 2-12）中，我们可以编写任何 Python 代码，包括赋值、函数、类、画图等。我们在代码框中载入 numpy 模块，计算 `2+3`，并赋值给变量 `a`，最后用函数 `print()` 输出结果。

在 Jupyter Notebook 中，无论是代码框还是标记框，都有两种模式：一种是命令模式，另一种是编辑模式。命令模式左边有蓝色竖线，编辑模式左边有绿色竖线。图 2-12 所示的代码框处于命令模式。当一个代码框处于命令模式时，双击鼠标或者按 Enter 键，进入编辑模式，左边竖线变成绿色，如图 2-13 所示。

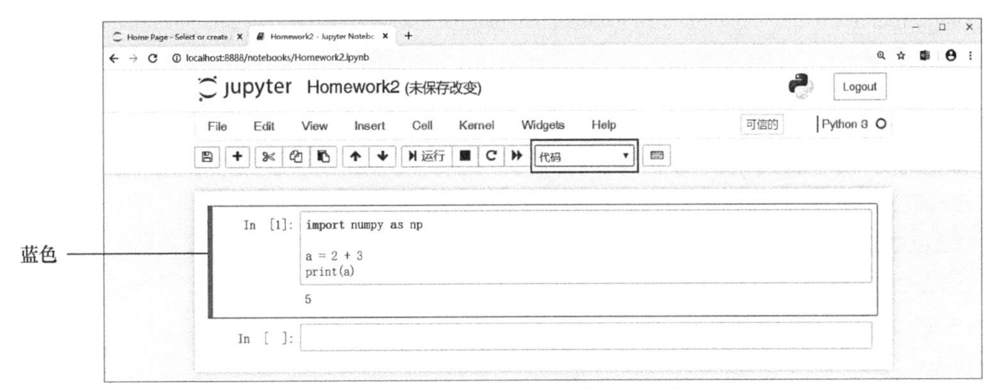

图 2-12 Jupyter Notebook 的代码框（命令模式）

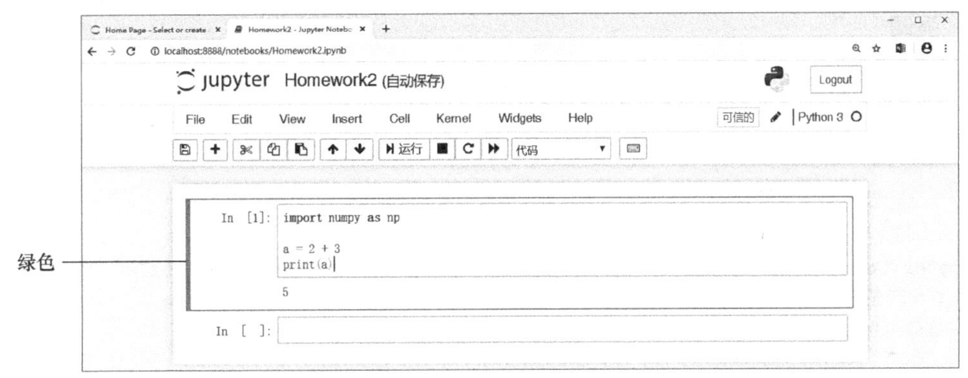

图 2-13 Jupyter Notebook 的编辑模式

这时，在代码框中编辑代码。当代码框处于编辑模式时，按 Esc 键，进入命令模式。按 Shift+Enter 组合键或者按 Ctrl+Enter 组合键，运行代码框中的代码或者编译标记框中的文字等内容。按 Shift+Enter 组合键和按 Ctrl+Enter 组合键的区别在于：按 Shift+Enter 组合键运行代码或者编译标记框，然后自动进入下面一个代码框或者标记框；而按 Ctrl+Enter 组合键只运行代码或者编译标记框。

2.5.4 标记框

标记框（markdown cell）用于编辑文字说明，包括普通中英文、标题、数学公式等。Jupyter Notebook 采用的是 Markdown 的语法。下面将介绍常用的一些语法，涉及标题、强调、列表（有序列表和无序列表）、链接、图片、表格和数学公式。

1. 标题

在标记框中，标题以“#”开始，Jupyter Notebook 支持 6 级标题。

```
# Header 1
## Header 2
### Header 3
#### Header 4
##### Header 5
###### Header 6
```

上面的输入编译后的结果如下。

```
Header 1
Header 2
Header 3
Header 4
Header 5
Header 6
```

2. 强调

标记框可以给文字加粗，将文字变为斜体或者在文字中间加横线 。

```
Jupyter Notebook 是一个很强大的工具，可以用单个下画线`_`或者`*`把文字变成_斜体_ 或者 *斜体*
也可以用两条下画线`__`或者`**`把文字变成__粗体__或者**粗体**
还可以用`~~`在文字中间加~~横线~~
```

上面的输入编译后的结果如下。

```
Jupyter Notebook 是一个很强大的工具，可以用单条下画线_或者*把文字变成斜体或者斜体
也可以用两条下画线__或者**把文字变成粗体或者粗体
还可以用~~在文字中间加横线
```

3. 无序列表

标记框可以用于添加无序的项目符号。

```
- 无序号的列表，可以用减号-
* 或者星号*
+ 或者加号+开头
+ 注意，符号-、*或者+之后需要有一个空格
```

上面的输入编译后的结果如下。

- 无序号的列表，可以用减号-
- 或者星号*
- 或者加号+开头
- 注意，符号-、*或者+之后需要有一个空格

4. 有序列表

标记框可以用于添加有序的项目符号。

```
1. 有序号的列表，可以以数字加.表示
1. 具体的数字是什么并不重要
1. Jupyter Notebook 会自动按顺序变成 1,2,3...
```

上面的输入编译后的结果如下。

```
1. 有序号的列表，可以以数字加.表示
2. 具体的数字是什么并不重要
3. Jupyter Notebook 会自动按顺序变成 1,2,3...
```

5. 链接

在 Jupyter Notebook 中，创建链接只需要把文字放在中括号内，把网址放在紧接着的圆括号内。例如：

```
[异步社区]( https://www.epubit.com/)
```

编译结果如下。

```
异步社区
```

6. 图片

在标记框内要插入图片，采用如下两种方式。例如，我们要插入的图片是 insert_figs.png，该图片保存在文件夹 figs 中。第一种方式是感叹号+中括号（中括号内写图片的标题）+小括号（小括号内写图片的路径和名称）；第二种方式是用尖括号，尖括号内部写 img+src（src 为图片的路径和名称）+图片的宽度。

```
![fig_title](figs/insert_figs.png)
<img src="figs/insert_figs.png" width=400>
```

7. 表格

表格用竖线“|”分隔相邻列，用多个连字符“-”分隔列名和其他行。例如：

```
| 第一列  | 第二列   | 第三列 |
| ------ |--------| -----|
| 第一行    | 1    |   2 |
| 第二行    | 3    |   4 |
| 第三行    | 5    |   6 |
```

编译结果如表 2-3 所示。

表 2-3　Jupyter Notebook 生成的表格

第一列	第二列	第三列
第一行	1	2
第二行	3	4
第三行	5	6

8. 数学公式

夹在文字中的数学公式使用单个符号“$”括起来，例如，$\beta$的编译结果为 β。单独一行且居中的公式使用符号“$$”括起来，例如：

```
$$
\mathbf{y}=\mathbf{X}\boldsymbol{\beta}+\boldsymbol{\epsilon}
$$
```

编译结果为

$$\mathbf{y}=\mathbf{X}\boldsymbol{\beta}+\boldsymbol{\varepsilon}$$

2.6 Python

下面简要介绍本书用到的 Python 功能，包括基本数据结构、控制结构、函数、NumPy、Pandas、画图工具。

2.6.1 Python 基础

Python 常用的数据类型有整型（int）、浮点型（float）、字符串（string）和布尔型（bool）。函数 type( )可以返回数据类型。

```
# 查看数据类型
type(3)         # 返回 'int'
type(3.0)       # 返回 'float'
type('three')   # 返回 'str'
type(True)      # 返回 'bool'
type(None)      # 返回 'NoneType'

# 转换数据类型
float(3)
int(3.8)
str(33)
```

常用的 Python 基本运算有加（+）、减（−）、乘（*）、除（/）、乘方（**）、求余（%）。

```
12 + 5    # 加 (返回 17)
12 - 5    # 减 (返回 7)
12 * 5    # 乘 (返回 60)
12 / 5    # 除 (返回 2.4)
12 ** 5   # 乘方 (返回 248832)
12 % 5    # 求余 (返回 2)
```

Python 的比较运算包括大于（>）、大于或等于（>=）、小于（<）、小于或等于（<=）、不等于（!=）、相等（==）。Python 的布尔运算包括与（and）、或（or）、非（not）。

```
#比较
6 < 4     # 返回 False
6 <= 4    # 返回 False
6 > 4     # 返回 True
```

```
6 >= 4    # 返回 True
6 != 4    # 返回 True
4 == 4    # 返回 True

# 布尔运算
6 > 4 and 2 > 3  # 返回 False
6 > 4 or 6 < 4   # 返回 True
not False;       # 返回 True
```

每次打开 Python 时，Python 只会载入少量必需的模块，以实现一些基本功能。如果要拓展 Python 的功能，就需要载入额外的模块或者包。这样做的好处是，安装和打开 Python 不会占用太多的计算资源和内存空间，而我们可以随时安装和加载所需要的模块或者包，使 Python 可以很好地满足数据分析的需求。

Python 模块和包是两个不同的概念，其区别在于，模块是以.py 结尾的一个 Python 文件，包是包含多个模块的文件夹（这个文件中还有一些其他文件，如__init__.py，使得文件夹中的模块成为一个整体）。在 Python 中加载模块或者包有如下方式。

```
import math                    # 加载 math 模块
math.sqrt(100)                 # 使用方式是模块名.函数名

from math import sqrt          # 从 math 模块加载函数 sqrt
sqrt(100)                      # 这时不需要写模块名

from math import cos, floor    # 从 math 模块加载函数 cos 和 floor
cos(10)
floor(2.8)

# 从 os 模块中载入所有的函数(不推荐，这样容易发生函数混淆)
from os import *

import numpy as np             # 加载 numpy 模块，并命名为 np
np.sqrt(100)
```

2.6.2 Python 基本数据结构

1. 列表

列表（list）是 Python 中最常用的数据结构，可以容纳任何数据类型，如浮点型、字符串、布尔型等。列表的数据项不需要具有相同的类型。当创建一个列表时，不同元素间用逗号隔开，并放在方括号中，如下所示。

```
num = [3, 2, 1, 4, 2015]
string = ["lin", "yi"]
mixed_num_string = ["lin", 2015, "yi", 8]
```

列表是有序的，其索引从 0 开始，依次递增 1。例如，列表 mixed_num_string 中各个元素的索引如表 2-4 所示。

表 2-4　列表中元素的索引

列表元素	"lin"	2015	"yi"	8
索引	0	1	2	3

用列表索引可以访问列表元素。

```
mixed_num_string[2]    # 返回索引为 2 的元素
mixed_num_string[0:2]  # 返回索引为 0 与 1 的元素，注意，不包括索引为 2 的元素
mixed_num_string[-1]   # 返回列表最后一个元素
mixed_num_string[-2:]  # 返回列表最后两个元素
```

函数 append()、函数 extend()、函数 pop()是 3 个常用的编辑列表元素的函数。

- ❑ 函数 append()：在列表后面增加一个元素。
- ❑ 函数 extend()：合并两个列表。
- ❑ 函数 pop()：移除列表最后一个元素。

关于以上 3 个函数的示例代码如下。

```
num[1] = 200                 # 把索引为 1 的元素初始化为 200
num
[3, 200, 1, 4, 2015]

num.append(1024)
num
[3, 200, 1, 4, 2015, 1024]

num.append(string)           # 把列表 string 当成一个元素添加到列表 num 中
num
[3, 200, 1, 4, 2015, 1024, ['lin', 'yi']]

num.pop()                    # 从列表 num 中移除最后一个元素
num
[3, 200, 1, 4, 2015, 1024]

num.extend(string)           # 合并列表 num 和列表 string
num
[3, 200, 1, 4, 2015, 1024, 'lin', 'yi']
```

函数 len()可以返回列表的元素个数。在列表中，需要注意，赋值只是给列表起了一个新的名字。例如：

```
len(num)                  # 返回 num 的元素个数
8

string2 = string          # 相当于给列表 string 起了一个新的名字
string2[1] = "hh"         # 更改 string2 的元素也会更改 string 的元素
string
```

```
['lin', 'hh']

string3 = string[:]      # 复制列表 string，并把复制的列表赋值给 string3
string3[1] = "hello"     # 更改 string3 的元素不会更改 string 的元素
string
['lin', 'hh']
```

2. 元组

Python 的元组（tuple）与列表类似，不同之处在于元组的元素不能修改，元组使用小括号。元组的创建很简单，只需要在小括号中添加元素，元素间使用逗号隔开（括号也可以省略）。例如：

```
tup1 = ('physics', 'chemistry', 1997, 2000)
tup2 = (1, 2, 3, 4, 5 )
tup3 = "a", "b", "c", "d"       # 省略括号
```

元组使用索引访问元素的方式和列表相同。

```
tup1[2]                         # 返回 1997
tup1[0:2]                       # 返回 ('physics', 'chemistry')
```

以下修改元组元素的操作是非法的。

```
tup1[0] = 100                   # 非法的操作
```

3. 字典

字典（dictionary）的元素由成对的键（key）和值（value）组成。字典也称作关联数组或哈希表，基本语法如下。

```
dict = {'yi': 2015, 'lin': 1984, 'luo': 1985}
```

键与值用冒号隔开，每对键和值用逗号分隔，整体放在大括号“{}”中。键必须唯一，但值则不必。字典是无序的数据结构，因此不能通过索引访问字典元素。在字典里，使用键访问值。

```
dict = {'yi': 2015, 'lin': 1984, 'luo': 1985}
dict['yi']       # returns 2015
len(dict)        # 返回 3
dict.keys()      # 返回 ['
yi', 'lin', 'luo']dict.values()  # 返回 [2015, 1984, 1985]

# 返回 [('yi', 2015), ('lin', 1984),('luo', 1985)]
dict.items()
```

4. 集合

Python 的集合（set）与数学中集合的概念类似，是指由不同元素组成的合集。下面的代码可以从列表中创建一个集合。

```
s_list = [3,1,1,4,5,5,6,6]
```

```
s = set(s_list)
s
{1, 3, 4, 5, 6}
```

函数 add() 可以给集合添加新的元素。

```
s.add(7)
s
{1, 3, 4, 5, 6, 7}
```

2.6.3 控制结构和函数

1. 控制结构

Python 的控制结构可以控制代码的运行顺序。在控制结构中，缩进是非常重要的，用于标记代码的结构。缩进可以通过 4 个空格或者 1 个制表符（tab）实现。

for 循环的结构如下。

```
1  for each_item in list:
2      do something to
3      each_item
```

需要注意的是，在第 1 行中，最后一定有一个冒号“:”；冒号后面属于 for 循环的行都要有 4 个空格的缩进。在 for 循环中，each_item 首先等于 list 的第一个元素，执行冒号后面的代码；然后，each_item 等于 list 的第二个元素，执行冒号后面的代码；直到 each_item 等于 list 的最后一个元素，执行冒号后面的代码；最后，结束 for 循环。以下代码对列表中所有元素求和。

```
a = [1,2,3,4,5,6]
sum_a = 0
for each in a:
    sum_a += each
    print(each)
sum_a
1
2
3
4
5
6

21
```

while 循环的结构如下。

```
while statement:
    do something
    do more
```

在 while 循环中，statement 是一个判断，结果为 True 或者 False。如果 statement

的结果为 True，则执行冒号后面的代码；如果 statement 的结果为 False，则结束循环。语句 while statement 后面有冒号，属于 while 循环的代码需要 4 个空格的缩进。以下代码使用 while 循环对列表中所有元素求和。

```
a = [1,2,3,4,5,6]
sum_a = 0
i = 0
while i<len(a):
    sum_a += a[i]
    print(a[i])
    i += 1
sum_a
1
2
3
4
5
6

21
```

if 语句的结构如下。

```
1  if statement1:
2      do first_job
3  elif statement2:
4      do second_job
5  else:
6      do third_job
```

如果 statement1 的结果为 True，则执行第 2 行代码；如果 statement1 的结果为 False，则运行 statement2。如果 statement2 的结果为 True，则执行第 4 行的代码；如果 statement2 的结果为 False, 则执行第 6 行的代码。在 Python 中，elif 表示 else if。以下代码可以把列表 a 中的奇数和偶数分别保存在不同列表中。

```
a = [1,2,3,4,5,6]
odd_num = []
even_num = []
for each in a:
    if each % 2 != 0 :
        odd_num.append(each)
    else:
        even_num.append(each)

print("Odd numbers in list a: " + str(odd_num))
print("Even numbers in list a: " + str(even_num))
Odd numbers in list a: [1, 3, 5]
Even numbers in list a: [2, 4, 6]
```

2. 自定义函数

函数能提高代码的模块性和重复利用率。Python 提供了许多内建函数，如 len()、print() 等。我们也可以自定义函数。函数定义的规则如下。

函数代码块以关键词 def 开头，后接函数名称和圆括号( )，传入函数的参数放在圆括号内，函数内容以冒号起始，并且缩进，若有返回值，使用 return 返回结果，结束函数。

函数的结构如下。

```
def fun_name(arg1, arg2):
    do something
    return result1, result2
```

下面创建一个函数，函数名为 odd_even。函数的任务是对于输入的列表，输出列表中的奇数和偶数。

```
def odd_even(ls):
    odd_num = []
    even_num = []
    for each in ls:
        if each % 2 != 0 :
            odd_num.append(each)
        else:
            even_num.append(each)
    return odd_num, even_num
a1 = [3,4,5,6,10,11,2,3]
odd_num_a1, even_num_a1 = odd_even(a1)
print("Odd numbers in list a1: " + str(odd_num_a1))
print("Even numbers in list a1: " + str(even_num_a1))

Odd numbers in list a1: [3, 5, 11, 3]
Even numbers in list a1: [4, 6, 10, 2]

a2 = [1,1,1,2,2,2]
odd_num_a2, even_num_a2 = odd_even(a2)
print("Odd numbers in list a2: " + str(odd_num_a2))
print("Even numbers in list a2: " + str(even_num_a2))

Odd numbers in list a2: [1, 1, 1]
Even numbers in list a2: [2, 2, 2]
```

2.6.4　NumPy 库

Python 是非常强大的计算机语言，可以完成很多复杂的任务。不过，Python 本身对数学运算的支持并不是很好。在使用标准的 Python 时，进行矩阵和向量的运算都需要使用循环语句，实现过程比较复杂，计算速度较慢。NumPy 库可以实现快速的数学运算，特别是矩阵运算。NumPy 库提供了大量矩阵运算函数。NumPy 库的内部运算通过 C 语言而不是 Python 实现，使得它具有快速运算能力。NumPy 库包含两种基本数据类型——数组（array）和矩阵（matrix）。数组和矩阵的运算稍有不同，在这里，我们将着重介绍数组的使用方法。在使用 NumPy 库前，需要加载 NumPy 库。

```
import numpy as np
```

1. 创建数组

使用函数 np.array()创建一个数组。

```
a = np.array([2,3,4])
a
array([2, 3, 4])
```

上面创建的数组 a 相当于一个向量。我们可以使用函数 a.shape()输出 a 的维度。a 的维度为(3,0)，表示 a 是一个长度为 3 的数组。

```
a.shape
(3,)

b = np.array([[1,2,3],[4,5,6]])
b
array([[1, 2, 3],
       [4, 5, 6]])

b.shape
(2, 3)
```

上面创建的数组 b 的维度是(2,3)，表示 b 是一个 2 行 3 列的数组。数组的维度可以使用函数 reshape()变换，示例如下。

```
# 返回一个数组, array([0,1,2,3,4,5,6,7,8,9,10,11])
c = np.arange(12)
d = c.reshape(3,4)   # 返回一个维度为(3,4)的数组
d.reshape(2,6)       # 返回一个维度为(2,6)的数组
```

通过输入列表，利用函数 np.array()可以创建数组。NumPy 库也可以产生经常用到的特殊数组。例如，函数 np.arange()可以产生在某个区间内步长相等的数组，函数 np.zeros()可以产生元素全是 0 的数组，函数 np.ones()可以产生元素全是 1 的数组，函数 np.eye()可以产生对角线元素是 1 而其他元素都是 0 的二维数组。示例如下。

```
np.arange(4)        # 返回元素是 0,1,2,3 的数组
np.arange(4,8)      # 返回元素是 4,5,6,7 的数组

np.zeros(3)         # 返回元素是 0,0,0 的数组
np.zeros((2,3))     # 返回一个维度是(2,3)、元素都是 0 的数组

np.ones(2)          # 返回元素是 1,1 的数组
np.ones((2,3))      # 返回一个维度是(2,3)、元素都是 1 的数组
```

```
np.eye(3)            # 返回一个对角线元素是 1、其他元素都是 0 且维度为(3,3)的数组
```

2. 数组的运算

两个维度相同的 NumPy 库数组的加（+）、减（−）、乘（*）、除（/）表示两个数组中相同位置元素的加（+）、减（−）、乘（*）、除（/）。

```
a = np.array([[1,2,3],[4,5,6]])
b = np.array([[4,5,6],[1,2,3]])
a + b
a - b
a * b
a / b
```

当数组维度不同时，我们也可以进行数组的运算。例如，`a + 2` 表示 `a` 的所有元素加 `2`，`a + np.array([[3,2,1]])` 表示 `a` 的每一行加上维度为(1,3)的数组 `np.array([[3,2,1]])`，`a + np.array([[3],[2]])` 表示 `a` 的每一列加上维度为(2,1)的数组 `np.array([[3],[2]]`。然而，在计算 `a + np.array([[3,2]])` 时，程序会报错。

```
a + 2
a + np.array([[3,2,1]])
a + np.array([[3],[2]])
```

有的运算针对数组的每个元素分别进行。例如，函数 `np.sqrt()` 对数组的每个元素求平方根，函数 `np.log()` 对数组的每个元素求自然对数。

```
np.sqrt(a)
np.log(a)
```

在 NumPy 库中，矩阵相乘（不是逐点相乘）有 3 种实现方式，即使用函数 `np.dot()`、函数 `np.matmul()` 和二元运算符“`@`”。3 种方式可以得到同样的结果。示例代码如下。

```
a = np.arange(1,7).reshape(2,3)
b = np.arange(7,13).reshape(3,2)

a @ b
np.dot(a, b)
np.matmul(a, b)
```

3. 数组的元素访问

我们可以很容易访问数组的行、列或者单独的元素。冒号“:”表示某一行或者某一列的所有元素。

```
a = np.arange(12).reshape(3,4)   # 创建维度为(3, 4)的数组
a[0,:]                           # 数组的第一行
a[0]                             # 数组的第一行
a[0:2]                           # 数组的前两行
a[:,0]                           # 数组的第一列
```

```
a[0:2, 0:2]                          # 数组的前两行、前两列
a[1,1]                               # 数组的第 2 行、第 2 列
```

2.6.5 Pandas

Pandas 是基于 NumPy 库的一个开源 Python 包，广泛应用于数据分析、数据清洗和准备等工作。Pandas 的数据结构主要有两种，即序列（series）和数据表（dataframe）。

```
import pandas as pd
```

1. 序列和数据表的创建

Pandas 的序列是一维数组，与 NumPy 的数组相似。与 NumPy 的数组不同的是，序列能为数据自定义标签，也就是索引（index），然后通过索引访问数组中的数据。例如，一个序列可以表示一个班级学生的数学成绩，索引是学生的名字。Pandas 的数据表是二维数据表，数据以表格的形式存储，分成若干行和若干列。通过数据表，用户能够方便地处理数据。例如，用一个数据表表示一个班级中学生的多维信息，第一列表示数学成绩，第二列表示性别。在数据表中，同一列的数据类型是一样的，不同列的数据类型可以不一样。

```
# 当代码太长时，我们可以使用反斜杠（\）把代码写在两行或者多行
math_score = pd.Series([80, 20, 50, 60, 70], \
index = ["lin", "luo", "pan", "li", "wang"])
math_score["lin"]                   # 返回 lin 同学的数学成绩
math_score[["lin", "luo"]];         # 返回 lin 和 luo 两位同学的数学成绩
class_info = pd.DataFrame({  \
          "math_score" : [80, 90, 50, 60, 70], \
          "gender" : ["male", "female", "female", "female",\ "male"]}, \
          index = ["lin", "luo", "pan", "li", "wang"])
class_info
```

上述代码所创建的数据表如表 2-5 所示。

表 2-5　创建的数据表

index	math_score	gender
lin	80	male
luo	90	female
pan	50	female
li	60	female
wang	70	male

2. 数据表元素的访问

列表中的`['lin', 'luo', 'pan', 'li', 'wang']`可以看成行的名字，`['math_`

score', 'gender']可以看成列的名字。在数据表中，我们可以通过行或者列的名字，或者索引来访问数据表的元素。

```
class_info["math_score"]                # 返回数据表中 math_score 对应的列
class_info[0:2]                         # 返回前两行
```

使用.loc 可以方便地通过行或者列的名字访问数据表。使用.iloc 可以方便地通过索引访问数据表。示例如下。

```
class_info.loc[["lin", "luo"]]          # 返回数据表的前两行
# 返回数据表前两行中 gender 列的元素
class_info.loc[["lin", "luo"], "gender"]
class_info.iloc[2:4]                    # 返回数据表的第 3、4 行
class_info.iloc[:,1];                   # 返回数据表的第 2 行
```

3. 数据表的基本探索

通过观察数据表及一些统计量，我们可以了解数据表数据的特征。示例如下。

```
class_info.head()                       # 返回前 6 行
class_info.tail()                       # 返回后 6 行
class_info.describe()                   # 返回均值及一些分位数
```

2.6.6　画图工具

在 Python 中，Matplotlib 库是最流行的画图工具之一。Matplotlib 库可以很容易地实现数据图形化，兼具灵活性和易操作性。使用 Matplotlib 库前，需要载入 Matplotlib 库的 pyplot。

```
# 在 Jupyter Notebook 中，以百分号（%）开头的命令叫作魔法命令
# 下面的魔法命令可以使图片分辨率更高
%config InlineBackend.figure_format = 'retina'
import matplotlib.pyplot as plt         # 载入 Matplotlib 的 pyplot
```

函数 plt.plot()用于绘制散点图和线图。下面代码用于绘制 $x\in 0\sim 7$ 的正弦函数曲线。其中，函数 plt.plot()可以自动识别第一个参数是 x 轴坐标，第二个参数是 y 轴坐标，函数 plt.show()用于绘制图形。

```
x = np.arange(0, 7, 0.1)
y = np.sin(x)
plt.plot(x, y, color="c", linestyle="-", linewidth=1, \
          marker = "o")
plt.show()
```

通过 Matplotlib 库绘制的正弦函数曲线如图 2-14 所示。

函数 plt.plot()还可以设置很多参数，这些参数可以改变线图或者散点图的呈现结果。常用的参数有 color（颜色）、linestyle（线条类型）、marker（点类型）、linewidth（线条宽度）。linewidth 值越大，线条越宽。

Matplotlib 库常用的表示颜色的字符如表 2-7 所示。

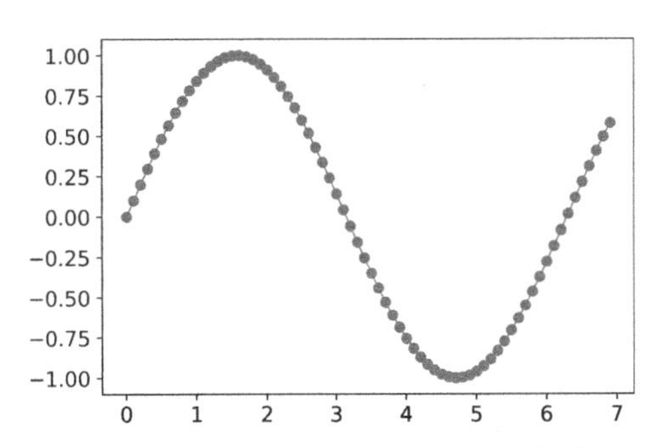

图 2-14 通过 Matplotlib 库绘制的正弦函数曲线

表 2-6 Matplotlib 库常用的表示颜色的字符

表示颜色的字符	颜色	表示颜色的字符	颜色	表示颜色的字符	颜色	表示颜色的字符	颜色
b	蓝色	g	绿色	r	红色	y	黄色
c	青色	k	黑色	m	洋红色	w	白色

Matplotlib 库常用的表示线条类型的字符如表 2-7 所示。

表 2-7 Matplotlib 库常用的表示线条类型的字符

表示线条类型的字符	线条类型	表示线条类型的字符	线条类型	表示线条类型的字符	线条类型	表示线条类型的字符	线条类型
-	实线	--	虚线	–	破折线	-.	点画线

Matplotlib 库常用的表示点类型的字符如表 2-8 所示。

表 2-8 Matplotlib 库常用的表示点类型的字符

表示点类型的字符	点类型	表示点类型的字符	点类型	表示点类型的字符	点类型	表示点类型的字符	点类型
o	圆圈	.	点	D	菱形	s	正方形
h	六边形	*	星号	_	水平线	8	八边形

为了把多条线或者不同的散点图画在同一幅图中，并且用函数 `plt.legend()`在图上加上图例，需要在函数 `plt.plot()`中加入参数 `label`，`label` 参数的值会显示在图例中。以下示例代码的运行结果如图 2-15 所示。

```
x = np.arange(0, 7, 0.1);
y = np.sin(x)
z = np.cos(x)
plt.plot(x, y, color="c", linestyle="-", linewidth=1,\
        marker = "o", label="sin")
plt.plot(x, z, color="m", linestyle="--", linewidth=2, \
```

```
            marker = "D", label="cos")
plt.legend()
plt.show()
```

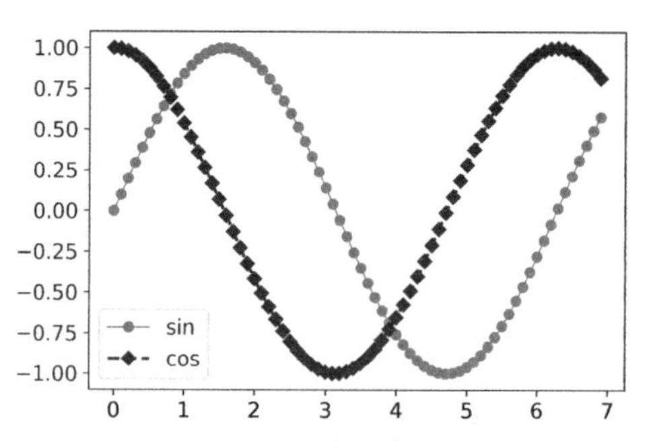

图 2-15　通过 Matplotlib 库添加图例

我们也可以使用函数 `plt.xlabel()`和 `plt.ylabel()`为横坐标轴与纵坐标轴添加名称。以下示例代码的运行结果如图 2-16 所示。

```
plt.plot(x, y, color="c", linestyle="-", linewidth=1,\
            marker = "o", label="sin")
plt.plot(x, z, color="m", linestyle="--", linewidth=2,\
            marker = "D", label="cos")
plt.legend()
plt.xlabel("x")
plt.ylabel("y")
plt.show()
```

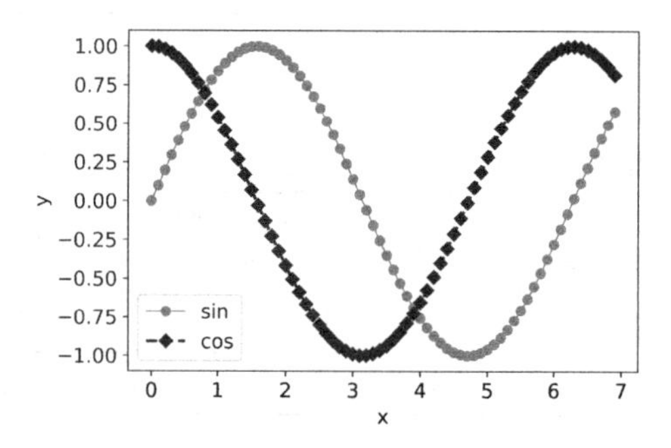

图 2-16　利用函数 `plt.xlabel()`和 `plt.ylabel()`添加坐标轴名称

函数 `plt.scatter()`用于绘制散点图，如图 2-17 所示。

```
x = np.random.normal(size=100)   # 产生 100 个服从标准正态分布的随机数
y = 2*x + np.random.normal(size=100)
plt.scatter(x, y)
plt.xlabel("x")
plt.ylabel("y")
plt.show()
```

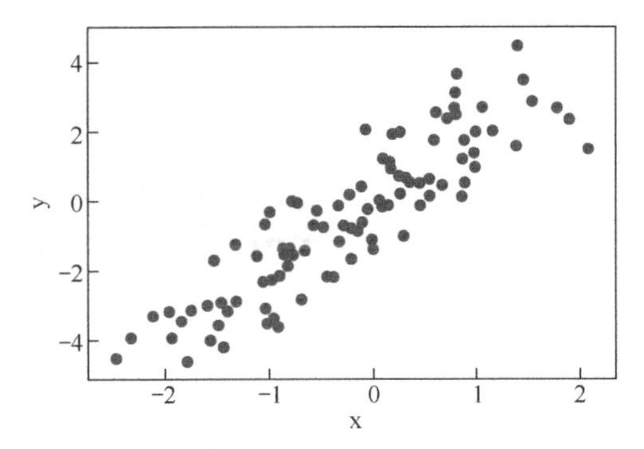

图 2-17 利用函数 plt.scatter()绘制散点图

2.7 本章小结

本章介绍的线性代数、微积分、概率论和 Python 相关知识可以帮助你轻松理解与应用深度学习。

在学习 Anaconda、Jupyter Notebook 或者 Python 时，你一定要自己输入命令或者代码，思考并且观察输出结果。这样，你的编程技巧一定可以快速提升。

第 3 章 线性模型

本章将讲述线性模型中的线性回归模型和 logistic 模型。通常，线性回归模型用于处理回归问题，logistic 模型用于处理分类问题。我们将学习线性模型的数学表示和原理并使用梯度下降法求解模型参数。线性模型本身具有广泛用途，更是深度学习模型的基石。学习并理解相对简单的线性模型有助于学习复杂的深度学习模型。如果你对线性模型不是很熟悉，可以认真学习本章，打好学习深度学习的基础；如果你熟悉线性模型，也请浏览本章内容，因为本章将介绍深度学习中也会用到的术语、符号和优化算法（梯度下降法）。

3.1 线性回归模型

3.1.1 线性回归模型简介

在线性回归模型中，我们希望可以在模型中输入一个已知且相对容易测量的数据向量 $\boldsymbol{x}=(x_1,x_2,\cdots,x_p)$，并得到一个希望预测的数据类型是实数的因变量 y。线性回归模型可以写成如下形式。

$$y=b+w_1x_1+w_2x_2+\cdots+w_px_p+\varepsilon$$

式中，b 是一个常数（称为截距项或者偏差）；$w_1,w_2,\cdots,w_p$ 分别是对应自变量的权重（$w_1,w_2,\cdots,w_p$ 也称为自变量的系数）；ε 是误差。b 和 $w_1,w_2,\cdots,w_p$ 为未知常数，都是模型参数。误差项 ε 包含了没有体现在自变量 $\boldsymbol{x}$ 但是又对因变量 y 有影响的信息。

通常，我们把数据记为 $(\boldsymbol{x}_1,y_1),(\boldsymbol{x}_2,y_2),\cdots,(\boldsymbol{x}_n,y_n)$。每个自变量向量和因变量的组合 $(\boldsymbol{x}_i,y_i)\,(i=1,2,\cdots,n)$ 称为一个观测点，其中，$\boldsymbol{x}_i=(x_{i1},x_{i2},\cdots,x_{ip})$ 为一个行向量，y_i 为一个实数。数据的观测点数量称为数据的样本量，记为 n；数据的自变量个数称为数据的维度，记为

p。记列向量 $\boldsymbol{w}=(w_1, w_2,\cdots, w_p)^{\mathrm{T}}$ 为权重向量。线性回归模型也可以写成如下形式。

$$y_i = b + \sum_{j=1}^{p} x_{ij} w_j + \varepsilon_i = b + \boldsymbol{x}_i \boldsymbol{w} + \varepsilon_i,\quad i=1,2,\cdots,n$$

进一步用 $\boldsymbol{X}$、$\boldsymbol{y}$、$\boldsymbol{w}$、$\boldsymbol{\varepsilon}$、$\boldsymbol{b}$ 表示自变量矩阵、因变量向量、权重向量、误差向量、偏差向量：

$$\boldsymbol{X}=\begin{pmatrix} x_{11} & x_{12} & \cdots & x_{1p} \\ x_{21} & x_{22} & \cdots & x_{2p} \\ \vdots & \vdots & & \vdots \\ x_{n1} & x_{n2} & \cdots & x_{np} \end{pmatrix}, \boldsymbol{y}=\begin{pmatrix} y_1 \\ y_2 \\ \vdots \\ y_n \end{pmatrix}, \boldsymbol{w}=\begin{pmatrix} w_1 \\ w_2 \\ \vdots \\ w_p \end{pmatrix}, \boldsymbol{\varepsilon}=\begin{pmatrix} \varepsilon_1 \\ \varepsilon_2 \\ \vdots \\ \varepsilon_n \end{pmatrix}, \boldsymbol{b}=\begin{pmatrix} b_1 \\ b_2 \\ \vdots \\ b_n \end{pmatrix}$$

线性回归模型可以写成更加简洁的矩阵形式：

$$\boldsymbol{y}=\boldsymbol{b}+\boldsymbol{X}\boldsymbol{w}+\boldsymbol{\varepsilon}$$

在本节中，我们将通过一个简单例子来介绍线性回归模型。本例子涉及的数据包括某个商品在 200 个市场的广告投入额和商品销量。广告投入的形式有 3 种，分别是 TV、radio 和 newspaper，广告投入的单位是千美元（thousands of dollars）。在这个例子中，我们关心不同广告投入形式对商品销量（sales）的影响。商品销量的单位是千个（thousands of units）。表 3-1 列出了数据的前 5 行。

```
"""
载入一些需要用到的包
"""
# 该设置可以使得图片的分辨率更高
%config InlineBackend.figure_format = 'retina'

import pandas as pd
import matplotlib.pyplot as plt
import numpy as np

"""
读入保存在 data 文件夹中的数据 Advertising.csv，并显示前 5 行

在运行下面的代码时，需要注意数据保存路径
如果数据保存在当前工作路径中，那么代码 pd.read_csv("Advertising.csv")即可读入数据
如果数据没有保存在当前工作路径中，需要在函数 pd.read_csv()中写上数据的完整路径
例如，pd.read_csv("C:/Users/Documents/Advertising.csv")

在我们的计算机中，数据 Advertising.csv 保存在当前工作路径的文件夹 data 中。
因此，完整路径可以写成'./data/Advertising.csv'
"""
advertising = pd.read_csv('./data/Advertising.csv')
advertising.head()
```

表 3-1　广告数据的前 5 行

序号	TV	radio	newspaper	sales
0	230.1	37.8	69.2	22.1
1	44.5	39.3	45.1	10.4
2	17.2	45.9	69.3	9.3
3	151.5	41.3	58.5	18.5
4	180.8	10.8	58.4	12.9

使用以下代码分别以 TV、radio、newspaper 为横轴并以 sales 为纵轴绘制散点图，如图 3-1 所示。菱形表示 TV 与 sales 的散点图；圆形表示 radio 与 sales 的散点图；正方形表示 newspaper 与 sales 的散点图。从图 3-1 可以看到，在这 3 种广告投入形式式中，TV 和 radio 对 sales 的影响较大，newspaper 对 sales 的影响较小。

```
"""
分别以 TV、radio、newspaper 为横轴，绘制散点图
"""
plt.scatter("TV", "sales", data=advertising, label="TV",marker="D")
plt.scatter("radio", "sales", data=advertising, marker="o",\
            label="radio")
plt.scatter("newspaper", "sales", data=advertising,    \
            marker="s", label="newspaper")
# 为图片增加图例，参数 loc 用于设置图例的位置
plt.legend(loc="lower right")
plt.xlabel("Advertising Budgets", fontsize=16)     # 添加 x 轴的名称
plt.ylabel("Sales", fontsize=16)                   # 添加 y 轴的名称
plt.show()
```

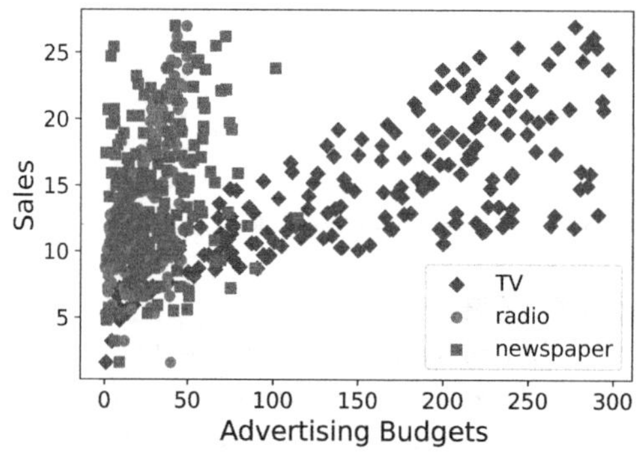

图 3-1　广告数据的散点图

在这个例子中，TV、radio、newspaper 是模型的自变量。分别把 TV、radio、newspaper 记为 x_1,x_2,x_3，然后把 3 个自变量放在一个行向量中，记为 $\boldsymbol{x}=(x_1,x_2,x_3)$。商品销量是模型的因变量，记为 y。数据的每一行表示一个观测点。第一个观测点的输入向量 $\boldsymbol{x}_1=(x_{11},x_{12},x_{13})$，第一个观测点的因变量记为 y_1；第二个观测点的输入向量 $\boldsymbol{x}_2=(x_{21},x_{22},x_{23})$，第二个观测点的

因变量记为 y_2；等等。在广告数据中，观测点个数为 200，自变量个数为 3。因此，$n=200$，$p=3$。

广告数据的自变量矩阵 $\boldsymbol{X}$ 表示为

$$\boldsymbol{X}=\begin{pmatrix}\boldsymbol{x}_1^{\mathrm{T}} & \boldsymbol{x}_2^{\mathrm{T}} & \cdots & \boldsymbol{x}_{200}^{\mathrm{T}}\end{pmatrix}^{\mathrm{T}}=\begin{pmatrix}x_{11} & x_{12} & x_{13}\\ x_{21} & x_{22} & x_{23}\\ \vdots & \vdots & \vdots\\ x_{n1} & x_{n2} & x_{n3}\end{pmatrix}=\begin{pmatrix}230.1 & 37.8 & 69.2\\ 44.5 & 39.3 & 45.1\\ \vdots & \vdots & \vdots\\ 232.1 & 8.6 & 8.7\end{pmatrix}$$

广告数据的因变量向量 $\boldsymbol{y}$ 表示为

$$\boldsymbol{y}=\begin{pmatrix}y_1\\ y_2\\ \vdots\\ y_{200}\end{pmatrix}=\begin{pmatrix}22.1\\ 10.4\\ \vdots\\ 13.4\end{pmatrix}$$

b 和 $w_1,w_2,\cdots,w_p$ 已知，它们可以分别记为 $\hat{b}$ 和 $\hat{w}_1,\hat{w}_2,\cdots,\hat{w}_p$。这时，只要输入 $x_1,x_2,\cdots,x_p$，就可得到因变量的预测值 $\hat{y}$。

$$\hat{y}=\hat{b}+\hat{w}_1x_1+\hat{w}_2x_2+\cdots+\hat{w}_px_p$$

从上式可以看到，线性回归模型把一个输入的各个自变量的值分别乘以对应的权重，然后把所有乘积的结果相加，再加上截距项，得到回归模型对该输入的预测值。如果我们把截距项的自变量记为 $x_0=1$，截距项系数记为 $w_0=b$，那么因变量的预测值可以写成

$$\hat{y}=\sum_{j=0}^{p}\hat{w}_jx_j$$

因此，我们可以简单地认为线性回归模型的预测值是所有自变量的加权和，权重 $\hat{w}_0,\hat{w}_1,\cdots,\hat{w}_p$ 反映了各个自变量对因变量大小和方向的影响。为了方便，在以后的章节中，我们有时候把输入数据的加权和加上截距项简称为加权和。

权重绝对值表示对应自变量对因变量大小的影响。例如，如果 $\hat{w}_1=10$，那么自变量 x_1 对预测值 $\hat{y}$ 的影响为 10 倍的 x_1；如果 $\hat{w}_1=0.1$，那么自变量 x_1 对预测值 $\hat{y}$ 的影响为 x_1 的 1/10。

权重的符号表示对应自变量对因变量方向的影响。如果权重是正值，那么增加对应自变量的值会使得因变量的预测值变大；如果权重是负值，那么增加对应自变量的值会使得因变量的预测值变小。

在 Python 中，定义线性回归模型的预测函数 `linear_model()` 的方式如下。

```
# 线性回归模型的预测函数 linear_model()
def linear_model(input, weight, b):
    # 计算线性模型的预测值，函数 np.sum()计算数组的元素和
    prediction = np.sum(input * weight) + b
```

```
        return prediction
```

例如，当$b=10$，$\boldsymbol{w}=(0.1\ \ 0.1\ \ 0.1)^{\mathrm{T}}$时，我们可以使用如下代码计算广告数据的第一个观测点的预测值。

```
b = 10                                  # 给定截距项
w = np.array([0.1, 0.1, 0.1])           # 给定自变量权重

# 从数据 advertising 中得到第一个观测点的自变量向量
input_0 = advertising.values[0][0:3]
print("第一个观测点的自变量向量为" + str(input_0))

# 使用线性回归模型得到 input_0 的预测值
pred = linear_model(input_0, w, b)
print("第一个观测点的预测值为" + str(pred))
```

运行结果如下。

```
第一个观测点的自变量向量为(230.1 37.8 69.2)
第一个观测点的预测值为 43.71
```

通过函数 `linear_model()`，得到自变量的值为(230.1　37.8　39.2)的观测点的预测值43.71。该预测结果准确吗？为了回答这个问题，我们可以计算预测值与真实值的差，即$\hat{y}-y$。如果$\hat{y}-y$是一个正数，说明预测值偏高；如果$\hat{y}-y$是一个负数，说明预测值偏低。总的来说，$\hat{y}-y$的绝对值很大，说明预测效果不好；$\hat{y}-y$的绝对值很小，说明预测效果好。在实际应用中，通常使用$(\hat{y}-y)^2$来衡量观测点的预测误差。$(\hat{y}-y)^2$越小，说明预测效果越好。

```
"""
从数据 advertising 中得到第 1 行、第 4 列的因变量 target
并计算残差平方
"""
target = advertising.values[0][3]
loss = (pred - target) ** 2
print(loss)
```

运行结果如下。

```
466.9921
```

对于数据$(\boldsymbol{x}_1,y_1),(\boldsymbol{x}_2,y_2),\cdots,(\boldsymbol{x}_n,y_n)$，我们可以计算每一个观测点的预测值$\hat{y}_1=b+\boldsymbol{x}_1\bullet\boldsymbol{w}$，$\hat{y}_2=b+\boldsymbol{x}_2\bullet\boldsymbol{w},\cdots,\hat{y}_n=b+\boldsymbol{x}_n\bullet\boldsymbol{w}$与真实因变量$y_1,y_2,\cdots,y_n$的残差平方，并且定义残差平方和，即$\mathrm{RSS}(b,\boldsymbol{w})$，从而衡量模型总的预测误差。

$$\mathrm{RSS}(b,\boldsymbol{w})=\frac{1}{2n}\sum_{i=1}^{n}(y_i-\hat{y}_i)^2=\frac{1}{2n}\sum_{i=1}^{n}[(b+\boldsymbol{x}_i\bullet\boldsymbol{w})-y_i]^2$$

这里，残差平方和乘以常数1/2只是为了稍后估计b和$\boldsymbol{w}$方便一些。当$b=10$，$\boldsymbol{w}=(0.1\ \ 0.1\ \ 0.1)^{\mathrm{T}}$时，使用如下代码计算整个广告数据的残差平方和。

```
"""
计算广告数据的残差平方和
"""
```

```
rss = 0
for i in range(len(advertising)):
    # input 为自变量向量
    input = advertising.values[i][0:3]
    # 调用函数 linear_model()得到预测值
    pred = linear_model(input, w, b)
    # target 为第 i 个观测值的真实销量
    target = advertising.values[i][3]
    # 计算残差平方和
    rss += (pred - target) ** 2/2/len(advertising)
print(rss)
```

运行结果如下。

```
143.69051025000013
```

可以看到，当 $b=10$ ， $\boldsymbol{w}=(0.1\ 0.1\ 0.1)^{\mathrm{T}}$ 时，整个数据的残差平方和约为 143.69 。这里 $b=10$ ， $\boldsymbol{w}=(0.1\ 0.1\ 0.1)^{\mathrm{T}}$ 是随意给定的，算出来的残差平方和比较大是预料之内的。在建模过程中，我们希望模型学习数据中蕴含的规律，从而找到更好的 b 和 $\boldsymbol{w}$ ，最终得到更加准确的预测值。 $\mathrm{RSS}(b,\boldsymbol{w})$ 可以用来衡量模型预测误差大小，因此一个很自然的方法是最小化 $\mathrm{RSS}(b,\boldsymbol{w})$ ，得到 b 和 $\boldsymbol{w}$ 的估计值，即

$$\underset{b,\boldsymbol{w}}{\text{minimize}}\ \mathrm{RSS}(b,\boldsymbol{w})=\frac{1}{2n}\sum_{i=1}^{n}\left[(b+\boldsymbol{x}_i\bullet\boldsymbol{w})-y_i\right]^2$$

$\mathrm{RSS}(b,\boldsymbol{w})$ 也称为目标函数或者损失函数。当给定 $\hat{b}$ 和 $\hat{\boldsymbol{w}}$ 时， $\mathrm{RSS}(\hat{b},\hat{\boldsymbol{w}})$ 也称为预测误差或者模型误差。在数学方法中，求 $\mathrm{RSS}(b,\boldsymbol{w})$ 最小值的方法有很多。最常见的方法是求 $\mathrm{RSS}(b,\boldsymbol{w})$ 关于 b 和 $\boldsymbol{w}$ 的偏导数，即 $\partial\mathrm{RSS}(b,\boldsymbol{w})/\partial b$ 和 $\partial\mathrm{RSS}(b,\boldsymbol{w})/\partial\boldsymbol{w}$ ，然后令这些偏导数等于 0，解方程得到 b 和 $\boldsymbol{w}$ 的估计值。在这里，我们不详细介绍该方法，因为该方法只适合少数结构比较简单的模型（如线性回归模型），不能用于求解像深度学习这类复杂模型的参数。我们着重介绍的算法是深度学习中常用的优化算法——梯度下降法。接下来，我们将逐步介绍梯度下降法的 3 个不同变体——随机梯度下降法、全数据梯度下降法和批量随机梯度下降法。

3.1.2 随机梯度下降法

我们先考虑一个简单的模型，即没有截距项而只有一个自变量的线性回归模型，而且假设数据只有一个观测点（ $x=0.5,\ y=0.8$ ）。线性回归模型为 $y=xw+\varepsilon$ ，残差平方和为

$$\mathrm{RSS}(w)=\frac{1}{2}(y-xw)^2$$

$\mathrm{RSS}(w)$ 是一个关于 w 的一元二次函数。当观测点为 $(x=0.5,\ y=0.8)$ ， $w=3$ 时，在 Python 中，我们可以通过如下方式计算残差平方和。

```
x, y = 0.5, 0.8
w = 3                        # 权重设为 3
rss = (y - x * w)**2 / 2     # 计算残差平方和
```

```
print(rss)
```

运行结果如下。

```
0.24499999999999997
```

在随机梯度下降法中，一个很重要的概念是梯度（gradient），记为∇。例如，函数 RSS(w) 关于参数 w 的梯度，记为$\nabla_w \text{RSS}(w)$；在不引起混淆的情况下，这可以更加简洁地记为∇_w。函数 RSS(w) 的梯度为 RSS(w) 关于 w 的偏导数，即

$$\nabla_w \text{RSS}(w) = \frac{\partial \text{RSS}(w)}{\partial w}$$

对于本节给出的简单模型，则有

$$\nabla_w \text{RSS}(w) = \frac{\partial \frac{1}{2}(y - xw)^2}{\partial w} = (xw - y)x$$

当 $w=3$ 时，$\nabla_w \text{RSS}(w) = (0.5 \times 3 - 0.8) \times 0.5 = 0.35$。图 3-2 用虚线表示 RSS($w$) 在 $w=3$ 处的切线，切线的斜率即梯度。可以看到，沿着梯度方向（当 $w=3$ 时，梯度为正值），函数 RSS(w) 增长最快；沿着梯度相反的方向，函数 RSS(w) 下降最快。

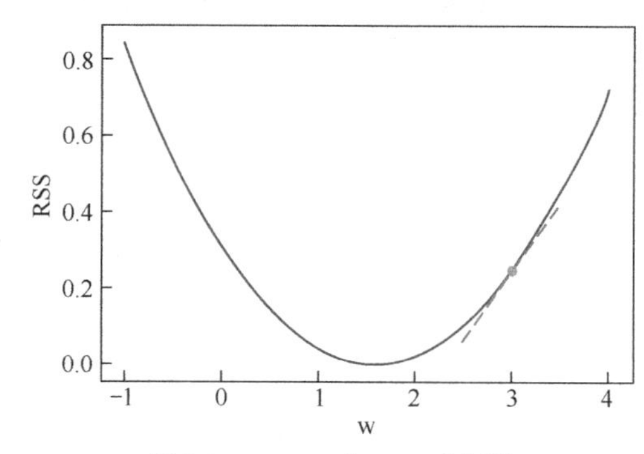

图 3-2　RSS(w) 在 $w=3$ 的切线

在 Python 中，对应的实现方式如下。

```
w = 3
pred = x * w
rss = ((pred - y)**2) / 2
grad = (pred - y) * x    # 计算梯度
print("当 w=3 时，预测值为" + str(pred))
print("当 w=3 时，残差平方和为" + str(round(rss, ndigits=3)))
print("当 w=3 时，RSS(w)的梯度" + str(grad))
```

运行结果如下。

```
当 w=3 时，预测值为 1.5
当 w=3 时，残差平方和为 0.245
当 w=3 时，RSS(w)的梯度 0.35
```

为了计算不同权重下，残差平方和 RSS(w)的值，编写以下代码。

```
# 函数 np.linspace()可以给出给定区间内等间隔的序列
w_vec = np.linspace(-1, 4, 100)
rss_vec = []
for w_tmp in w_vec:
    rss_tmp = (y - x * w_tmp)**2/2
    rss_vec.append(rss_tmp)
"""
画出残差平方和随着权重变化的曲线
当 w=3 时，画出 RSS(w)的斜率
"""
```

```
plt.plot(w_vec, rss_vec)

# 画出 w=3 时对应 RSS 的散点图
plt.scatter(w, rss, s=100, c="y", marker="o")
# 通过当 w=3 时的切线
plt.plot(np.linspace(2.5,3.5,50), \
         np.linspace(2.5,3.5,50)*0.35-0.805, \
         '--',linewidth=2.0)
plt.xlabel("w", fontsize=16)
plt.ylabel("RSS", fontsize=16)
plt.show()
```

进一步分析预测误差、预测值及权重之间的关系。当 $w=3$ 时，预测值 pred 为1.5 。预测值 1.5 大于真实因变量的值 0.8，预测误差为 0.245。为了减小预测误差，需要减小预测值。因为 pred 等于 x 乘以 w，一个直接的想法是让 w 减去一个正数，使得 w 变小，这样可以使得预测值变小，从而最终减小预测误差。 $\text{grad}=(\text{pred}-y)x=0.35$ ，它恰巧是一个正数（这里的 grad 其实不是正数，因为 grad 表示梯度，而梯度表示函数增长最快的方向；沿着梯度相反的方向，函数下降最快）。$w-\text{grad}$ 会使得 w 变小，这正是我们所期望的。

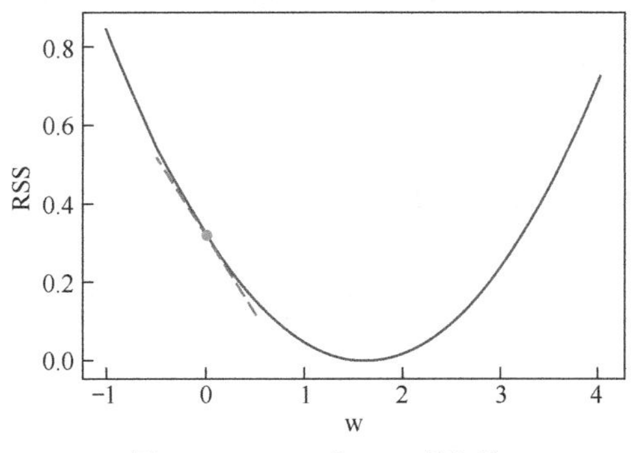

图 3-3　RSS(w) 在 $w=0$ 的切线

当 $w=0$ 时， $\nabla_w \text{RSS}(w)=(0.5\times 0-0.8)\times 0.5=-0.4$ 。图 3-3 用虚线表示 RSS(w) 在 $w=0$ 处的切线，切线的斜率即梯度。可以看到，沿着梯度方向（当 $w=0$ 时，梯度为负值），函数 RSS(w) 增长最快；沿着梯度相反的方向，函数 RSS(w) 下降最快。

在 Python 中，对应的实现方式如下。

```
w = 0
pred = x * w
rss = ((pred - y)**2) / 2
grad = (pred - y) * x
print("当 w=0 时，预测值为" + str(pred))
print("当 w=0 时，残差平方和为" + str(round(rss, ndigits=3)))
print("当 w=0 时，RSS(w)的梯度为" + str(grad))
```

运行结果如下。

```
当 w=0 时，预测值为 0.0
当 w=0 时，残差平方和为 0.32
当 w=0 时，RSS(w)的梯度为-0.4
```

为了绘制残差平方和随权重变化的曲线，编写以下代码。

```
"""
画出残差平方和随权重变化的曲线
画出 w=0 时，RSS(w)的斜率
```

```
"""
plt.plot(w_vec, rss_vec)
plt.scatter(0, y**2/2, s=100,c="y", marker="o")
plt.plot(np.linspace(-0.5, 0.5, 50), \
         np.linspace(-0.5, 0.5, 50) * (-0.4) + 0.32, \
         '--', linewidth=2.0)
plt.xlabel("w", fontsize=16)
plt.ylabel("RSS", fontsize=16)
plt.show()
```

当$w=0$时，预测值 pred 为0。预测值0小于真实因变量的值0.8，预测误差为0.32。为了减小预测误差，需要增大预测值。因为预测值等于x乘以w，一个直接的想法是让w减去一个负数，使得w变大，这样就可以使得预测值变大，从而最终减小预测误差。$\text{grad}=(0-0.8)\times 0.5=-0.4$，它恰巧是一个负数。$w-\text{grad}$会使得$w$变大，这也正是我们所期望的。

可以看到，无论w的初始值在最小值的左边还是右边，$w=w-\nabla_w \text{RSS}(w)$都可以让$w$朝着使$\text{RSS}(w)$变小的方向移动。基于这样的观察，我们可以设计算法3.1以找到$\text{RSS}(w)$的最小值点。

算法 3.1　梯度下降法（单个自变量，单个样本点）

给定初始的参数值w，学习步长α

　　迭代直至收敛:

　　　　计算观测点的梯度$\nabla_w \text{RSS}(w)$

　　　　更新w：$w=w-\alpha\nabla_w \text{RSS}(w)$

该算法就是梯度下降法。在更新w的过程中，通常不直接让参数w减去$\text{RSS}(w)$，而是让参数w减去$\alpha\text{RSS}(w)$。这里，α是一个较小的正数，称为学习步长。这样可以让w的每次更新速度变慢，使得w更容易收敛。

对于本节的简单例子，我们尝试迭代多次，观察每次更新w后，$\text{RSS}(w)$是否变小。如果令w的初始值为0.0，那么初始预测值为0.0，初始误差为0.32。预测值 0 小于真实因变量的值 0.8。这时w需要减去一个负数，使得w的值变大，这样可以使预测值变大，更接近真实因变量，最终减小预测误差。初始梯度$\nabla_w \text{RSS}(w)=(0-0.8)\times 0.5=-0.4$。

在 Python 中，对应实现代码如下。

```
"""
计算初始权重、初始预测值、预测误差和初始梯度
"""
w = 0; lr = 0.5  # lr为学习步长
pred = x * w
loss = ((pred - y)**2) / 2
grad = (pred - y) * x
print("自变量的值: " + str(x))
print("真实因变量: " + str(y))
print("初始权重: " + str(w))
```

```
print("初始预测值: " + str(pred))
print("初始误差: " + str(round(loss, ndigits=3)))
print("初始梯度: " + str(grad))
```

运行结果如下。

```
自变量的值: 0.5
真实因变量: 0.8
初始权重: 0
初始预测值: 0.0
初始误差: 0.32
初始梯度: -0.4
```

第一次迭代后，$w=0-0.5\times(-0.4)=0.2$，预测值为 0.1，预测误差为 0.245，预测误差变小了。预测值还是小于真实因变量的值 0.8，依然让 w 减去一个负数，使得 w 变大，这样可以使预测值变大，从而更接近真实因变量，进一步减小预测误差。第一次迭代后，梯度 $\nabla_w \text{RSS}(w)=(0.1-0.8)\times 0.5=-0.35$。

在 Python 中，对应实现方式如下。

```
"""
第一次迭代，以及计算迭代后的预测值、预测误差和梯度
"""
w = w - lr * grad    # 更新w
pred = x * w
loss = ((pred - y)**2) / 2
grad = (pred - y) * x
print("第一次迭代后的权重: " + str(w))
print("第一次迭代后的预测: " + str(pred))
print("第一次迭代后的误差: " + str(round(loss, ndigits=3)))
print("第一次迭代后的梯度: " + str(round(grad, ndigits=3)))
```

运行结果如下。

```
第一次迭代后的权重: 0.2
第一次迭代后的预测: 0.1
第一次迭代后的误差: 0.245
第一次迭代后的梯度: -0.35
```

第二次迭代后，$w=0.2-0.5\times(-0.35)=0.375$，预测值约为 0.1875，预测误差约为 0.188，预测误差进一步变小了。预测值还是小于真实因变量的值 0.8，依然可以让 w 减去一个负数，使得 w 变大，这样可以使预测值变大，更接近真实因变量，从而进一步减小预测误差。第二次迭代后，梯度 $\nabla_w \text{RSS}(w)\approx(0.1875-0.8)\times 0.5\approx-0.306$。

在 Python 中，对应实现方式如下。

```
"""
第二次迭代，以及计算迭代后的预测值，预测误差和梯度
"""
w = w - lr * grad              # 更新w
pred = x * w
loss = ((pred - y)**2) / 2
```

```
grad = (pred - y) * x
print("第二次迭代后的权重：" + str(w))
print("第二次迭代后的预测值：" + str(pred))
print("第二次迭代后的误差：" + str(round(loss, ndigits=3)))
print("第二次迭代后的梯度：" + str(round(grad, ndigits=3)))
```

运行结果如下。

```
第二次迭代后的权重：0.375
第二次迭代后的预测值：0.1875
第二次迭代后的误差：0.188
第二次迭代后的梯度：-0.306
```

注意，这里第二次迭代后的误差和梯度精确到了千分位。

从上面的结果可以看到，随着迭代次数的增加，w 不断增大，预测值也不断增大，预测值与因变量真实值的差距越来越小，预测误差越来越小。我们可以继续重复上面的步骤，找到使得 RSS(w) 最小的 w。在 Python 中，使用 for 循环实现梯度下降法。

```
"""
使用 for 循环，对 w 迭代 20 次
"""
w, lr = 0, 0.5          # 权重初始值为 0，学习步长设为 0.5
w_record = []           # w_record 用于记录迭代过程的权重
loss_record = []        # loss_record 用于记录迭代过程的残差平方和

# 函数 range()可以产生数列[0,1,2,...,19]
for iter in range(20):
    pred = x * w
    loss = ((pred - y)**2) / 2

    w_record.append(w)
    loss_record.append(loss)

    delta = pred - y
    w = w - lr * (delta * x)    # delta * x 表示梯度
    if (iter%5==0 or iter==19):
        print("iter: %2d; Loss: %0.3f" % (iter, loss))

w_record.append(w)
loss_record.append((x * w - y)**2/2)
```

运行结果如下。

```
iter: 0;    Loss: 0.320
iter: 5;    Loss: 0.084
iter: 10;   Loss: 0.022
iter: 15;   Loss: 0.006
iter: 19;   Loss: 0.002
```

从代码运行结果可以看到，预测误差 RSS(w) 随着 w 的更新逐步变小。最终，w 收敛到 1.49，RSS(w) 的最小值为 0.002。

为了绘制 w 与 RSS(w)随着迭代的变化曲线，编写以下代码。

```
"""
画出权重 w 与残差平方和 RSS(w)随着迭代的变化曲线
"""
plt.plot(w_vec, rss_vec)
plt.scatter(0, 0.32, s=100, c="y", marker="o")  # 画初始点
for i in range(len(w_record)-1):
    # 画箭头
    plt.arrow(w_record[i], loss_record[i], \
              w_record[i+1]-w_record[i],    \
              loss_record[i+1]-loss_record[i], width=0.01, \
              color="y", head_width=0.05)
plt.xlabel("w", fontsize=16)
plt.ylabel("RSS", fontsize=16)
plt.show()
```

运行结果如图 3-4 所示。

通常情况下，数据包含多个自变量，损失函数将包含多个参数。记 $L(\boldsymbol{w})=L(w_1,w_2,\cdots,w_p)$，它为一个包含 p 个参数的损失函数，其梯度可以表示为

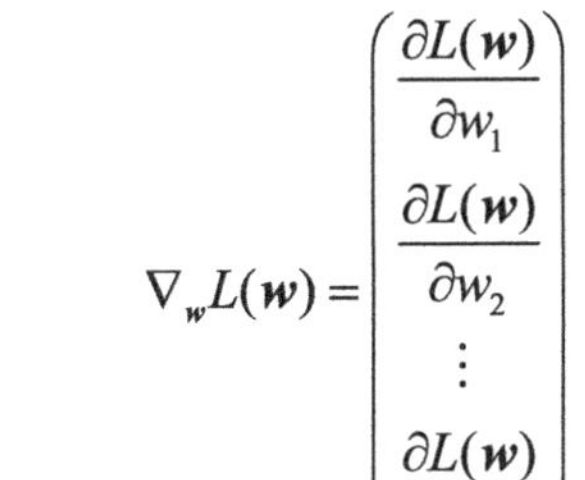

$$\nabla_{\boldsymbol{w}}L(\boldsymbol{w})=\begin{pmatrix}\dfrac{\partial L(\boldsymbol{w})}{\partial w_1}\\\dfrac{\partial L(\boldsymbol{w})}{\partial w_2}\\\vdots\\\dfrac{\partial L(\boldsymbol{w})}{\partial w_p}\end{pmatrix}$$

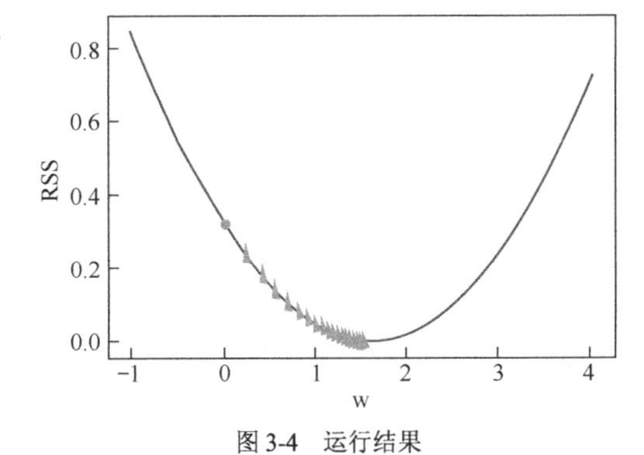

图 3-4 运行结果

函数 $L(\boldsymbol{w})$ 的梯度是由函数 $L(\boldsymbol{w})$ 对各个参数的偏导数构成的向量。

另外，现实数据有很多观测点。这时，我们可以计算每个观测点的预测值，计算梯度，然后更新 $\boldsymbol{w}$，$\boldsymbol{w}=\boldsymbol{w}-\alpha\nabla_{\boldsymbol{w}}L(\boldsymbol{w})$。当数据包含多个自变量和多个观测点时，我们可以设计算法 3.2 来找到 $L(\boldsymbol{w})$ 的最小值点。

算法 3.2　随机梯度下降法

给定初始参数值 $\boldsymbol{w}=(w_1,w_2,\cdots,w_p)$，学习步长 α

迭代直至收敛：

　　对数据集中的每个观测点

　　　　计算该数据点的梯度，$\nabla_{\boldsymbol{w}}L(\boldsymbol{w})$

　　　　更新 $\boldsymbol{w}$：$\boldsymbol{w}=\boldsymbol{w}-\alpha\nabla_{\boldsymbol{w}}L(\boldsymbol{w})$

该算法就是随机梯度下降（Stochastic Gradient Descent, SGD）法。随机指每次只使用一个观

测点计算梯度；在实现随机梯度下降法的过程中，随机抽取观测点来计算梯度并更新参数。

在广告数据中，我们以 TV 和 radio 为自变量、以 sales 为因变量建立没有截距项的线性回归模型，并且使用所有观测点组成的数据集作为训练数据。首先，分别对自变量进行标准化，对因变量进行中心化。标准化可以使得变换之后所有自变量的均值为 0，方差为 1。中心化可以使得变换之后因变量的均值为 0。自变量标准化和因变量中心化可以让梯度下降法的数值更加稳定，使人们更容易找到合适的初始值和学习步长。标准化方法之一是让数据的每一列减去该列的均值，然后除以该列的样本标准差（sd(x)），即

$$\text{scaled\_}x = \frac{x - \bar{x}}{\text{sd}(x)}$$

中心化只需要让数据减去样本均值，即 $\text{centered\_}y = y - \bar{y}$。

在 Python 中，实现方式如下。

```
"""
根据自变量矩阵 x，因变量向量 y
对数据进行标准化和中心化得到 scaled_x 和 centered_y
"""
x = advertising.iloc[:,0:2].values
y = advertising.iloc[:,3].values
scaled_x = (x - np.mean(x, axis=0, keepdims=True))/  \
             np.std(x, axis=0, keepdims=True)
centered_y = y - np.mean(y)

"""
使用随机梯度下降法迭代更新 w
"""
lr = 0.1
w = np.zeros(2)
w_record = [w.copy()]
for iter in range(5):                          # 所有的数据点重复使用 5 次
   total_loss = 0                              # 总的预测误差
   for i in range(len(scaled_x)):
      # 计算每个观测点的预测值
      pred = np.sum(scaled_x[i] * w)
      # 计算每个观测点的预测误差，并把该误差加入到总的预测误差中
      total_loss += ((pred - centered_y[i])**2) / 2
      delta = (pred - centered_y[i])
      w -=  lr * (delta * scaled_x[i])  # 更新 w
      w_record.append(w.copy())

   print("Loss: %0.5f" % (total_loss/(i+1)))
   print(w)
```

运行结果如下。

```
Loss: 1.98663
```

```
Loss: 1.62702
Loss: 1.62702
Loss: 1.62702
Loss: 1.62702
array([3.46941055, 3.19188802])
```

从上面的结果可以看到，通过所有观测点的迭代，并且重复使用所有观测点5次，参数 $\boldsymbol{w}$ 对应的预测误差先逐步变小，之后大致稳定在 1.627 附近。参数 $\boldsymbol{w}$ 的估计值为（3.46941055, 3.19188802）。随着 TV 和 radio 的增加，sales 也会增加，即 TV 和 radio 对商品销量都有正面影响。图 3-5 中的黑色实线表示等高线，同一个椭圆形上 (w_1, w_2) 的 RSS($\boldsymbol{w}$) 相等。椭圆形越大，RSS($\boldsymbol{w}$) 越大；椭圆形越小，RSS($\boldsymbol{w}$) 越小。菱形块表示 RSS($\boldsymbol{w}$) 真正的最小值（通过解方程的方式求得），圆点表示通过随机梯度下降法得到的 (w_1, w_2) 的估计值。带有箭头的线表示 (w_1, w_2) 的迭代路径。在随机梯度下降法中，每次迭代只使用一个观测点，计算的梯度随机性比较大，有时候 (w_1, w_2) 的值不会朝着使 RSS($\boldsymbol{w}$) 最小的方向移动。

```
"""
画出 RSS(w) 的等高线和 (w1,w2) 的迭代路径
这部分代码用于画出图 3-5，同学们只需要看懂图 3-5，可以不用看代码的细节
"""
def f(w1, w2, x, y):
    pred = x[:,0] * w1 + x[:, 1] * w2
    return np.mean((pred - y)**2)

a = np.linspace(0, 6, 300)
b = np.linspace(0, 4, 300)

A, B = np.meshgrid(a, b)

C = np.zeros_like(A)
for i in range(A.shape[0]):
    for j in range(A.shape[1]):
        C[i][j] = f(A[i][j], B[i][j], scaled_x, centered_y)

w_equation = np.dot(
    np.dot(
        np.linalg.inv(
            np.dot(scaled_x.T, scaled_x)), scaled_x.T), centered_y)

   plt.contour(A, B, C, colors='
   black'
)
for i in range(len(w_record)-1):
    plt.arrow(w_record[i][0], w_record[i][1], \
         w_record[i+1][0]-w_record[i][0], \
         w_record[i+1][1]-w_record[i][1],  \
```

```
                width=0.01, color="y", head_width=0.05, zorder = 1)
    plt.scatter(w_record
                [-1][0], w_record[-1][1], s=50, c="b", \
               marker="o", zorder=2)
    plt.scatter(w_equation[0], w_equation[1], s=100, c="r", \
                marker="D", zorder=2)
    plt.xlabel("w1", fontsize=16)
    plt.ylabel("w2", fontsize=16)
    plt.xlim(0,6)
    plt.ylim(0,4)
    plt.show()
```

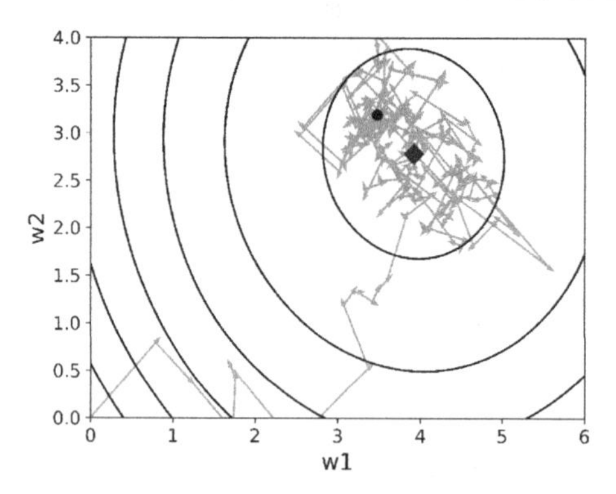

图 3-5　RSS(w) 的等高线及参数 w 收敛路径（随机梯度下降法）

3.1.3　全数据梯度下降法

全数据梯度下降法在计算梯度时会用到所有观测点，因此计算出来的梯度会比较稳定，参数 w 可以更快收敛到使得 RSS(w) 最小的点。

在这里，函数 $L(\boldsymbol{w})$ 表示使用数据所有观测点得到的损失函数，$\nabla_w L(\boldsymbol{w})$ 为 $L(\boldsymbol{w})$ 的梯度。全数据梯度下降（Full Gradient Descent）法如算法 3.3 所示。

算法 3.3　全数据梯度下降法

给定初始参数值 $\boldsymbol{w}=(w_1,w_2,\cdots,w_p)$，学习步长 α

迭代直至收敛:

　　计算全数据集的梯度 $\nabla_w L(\boldsymbol{w})$

　　更新 $\boldsymbol{w}$：$\boldsymbol{w}=\boldsymbol{w}-\alpha\nabla_w L(\boldsymbol{w})$

为了方便说明全数据梯度下降法的特点，我们先考虑只有一个自变量的情况。这时，残差平方和为

$$\mathrm{RSS}(w)=\frac{1}{2n}\sum_{i=1}^{n}(x_i w-y_i)^2=\frac{1}{2n}(\boldsymbol{X}w-\boldsymbol{y})^\top(\boldsymbol{X}w-\boldsymbol{y})$$

RSS(w)是w的一元二次函数。在广告数据中，现在只考虑TV对sales的影响。首先，对自变量进行标准化，对因变量进行中心化。

```
"""
以 TV 为自变量，以 sales 为因变量
对 TV 进行标准化，对 sales 进行中心化
"""
TV = advertising["TV"].values
sales = advertising["sales"].values
scaled_TV = (TV - np.mean(TV))/np.std(TV)
centered_sales = sales - np.mean(sales)
```

图3-6为广告数据中RSS(w)随着w变化的曲线。函数RSS(w)关于w的偏导数为

$$\frac{\partial \mathrm{RSS}(w)}{\partial w}=\frac{1}{n}\sum_{i=1}^{n}(x_i w-y_i)x_i=\frac{1}{n}\boldsymbol{X}^{\top}(\boldsymbol{X}w-\boldsymbol{y})$$

图3-6中的圆点为随意给定的w的初始值；经过圆点的虚线是RSS(w)在$w=0$处的切线；菱形块用于标记RSS(w)的最小值点。令$\frac{\partial \mathrm{RSS}(w)}{\partial w}=0$，求解方程，得

$$w_{\min}=\frac{\sum_{i=1}^{n}x_i y_i}{\sum_{i=1}^{n}x_i^2}$$

在后面将要学习的深度学习模型中，我们无法通过数学解析的方式求得参数估计值。这里只是为了先标示出梯度下降法的目标，所以用数学解析的方法求出了RSS(w)的最小值。

为了绘制RSS(w)的曲线和RSS(w)在w=0处的导数，编写以下代码。

```
"""
画出 RSS 随着 w 变化的曲线
画出 RSS 在 w=0 处的切线；画出 RSS 的最小值点
"""
n = len(scaled_TV)
w_vec = np.linspace(-2, 10, 100)                      # 权重向量
rss_vec = []                                          # 记录不同权重下 RSS 值
for w in w_vec:
    rss = np.sum((centered_sales - scaled_TV * w)**2)/2/n
    rss_vec.append(rss)

w_0 = 0                                               # 初始权重设为 0
# 初始化权重的残差平方和
rss_0 = np.sum((centered_sales - scaled_TV * w_0)**2)/2/n
# RSS 最小值点，对应的权重
w_min = np.sum(scaled_TV * centered_sales)/np.sum(scaled_TV **2)
# RSS 最小值
rss_min = np.sum((centered_sales - scaled_TV * w_min)**2)/2/n
```

```
plt.plot(w_vec, rss_vec)
plt.scatter(w_0, rss_0, s=100,c="y", marker="o")
plt.scatter(w_min, rss_min, s=100, c="r", marker="D")
plt.plot(np.linspace(-1,1,50), \
np.linspace(-1,1,50)*  \
      np.mean(-scaled_TV*centered_sales)+ \
      np.sum((centered_sales)**2)/2/n, '--', linewidth=2.0)
plt.xlabel("w", fontsize=16)
plt.ylabel("RSS", fontsize=16)
plt.show()
```

得到的图形如图 3-6 所示。

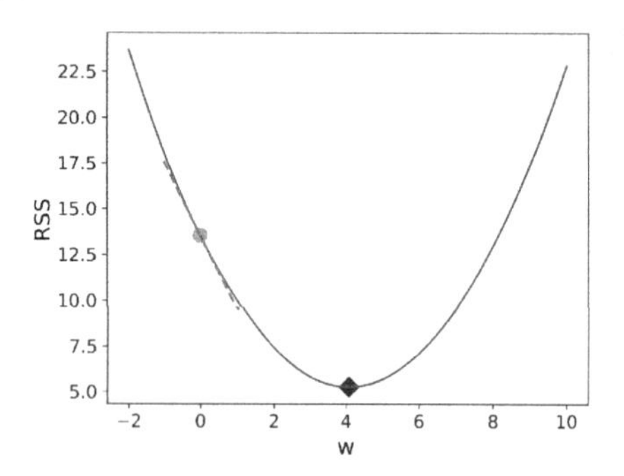

图 3-6　RSS(w) 函数的曲线和 RSS(w) 在 $w=0$ 处的导数

在 Python 中，使用下面的代码实现全数据梯度下降法。在代码中，delta 是一个长度为 200 的向量，表示预测值与真实值的差；np.sum(input * delta) 用于计算 $\boldsymbol{X}^{\mathrm{T}}(\boldsymbol{X}w-\boldsymbol{y})$ 。

```
"""
使用全数据梯度下降法迭代更新 w
"""
w, lr = 0, 0.1
input, target = scaled_TV, centered_sales
w_record = []
loss_record = []
for iter in range(20):
    pred = input * w                          # 所有观测点的预测值
    loss = np.sum((pred - target)**2)/2/n    # 全数据预测误差

    w_record.append(w)
    loss_record.append(loss)

    delta = pred - target
    w = w - lr * np.sum(input * delta) / n       # 更新权重 w

    if (iter%5==0 or iter==19):
        print("iter: %3d; Loss: %0.3f"%(iter, loss))
```

```
    w_record.append(w)
    loss_record.append(np.sum((pred - target)**2)/2/n)
```

运行结果如下。

```
iter: 0;    Loss: 13.543
iter: 5;    Loss: 8.146
iter: 10;   Loss: 6.264
iter: 15;   Loss: 5.608
iter: 19;   Loss: 5.408
```

从上面的结果可以看到，预测误差随着迭代逐步变小。为了绘制RSS(w)的收敛路径，编写以下代码。

```
"""
画出权重 w 与残差平方和 RSS(w)随着迭代的变化曲线
"""
plt.plot(w_vec, rss_vec)
plt.scatter(0, rss_0, s=100, c="y", marker="o")
for i in range(len(w_record)-1):
    plt.arrow(w_record[i], loss_record[i], \
              w_record[i+1]- w_record[i], \
              loss_record[i+1]-loss_record[i], \
              width=0.1, color="y", head_width=0.4)

plt.scatter(w_min, rss_min, s=100, c="r", marker="D")
plt.xlabel("w", fontsize=16)
plt.ylabel("RSS", fontsize=16)
plt.show()
```

从代码的运行结果（见图3-7）也可以看到，参数w不断地朝着RSS(w)的最小值点（菱形块）移动。算法开始时，w更新幅度较大；接近最小值点时，w更新幅度越来越小。这是因为随着w靠近最小值点，RSS(w)关于w的梯度的绝对值越来越小。

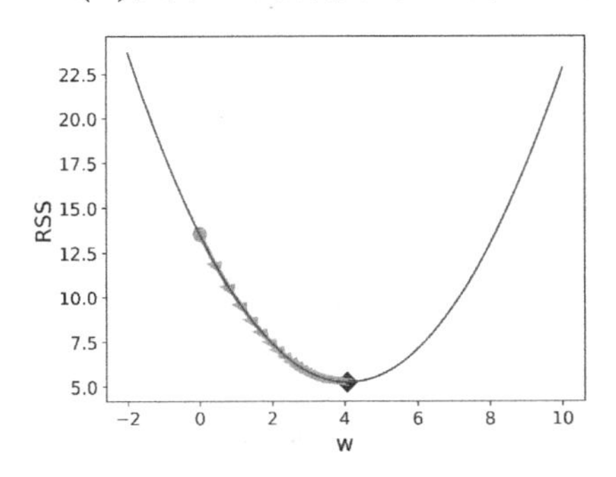

图3-7　RSS(w)的收敛路径（全数据梯度下降法）

为了绘制以TV为横轴、以sales为纵轴的散点图，编写以下代码。

```
"""
计算预测值，需要先对自变量进行标准化，代入模型，
```

```
然后把预测值变换回原来的数值范围
"""
xx = np.linspace(0, 300, 100)                          # 拟预测的 TV 值
scaled_xx = (xx - np.mean(TV))/np.std(TV)      # 拟预测的 TV 值标准化
# 计算预测值，并把预测值变换回原来的数据范围
yy = (scaled_xx * w) + np.mean(sales)

"""
画出散点图和拟合的直线
"""
plt.figure()
plt.scatter("TV", "sales", data = advertising, label="TV")
plt.plot(xx, yy, "r")
plt.xlabel("TV", fontsize=16)
plt.ylabel("Sales", fontsize=16)
plt.show()
```

这里要注意，在建立模型时，我们对数据的自变量进行了标准化，并且对因变量进行了中心化；使用模型进行预测时，要把预测值变换回原来的数值范围。首先取 0～300 的等间隔的 100 个数字（把这 100 个数字当作需要预测的 TV 值），然后对这 100 个数字进行标准化（减去 TV 的均值再除以 TV 的标准差）。标准化后的 100 个数字乘以权重是标准化之后的预测值，这些预测值加上 sales 的均值才是最终的预测值（请想想为什么这样做可以得到最终预测值）。

运行结果如图 3-8 所示。

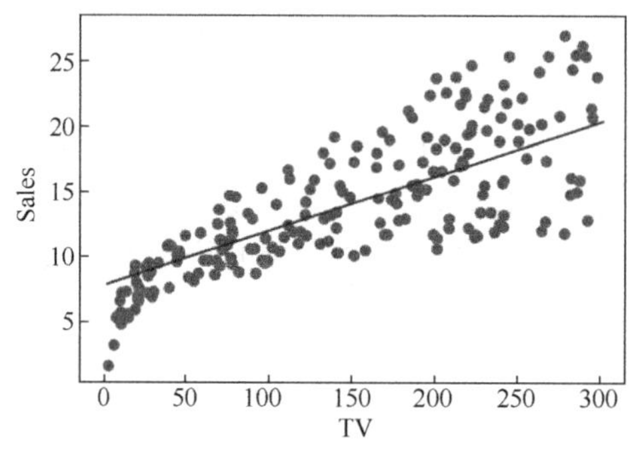

图 3-8　散点图（以 TV 为横轴，以 sales 为纵轴）和拟合直线

现在以 TV 和 radio 为自变量，以 sales 为因变量建立没有截距项的线性回归模型。该线性回归模型的损失函数为

$$\mathrm{RSS}(\boldsymbol{w})=\frac{1}{2n}(\boldsymbol{X}\boldsymbol{w}-\boldsymbol{y})^{\mathrm{T}}(\boldsymbol{X}\boldsymbol{w}-\boldsymbol{y})$$

这里，$\boldsymbol{X}$ 包含两列，分别是 TV 和 radio；$\boldsymbol{w}$ 有两个元素，分别是 TV 和 radio 的权重。建立模型的代码如下。从代码的运行结果及图 3-9 可以看到，全数据梯度下降法可以更容易达到 $\mathrm{RSS}(\boldsymbol{w})$ 的最小值点，且收敛过程更加稳定。

```
"""
以 TV 和 radio 为自变量建立线性模型，使用全数据梯度下降法迭代权重 w
"""
x = advertising.iloc[:,0:2].values
y = advertising.iloc[:,3].values
# 自变量标准化
scaled_x = (x - np.mean(x, axis=0, keepdims=True))/  \
               np.std(x, axis=0, keepdims=True)
# 因变量中心化
centered_y = y - np.mean(y)
w = np.zeros(2)
lr = 0.1
n = len(scaled_x)
w_record = [w.copy()]
loss_record = []
for iter in range(40):
   pred = np.dot(scaled_x, w)                       # 计算预测值
   loss = np.sum((pred - centered_y)**2)/2/n   # 计算损失函数

   w_record.append(w.copy())
   loss_record.append(loss)

   delta = pred - centered_y                        # 计算 delta
   w = w - lr * np.dot(scaled_x.T, delta)/n    # 更新权重

   if (iter % 5==0 or iter==19):
      print("iter: %2d; loss: %0.5f" % (iter, loss))

w_record.append(w.copy())
loss_record.append(np.sum((np.dot(scaled_x, w) - \
                                        centered_y)**2)/2/n)
```

运行结果如下。

```
iter: 0;  loss: 13.54287
iter: 5;  loss: 5.39080
iter: 10; loss: 2.70865
iter: 15; loss: 1.82585
iter: 19; loss: 1.57067
iter: 20; loss: 1.53516
iter: 25; loss: 1.43939
iter: 30; loss: 1.40783
iter: 35; loss: 1.39742
```

要绘制 RSS($\boldsymbol{w}$) 的等高线和 $\boldsymbol{w}$ 的收敛路径，编写以下代码。

```
"""
画出 RSS(w) 的等高线和 (w1,w2) 的收敛路径
这部分代码用于画出图 3-9，读者只需要看懂图 3-9，可以不看代码细节
"""
plt.contour(A, B, C, colors='black')
```

```
for i in range(len(w_record)-1):plt.arrow(w_record[i][0], w_record[i][1],   \
            w_record[i+1][0]-w_record[i][0],w_record[i+1][1]-w_record[i][1], width=0.01, \
            color="y",head_width=0.05)
plt.scatter(w_record[-1][0], w_record[-1][1], s=50, c="b", \
            marker="o", zorder = 2)
plt.scatter(w_equation[0], w_equation[1], s=50, c="r", \
            marker="D", zorder = 2)
plt.xlabel("w1", fontsize=16)
plt.ylabel("w2", fontsize=16)
plt.show()
```

由以上代码得到的图形如图 3-9 所示。

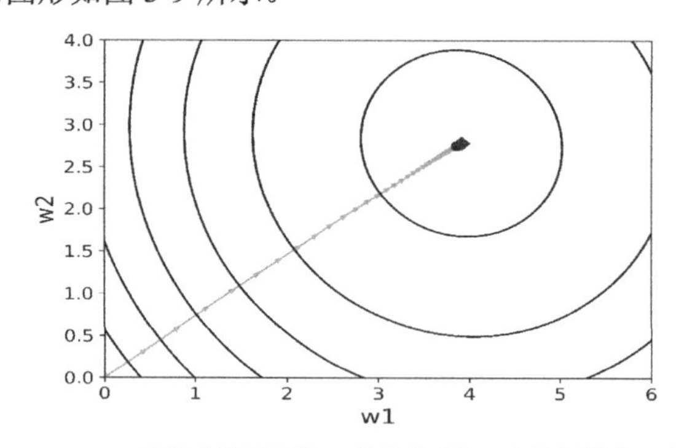

图 3-9　RSS($\boldsymbol{w}$) 的等高线及参数 $\boldsymbol{w}$ 的收敛路径（全数据梯度下降法）

3.1.4　批量随机梯度下降法

我们已经介绍了两种梯度下降法——随机梯度下降法和全数据梯度下降法。

随机梯度下降法每次只根据一个观测点计算梯度，并更新参数，每次迭代都很快且占用的内存少，但是梯度稳定性差，需要迭代很多次才能收敛。

全数据梯度下降法每次计算梯度用到所有观测点，因此需要把整个数据集读入内存中，要求计算机有较大内存，且每次计算梯度都比较耗时。全数据梯度下降法得到的梯度稳定性好，相对随机梯度下降法，迭代次数更少。

随机梯度下降法和全数据梯度下降法的优缺点如表 3-2 所示。

表 3-2　随机梯度下降法和全数据梯度下降法的优缺点

方法	每次迭代速度	需迭代次数	内存占用量	梯度稳定性
随机梯度下降法	快	多	少	不稳定
全数据梯度下降法	慢	少	多	稳定

相对来说，随机梯度下降法更适合数据集大、模型参数多的情形；全数据梯度下降法更适合数据集较小、模型参数少的情形。

本节将介绍批量随机梯度下降（Batch Stochastic Gradient Descent）法。批量随机梯度下降法是随机梯度下降法和全数据梯度下降法的折中，每次计算梯度时既不是使用单个观测点，也不是使用所有观测点。批量随机梯度下降法每次用一小部分观测点计算梯度。在实际中，常用16、32、64、128、256、512 或者 1024 个观测点，根据计算机内存和模型规模等选取合适的观测点个数。用一小部分观测点计算梯度既可以保证快速地进行每次迭代，又可以通过平均少量观测点的梯度获得比较稳定的梯度，同时内存占用量不会显著增加。与随机梯度下降法相比，批量随机梯度下降法迭代次数显著减少。

在批量随机梯度下降法中，损失函数 $L(\boldsymbol{w})$ 由一小部分观测点得到。记用于计算损失函数 $L(\boldsymbol{w})$ 的观测点集合为 $\mathcal{D}$ 。批量随机梯度下降法如算法 3.4 所示。

算法 3.4　批量随机梯度下降法

给定初始的参数值 $\boldsymbol{w}=(w_1,w_2,\cdots,w_p)$ ，学习步长 α

迭代直至收敛:

　　对每个数据集 $\mathcal{D}$

　　　　计算该数据集的梯度，$\nabla_{\boldsymbol{w}}L(\boldsymbol{w})$

　　　　更新 $\boldsymbol{w}$： $\boldsymbol{w}=\boldsymbol{w}-\alpha\nabla_{\boldsymbol{w}}L(\boldsymbol{w})$

在广告数据中，我们以 TV 和 radio 为自变量，以 sales 为因变量建立没有截距项的线性回归模型。在批量随机梯度下降法中，记每次用于预测、计算损失函数 RSS($\boldsymbol{w}$) 以及梯度 $\nabla_{\boldsymbol{w}}$RSS($\boldsymbol{w}$) 的观测点集合为 $\mathcal{D}$ 。梯度 $\nabla_{\boldsymbol{w}}$RSS($\boldsymbol{w}$) 可以表示为

$$\frac{\partial \text{RSS}(\boldsymbol{w})}{\partial \boldsymbol{w}}=\frac{1}{|\mathcal{D}|}\sum_{i\in\mathcal{D}}(\boldsymbol{x}_i\boldsymbol{w}-y_i)\boldsymbol{x}_i^{\mathrm{T}}$$

在 Python 中，采用如下方式实现批量随机梯度下降法。在这里，每批数据的观测点数设为 20，而且按顺序获取每批数据。

```
"""
以 TV 和 radio 为自变量建立没有截距项的线性回归模型
使用批量随机梯度下降法迭代权重 w
"""
x = advertising.iloc[:,0:2].values
y = advertising.iloc[:,3].values
scaled_x = (x - np.mean(x, axis=0, keepdims=True))/  \
                np.std(x, axis=0, keepdims=True)
centered_y = y - np.mean(y)

n = len(scaled_x)
w = np.zeros(2)
lr = 0.1
batch_size = 20                              # 每批计算梯度的观测点个数
batch_num = int(np.ceil((n/batch_size)))  # 批次数量
```

```
w_record = [w.copy()]
for iter in range(20):
    total_loss = 0
    for i in range(batch_num):
        batch_start = i * batch_size     # 每批次数据的开始位置
        batch_end = (i+1) * batch_size  # 每批次数据的结束位置
        pred = np.dot(scaled_x[batch_start:batch_end], w)
        loss = np.sum((pred - centered_y[batch_start:batch_end])**2)/2/batch_size

        delta = pred - centered_y[batch_start:batch_end]

        w = w - lr * np.dot(scaled_x[batch_start:batch_end].T,\
                        delta)/batch_size
        w_record.append(w.copy())
        total_loss += loss
    if iter % 5 == 0:
        print("Error: "+str(total_loss/(i+1)))
```

运行结果如下。

```
Error: 6.879805204373558
Error: 1.4299567798383759
Error: 1.4297701878155769
Error: 1.4297693073089275
```

在这个例子中，观测点数量是 200。观测点数量较少，我们选择 batch size 为 20，这样刚好有 10 批数据。在图 3-10 中，菱形块表示 RSS(***w***) 真正的最小值（通过解方程的方式求得），圆点表示通过批量随机梯度下降法最终收敛得到的 (w_1, w_2) 的值。带有箭头的实线表示 (w_1, w_2) 的迭代路线。可以看到，批量随机梯度下降法的梯度稳定性比随机梯度下降法提高很多。采用相同的学习步长，批量随机梯度下降法可以让 (w_1, w_2) 更稳定地朝着 RSS(***w***) 的最小值点移动。当 (w_1, w_2) 接近菱形块时，迭代路线只是小幅波动，不会像随机梯度下降法一样波动很大。

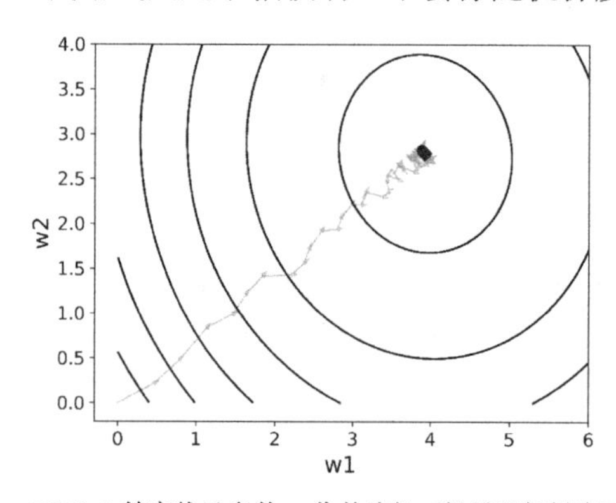

图 3-10　RSS(***w***) 等高线及参数 ***w*** 收敛路径（批量随机梯度下降法）

```
"""
画出 RSS(w) 的等高线和 (w1,w2) 的迭代路线
这部分代码只是画出图 3-10，同学们只需要看懂图，不需要看代码的细节
```

```
"""
plt.contour(A, B, C, colors='black')
for i in range(len(w_record)-1):
plt.arrow(w_record[i][0], w_record[i][1],   \
            w_record[i+1][0]-w_record[i][0], \
            w_record[i+1][1]-w_record[i][1], \
            width=0.01, color="y", head_width=0.05, \
            alpha = 0.5, zorder=1)
plt.scatter(w_record[-1][0], w_record[-1][1], s=50, c="b",   \
            marker="o", zorder=2)
plt.scatter(w_equation[0], w_equation[1], s=50, c="r",   \
            marker="D", zorder=2)
plt.xlabel("w1", fontsize=16)
plt.ylabel("w2", fontsize=16)
plt.show()
```

3.1.5　学习步长

在梯度下降法中，学习步长α是一个很重要的参数。学习步长α太小，算法会收敛得很慢；学习步长α太大，容易造成算法不收敛，甚至发散。因此，在梯度下降法中，选择一个合适步长是非常重要的。在下面的两个例子中，我们以 TV 为自变量，以 sales 为因变量，建立线性回归模型，使用全数据梯度下降法迭代得到参数w，分别设定不同的学习步长。第一种情况下，设定学习步长为 0.01；第二种情况下，设定学习步长为 2.1。可以看到，当学习步长为 0.01 时，迭代次数超过 150，预测误差仅降到 5.663 左右。当学习步长为 0.1 时，迭代次数只要达到 20，预测误差就降到了 5.4 左右。

第一种情况对应的代码如下。

```
"""
全数据梯度下降法
学习步长等于 0.01，收敛较慢
"""
w, lr = 0, 0.01
input, target = scaled_TV, centered_sales
w_record = []
loss_record = []
for iter in range(200):
    pred = input * w
    loss = np.sum((pred - target)**2) / 2 / n

    w_record.append(w)
    loss_record.append(loss)

   delta = pred - target
   w -= lr * np.sum(input * delta) / n
```

```
    if (iter % 30==0 or iter == 199):
        print("iter: %3d; Loss: %0.3f"%(iter, loss))
```

运行结果如下。

```
iter: 0;        Loss: 13.543
iter: 30;       Loss: 9.790
iter: 60;       Loss: 7.737
iter: 90;       Loss: 6.614
iter: 120;      Loss: 5.999
iter: 150;      Loss: 5.663
iter: 180;      Loss: 5.479
iter: 199;      Loss: 5.408
```

当学习步长为 2.1 时，w 不但没有收敛到 RSS(w) 的最小值点，而且发散。对应的代码如下。

```
"""
全数据梯度下降法
步长等于 2.1，预测误差发散
"""
w, lr = 2, 2.1
input, target = scaled_TV, centered_sales
w_record = []
loss_record = []
for iter in range(200):
    pred = input * w
    loss = np.sum((pred - target)**2) / 2 / n

    w_record.append(w)
    loss_record.append(loss)

    delta = pred - target
    w -= lr * np.sum(input * delta) / n

    if (iter % 30==0 or iter == 199):
        print("iter: %3d; Loss: %0.3f"%(iter, loss))
```

运行结果如下。

```
iter: 0;     Loss: 7.401
iter: 30;    Loss: 658.227
iter: 60;    Loss: 198822.930
iter: 90;    Loss: 60536336.540
iter: 120;   Loss: 18432201406.354
iter: 150;   Loss: 5612266902969.234
iter: 180;   Loss: 1708832228158519.000
iter: 199;   Loss: 63917747551538624.000
```

要绘制 RSS(w) 的曲线，编写以下代码。

```
"""
RSS(w)随着迭代变化的曲线
```

```
"""
plt.plot(w_vec, rss_vec)
w = 2      # 初始权重设为 2
# 初始权重的残差平方和
rss_0 = np.sum((centered_sales - scaled_TV * w)**2)/2/n
plt.scatter(2, rss_0, s=100,c="y", marker="o")
for i in range(len(w_record)-1):
    plt.arrow(w_record[i], loss_record[i], \
              w_record[i+1]-w_record[i], \
              loss_record[i+1]-loss_record[i], \
              width=0.1, color="y", head_width=0.4, \
              length_includes_head=True)
plt.scatter(w_min, rss_min, s=100, c="r", marker="D")
plt.xlim(-2,10)
plt.ylim(5,23)
plt.xlabel("w", fontsize=16)
plt.ylabel("RSS", fontsize=16)
plt.show()
```

得到的图形如图 3-11 所示。

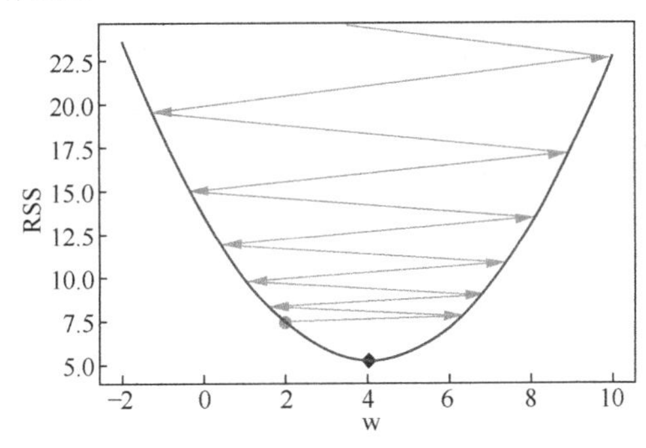

图 3-11　RSS(w) 的收敛路径（学习步长为 2.1）

从图 3-11 可以看到，w 发散速度越来越快。

3.1.6　标准化和中心化

自变量的标准化和因变量的中心化是建立深度学习模型常用的数据预处理方法。那么，为什么要这么做呢？图 3-12 展示了自变量的标准化和因变量的中心化对梯度下降法的影响。当自变量没有标准化时，因为不同自变量的方差不一样，所以 RSS($\boldsymbol{w}$) 的等高线中的椭圆形有可能更扁平。在这种情况下，$\boldsymbol{w}$ 有可能需要更长的路径才能到达最小值点，而且需要更加合适的步长，略大的步长有可能造成算法不收敛。该缺点在参数 $\boldsymbol{w}$ 维度大时会更加明显。另外，自变量标准化之后，RSS($\boldsymbol{w}$) 的等高线呈圆形。在这种情况下，$\boldsymbol{w}$ 对初始值更不敏感，且更容易收敛到最小值点。自变量的标准化和因变量的中心化不仅可以让梯度下降法的数值表现更加稳定，还有助于开发人员找到合适的初始值和步长。

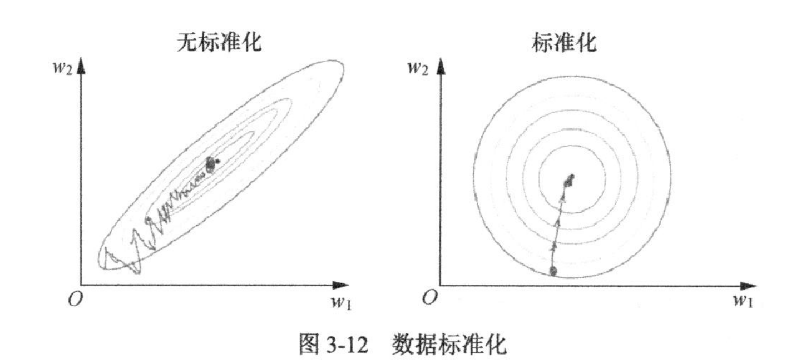

图 3-12　数据标准化

3.1.7　3 种梯度下降法的对比

随机梯度下降法、全数据梯度下降法和批量随机梯度下降法都需要对数据的自变量进行标准化，对因变量进行中心化，选取合适的初始值和学习步长。

数据标准化可以让梯度下降法的数值更加稳定，也更方便开发人员找到合适的初始值和步长。

在本节的例子中，因为目标函数 RSS($\boldsymbol{w}$) 都是关于 $\boldsymbol{w}$ 的二次函数，函数有唯一最小值点，所以初始值的选取对本节的例子来说影响不太大。然而，在深度学习模型中，模型较复杂，参数个数可能达到百万级别，选取好的初始值将变得非常重要。

学习步长对梯度下降法的数值结果有很大影响。学习步长 α 太小，算法会收敛得很慢；学习步长 α 太大，容易造成算法不收敛，甚至发散。

对于批量随机梯度下降法，需要给定一个额外的参数——表示每批数据中观测点个数的 batch size。

若 batch size 太小，则每次迭代计算速度快，占用的内存少，但是梯度稳定性差，需要更多的迭代次数。

若 batch size 太大，则梯度稳定性好，需要更少的迭代次数，但是每次迭代计算速度慢，占用的内存多。

总的来说，若选择合适的 batch size，批量随机梯度下降法可以以较快的速度计算梯度且梯度稳定性较好，同时批量随机梯度下降法需要的内存空间和迭代次数都会较少。在梯度下降法中，学习步长与 batch size 需要事先给定，而不像参数 $\boldsymbol{w}$ 一样通过最小化损失函数得到，这类参数在机器学习中通常称为超参数。

3 种梯度下降法的对比如表 3-3 所示。

表 3-3　3 种梯度下降法的对比

方法	每次迭代速度	需迭代次数	内存占用量	梯度稳定性	超参数
随机梯度下降法	快	多	少	不稳定	初始值、学习步长
全数据梯度下降法	慢	少	多	稳定	初始值、学习步长
批量随机梯度下降法	较快	较少	较少	较稳定	初始值、学习步长、batch size

3.2 logistic 模型

3.2.1 logistic 模型简介

本节将介绍一个线性分类模型——logistic 模型。我们先学习数据的两种类型——定量数据和定性数据，如表 3-4 所示。定量数据可以在某个区间内取任意值。例如，销售额理论上可以是 $[0,\infty)$ 中的任意数字。定性数据只能取若干个不同的值。例如，性别，包括男性和女性；眼睛的颜色，包括黑色、棕色和绿色等；天气，包括下雨和天晴等。

表 3-4　定量数据和定性数据

数据类型	特点	例子
定量数据	可以在某个区间内取任意值	身高、销售额等
定性数据	只能取若干个不同的值	性别、颜色、天气、学历等

回归模型和分类模型要求输入的自变量向量是一样的，都是一个已知或者相对容易测量的数据向量（数据类型可以是定量数据，也可以是定性数据；当然，如果有的自变量是定性数据，则其需要转化成虚拟变量）。回归模型和分类模型的主要区别是因变量 y 的数据类型不一样。

- 在回归模型中，因变量 y 是一个定量数据。也就是说，因变量可以在某个区间内取任意值。
- 在分类模型中，因变量 y 是一个定性数据。也就是说，因变量只能取若干个不同的值。

在处理实际问题时，我们首先判断数据的因变量是定量数据还是定性数据，然后选择建立回归模型还是分类模型，如表 3-5 所示。

表 3-5　回归模型和分类模型

模型	自变量的数据类型	因变量的数据类型
回归模型	定性数据或定量数据	定量数据
分类模型	定性数据或定量数据	定性数据

本节使用 Default 数据介绍建立 logistic 模型的具体过程。该数据有两个自变量，分别为 Balance 和 Income，因变量为 Default。在这个例子中，我们感兴趣的是基于信用卡用户的每月信用卡余额（Balance）和每月收入（Income）判断该信用卡用户是否会违约。下面的代码用于定义函数 `loadDataSet()`。该函数可以读入数据 Default.txt，并对数据进行简单处理，然后输出自变量矩阵 `x` 和因变量 `y`。具体来说，我们使用函数 `open()` 打开 data 文件夹下的文件 Default.txt，用函数 `readlines()` 读取文件的所有行，然后用 `for` 循环，逐行对读取的文件进行处理。主要处理步骤包括用函数 `strip()` 去除每一行结尾的换行符，用函数 `split()` 把每一行根据`\t` 分割数据，把前两个数字（Balance 和 Income）转换成浮点型保存在列表 `x`

中，把 Default 的值保存在列表 y 中。

```
"""
定义函数 loadDataSet()
该函数可以载入数据 Default.txt
输出自变量矩阵 x 与因变量 y
"""
def loadDataSet():
    x = []; y = []
    # 打开 data 文件中的文件 Default.txt
    f = open("./data/Default.txt")
    # 函数 readlines()读入文件 f 的所有行
    for line in f.readlines():
        lineArr = line.strip().split()
        x.append([float(lineArr[0]), float(lineArr[1])])
        y.append(lineArr[2])
    return np.array(x), y
x, y = loadDataSet()
print(y)
```

运行结果如下。

```
['Yes', 'Yes', 'Yes', 'Yes', 'Yes', 'Yes', 'Yes', 'Yes', 'Yes', 'Yes', 'Yes', 'Yes',
'Yes', 'Yes', 'Yes', 'Yes', 'Yes', 'Yes', 'Yes', 'Yes', 'Yes', 'Yes', 'Yes', 'Yes',
'Yes', 'Yes', 'Yes', 'Yes', 'Yes', 'Yes', 'Yes', 'Yes', 'Yes', 'Yes', 'Yes', 'Yes',
'Yes', 'Yes', 'Yes', 'Yes', 'Yes', 'Yes', 'Yes', 'Yes', 'Yes', 'Yes', 'Yes', 'Yes',
'Yes', 'Yes', 'No', 'No', 'No', 'No', 'No', 'No', 'No', 'No', 'No', 'No', 'No', 'No',
'No', 'No', 'No', 'No', 'No', 'No', 'No', 'No', 'No', 'No', 'No', 'No', 'No', 'No',
'No', 'No', 'No', 'No', 'No', 'No', 'No', 'No', 'No', 'No', 'No', 'No', 'No', 'No',
'No', 'No', 'No', 'No', 'No', 'No', 'No', 'No', 'No', 'No']
```

可以看到，y 只能取两个值——Yes 和 No，因此，因变量 y 是定性变量，需要建立 logistic 模型。为了方便建立模型，下面的代码把 Yes 记为 1，把 No 记为 0。

```
y01 = np.zeros(len(y))
for i in range(len(y)):
    if y[i] == "Yes":
        y01[i] = 1
y = y01
y
```

运行结果如下。

```
array([1., 1., 1., 1., 1., 1., 1., 1., 1., 1., 1., 1., 1., 1., 1., 1., 1., 1., 1.,
1., 1., 1., 1., 1., 1., 1., 1., 1., 1., 1., 1., 1., 1., 1., 1., 1., 1., 1., 1., 1.,
1., 1., 1., 1., 1., 1., 1., 1., 1., 1., 0., 0., 0., 0., 0., 0., 0., 0., 0., 0., 0.,
0., 0., 0., 0., 0., 0., 0., 0., 0., 0., 0., 0., 0., 0., 0., 0., 0., 0., 0., 0., 0.,
0., 0., 0., 0., 0., 0., 0., 0., 0., 0., 0., 0., 0., 0., 0., 0., 0., 0.])
```

以下代码用于绘制关于 Default 的散点图。

```
plt.scatter(x[y==0,0], x[y==0,1], label="No")
plt.scatter(x[y==1,0], x[y==1,1], s = 80, label="Yes")
```

```
plt.xlabel("Balance", fontsize=16)
plt.ylabel("Income", fontsize=16)
plt.legend()
plt.show()
```

图 3-13 根据 y 的不同，在散点图中展示了颜色不同且大小不等的点。小圆点表示不违约（Default="No"）；大圆点表示违约（Default="Yes"）。从图 3-13 可以看到，Income 对信用卡用户是否违约影响不是很大，Balance 对信用卡用户是否违约影响很大。

在信用卡用户违约的例子中，因变量只有两个不同的值，即 Yes 和 No。我们通常不会通过建立模型来直接预测某信用卡用户是否会违约，而是通过建立模型来预测某信用卡用户违约的概率。当某用户的 Balance 和 Income 已知时，该信用卡用户违约的概率可以写成 $P(\text{Default}\,|\,\text{Balance}, \text{Income})$，接着可以通过条件概率 $P(\text{Default}\,|\,\text{Balance}, \text{Income})$ 来判断信用卡用户是否违约。例如，若 $P(\text{Default}\,|\,\text{Balance}, \text{Income}) \geqslant 0.5$，表明信用卡用户违约的概率大于 50%，可以认为该信用卡用户有较大的违约可能性，因此可以预测该信用卡用户的 Default 为 Yes；若 $P(\text{Default}\,|\,\text{Balance}, \text{Income}) < 0.5$，表明信用卡用户违约的概率小于 50%，可以认为该信用卡用户有较小的违约可能性，因此可以预测该信用卡用户的 Default 为 No。

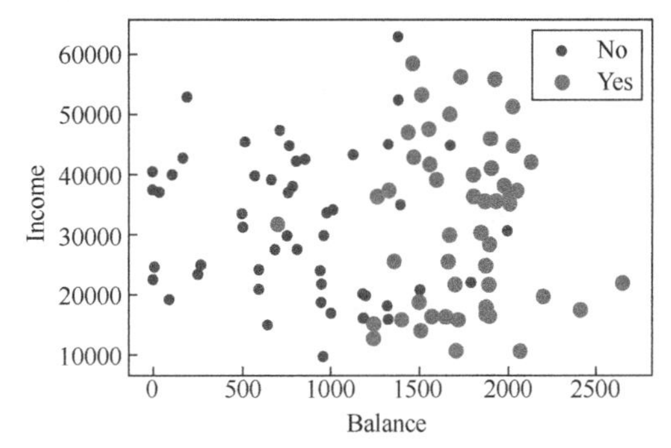

图 3-13 关于 Default 的散点图

对于一般的问题，如果记因变量 Y 的取值为 0 或者 1（在本章中，我们只考虑因变量分成两类的情况），那么 $Y=1$ 的概率可以写成

$$P(Y=1\,|\,x_1, x_2, \cdots, x_p)$$

这里，$x_1, x_2, \cdots, x_p$ 为 p 个自变量。

因变量 $Y=0$ 的条件概率为

$$P(Y=0\,|\,x_1, x_2, \cdots, x_p) = 1 - P\ (Y=1\,|\,x_1, x_2, \cdots, x_p)$$

因此，我们只需要得到 $P(Y=1\,|\,x_1, x_2, \cdots, x_p)$ 便可以很容易计算出 $P(Y=0\,|\,x_1, x_2, \cdots, x_p)$。通过条件概率 $P(Y=1\,|\,x_1, x_2, \cdots, x_p)$，我们可以得到 Y 的预测值为 0 还是 1。通常，如果 $P(Y=1\,|\,x_1, x_2, \cdots, x_p) \geqslant 0.5$，则预测 Y 为 1；如果 $P(Y=1\,|\,x_1, x_2, \cdots, x_p) < 0.5$，则预测 Y 为 0。

在 logistic 模型中，我们希望可以用类似线性回归模型的方式，通过计算自变量的加权和得到 $P(Y=1\,|\,x_1, x_2, \cdots, x_p)$。最直接的方式是令

$$P(Y=1\,|\,x_1, x_2, \cdots, x_p) = b + w_1x_1 + w_2x_2 + \cdots + w_px_p$$

然而，根据概率的定义，$P(Y=1\,|\,x_1, x_2, \cdots, x_p)$ 必须大于或等于 0 且小于或等于 1。上式等号右边的加权和并不能保证计算结果在 0 和 1 之间。出于该原因，在 logistic 模型中，不直接让 $P(Y=1\,|\,x_1, x_2, \cdots, x_p)$ 等于加权和，而是对加权和进行变换。

$$P(Y=1|x_1,x_2,\cdots,x_p)=\frac{1}{1+\mathrm{e}^{-(b+w_1x_1+w_2x_2+\cdots+w_px_p)}}$$

函数 $f(x)=\dfrac{1}{1+\mathrm{e}^{-x}}$ 称为 logistic 函数或者 sigmoid 函数（通常，在统计学文献中，该函数称为 logistic 函数；而在机器学习文献中，该函数称为 sigmoid 函数）。该函数的定义域为 $(-\infty,\infty)$，值域为 $(0,1)$。函数 $f(x)=\dfrac{1}{1+\mathrm{e}^{-x}}$ 是连续的、单调递增的函数。

绘制 logistic 函数的代码如下。

```
a = np.linspace(-10,10,100)
plt.plot(a, 1/(1+np.exp(-a)), linewidth=3)
plt.axvline(x=0, linestyle="--", color="m", linewidth=2)
plt.axhline(y=0.5, linestyle="--", color="m", linewidth=2)
plt.show()
```

运行结果如图 3-14 所示。

容易看出，$1/(1+\mathrm{e}^{-(b+w_1x_1+w_2x_2+\cdots+w_px_p)})$ 的值在 0～1。

从图 3-14 还可以看到，当 $x=0$ 时，$f(x)=0.5$。因此，在 logistic 模型中，若预测 $Y=1$，即 $P(Y=1|x_1,x_2,\cdots,x_p)\geqslant 0.5$，等同于 $b+w_1x_1+w_2x_2+\cdots+w_px_p\geqslant 0$；若预测 $Y=0$，即 $P(Y=1|x_1, x_2,\cdots,x_p)<0.5$，等同于 $b+w_1x_1+w_2x_2+\cdots+w_px_p<0$。

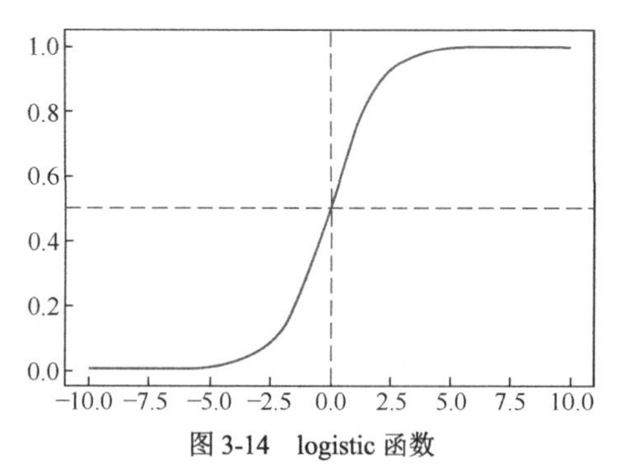

图 3-14　logistic 函数

3.2.2　估计 b 和 $w_1,w_2,\cdots,w_p$

在 logisitc 模型中，损失函数可以定义为

$$L(b,\boldsymbol{w})=\frac{1}{n}\sum_{i=1}^{n}\{-y_i\ln(p_i)-(1-y_i)\ln(1-p_i)\}$$

式中，$p_i=1/(1+\mathrm{e}^{-(b+w_1x_{i1}+w_2x_{i2}+\cdots+w_px_{ip})})$ 表示第 i 个观测点的预测概率值；y_i 表示第 i 个观测点因变量的值（0 或者 1）；$\boldsymbol{w}=(w_1,w_2,\cdots,w_p)^{\mathrm{T}}$。

认真观察 $L(b,\boldsymbol{w})$，可以看到：

- 当 $y_i=1$ 时，$(1-y_i)\ln(1-p_i)=0$，而且 $-y_i\ln(p_i)=-\ln(p_i)$；
- 当 $y_i=0$ 时，$-y_i\ln(p_i)=0$，而且 $-(1-y_i)\ln(1-p_i)=-\ln(1-p_i)$。

因此，可以对 $L(b,\boldsymbol{w})$ 做如下变换：

$$L(b,\boldsymbol{w})=\frac{1}{n}\left\{\sum_{\{i:y_i=1\}}\{-\ln(p_i)\}+\sum_{\{i:y_i=0\}}\{-\ln(1-p_i)\}\right\}$$

为什么 logistic 模型的损失函数可以这样定义呢？直观上，理想的 b 和 $w_1,w_2,\cdots,w_p$ 估计值有如下特点。

在训练数据中，当$Y_i=1$时，计算得到的预测概率p_i尽可能地接近1；当$Y_i=0$时，计算得到的预测概率p_i尽可能地接近0。

因为$0<p_i<1$，$-\ln(p_i)$为正数且随着p_i的增大而减小；$-\ln(1-p_i)$为正数且随着p_i的减小而减小。因此，最小化$L(b,\boldsymbol{w})$等同于：当$y_i=1$时，让p_i最大化；当$y_i=0$时，让p_i最小化。

现在我们已经知道通过最小化损失函数（或称为目标函数）$L(b,\boldsymbol{w})$可以得到b和$\boldsymbol{w}$的估计值，接下来的任务是计算$L(b,\boldsymbol{w})$的最小值。在 logistic 模型中，$p_i=1/(1+\mathrm{e}^{-(b+w_1x_{i1}+w_2x_{i2}+\cdots+w_px_{ip})})$是关于$b$和$\boldsymbol{w}$的非线性函数，$L(b,\boldsymbol{w})$的最小值不能通过求解析解的方式得到。我们将使用梯度下降法求解$L(b,\boldsymbol{w})$的最小值。

在这里，我们以批量随机梯度下降法为例。无论是线性回归模型，还是 logistic 模型，批量梯度下降法的主要步骤都是一样的，只是损失函数的形式及梯度不同。目标函数为$L(b,\boldsymbol{w})$，该目标函数的梯度为$\nabla_b L(b,\boldsymbol{w})$和$\nabla_{\boldsymbol{w}} L(b,\boldsymbol{w})$。记每次用于计算$\nabla_b L(b,\boldsymbol{w})$和$\nabla_{\boldsymbol{w}} L(b,\boldsymbol{w})$的观测点集合为$\mathcal{D}$。批量随机梯度下降法的步骤如算法 3.5 所示。

算法 3.5　批量随机梯度下降法（包含截距项）

给定初始的参数值$b,\boldsymbol{w}=(w_1,w_2,\cdots,w_p)$，以及学习步长$\alpha$

迭代直至收敛：

　　对每个数据集$\mathcal{D}$

　　　　计算梯度，$\nabla_b L(b,\boldsymbol{w})$和$\nabla_{\boldsymbol{w}} L(b,\boldsymbol{w})$

　　　　更新$\boldsymbol{w}$：$\boldsymbol{w}=\boldsymbol{w}-\alpha\nabla_{\boldsymbol{w}} L(b,\boldsymbol{w})$

　　　　更新b：$b=b-\alpha\nabla_b L(b,\boldsymbol{w})$

梯度$\nabla_b L(b,\boldsymbol{w})$和$\nabla_{\boldsymbol{w}} L(b,\boldsymbol{w})$分别是损失函数$L(b,\boldsymbol{w})$关于$b$与每个权重$(w_1,w_2,\cdots,w_p)$的偏导数。我们先计算$\partial L(b,\boldsymbol{w})/\partial w_1$。求偏导数的主要技巧是链式法则。

$$\begin{aligned}
\frac{\partial L(b,\boldsymbol{w})}{\partial w_1} &= \frac{1}{n}\frac{\sum_{i=1}^{n}\{-y_i\ln(p_i)-(1-y_i)\ln(1-p_i)\}}{\partial w_1}\\
&= \frac{1}{n}\sum_{i=1}^{n}\left\{-y_i\frac{1}{p_i}\frac{\partial p_i}{\partial w_1}-(1-y_i)\frac{-1}{1-p_i}\frac{\partial p_i}{\partial w_1}\right\}\\
&= \frac{1}{n}\sum_{i=1}^{n}\left\{\left[-y_i\frac{1}{p_i}-(1-y_i)\frac{-1}{1-p_i}\right]\times\frac{\mathrm{e}^{-(b+w_1x_{i1}+\cdots+w_px_{ip})}}{(1+\mathrm{e}^{-(b+w_1x_{i1}+\cdots+w_px_{ip})})^2}x_{i1}\right\}\\
&= \frac{1}{n}\sum_{i=1}^{n}\{(p_i-y_i)x_{i1}\}
\end{aligned}$$

用同样的方法，得到

$$\frac{\partial L(b,\boldsymbol{w})}{\partial b}=\frac{1}{n}\sum_{i=1}^{n}\{p_i-y_i\};$$

$$\frac{\partial L(b,\boldsymbol{w})}{\partial w_k}=\frac{1}{n}\sum_{i=1}^{n}\{(p_i-y_i)x_{ik}\}, \ k=1,2,\cdots,p。$$

因此，总的来说，$\nabla_{w}L(b,\boldsymbol{w})=\frac{1}{n}\boldsymbol{X}^{\mathrm{T}}(\boldsymbol{p}-\boldsymbol{y})$，其中$\boldsymbol{p}=(p_1,p_2,\cdots,p_n)^{\mathrm{T}}$。

在Python中，使用如下代码实现logistic模型的参数估计。在这里，我们对自变量进行了标准化处理，但是不需要对因变量进行标准化，因为因变量只能取两个值，即0和1。

```
"""
建立logistic模型，使用批量随机梯度下降法迭代权重w和偏差b
"""
def sigmoid(input):                                  # 定义函数sigmoid
   return 1.0/(1+np.exp(-input))

scaled_x = (x - np.mean(x, axis=0, keepdims=True))/   \
            np.std(x, axis=0, keepdims=True)  # 自变量标准化

b = 0
w = np.zeros(2)
lr, batch_size = 0.05, 20                            # 给定学习步长，batch size
batch_num = int(np.ceil((len(scaled_x)/batch_size)))
b_record = [b]
w_record = w.copy()
for iter in range(100):
    total_loss = 0
    for i in range(batch_num):
        batch_start = i * batch_size
        batch_end = (i+1) * batch_size

        # 计算预测值
        pred = sigmoid(np.dot(scaled_x[batch_start:batch_end],w) + b)
        # 计算误差
        loss = - np.sum(y[batch_start:batch_end]*np.log(pred)+ \
                 (1-y[batch_start:batch_end]) * np.log(1-pred))

        delta = pred - y[batch_start:batch_end]
        # 计算b的梯度
        b_derivate = np.sum(delta)/batch_size
        # 计算w的梯度
        w_derivate = np.dot(scaled_x[batch_start:batch_end].T,\
                            delta)/batch_size

        b -= lr * b_derivate                         # 更新b
        w -= lr * w_derivate                         # 更新w

        b_record.append(b)
        w_record = np.vstack((w_record, w.copy()))
```

```
        total_loss += loss
    if (iter % 30==0 or iter==99):
        print("iter: %3d; Loss: %0.5f" % (iter, total_loss/
                                           len(scaled_x)))
```

运行结果如下。

```
iter: 0;  Loss: 0.68478
iter: 30; Loss: 0.37937
iter: 60; Loss: 0.33653
iter: 90; Loss: 0.32139
iter: 99; Loss: 0.31873
```

从代码运行结果看，随着 b 和 $\boldsymbol{w}$ 的迭代，$L(b,\boldsymbol{w})$ 不断变小，最后稳定于 0.31873。截距项 b 和权重 $\boldsymbol{w}$ 也分别随着迭代而慢慢收敛到 -0.168 和 $(2.407,-0.012)$。以下代码用于绘制 b 和 $\boldsymbol{w}$ 随着每个批量数据的迭代的变化曲线。

```
plt.plot(b_record, linewidth=2, label="b")
plt.plot(w_record[:,0], linewidth=2, label="w1")
plt.plot(w_record[:,1], linewidth=2, label="w2")
plt.legend()
plt.xlabel("# of batches", fontsize=16)
plt.show()
```

得到的曲线如图 3-15 所示。

图 3-16 展示了 logistic 模型的决策边界（decision boundary）。决策边界是 $Y=1$ 的概率和 $Y=0$ 的概率相等（即 $P(Y=1|\boldsymbol{x})=P(Y=0|\boldsymbol{x})$）的点连接而成的线。在下面的代码中，我们先得到 1000～1500 的 100 个数，把这些数当成观测点中的 Balance，然后对这些数进行标准化，得到 `scaled_x1`。令 $b+w_1x_1+w_2x_2=0$，计算 `scaled_x2`，最后把 `scaled_x2` 变换回原数据 Income 的数值范围，画出决策边界。从图 3-16 可以看到，logistic 模型可以较好预测地信用卡用户是否违约。

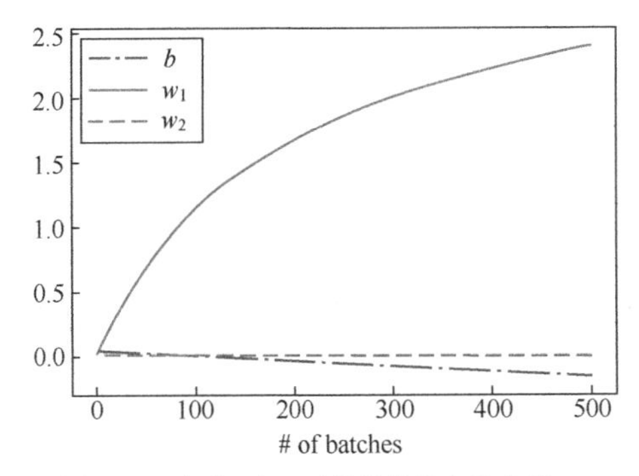

图 3-15　参数 b 和 $\boldsymbol{w}$ 随着迭代的变化曲线

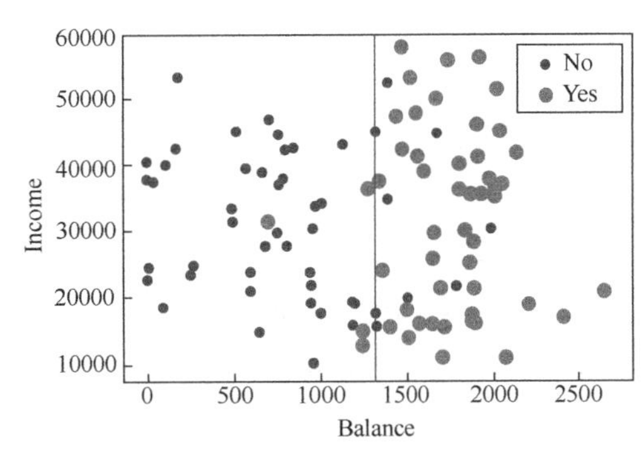

图 3-16　logistic 模型的决策边界

```
lp = np.linspace(1000, 1500, 1000)
means, stds = np.mean(x, axis=0), np.std(x, axis=0)
scaled_x1 = (lp - means[0]) / stds[0]
scaled_x2 = (-b - scaled_x1 * w[0])/w[1]
```

```
plt.scatter(x[y==0,0], x[y==0,1], label="No")
plt.scatter(x[y==1,0], x[y==1,1], s = 80, label="Yes")
plt.plot(lp, scaled_x2*stds[1]+means[1])
plt.ylim(8000, 60000)
plt.xlabel("Balance", fontsize=16)
plt.ylabel("Income", fontsize=16)
plt.legend()
plt.show()
```

3.3 本章小结

线性模型用于通过自变量的加权和得到因变量的预测值。在线性回归模型中，自变量的加权和即因变量的预测值；在 logistic 模型中，通过 sigmoid 函数变换的加权和为因变量预测概率。无论是线性回归模型还是 logistic 模型，建立模型的过程都可以分成以下 3 步。

（1）给出模型的结构。

（2）根据建模的目的，构造损失函数（或称为目标函数）。

（3）最小化损失函数，得到参数估计值。

在后面的章节中，我们可以看到，对于更加复杂的深度学习模型，总的建模过程也是一样的。

本章还介绍了梯度下降法的 3 种变体——随机梯度下降法、全数据梯度下降法和批量随机梯度下降法。在实际应用中，3 种方法各有优缺点。通常情况下，选择合适的 batch size，批量随机梯度下降法可以以较快的速度计算梯度且梯度稳定性较好，同时批量随机梯度下降法需要的内存空间和迭代次数都较少。

习题

1．为什么在线性回归模型中残差平方和要乘 1/2？

2．在广告数据中，以 x_1、x_2、x_3 为自变量（三者分别表示 TV、radio 和 newspaper 对销量的影响），以 y（表示销量）为因变量建立线性回归模型。

$$y = b + w_1x_1 + w_2x_2 + w_3x_3$$

（a）自变量不要标准化，因变量不要中心化，使用批量随机梯度下降法计算模型的参数。

（b）自变量标准化，因变量中心化，使用批量随机梯度下降法计算模型的参数。

两种情况下，观察批量梯度下降法的收敛情况，以及截距项和权重大小。

3．在 Default 数据中，以 Balance 和 Income 为自变量，以 Default 为因变量建立线性回归模型。比较线性回归模型和 logistic 模型的结果，哪个模型表现得更好一些？

4．在 Default 数据中，以 Balance 和 Income 为自变量，以 Default 为因变量建立 logistic 模型。使用随机梯度下降法和全数据梯度下降法计算模型参数。

5．在习题 4 的随机梯度下降法和全数据梯度下降法中，尝试不同的学习步长，观测梯度下降法的收敛情况。

6．对于一般的 logistic 模型，Y 服从伯努利分布，其中

$$p(\boldsymbol{x})=\frac{1}{1+\mathrm{e}^{-\left(b+w_1x_1+w_2x_2+\cdots+w_px_p\right)}}$$

计算损失函数 $L(b,\boldsymbol{w})$ 关于 b 和 $\boldsymbol{w}$（$\boldsymbol{w}=(w_1,\cdots,w_p)^{\mathrm{T}}$）的偏导数，写出详细的推导过程。

第4章　深度神经网络

前面章节介绍了线性代数、微积分和概率论的相关知识，以及Anaconda、Jupyter Notebook和Python语言的相关内容，并且深入讲解了线性回归模型、logistic模型和梯度下降法。本章将正式开始介绍深度神经网络。本章将从以下4个方面来介绍。

- 为什么需要深度神经网络？
- 正向传播算法：使用深度神经网络得到预测值的方法。
- 反向传播算法：计算深度神经网络参数梯度的方法。
- 深度神经网络的完整训练流程：结合正向传播算法和反向传播算法，使用梯度下降法训练深度神经网络。

4.1 为什么需要深度神经网络

4.1.1 简单神经网络

在第3章中，我们学习了线性回归模型。

$$y = b + w_1 x_1 + w_2 x_2 + \cdots + w_p x_p + \varepsilon$$

当$b, w_1, w_2, \cdots, w_p$已知时，自变量$x_1, x_2, \cdots, x_p$的加权和加上截距项b即回归模型的预测值。线性回归模型（假定只有两个自变量）可以用图4-1表示。在图4-1中，左边圆圈表示输入值（截距项的输入值为1），在神经网络中称为输入层；右边圆圈表示输出值，在神经网络中称为输出层；椭圆形表示计算过程，在这里，计算过程是输入值乘以对应权重后求和。

在神经网络中，我们通常把图4-1所示模型类比为一个神经元（神经细胞）。图4-2为生物神经元，神经元有3个重要组成部分——细胞核、树突和轴突。在生物体内，神经元通过树突接收信息，对信息进行加工、处理后，通过轴突传出信息。

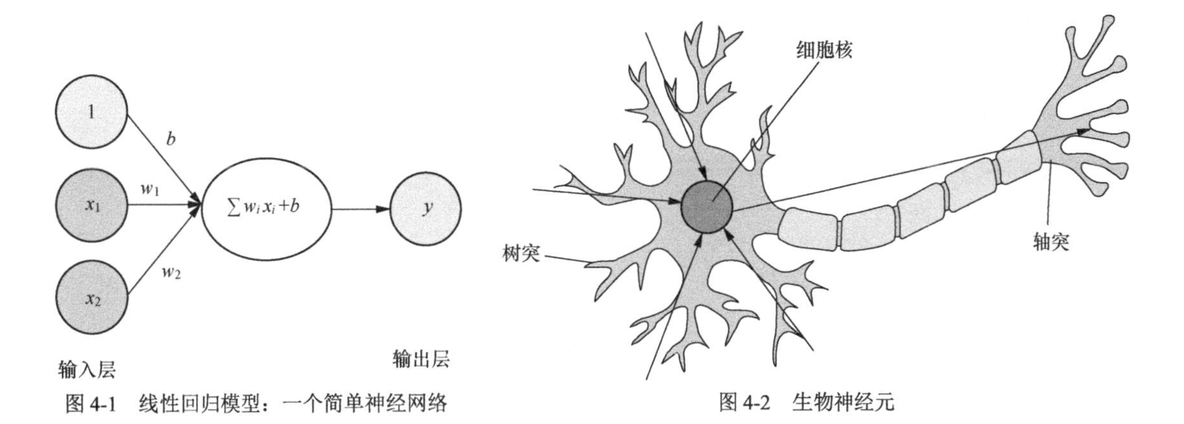

图 4-1 线性回归模型：一个简单神经网络　　图 4-2 生物神经元

基于图 4-1 和图 4-2，做如下类比。

- 在线性回归模型中，左边输入层表示神经元树突接收到的信息。
- 在线性回归模型中，求加权和可以看作神经元对接收到的信息进行加工、处理。
- 在线性回归模型中，加权和为神经元轴突的传出信息。

通过这些简单类比，我们可以看到，线性回归模型和生物神经元的工作机理有相似之处。因此，我们称线性模型是一个神经网络（该神经网络只包含一个神经元）。

在 logistic 模型中，变量 Y 服从概率为 $P(Y=1)$ 的伯努利分布。

$$P(Y=1)=\frac{1}{1+e^{-(b+w_1x_1+w_2x_2+\cdots+w_px_p)}}$$

当 $b,w_1,w_2,\cdots,w_p$ 的估计值已知时，首先计算自变量 $x_1,x_2,\cdots,x_p$ 的加权和加上截距项 b（即 $\sum w_ix_i+b$），然后把所得结果代入 sigmoid 函数，得到 $Y=1$ 的概率。

logistic 模型（假定只有两个自变量）可以用图 4-3 表示。在图 4-3 中，左边圆圈表示输入层；右边圆圈表示输出层，y 表示输入信息加权和代入 sigmoid 函数后的值；椭圆形表示计算过程。同样，我们也可以把 logistic 模型与神经元做类比：左边的输入层表示神经元树突接收到的信息；求加权和，然后代入 sigmoid 函数表示神经元对接收到的信息进行加工、处理；$Y=1$ 的概率表示神经元轴突传出信息。logistic 模型与线性回归模型的不同点在于：logistic 模型对输入值加权和使用 sigmoid 函数做了非线性处理。除这个不同点之外，logistic 模型和线性回归模型的原理是类似的。因此，logistic 模型也是一个神经网络。

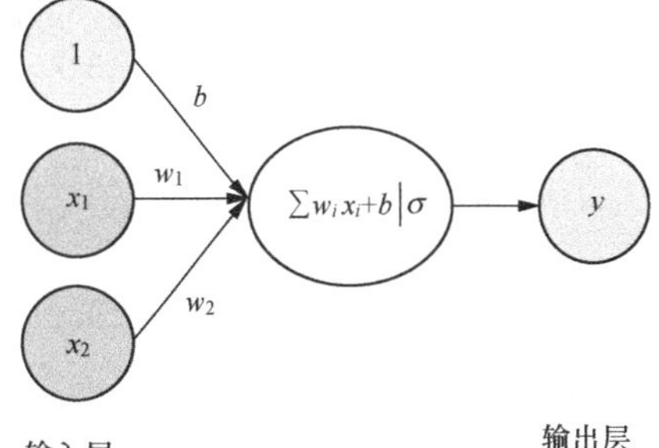

图 4-3 logistic 模型

基于第 3 章中关于 logistic 模型的知识，我们把 logistic 模型的训练和预测过程写成 Python 函数。在 logistic 模型中，训练和预测过程经常会用到 sigmoid 函数，因此首先在代码中定义函数 sigmoid( )。

```
"""
1. 载入需要用到的包
2. 定义函数 sigmoid()
"""
%config InlineBackend.figure_format = 'retina'
import numpy as np
import matplotlib.pyplot as plt

# 定义函数 sigmoid()
def sigmoid(input):
    return 1.0 / (1 + np.exp(-input))
```

接着，定义函数 logit_model( )，该函数有如下参数。

- x：自变量数组。
- y：因变量数组。
- w：权重初始值。
- b：截距项初始值。
- lr：学习步长，默认值设为 0.1。

函数 logit_model()使用随机梯度下降法得到参数估计值，输出权重 w 和截距项 b 的估计值。

```
"""
定义函数 logit_model()，通过随机梯度下降法估计参数
"""
def logit_model(x, y, w, b, lr=0.1):
    for iter in range(60):
        loss = 0
        for i in range(len(x)):
            pred = sigmoid(np.dot(x[i:i+1], w) + b)   # 计算预测值
            loss += -(y[i:i+1] * np.log(pred) + \
                    (1-y[i:i+1]) * np.log(1-pred))     # 计算误差
            delta = pred - y[i:i+1]
            b -= lr * delta                            # 更新 b
            w -= lr * np.dot(x[i:i+1].T, delta)        # 更新 w

        if (iter%10==9 or iter==59):
            print("Loss:"+str(loss))
    return w, b
```

我们还定义如下 3 个辅助函数。

- 函数 predict_logit_model(x, w, b)：当给定 w 与 b 时，计算自变量 x 的预测值。
- 函数 scatter_simple_data(x, y)：画 x 的散点图，根据 y 的不同，用不同颜

色表示 x。这里，x 只能为二维向量。

- 函数 plot_decision_bound(x, y, w, b)：画 logistic 模型的决策边界。

```
"""
定义函数 predict_logit_model()，当给定 w 与 b 时，计算 logistic 模型的预测值
定义函数 scatter_simple_data()，画 x 的散点图
定义函数 plot_decision_bound()，画 logistic 模型的决策边界
"""
def predict_logit_model(x, w, b):
    pred = []
    for i in range(len(x)):
        tmp = sigmoid(np.dot(x[i:i+1], w) + b)     # 计算预测概率
        if tmp > 0.5:
            tmp = 1
        else:
            tmp = 0
        pred.append(tmp)
    return np.array(pred)

def scatter_simple_data(x, y):
    plt.scatter(x[y==0, 0], x[y==0, 1], label="0", marker="o")
    plt.scatter(x[y==1, 0], x[y==1, 1], s = 80, label="1", marker="s")
    plt.legend()
    plt.xlabel("x1", fontsize=16)
    plt.ylabel("x2", fontsize=16)
    plt.show()


def plot_decision_bound(x, y, w, b):
    x1 = np.linspace(0, 1, 100)
    x2 = (-b - x1 * w[0])/w[1]
    plt.scatter(x[y==0, 0], x[y==0, 1], label="0", marker="o")
    plt.scatter(x[y==1, 0], x[y==1, 1], s = 80, label="1", marker="s")
    plt.plot(x1, x2)
    plt.legend()
    plt.xlabel("x1", fontsize=16)
    plt.ylabel("x2", fontsize=16)
```

现在，我们通过构造两组简单数据，观察在这些数据中 logistic 模型的表现。

第 1 组数据有 4 个观测点。观测点(0,0)与(0,1)的因变量值为1，观测点(1,0)与(1,1)的因变量值为0。第 1 组数据的散点图如图 4-4 所示，正方形表示因变量为 1 的观测点，圆点表示因变量为 0 的观测点。直观来看，圆点和正方形可以很容易被一条直线分割。

```
"""
定义函数 createDataSet_1()，第 1 组生成数据
"""
def createDataSet_1():
```

```
    x = np.array([[0, 0], [0, 1], [1, 0], [1, 1]])
    y = np.array([1, 1, 0, 0])
    return x, y

x, y = createDataSet_1()
scatter_simple_data(x, y)
```

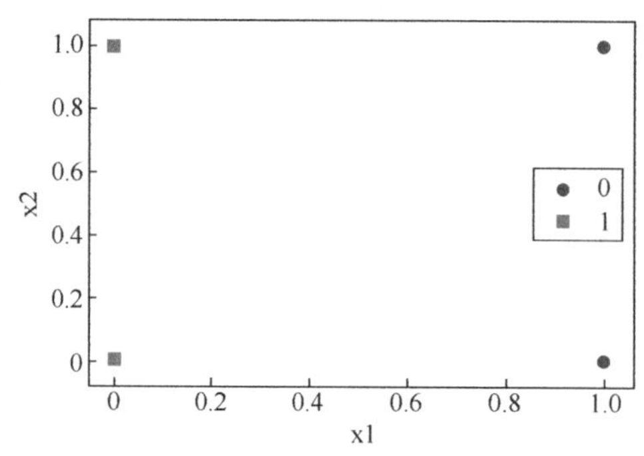

图 4-4　第一组数据的散点图

在以下代码中，我们把第一组数据中的自变量 x、因变量 y 代入函数 logit_model() 中，训练 logistic 模型。这里从标准正态分布中随机生成初始权重 w，截距项 b=0，学习步长 lr=0.1。

```
np.random.seed(4)
w = np.random.normal(size=2)
b, lr = 0, 0.1
w, b = logit_model(x, y, w, b, lr)

pred = predict_logit_model(x, w, b)
print("因变量的真实值为" + str(y))
print("因变量的预测值为" + str(pred))
```

运行结果如下。

```
Loss:[2.13470015]
Loss:[1.67673736]
Loss:[1.36190603]
Loss:[1.13485563]
Loss:[0.96600061]
Loss:[0.83689858]
因变量的真实值为[1 1 0 0]
因变量的预测值为[1 1 0 0]
```

使用以下代码可以得到图 4-5。

```
plot_decision_bound(x, y, w, b)
```

从代码的运行结果看，损失函数的值随着迭代不断变小，而且预测值全部等于真实因变量的值。

从图 4-5 中可以看到，logistic 模型找到了一条斜向上的直线，该直线可以很好地分割因变量分别为 1 和 0 的观测点，即分割方块和圆点。

第 2 组数据有 4 个观测点。观测点(0,0)与(1,1)的因变量值为1，观测点(0,1)与(1,0)的因变量值为0。第 2 组数据的散点图如图 4-6 所示。直观来看，圆点和方块不可能被一条直线分割。

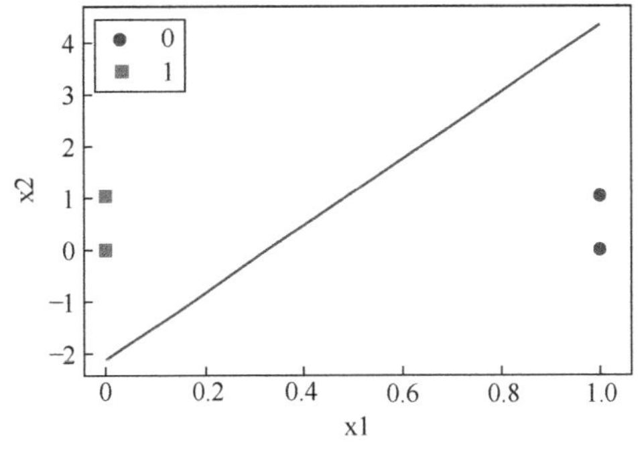

图 4-5 第 1 组数据的决策边界

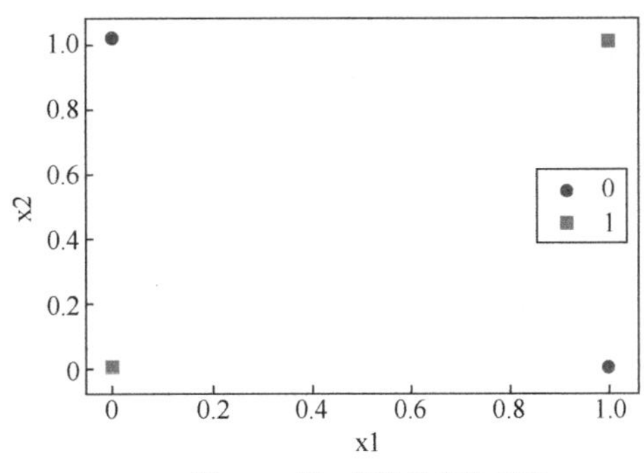

图 4-6 第 2 组数据的散点图

使用以下代码生成第 2 组数据。

```
"""
定义函数 createDataSet_2， 生成第 2 组数据
"""
def createDataSet_2():
    x = np.array([[0, 0], [0, 1], [1, 0], [1, 1]])
    y = np.array([1, 0, 0, 1])
    return x, y

x, y = createDataSet_2()
scatter_simple_data(x, y)
```

在以下代码中，我们把第 2 组数据的自变量 x、因变量 y 代入函数 `logit_model()`中，训练 logistic 模型。设置初始权重 `w=(0, -0.3)`，截距项 `b=0`，学习步长 `lr=0.1`。

```
w = np.array([0, -0.3])
b, lr = 0, 0.1
w, b = logit_model(x, y, w, b, lr=0.1)

y_pred = predict_logit_model(x, w, b)
print("因变量的真实值为"+str(y))
print("因变量的预测值为"+str(y_pred))
```

运行结果如下。

```
Loss:[2.88349771]
Loss:[2.8812307]
Loss:[2.8797981]
Loss:[2.87874047]
Loss:[2.87800035]
Loss:[2.87749129]
因变量的真实值为[1 0 0 1]
因变量的预测值为[1 0 1 1]
```

从代码的运行结果看，损失函数的值稳定在 2.88 附近，不再继续变小，而且有一个观测点的预测值是错的。观测点(1,0)的因变量真实值为0，预测值为1。

使用以下代码，得到第 2 组数据的决策边界，如图 4-7 所示。

```
plot_decision_bound(x, y, w, b)
```

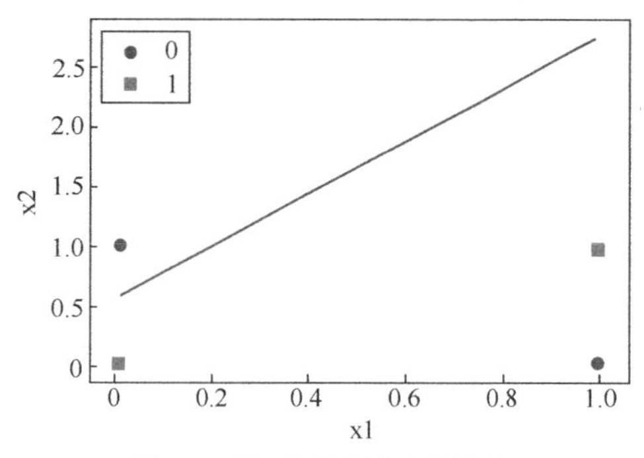

图 4-7　第 2 组数据的决策边界

从图 4-7 可以看出，logistic 模型找到了一条斜向上的直线，把直线右下方的点都预测为 1，把直线左上方的点都预测为 0；右下方的圆点预测错误。总的来说，logistic 模型在该组简单数据中表现并不好，4 个观测点中有 1 个观测点预测错误。由第 3 章可知，logistic 模型的决策边界是一条直线。从直观上看，该组数据不可能被一条直线很好地分割。因此，logistic 模型在该组数据中表现不好其实是情理之中的。

4.1.2　具有隐藏层的神经网络

从 4.1.1 节可以看到，决策边界是一条直线的 logistic 模型可以很好地完成第 1 组数据的分类任务，但是不能很好地完成第 2 组数据的分类任务。原因是 logistic 模型的决策边界是线性的，无法很好地完成决策边界是非线性的分类任务。如何改进呢？我们进一步观察第 2 组数据的散点图，从直观上看，用两条直线，可以更好地完成第 2 组数据的分类任务。用两条直线分割这 4 个点的方式有很多，图 4-8 展示了其中一种方式。从图 4-8 中可以看到，夹在两条直线中间的是因变量为 1 的方块，在两条直线外侧的是因变量为 0 的圆点。也就是说，如果可以先得到图 4-8 所示的两条直线，再判断观测点在两条直线中所处位置，那么就可以很好地完成该分类任务，即两条直线中间的因变量应该预测为 1，两条直线外侧的因变量应该预测为 0。

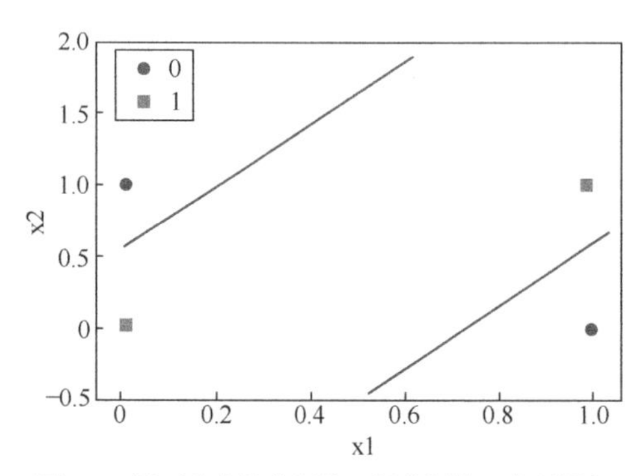

图 4-8　用两条直线分割第 2 组数据的 4 个观测点

根据上面的分析，我们需要建立一个更加复杂的模型才能完成第 2 组数据的分类任务。

首先，建立两个 logistic 模型（这两个 logistic 模型的决策边界为图 4-8 所示的两条直线）。

然后，以这两个 logistic 模型的结果作为输入，建立一个 logistic 回归模型（该 logistic 模型用于判断观测点在两条直线中所处位置）。

该模型的结构可以用图 4-9 表示。图 4-9 中，左边圆圈表示输入层（截距项为 1，自变量为 x_1和x_2），首先计算输入层的两个加权和，然后把加权和代入 sigmoid 函数，分别得到 h_1 和 h_2。

h_1 和 h_2 分别是两个 logistic 模型的预测概率。中间圆圈表示隐藏层。接下来，计算隐藏层 h_1 和 h_2 的加权和，把该加权和代入 sigmoid 函数，得到输出值。这也是一个 logistic 模型。右边圆圈表示输出层。注意，在图 4-9 中，3 个椭圆形中的权重和截距项都写成 w_i 和 b，这里只是为了标记方便。在实际中，3 个椭圆形中的权重和截距项的值是不同的。在神经网络中，除输入层和输出层之外，其他层称为隐藏层。这是我们建立的第一个带隐藏层的神经网络。在神经网络的术语中，sigmoid 函数称为激活函数。

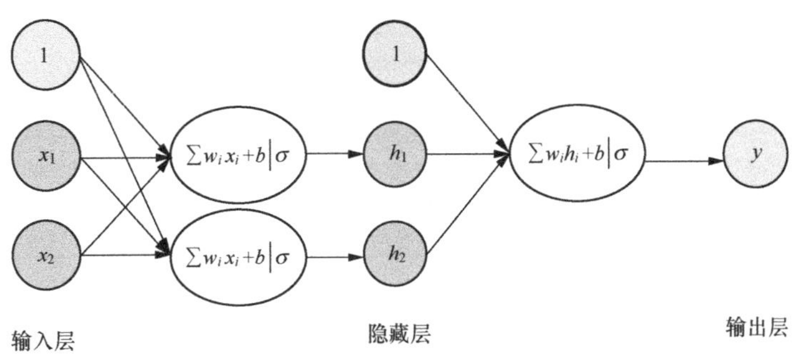

图 4-9　具有 1 个隐藏层的神经网络

我们可以通过下面的代码实现图 4-9 所示的神经网络。这里暂时忽略代码的实现过程。本章后面部分会对这部分代码进行详细讲解。

```
"""
训练有隐藏层的神经网络
暂时忽略代码细节，只需要看代码运行结果
"""
np.random.seed(3)
def sigmoid(input):
    return 1.0/(1+np.exp(-input))

def sigmoid2deriv(output):
    return output * (1-output)

lr = 2
hidden_size = 2

b_0_1 = np.zeros((1, 2))
b_1_2 = 0
weights_0_1 = np.random.normal(size=(2, hidden_size))
weights_1_2 = np.random.normal(size=(hidden_size, 1))

for iter in range(600):
    total_loss = 0
```

```
    for i in range(len(x)):
        layer_0 = x[i:i+1]
        layer_1 = sigmoid(np.dot(layer_0, weights_0_1) + b_0_1)
        layer_2 = sigmoid(np.dot(layer_1, weights_1_2) + b_1_2)

        total_loss += -(y[i:i+1]*np.log(layer_2) + \
                    (1-y[i:i+1])*np.log(1-layer_2))

        delta_2 = (layer_2 - y[i:i+1])
        delta_1 = delta_2.dot(weights_1_2.T) * \
                                sigmoid2deriv(layer_1)

        b_1_2 -= lr * delta_2
        b_0_1 -= lr * delta_1
        weights_1_2 -= lr * layer_1.T.dot(delta_2)
        weights_0_1 -= lr * layer_0.T.dot(delta_1)

    if (iter%100==9 or iter==599):
        print("Loss: "+str(total_loss))
```

运行结果如下。

```
Loss: [[4.05018207]]
Loss: [[2.93567526]]
Loss: [[2.82539712]]
Loss: [[0.07301895]]
Loss: [[0.02847156]]
Loss: [[0.01767868]]
Loss: [[0.01317388]]
```

使用以下代码，得到 4 个观测点的预测值及隐藏层 h_1 和 h_2 的值。

```
"""
应用上面训练的神经网络，得到 4 个观测点的预测值及隐藏层 h1 和 h2 的值
暂时忽略代码细节，只需要看代码运行结果
"""
y_pred = []
layer_1_record = np.zeros((4, 2))
for i in range(len(x)):
    layer_0 = x[i:i+1]
    layer_1 = sigmoid(np.dot(layer_0, weights_0_1) + b_0_1)
    layer_1_record[i,:] = layer_1
    layer_2 = sigmoid(np.dot(layer_1, weights_1_2) + b_1_2)
    y_pred.append(int(layer_2>0.5))
print("因变量的真实值为"+str(y))
print("因变量的预测值为"+str(np.array(y_pred)))
```

运行结果如下。

```
因变量的真实值为[1 0 0 1]
因变量的预测值为[1 0 0 1]
```

通过代码运行结果可以看到，不同于 logistic 模型，该神经网络的损失函数值随着迭代不断变小；因变量的预测值全部等于其真实值；包含隐藏层的神经网络可以很好地完成第 2 组数据的分类任务。这样的结果符合预期。

现在，进一步观察上面的神经网络中隐藏层和输出层的值。在第 2 组数据中 4 个观测点的隐藏层和输出层的结果如表 4-1 所示。

表 4-1 在第 2 组数据中 4 个观测点的隐藏层和输出层的结果

序号	自变量	因变量 y	隐藏层(h_1, h_2)	预测值 $\hat{y}$
1	(0,0)	1	(0.01, 0.96)	1
2	(0,1)	0	(0.00, 0.03)	0
3	(1,0)	0	(0.98, 1.00)	0
4	(1,1)	1	(0.01, 0.98)	1

图 4-10 所示为神经网络从输入层到隐藏层 h_1 和 h_2 的两个 logistic 模型对应的决策边界。结合表 4-1 可以看到，h_1 和 h_2 对应的 logistic 模型都把决策边界左上方的点预测为 0，把决策边界右下方的点预测为 1。

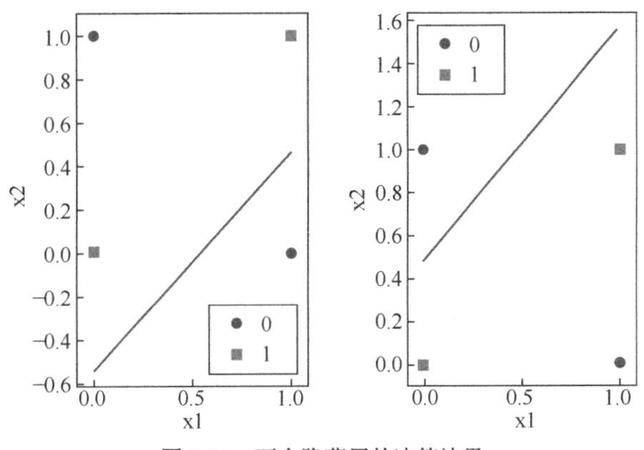

图 4-10 两个隐藏层的决策边界

结论如下。

- 神经网络把第二个观测点的输入值(0,1)变换为隐藏层的(0.00,0.03)（该观测点在两个决策边界之上）。
- 神经网络把第三个观测点的输入值(1,0)变换为隐藏层的(0.98,1.00)（该观测点在两个决策边界之下）。
- 神经网络分别把第一个观测点和第四个观测点的输入值(0,0)和(1,1)变换为隐藏层的(0.01,0.96)和(0.01,0.98)（这两个观测点在第一个决策边界之上，在第二个决策边界之下）。

换句话说，两个隐藏层的 logistic 模型把两条直线之外的观测点分别大致预测为(0,0), (1,1)，把两条直线之间的观测点大致预测为(0,1)。

使用以下代码绘制图 4-10 和图 4-11。

```
"""
从输入层到隐藏层 h1 的 logistic 模型
暂时忽略代码细节，只需要看代码运行结果
"""
plt.subplot(1,2,1)
plot_decision_bound(x, y, weights_0_1[:,0], b_0_1[0,0])

# 从输入层到隐藏层 h2 的 logistic 模型
plt.subplot(1,2,2)
plot_decision_bound(x, y, weights_0_1[:,1], b_0_1[0,1])
plt.tight_layout()
"""
从隐藏层到输出层的 logistic 模型
暂时忽略代码细节，只需要看代码运行结果
"""
w = weights_1_2[:,0]
b = b_1_2[0,0]
h1 = np.linspace(0, 1, 100)
h2 = (-b - h1 * w[0])/w[1]
plt.scatter(layer_1_record[y==0,0], layer_1_record[y==0,1],\
            label="0", marker="o")
plt.scatter(layer_1_record[y==1,0], layer_1_record[y==1,1], \
            s = 80, label="1", marker="s")
plt.plot(h1, h2)
plt.legend()
plt.xlabel("h1", fontsize=16)
plt.ylabel("h2", fontsize=16)
plt.show()
```

得到的决策边界如图 4-11 所示。因变量为 0 的两个点的隐藏层大致位于(0,0)，(1,1)处，而因变量为 1 的两个点的隐藏层大致位于(0,1)处（两个方块的位置接近，几乎重合在一起）。这时，从隐藏层到输出层的 logistic 模型可以完美地把因变量为 0 的点和因变量为 1 的点分隔开了。

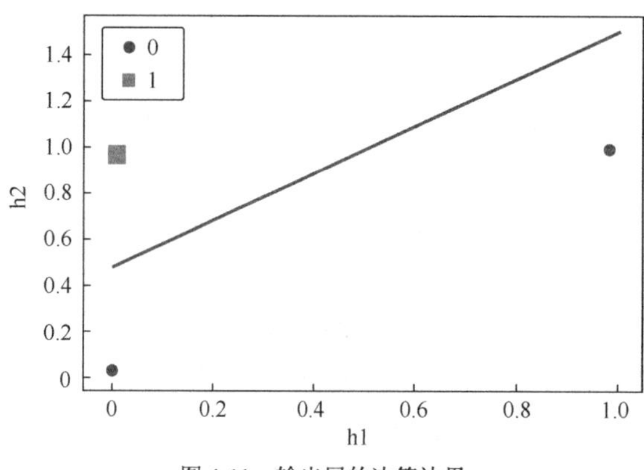

图 4-11　输出层的决策边界

从上面的例子可以看到，神经网络可以先通过隐藏层学习数据的不同特征（例如，在第 2 组数据的例子中，观测点在两条直线中所处位置），再根据隐藏层得到的特征做出更好的预测。也就是说，通过增加隐藏层，神经网络可以找到输入层和因变量之间更复杂的关系。

为了方便，我们通常用图 4-12 表示图 4-9 所示的神经网络。左边圆圈表示输入层，中间圆圈表示隐藏层，右边圆圈表示输出层。在神经网络中，圆圈也称为节点。节点与节点之间的联系用箭头表示。例如，输入层的 3 个节点都有箭头指向 h_1，表示把输入层的1、x_1、x_2 的加权和代入激活函数，得到 h_1。

在第 2 组数据的例子中，我们用具有两个节点的隐藏层的神经网络解决了 logistic 模型无法处理的问题（在计算节点数时，不包含截距项），那是不是可以通过增加隐藏层的数量和每个隐藏层的节点数处理更加复杂的问题呢？答案是可以的！拥有多个隐藏层的神经网络就可以实现深度学习。然而，简单增加隐藏层的数量和每个隐藏层的节点数并不意味着一定可以提高模型的预测能力，其中需要更多的技巧来训练并发挥这些隐藏层的作用。接下来的几章会陆续介绍这些技巧。

图 4-13 展示了一个具有两个隐藏层的神经网络。输入层有 4 个节点，隐藏层 1 有 5 个节点，隐藏层 2 有 4 个节点，输出层有 1 个节点。神经网络模型一般是包含截距项的。然而，为了方便，有时候我们将不在图形里体现截距项。

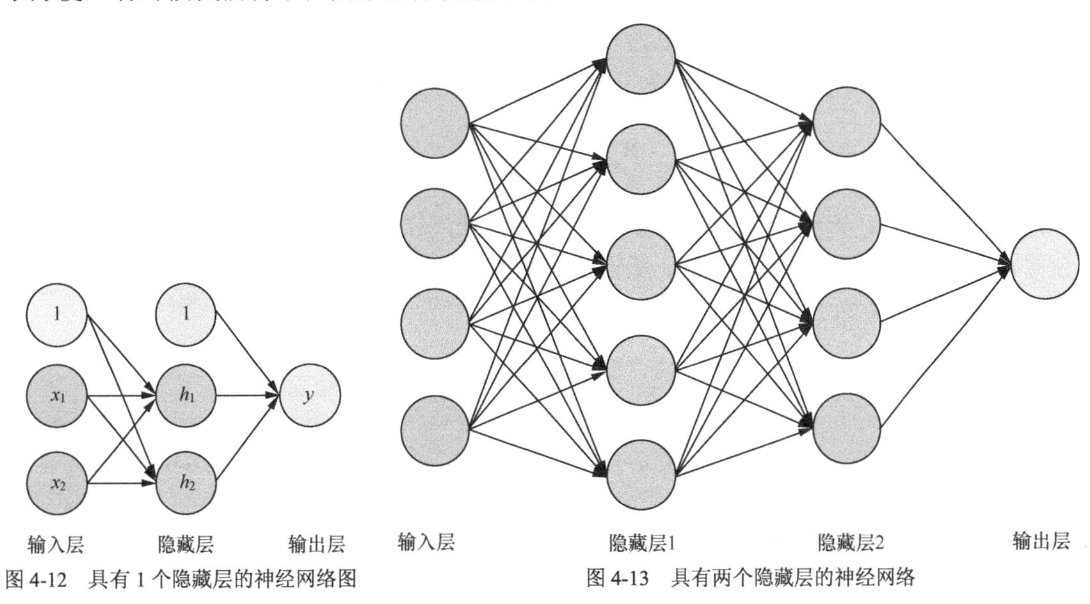

图 4-12　具有 1 个隐藏层的神经网络图

图 4-13　具有两个隐藏层的神经网络

4.2 正向传播算法

正向传播（Forward Propagation，FP）算法指输入值通过神经网络得到输出值的方法。我们以图 4-14 中具有 1 个隐藏层的神经网络为例说明正向传播算法的计算过程。从左到右依次把神经网络的各个层记为 $\boldsymbol{l}_0,\boldsymbol{l}_1,l_2$（在这里，$\boldsymbol{l}_0$ 和 $\boldsymbol{l}_1$ 为行向量，l_2 为一个数；在代码中，$\boldsymbol{l}_0,\boldsymbol{l}_1,l_2$ 分别记为 layer_0、layer_1、layer_2），即

$$\boldsymbol{l}_0=(x_1 \quad x_2),\ \boldsymbol{l}_1=(h_1 \quad h_2),\ l_2=y$$

从 $\boldsymbol{l}_0$ 到 $\boldsymbol{l}_1$，虚线箭头表示从输入层 x_1 与 x_2 到 h_1 的信息传递（h_1 由 x_1 与 x_2 计算出，因此也可以理解为输入层 x_1 与 x_2 的信息传递给了隐藏层的 h_1）；实线箭头表示从输入层 x_1 与 x_2 到 h_2 的信息传递。

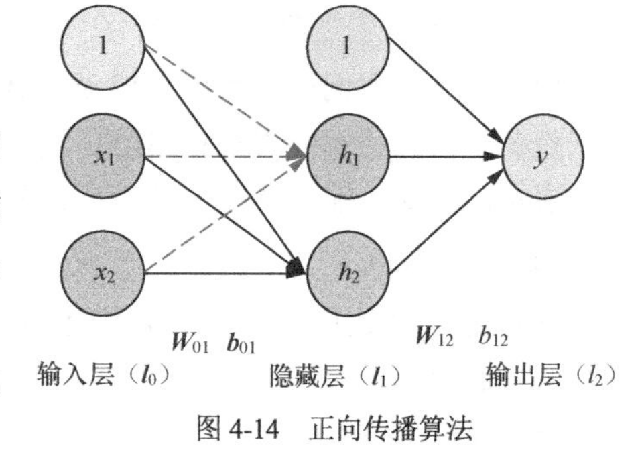

图 4-14　正向传播算法

截距项记为 $\boldsymbol{b}_{01}$（在代码中，$\boldsymbol{b}_{01}$ 记为 b_0_1），它是一个 1×2 的行向量。$\boldsymbol{b}_{01}$ 的第一个元素表示从 $\boldsymbol{l}_0$ 到 h_1 的截距项；$\boldsymbol{b}_{01}$ 的第二个元素表示从 $\boldsymbol{l}_0$ 到 h_2 的截距项。

权重记为 $\boldsymbol{W}_{01}$（在代码中，$\boldsymbol{W}_{01}$ 记为 w_0_1），它是一个 2×2 的矩阵。$\boldsymbol{W}_{01}$ 的第一列为 $\boldsymbol{l}_0$ 到 h_1 的权重；$\boldsymbol{W}_{01}$ 的第二列为 $\boldsymbol{l}_0$ 到 h_2 的权重。

$$\boldsymbol{W}_{01}=\begin{pmatrix}(\boldsymbol{W}_{01})_{11} & (\boldsymbol{W}_{01})_{12}\\(\boldsymbol{W}_{01})_{21} & (\boldsymbol{W}_{01})_{22}\end{pmatrix}$$

从 $\boldsymbol{l}_1$ 到 l_2，箭头表示 h_1 与 h_2 到 y 的信息传递。

截距项记为 b_{12}（在代码中，b_{12} 记为 b_1_2），它是一个数。

权重记为 $\boldsymbol{W}_{12}$（在代码中，$\boldsymbol{W}_{12}$ 记为 w_1_2），它是一个 2×1 的矩阵。

$$\boldsymbol{W}_{12}=\begin{pmatrix}(\boldsymbol{W}_{12})_{11}\\(\boldsymbol{W}_{12})_{21}\end{pmatrix}$$

如图 4-14 所示，从 $\boldsymbol{l}_0$ 开始，如果 $\boldsymbol{b}_{01}$ 与 $\boldsymbol{W}_{01}$ 已知，便可以计算 $\boldsymbol{l}_1$。如果 b_{12} 与 $\boldsymbol{W}_{12}$ 已知，便可以计算 l_2，得到神经网络模型的预测。从输入层到输出层的逐层计算过程即正向传播算法。正向传播算法也可以用图 4-15 所示的计算图详细表示。

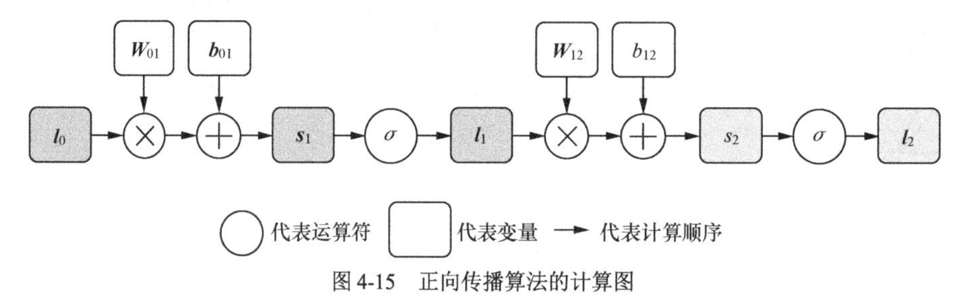

图 4-15　正向传播算法的计算图

从输入层到隐藏层（从 $\boldsymbol{l}_0$ 到 $\boldsymbol{l}_1$），$\boldsymbol{l}_0$ 的加权和为 $\boldsymbol{s}_1$，$\boldsymbol{s}_1$ 通过激活函数得到隐藏层 $\boldsymbol{l}_1$。

$$\boldsymbol{s}_1=\boldsymbol{l}_0\boldsymbol{W}_{01}+\boldsymbol{b}_{01},\quad \boldsymbol{l}_1=\sigma(\boldsymbol{s}_1)$$

σ 表示 sigmoid 函数。当 sigmoid 函数的输入值为向量或者矩阵时，函数将作用于向量或

者矩阵的所有元素。

例如，当 $\boldsymbol{l}_0=(0\ 1)$，$\boldsymbol{b}_{01}=(0\ \ 0)$ 时，有

$$\boldsymbol{W}_{01}=\begin{pmatrix}0.1 & 0.2\\ 0.3 & 0.4\end{pmatrix}$$

因此，有

$$\boldsymbol{s}_1=(0\ \ 1)\begin{pmatrix}0.1 & 0.2\\ 0.3 & 0.4\end{pmatrix}+(0\ \ 0)=(0.3\ \ 0.4)$$

$$\boldsymbol{l}_1=\sigma((0.3\ \ 0.4))=\begin{pmatrix}\dfrac{1}{1+\mathrm{e}^{-0.3}} & \dfrac{1}{1+\mathrm{e}^{-0.4}}\end{pmatrix}\approx(0.5744\ \ 0.5987)$$

在 Python 中，通过函数 `np.dot()` 计算矩阵乘法，然后通过自定义函数 `sigmoid()` 得到 $\boldsymbol{l}_1$。这里以第 2 组数据为例，`layer_0` 为第 2 组数据的第二个观测点。代码中计算结果的精度更高一点。

```
# ***** 定义函数 sigmoid
def sigmoid(input):
    return 1.0/(1+np.exp(-input))

b_0_1 = np.zeros((1, 2))                             # 初始化截距项
w_0_1 = np.array([[0.1,0.2],[0.3,0.4]])              # 初始化权重

x, y = createDataSet_2()                             # 产生数据
layer_0 = x[1:2]                                     # 第二个观测点

print("b_0_1:\n"+str(b_0_1))
print("w_0_1:\n"+str(w_0_1))
print("layer_0:\n"+str(layer_0))

# 计算 layer_1
layer_1 = sigmoid(np.dot(layer_0, w_0_1) + b_0_1)
print("----------------------\nlayer_1:\n"+str(layer_1))
```

运行结果如下。

```
b_0_1:
[[0. 0.]]
w_0_1:
[[0.1 0.2]
 [0.3 0.4]]
layer_0:
[[0 1]]
----------------------
layer_1:
[[0.57444252 0.59868766]]
```

从隐藏层到输出层（从 $\boldsymbol{l}_1$ 到 l_2），$\boldsymbol{l}_1$ 的加权和为 s_2，s_2 通过激活函数得到输入层 l_2。

$$s_2 = \boldsymbol{l}_1\boldsymbol{W}_{12} + b_{12}\text{，}\quad l_2 = \sigma(s_2)$$

当 $b_{12} = 0$，$\boldsymbol{W}_{12} = \begin{pmatrix} 0.1 \\ 0.2 \end{pmatrix}$ 时，可以得到，$s_2 = (0.5744 \quad 0.5987)\begin{pmatrix} 0.1 \\ 0.2 \end{pmatrix} + 0 \approx 0.1772$，$l_2 = \sigma(s_2) = 1/(1 + \mathrm{e}^{-0.1772}) \approx 0.5442$。在 Python 中，通过如下方式计算 l_2。

```
b_1_2 = 0
w_1_2 = np.array([[0.1],[0.2]])
print("b_1_2:\n"+str(b_1_2))
print("w_1_2:\n"+str(w_1_2))
print("layer_1:\n"+str(layer_1))

# 计算 layer_2
layer_2 = sigmoid(np.dot(layer_1, w_1_2) + b_1_2)
print("-----------------------------\nlayer_2:\n"+str(layer_2))
```

输出结果如下。

```
b_1_2:

0
w_1_2:

[[0.1]
[0.2]]
layer_1:

[[0.57444252 0.59868766]]
-----------------------------
layer_2:

[0.54417993]
```

注意，代码中数据的精度与上述数值的精度不同。

到目前为止，我们从输入层开始，逐层计算加权和，然后代入激活函数，最终得到输出值。现在，根据因变量类型，选择合适方式计算模型的损失函数 L。如果因变量是定量数据，那么损失函数 $L = \frac{1}{2}(y - \hat{y})^2$。这里 $\hat{y}$ 为输出层的值。如果因变量是二分类定性变量，那么损失函数 $L = -y\ln(p) - (1-y)\ln(1-p)$。这里，$p$ 为输出层的值。

在图 4-14 所示的神经网络中，正向传播算法的计算图可以拓展为图 4-16，即得到 $\boldsymbol{l}_2$ 后，通过 ℓ 计算损失函数 L，其中 ℓ 表示求解损失函数的运算。

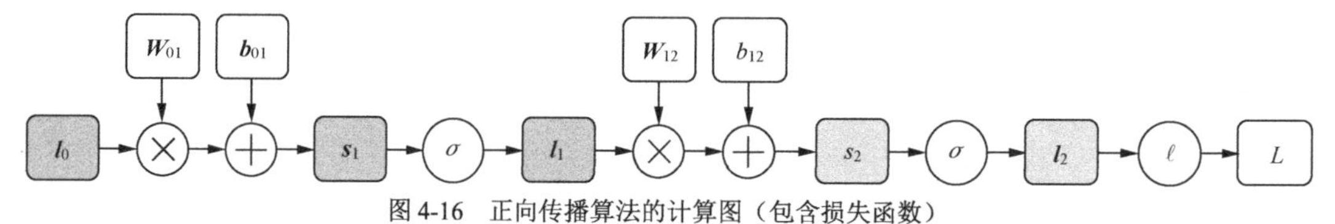

图 4-16　正向传播算法的计算图（包含损失函数）

通过上面的例子，总结如下规律：除输入层之外，神经网络中其他层的值由前一层的值乘以相应的权重矩阵，加上截距项，然后代入激活函数得到。

对于一般神经网络，我们可以用总结的规律正向逐层计算。例如，对于图 4-13 所示的神经网络模型，记 $\boldsymbol{l}_0$ 为输入层，$\boldsymbol{l}_1$ 为隐藏层 1，$\boldsymbol{l}_2$ 为隐藏层 2，l_3 为输出层。

$\boldsymbol{l}_0$ 为 1×4 的行向量。

$\boldsymbol{l}_1=\sigma(\boldsymbol{l}_0\boldsymbol{W}_{01}+\boldsymbol{b}_{01})$，$\boldsymbol{W}_{01}$ 为 4×5 的矩阵，$\boldsymbol{b}_{01}$ 为 1×5 的行向量，$\boldsymbol{l}_1$ 为 1×5 的行向量。

$\boldsymbol{l}_2=\sigma(\boldsymbol{l}_1\boldsymbol{W}_{12}+\boldsymbol{b}_{12})$，$\boldsymbol{W}_{12}$ 为 5×4 的矩阵，$\boldsymbol{b}_{12}$ 为 1×4 的行向量，$\boldsymbol{l}_2$ 为 1×4 的行向量。

$l_3=\sigma(\boldsymbol{l}_2\boldsymbol{W}_{23}+b_{23})$，$\boldsymbol{W}_{23}$ 为 4×1 的矩阵，b_{23} 为一个数，l_3 为一个数。

最后，计算损失函数，$L=\ell(l_3,y)$。

4.3 反向传播算法

为了训练神经网络，需要反复更新神经网络的参数，使神经网络的损失函数 L 变小。从第 3 章我们知道，梯度下降法可以实现该任务。梯度参数表示损失函数下降的方向和大小，是实现梯度下降法的重要部分。反向传播（Backward Propagation，BP）算法是神经网络中逐层计算参数梯度的方法。我们以图 4-14 所示的具有一个隐藏层的神经网络为例介绍反向传播算法。

首先，用正向传播算法得到输出值。

$$\boldsymbol{l}_1=\sigma(\boldsymbol{l}_0\boldsymbol{W}_{01}+\boldsymbol{b}_{01})$$

$$l_2=\sigma(\boldsymbol{l}_1\boldsymbol{W}_{12}+b_{12})$$

这里 σ 为 sigmoid 函数，$\boldsymbol{W}_{01}$ 为一个 2×2 的矩阵，$\boldsymbol{b}_{01}$ 为一个 1×2 的向量，$\boldsymbol{W}_{12}$ 为一个 2×1 的矩阵，b_{12} 为一个数。将上面第一个式子代入第二个式子可以得到

$$l_2=\sigma[\sigma(\boldsymbol{l}_0\boldsymbol{W}_{01}+\boldsymbol{b}_{01})\boldsymbol{W}_{12}+b_{12}]$$

式中，l_2 是关于权重 $\boldsymbol{W}_{01}$ 与 $\boldsymbol{W}_{12}$ 以及截距项 $\boldsymbol{b}_{01}$ 与 b_{12} 的函数。以因变量是二分类定性变量为例，神经网络模型的损失函数为

$$L=-y\ln(l_2)-(1-y)\ln(1-l_2)$$

因此，损失函数 L 为关于权重 $\boldsymbol{W}_{01}$ 与 $\boldsymbol{W}_{12}$ 以及截距项 $\boldsymbol{b}_{01}$ 与 b_{12} 的函数。在梯度下降法中，需要得到 L 关于 $\boldsymbol{W}_{01},\boldsymbol{W}_{12},\boldsymbol{b}_{01},b_{12}$ 的偏导数。为了更容易解释反向传播算法，我们把正向传播算法的过程写成如下更详细的形式。

$$\boldsymbol{s}_1=\boldsymbol{l}_0\boldsymbol{W}_{01}+\boldsymbol{b}_{01}$$

$$\boldsymbol{l}_1=\sigma(\boldsymbol{s}_1)$$

$$s_2=\boldsymbol{l}_1\boldsymbol{W}_{12}+b_{12}$$

$$l_2=\sigma(s_2)$$

$$L = \ell(l_2, y)$$

现在，我们用反向传播算法计算损失函数 L 关于 $\boldsymbol{W}_{01}, \boldsymbol{W}_{12}, \boldsymbol{b}_{01}, b_{12}$ 的偏导数，整个过程分为 4 个步骤。

（1）求损失函数 L 关于 s_2 的偏导数，记为

$$\delta_2 = \frac{\partial L}{\partial s_2}$$

（2）求损失函数 L 关于 $\boldsymbol{W}_{12}$ 和 b_{12} 的偏导数，分别记为

$$\nabla_{\boldsymbol{W}_{12}} = \frac{\partial L}{\partial \boldsymbol{W}_{12}}，\quad \nabla_{b_{12}} = \frac{\partial L}{\partial b_{12}}$$

（3）求损失函数 L 关于 $\boldsymbol{s}_1$ 的偏导数，记为

$$\boldsymbol{\delta}_1 = \frac{\partial L}{\partial \boldsymbol{s}_1}$$

（4）求损失函数 L 关于 $\boldsymbol{W}_{01}$ 和 $\boldsymbol{b}_{01}$ 的偏导数，分别记为

$$\nabla_{\boldsymbol{W}_{01}} = \frac{\partial L}{\partial \boldsymbol{W}_{01}}，\quad \nabla_{\boldsymbol{b}_{01}} = \frac{\partial L}{\partial \boldsymbol{b}_{01}}$$

1. 计算 δ_2

δ_2 为损失函数 L 关于 s_2 的偏导数，即

$$\delta_2 = \frac{\partial L}{\partial s_2}$$

根据正向传播算法，s_2 通过 sigmoid 函数变换成 l_2，然后计算损失函数 L。因此，δ_2 可以沿着图 4-17 中虚线箭头所示方向，通过链式法则得到。

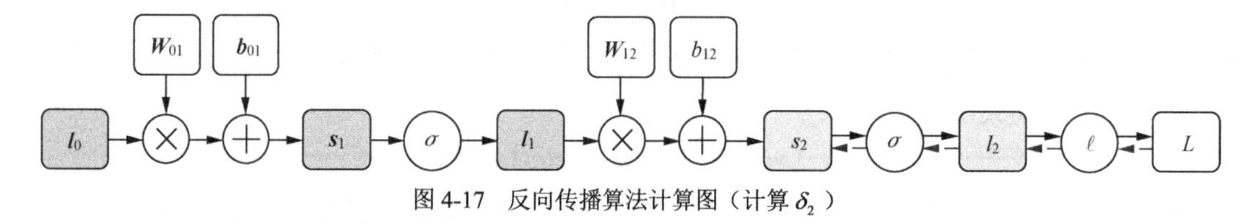

图 4-17　反向传播算法计算图（计算 δ_2）

通过链式法则，我们知道

$$\delta_2 = \frac{\partial L}{\partial s_2} = \frac{\partial L}{\partial l_2}\frac{\partial l_2}{\partial s_2}$$

容易求得

$$\frac{\partial L}{\partial l_2} = \frac{\partial\left[-y\ln(l_2) - (1-y)\ln(1-l_2)\right]}{\partial l_2} = -\frac{y}{l_2} + \frac{1-y}{1-l_2}，\quad \frac{\partial l_2}{\partial s_2} = l_2(1-l_2)$$

因此，

$$\delta_2 = \left(-\frac{y}{l_2} + \frac{1-y}{1-l_2}\right)[l_2(1-l_2)]$$
$$= l_2 - y$$

也就是说，δ_2 等于预测值 l_2 与真实值 y 的差。在这个例子中，$L = -y\ln(l_2) - (1-y)\ln(1-l_2)$，$\delta_2$ 等于预测值 l_2 与真实值 y 的差。但是，当损失函数定义不同时，δ_2 有可能是不一样的。因此，需要注意 δ_2 的具体形式取决于损失函数的定义。

在 4.2 节的例子中，$l_2 \approx 0.5442$，$y=0$，因此

$$L = -0 \times \ln(0.5442) - (1-0) \times \ln(1-0.5442) \approx 0.7857$$

$$\delta_2 = l_2 - y = 0.5442 - 0 = 0.5442$$

在 Python 中，该运算可以通过如下代码实现。

```
target = y[1:2]
loss = -(target * np.log(layer_2) + \
       (1-target) * np.log(1-layer_2))          #模型误差
print("layer_2:\n"+str(layer_2))
print("y:\n"+str(target))
print("loss:\n"+str(loss))

# 计算 delta_2
delta_2 = layer_2 - target
print("-----------------------------\ndetla_2:\n"+str(delta_2))
```

运行结果如下。

```
layer_2:
[0.54417948]

y:
[0]

loss:
[0.78565615]
-----------------------------

detla_2:
[0.54417948]
```

注意，运行结果中数值的精度更高。

2. 计算 $\nabla_{W_{12}}$ 和 $\nabla_{b_{12}}$

现在计算 L 关于 $\boldsymbol{W}_{12}$ 和 b_{12} 的偏导数，分别记

$$\nabla_{W_{12}} = \frac{\partial L}{\partial \boldsymbol{W}_{12}}，\quad \nabla_{b_{12}} = \frac{\partial L}{\partial b_{12}}$$

根据正向传播算法，$s_2 = \boldsymbol{l}_1\boldsymbol{W}_{12} + b_{12}$。也就是说，$\boldsymbol{l}_1$ 通过与 $\boldsymbol{W}_{12}$ 和 b_{12} 的运算得到 s_2，进而经过一系列计算得到损失函数 L。因此，$\nabla_{\boldsymbol{W}_{12}}$ 和 $\nabla_{b_{12}}$ 可以沿着图 4-18 虚线箭头所示方向，通过链式法则得到。

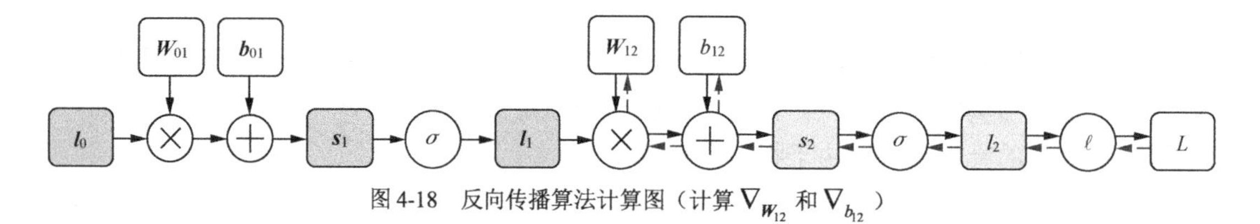

图 4-18　反向传播算法计算图（计算 $\nabla_{\boldsymbol{W}_{12}}$ 和 $\nabla_{b_{12}}$）

根据链式法则，可知

$$\nabla_{\boldsymbol{W}_{12}} = \frac{\partial L}{\partial s_2}\frac{\partial s_2}{\partial \boldsymbol{W}_{12}}，\quad \frac{\partial L}{\partial b_{12}} = \frac{\partial L}{\partial s_2}\frac{\partial s_2}{\partial b_{12}}$$

在前面，已经得到 $\delta_2 = \frac{\partial L}{\partial s_2}$。因此，只需要计算 $\frac{\partial s_2}{\partial \boldsymbol{W}_{12}}$ 和 $\frac{\partial s_2}{\partial b_{12}}$。已知 $s_2 = \boldsymbol{l}_1\boldsymbol{W}_{12} + b_{12}$，即

$$\begin{aligned} s_2 &= \begin{pmatrix}(\boldsymbol{l}_1)_1 & (\boldsymbol{l}_1)_2\end{pmatrix}\begin{pmatrix}(\boldsymbol{W}_{12})_{11} \\ (\boldsymbol{W}_{12})_{21}\end{pmatrix} + b_{12} \\ &= (\boldsymbol{l}_1)_1(\boldsymbol{W}_{12})_{11} + (\boldsymbol{l}_1)_2(\boldsymbol{W}_{12})_{21} + b_{12} \end{aligned}$$

因此

$$\frac{\partial s_2}{\partial (\boldsymbol{W}_{12})_{11}} = (\boldsymbol{l}_1)_1，\quad \frac{\partial s_2}{\partial (\boldsymbol{W}_{12})_{21}} = (\boldsymbol{l}_1)_2，\quad \frac{\partial s_2}{\partial b_{12}} = 1$$

也就是说

$$\frac{\partial s_2}{\partial \boldsymbol{W}_{12}} = \begin{pmatrix}(\boldsymbol{l}_1)_1 \\ (\boldsymbol{l}_1)_2\end{pmatrix} = \boldsymbol{l}_1^{\mathrm{T}}$$

把 $\frac{\partial s_2}{\partial \boldsymbol{W}_{12}} = \boldsymbol{l}_1^{\mathrm{T}}$ 和 $\frac{\partial s_2}{\partial b_{12}} = 1$ 分别代入 $\nabla_{\boldsymbol{W}_{12}} = \frac{\partial L}{\partial s_2}\frac{\partial s_2}{\partial \boldsymbol{W}_{12}}$，$\frac{\partial L}{\partial b_{12}} = \frac{\partial L}{\partial s_2}\frac{\partial s_2}{\partial b_{12}}$，得到

$$\nabla_{\boldsymbol{W}_{12}} = \boldsymbol{l}_1^{\mathrm{T}}\,\delta_2,\ \nabla_{b_{12}} = \delta_2$$

接着，计算 $\nabla_{\boldsymbol{W}_{12}}$ 和 $\nabla_{b_{12}}$。

$$\nabla_{\boldsymbol{W}_{12}} = \begin{pmatrix}0.5744 \\ 0.5987\end{pmatrix} \times 0.5442 \approx \begin{pmatrix}0.3126 \\ 0.3258\end{pmatrix}$$

$$\nabla_{b_{12}} = 0.5442$$

在 Python 中，用如下代码计算 $\nabla_{\boldsymbol{W}_{12}}$ 和 $\nabla_{b_{12}}$。代码得到的计算结果的精度更高。

```
# 计算损失函数关于 W_12 和 b_12 的偏导数
dw_1_2 = layer_1.T.dot(delta_2)
```

```
db_1_2 = delta_2

print("损失函数关于 W_12 的偏导数:")
print(dw_1_2)
print("--------------------")
print("损失函数关于 b_12 的偏导数:")
print(db_1_2)
```

运行结果如下。

```
损失函数关于 W_12 的偏导数:
[0.3126009 0.32579381]
--------------------
损失函数关于 b_12 的偏导数:
[0.54417993]
```

3. 计算 $\boldsymbol{\delta}_1$

$\boldsymbol{\delta}_1$ 为损失函数 L 关于 $\boldsymbol{s}_1$ 的偏导数，记

$$\boldsymbol{\delta}_1 = \frac{\partial L}{\partial \boldsymbol{s}_1}$$

根据正向传播算法可知，$\boldsymbol{s}_1$ 通过 sigmoid 函数变换成 $\boldsymbol{l}_1$，然后经过一系列运算得到损失函数 L。因此，$\boldsymbol{\delta}_1$ 可以沿着图 4-19 虚线箭头所示方向，通过链式法则得到。

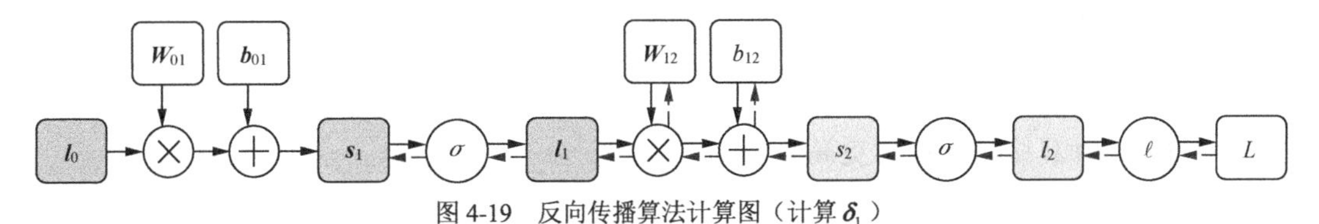

图 4-19 反向传播算法计算图（计算 $\boldsymbol{\delta}_1$）

根据链式法则，可知

$$\boldsymbol{\delta}_1 = \frac{\partial L}{\partial \boldsymbol{s}_1} = \frac{\partial L}{\partial s_2}\frac{\partial s_2}{\partial \boldsymbol{l}_1}\frac{\partial \boldsymbol{l}_1}{\partial \boldsymbol{s}_1}$$

已知 $\frac{\partial L}{\partial s_2}$，且容易得到 $\frac{\partial \boldsymbol{l}_1}{\partial \boldsymbol{s}_1} = \boldsymbol{l}_1 \circ (\mathbf{1} - \boldsymbol{l}_1)$。因此，这里只需要计算 $\frac{\partial s_2}{\partial \boldsymbol{l}_1}$。已知 $s_2 = (\boldsymbol{l}_1)_1 (\boldsymbol{W}_{12})_{11} + (\boldsymbol{l}_1)_2 (\boldsymbol{W}_{12})_{21} + b_{12}$，通过简单计算，得到

$$\frac{\partial s_2}{\partial (\boldsymbol{l}_1)_1} = (\boldsymbol{W}_{12})_{11}, \quad \frac{\partial s_2}{\partial (\boldsymbol{l}_1)_2} = (\boldsymbol{W}_{12})_{21}$$

即

$$\frac{\partial s_2}{\partial \boldsymbol{l}_1} = \left((\boldsymbol{W}_{12})_{11} \quad (\boldsymbol{W}_{12})_{21}\right) = \boldsymbol{W}_{12}^{\mathrm{T}}$$

把 $\frac{\partial L}{\partial s_2} = \delta_2$，$\frac{\partial s_2}{\partial \boldsymbol{l}_1} = \boldsymbol{W}_{12}^{\mathrm{T}}$，$\frac{\partial \boldsymbol{l}_1}{\partial \boldsymbol{s}_1} = \boldsymbol{l}_1 \circ (\mathbf{1} - \boldsymbol{l}_1)$ 代入

$$\boldsymbol{\delta}_1 = \frac{\partial L}{\partial \boldsymbol{s}_1} = \frac{\partial L}{\partial s_2}\frac{\partial s_2}{\partial \boldsymbol{l}_1}\frac{\partial \boldsymbol{l}_1}{\partial \boldsymbol{s}_1}$$

得到

$$\boldsymbol{\delta}_1 = (\delta_2 \boldsymbol{W}_{12}^{\mathrm{T}}) \circ (\boldsymbol{l}_1 \circ (\boldsymbol{1} - \boldsymbol{l}_1))$$

也就是说，$\boldsymbol{\delta}_1$ 为 δ_2 乘以 l_1 到 l_2 的权重的转置再逐点乘以 $\boldsymbol{l}_1$ 关于 $\boldsymbol{s}_1$ 的偏导数。

接着上面的例子，我们可以计算 $\boldsymbol{\delta}_1$。

$$\begin{aligned}\boldsymbol{\delta}_1 &= (\delta_2 \boldsymbol{W}_{12}^{\mathrm{T}}) \circ (\boldsymbol{l}_1 \circ (\boldsymbol{1} - \boldsymbol{l}_1)) \\ &= \left(0.5442 \times \begin{pmatrix} 0.1 \\ 0.2 \end{pmatrix}^{\mathrm{T}}\right) \circ ((0.5744 \quad 0.5987) \circ (\boldsymbol{1} - (0.5744 \quad 0.5987))) \\ &\approx (0.0133 \ 0.0261)\end{aligned}$$

下面定义函数 `sigmoid2deriv()`，该函数可以计算 sigmoid 函数的导数。计算 $\boldsymbol{\delta}_1$ 的具体代码如下。

```
def sigmoid2deriv(output):      # sigmoid 函数的导数
    return output * (1-output)

# ***** 计算 delta_1
delta_1 = delta_2.dot(weights_1_2.T) * sigmoid2deriv(layer_1)
print("delta_1:\n"+str(delta_1))
```

运行结果如下。

```
delta_1:
[[0.01330293   0.02614901]]
```

代码得到的计算结果的精度更高。

4. 计算 $\nabla_{\boldsymbol{W}_{01}}$ 和 $\nabla_{\boldsymbol{b}_{01}}$

现在计算 L 关于 $\boldsymbol{W}_{01}$ 和 $\boldsymbol{b}_{01}$ 的偏导数，记

$$\nabla_{\boldsymbol{W}_{01}} = \frac{\partial L}{\partial \boldsymbol{W}_{01}}, \quad \nabla_{\boldsymbol{b}_{01}} = \frac{\partial L}{\partial \boldsymbol{b}_{01}}$$

根据正向传播算法，可知 $\boldsymbol{s}_1 = \boldsymbol{l}_0\boldsymbol{W}_{01} + \boldsymbol{b}_{01}$。也就是说，$\boldsymbol{l}_0$ 通过与 $\boldsymbol{W}_{01}$ 和 $\boldsymbol{b}_{01}$ 运算得到 $\boldsymbol{s}_1$，进而经过一系列计算得到损失函数 L。因此，$\nabla_{\boldsymbol{W}_{01}}$ 和 $\nabla_{\boldsymbol{b}_{01}}$ 可以沿着图 4-20 虚线箭头所示方向，通过链式法则得到。

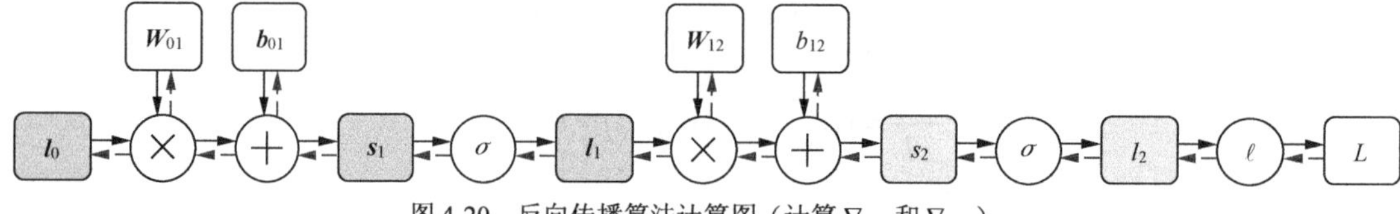

图 4-20　反向传播算法计算图（计算 $\nabla_{\boldsymbol{W}_{01}}$ 和 $\nabla_{\boldsymbol{b}_{01}}$）

根据链式法则，可知

$$\nabla_{W_{01}} = \frac{\partial L}{\partial \boldsymbol{s}_1}\frac{\partial \boldsymbol{s}_1}{\partial \boldsymbol{W}_{01}}，\quad \nabla_{b_{01}} = \frac{\partial L}{\partial \boldsymbol{s}_1}\frac{\partial \boldsymbol{s}_1}{\partial \boldsymbol{b}_{01}}$$

在前面，已经得到 $\boldsymbol{\delta}_1 = \frac{\partial L}{\partial \boldsymbol{s}_1}$。在这里，需要计算 $\frac{\partial \boldsymbol{s}_1}{\partial \boldsymbol{W}_{01}}$。因为 $\boldsymbol{s}_1$ 是一个 1×2 的向量，$\boldsymbol{W}_{01}$ 是一个 2×2 的矩阵，所以理论上 $\frac{\partial \boldsymbol{s}_1}{\partial \boldsymbol{W}_{01}}$ 应该是一个 $2\times 2\times 2$ 的多维数组（因为 $\boldsymbol{s}_1$ 的每个元素关于 $\boldsymbol{W}_{01}$ 的偏导数都是一个 2×2 的矩阵）。

但是，实际计算 $\frac{\partial \boldsymbol{s}_1}{\partial \boldsymbol{W}_{01}}$ 的过程中，可能不需要涉及复杂的多维数组。接下来，我们将逐步介绍计算 $\frac{\partial \boldsymbol{s}_1}{\partial \boldsymbol{W}_{01}}$ 的详细过程。已知 $\boldsymbol{s}_1 = \boldsymbol{l}_0\boldsymbol{W}_{01} + \boldsymbol{b}_{01}$，即

$$((\boldsymbol{s}_1)_1 \quad (\boldsymbol{s}_1)_2) = ((\boldsymbol{l}_0)_1 \quad (\boldsymbol{l}_0)_2)\begin{pmatrix} (\boldsymbol{W}_{01})_{11} & (\boldsymbol{W}_{01})_{12} \\ (\boldsymbol{W}_{01})_{21} & (\boldsymbol{W}_{01})_{22} \end{pmatrix} + ((\boldsymbol{b}_{01})_1 \quad (\boldsymbol{b}_{01})_2)$$

如图 4-21 所示，$(\boldsymbol{s}_1)_1 = (\boldsymbol{l}_0)_1(\boldsymbol{W}_{01})_{11} + (\boldsymbol{l}_0)_2(\boldsymbol{W}_{01})_{21} + (\boldsymbol{b}_{01})_1$，$(\boldsymbol{s}_1)_2 = (\boldsymbol{l}_0)_1(\boldsymbol{W}_{01})_{12} + (\boldsymbol{l}_0)_2(\boldsymbol{W}_{01})_{22} + (\boldsymbol{b}_{01})_2$。

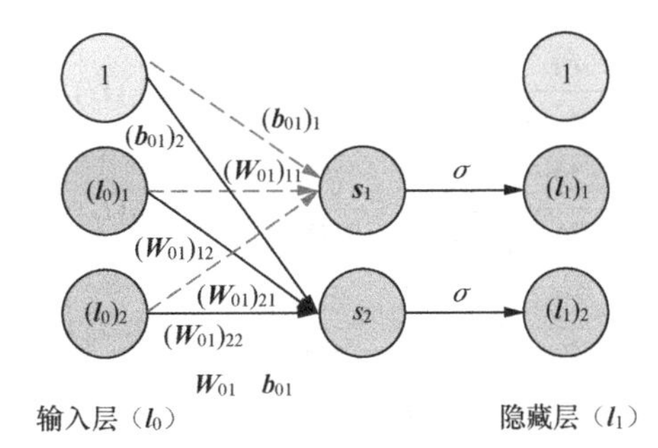

图 4-21　从输入层（$\boldsymbol{l}_0$）到隐藏层（$\boldsymbol{l}_1$）的详细计算过程

$$\frac{\partial(\boldsymbol{s}_1)_1}{\partial(\boldsymbol{W}_{01})_{11}} = (\boldsymbol{l}_0)_1 \quad \frac{\partial(\boldsymbol{s}_1)_1}{\partial(\boldsymbol{W}_{01})_{21}} = (\boldsymbol{l}_0)_2$$

$$\frac{\partial(\boldsymbol{s}_1)_2}{\partial(\boldsymbol{W}_{01})_{12}} = (\boldsymbol{l}_0)_1 \quad \frac{\partial(\boldsymbol{s}_1)_2}{\partial(\boldsymbol{W}_{01})_{22}} = (\boldsymbol{l}_0)_2$$

$$\frac{\partial(\boldsymbol{s}_1)_1}{\partial(\boldsymbol{b}_{01})_1} = 1 \quad \frac{\partial(\boldsymbol{s}_1)_2}{\partial(\boldsymbol{b}_{01})_2} = 1$$

$$\frac{\partial(\boldsymbol{s}_1)_2}{\partial(\boldsymbol{W}_{01})_{11}} = 0 \quad \frac{\partial(\boldsymbol{s}_1)_2}{\partial(\boldsymbol{W}_{01})_{21}} = 0$$

$$\frac{\partial(\boldsymbol{s}_1)_1}{\partial(\boldsymbol{W}_{01})_{12}} = 0 \quad \frac{\partial(\boldsymbol{s}_1)_1}{\partial(\boldsymbol{W}_{01})_{22}} = 0$$

$$\frac{\partial(\boldsymbol{s}_1)_2}{\partial(\boldsymbol{b}_{01})_1}=0 \qquad \frac{\partial(\boldsymbol{s}_1)_1}{\partial(\boldsymbol{b}_{01})_2}=0$$

虽然$\frac{\partial \boldsymbol{s}_1}{\partial \boldsymbol{W}_{01}}$应该是一个$2\times2\times2$的多维数组，但是$\frac{\partial \boldsymbol{s}_1}{\partial \boldsymbol{W}_{01}}$中有一半的元素为 0。从图 4-21 也可以看到，$(\boldsymbol{W}_{01})_{11}$和$(\boldsymbol{W}_{01})_{21}$与$(\boldsymbol{s}_1)_2$没有关系，$(\boldsymbol{W}_{01})_{12}$和$(\boldsymbol{W}_{01})_{22}$与 $(\boldsymbol{s}_1)_1$没有关系，因此，$\frac{\partial(\boldsymbol{s}_1)_2}{\partial(\boldsymbol{W}_{01})_{11}}$，$\frac{\partial(\boldsymbol{s}_1)_2}{\partial(\boldsymbol{W}_{01})_{21}}$，$\frac{\partial(\boldsymbol{s}_1)_1}{\partial(\boldsymbol{W}_{01})_{12}}$，$\frac{\partial(\boldsymbol{s}_1)_1}{\partial(\boldsymbol{W}_{01})_{22}}$都等于 0。同样地，虽然理论上$\frac{\partial \boldsymbol{s}_1}{\partial \boldsymbol{b}_{01}}$应该是一个$2\times2$的矩阵，但是$\frac{\partial \boldsymbol{s}_1}{\partial \boldsymbol{b}_{01}}$中有一半的元素为 0，即$\frac{\partial(\boldsymbol{s}_1)_2}{\partial(\boldsymbol{b}_{01})_1}$与$\frac{\partial(\boldsymbol{s}_1)_1}{\partial(\boldsymbol{b}_{01})_2}$都等于 0。

基于这些观察，我们不直接使用$\nabla_{\boldsymbol{W}_{01}}=\frac{\partial L}{\partial \boldsymbol{s}_1}\frac{\partial \boldsymbol{s}_1}{\partial \boldsymbol{W}_{01}}$，$\nabla_{\boldsymbol{b}_{01}}=\frac{\partial L}{\partial \boldsymbol{s}_1}\frac{\partial \boldsymbol{s}_1}{\partial \boldsymbol{b}_{01}}$计算$\nabla_{\boldsymbol{W}_{01}}$和$\nabla_{\boldsymbol{b}_{01}}$。因为把$\boldsymbol{s}_1$的元素关于$\boldsymbol{W}_{01}$的所有元素的偏导数排成$2\times2\times2$的多维数会很麻烦，而且我们也没有定义矩阵和多维数组的乘法。在这里，损失函数L是一个数，而$\boldsymbol{W}_{01}$是一个2×2的矩阵，$\boldsymbol{b}_{01}$是一个1×2的矩阵，$\nabla_{\boldsymbol{W}_{01}}$是一个$2\times2$的矩阵，$\nabla_{\boldsymbol{b}_{01}}$是一个$1\times2$的矩阵。我们可以先求出$\nabla_{\boldsymbol{W}_{01}}$和$\nabla_{\boldsymbol{b}_{01}}$的所有元素。

根据链式法则，得到

$$\frac{\partial L}{\partial(\boldsymbol{W}_{01})_{11}}=\frac{\partial L}{\partial(\boldsymbol{s}_1)_1}\frac{\partial(\boldsymbol{s}_1)_1}{\partial(\boldsymbol{W}_{01})_{11}}=(\boldsymbol{\delta}_1)_1(\boldsymbol{l}_0)_1$$

$$\frac{\partial L}{\partial(\boldsymbol{W}_{01})_{21}}=\frac{\partial L}{\partial(\boldsymbol{s}_1)_1}\frac{\partial(\boldsymbol{s}_1)_1}{\partial(\boldsymbol{W}_{01})_{21}}=(\boldsymbol{\delta}_1)_1(\boldsymbol{l}_0)_2$$

$$\frac{\partial L}{\partial(\boldsymbol{W}_{01})_{12}}=\frac{\partial L}{\partial(\boldsymbol{s}_1)_2}\frac{\partial(\boldsymbol{s}_1)_2}{\partial(\boldsymbol{W}_{01})_{12}}=(\boldsymbol{\delta}_1)_2(\boldsymbol{l}_0)_1$$

$$\frac{\partial L}{\partial(\boldsymbol{W}_{01})_{22}}=\frac{\partial L}{\partial(\boldsymbol{s}_1)_2}\frac{\partial(\boldsymbol{s}_1)_2}{\partial(\boldsymbol{W}_{01})_{22}}=(\boldsymbol{\delta}_1)_2(\boldsymbol{l}_0)_2$$

$$\frac{\partial L}{\partial(\boldsymbol{b}_{01})_1}=\frac{\partial L}{\partial(\boldsymbol{s}_1)_1}\frac{\partial(\boldsymbol{s}_1)_1}{\partial(\boldsymbol{b}_{01})_1}=(\boldsymbol{\delta}_1)_1$$

$$\frac{\partial L}{\partial(\boldsymbol{b}_{01})_2}=\frac{\partial L}{\partial(\boldsymbol{s}_1)_2}\frac{\partial(\boldsymbol{s}_1)_2}{\partial(\boldsymbol{b}_{01})_2}=(\boldsymbol{\delta}_1)_2$$

因此，得到L关于$\boldsymbol{W}_{01}$的偏导数

$$\frac{\partial L}{\partial \boldsymbol{W}_{01}}=\begin{pmatrix}\frac{\partial L}{\partial(\boldsymbol{W}_{01})_{11}} & \frac{\partial L}{\partial(\boldsymbol{W}_{01})_{12}}\\ \frac{\partial L}{\partial(\boldsymbol{W}_{01})_{21}} & \frac{\partial L}{\partial(\boldsymbol{W}_{01})_{22}}\end{pmatrix}$$

$$=\begin{pmatrix}(\boldsymbol{\delta}_1)_1(\boldsymbol{l}_0)_1 & (\boldsymbol{\delta}_1)_2(\boldsymbol{l}_0)_1\\ (\boldsymbol{\delta}_1)_1(\boldsymbol{l}_0)_2 & (\boldsymbol{\delta}_1)_2(\boldsymbol{l}_0)_2\end{pmatrix}$$

$$=\begin{pmatrix}(\boldsymbol{l}_0)_1\\(\boldsymbol{l}_0)_2\end{pmatrix}((\boldsymbol{\delta}_1)_1\quad(\boldsymbol{\delta}_1)_2)$$

$$=\boldsymbol{l}_0^{\mathrm{T}}\boldsymbol{\delta}_1$$

以及 L 关于 $\boldsymbol{b}_{01}$ 的偏导数

$$\frac{\partial L}{\partial \boldsymbol{b}_{01}}=\left(\frac{\partial L}{\partial(\boldsymbol{b}_{01})_1}\quad\frac{\partial L}{\partial(\boldsymbol{b}_{01})_2}\right)=((\boldsymbol{\delta}_1)_1\quad(\boldsymbol{\delta}_1)_2)=\boldsymbol{\delta}_1$$

因此，总结如下。

$$\nabla_{\boldsymbol{W}_{01}}=\boldsymbol{l}_0^{\mathrm{T}}\boldsymbol{\delta}_1\quad\nabla_{\boldsymbol{b}_{01}}=\boldsymbol{\delta}_1$$

接着，我们可以计算 $\nabla_{\boldsymbol{W}_{01}}$ 和 $\nabla_{\boldsymbol{b}_{01}}$。

$$\nabla_{\boldsymbol{W}_{01}}=(0\quad 1)^{\mathrm{T}}(0.0133\quad 0.0261)=\begin{pmatrix}0&0\\0.0133&0.0261\end{pmatrix}$$

$$\nabla_{\boldsymbol{b}_{01}}=(0.0133\quad 0.0261)$$

这个运算在 Python 中可以用如下代码实现。

```
# ***** 计算损失函数关于 W_01 和 b_01 的偏导数
derivate_w_01 = layer_0.T.dot(delta_1)
derivate_b_01 = delta_1

print("损失函数关于 weights_0_1 的偏导数:\n"+str(derivate_w_01))
print("损失函数关于 b_0_1 的偏导数:\n"+str(derivate_b_01))
```

运行结果如下。

```
损失函数关于 weights_0_1 的偏导数:
[[ 0.          0.        ]
 [0.01330293  0.02614901]]
损失函数关于 b_0_1 的偏导数:
[[0.01330293  0.02614901]]
```

综合正向传播算法和反向传播算法，对本节考虑的具有 1 个隐藏层的神经网络（见图 4-14），我们可以通过正向传播算法得到输出层的值，进而计算损失函数 L。

$$\boldsymbol{s}_1=\boldsymbol{l}_0\boldsymbol{W}_{01}+\boldsymbol{b}_{01}$$

$$\boldsymbol{l}_1=\sigma(\boldsymbol{s}_1)$$

$$s_2=\boldsymbol{l}_1\boldsymbol{W}_{12}+b_{12}$$

$$l_2=\sigma(s_2)$$

$$L=\ell(l_2,y)$$

然后，通过反向传播算法计算所有参数的梯度。

$$\delta_2=l_2-y$$

其中，δ_2 的维度为 1×1，损失函数 $L=-y\ln(p)-(1-y)\ln(1-p)$。

$$\nabla_{\boldsymbol{W}_{12}}=\boldsymbol{l}_1^{\mathrm{T}}\delta_2\,,\quad \nabla_{b_{12}}=\delta_2$$

其中，$\nabla_{\boldsymbol{W}_{12}}$ 的维度为 2×1，$\nabla_{b_{12}}$ 的维度为 1×1。

$$\boldsymbol{\delta}_1=\left(\delta_2\boldsymbol{W}_{12}^{\mathrm{T}}\right)\circ\left(\boldsymbol{l}_1\circ\left(\boldsymbol{1}-\boldsymbol{l}_1\right)\right)$$

其中，$\boldsymbol{\delta}_1$ 的维度为 1×2。

$$\nabla_{\boldsymbol{W}_{01}}=\boldsymbol{l}_0^{\mathrm{T}}\boldsymbol{\delta}_1\,,\quad \nabla_{\boldsymbol{b}_{01}}=\boldsymbol{\delta}_1$$

其中，$\nabla_{\boldsymbol{W}_{01}}$ 的维度为 2×2，$\nabla_{\boldsymbol{b}_{01}}$ 的维度为 1×2。

4.4.2 节将进一步总结在一般的神经网络模型中反向传播算法的主要步骤。

4.4 深度神经网络的完整训练流程

4.4.1 随机梯度下降法

基于正向传播算法、反向传播算法，我们可以利用神经网络计算预测值，并且计算所有参数的梯度。对于图 4-14 所示的神经网络，随机梯度下降法可以通过如下步骤实现。

（1）对于训练数据的每个观测点，用正向传播算法得到输出值 l_2。

$$\boldsymbol{s}_1=\boldsymbol{l}_0\boldsymbol{W}_{01}+\boldsymbol{b}_{01}$$
$$\boldsymbol{l}_1=\sigma(\boldsymbol{s}_1)$$
$$s_2=\boldsymbol{l}_1\boldsymbol{W}_{12}+b_{12}$$
$$l_2=\sigma(s_2)$$

（2）当因变量是二分类定性数据时，损失函数 $L=-y\ln(l_2)-(1-y)\ln(1-l_2)$。

（3）计算 $\delta_2=l_2-y$ 和 $\boldsymbol{\delta}_1=(\delta_2\boldsymbol{W}_{12}^{\mathrm{T}})\circ(\boldsymbol{l}_1\circ(\boldsymbol{1}-\boldsymbol{l}_1))$。

（4）计算参数梯度 $\nabla_{\boldsymbol{W}_{12}}=\boldsymbol{l}_1^{\mathrm{T}}\delta_2$，$\nabla_{b_{12}}=\delta_2$，$\nabla_{\boldsymbol{W}_{01}}=\boldsymbol{l}_0^{\mathrm{T}}\boldsymbol{\delta}_1$，$\nabla_{\boldsymbol{b}_{01}}=\boldsymbol{\delta}_1$。

（5）给定学习步长 α，更新权重和截距项：

$$\boldsymbol{W}_{12}'=\boldsymbol{W}_{12}-\alpha\nabla_{\boldsymbol{W}_{12}}$$
$$\boldsymbol{W}_{01}'=\boldsymbol{W}_{01}-\alpha\nabla_{\boldsymbol{W}_{01}}$$
$$b_{12}'=b_{12}-\alpha\nabla b_{12}$$
$$\boldsymbol{b}_{01}'=\boldsymbol{b}_{01}-\alpha\nabla\boldsymbol{b}_{01}$$

对于数据 2，在 Python 中使用如下代码实现完整的神经网络训练流程。

```
"""
训练具有 1 个隐藏层的神经网络
随机梯度下降法
```

```
"""
np.random.seed(3)

def sigmoid(input):                                # 定义函数 sigmoid
    return 1.0/(1+np.exp(-input))

# 定义函数 sigmoid2deriv()：求 sigmoid 函数的导数
def sigmoid2deriv(output):
    return output * (1-output)

lr, hidden_size = 2, 2                      # 给定学习步长和隐藏层的节点个数

b_0_1 = np.zeros((1, 2))                    # 初始化 b_0_1
b_1_2 = 0                                   # 初始化 b_1_2
# 初始化 weights_0_1
weights_0_1 = np.random.normal(size=(2, hidden_size))
# 初始化 weights_1_2
weights_1_2 = np.random.normal(size=(hidden_size, 1))
for iter in range(600):
    total_loss = 0
    for i in range(len(x)):
        layer_0 = x[i:i+1]                                  #  layer_0
        # 正向传播算法：计算 layer_1
        layer_1 = sigmoid(np.dot(layer_0, weights_0_1)+b_0_1)
        # 正向传播算法：计算 layer_2
        layer_2 = sigmoid(np.dot(layer_1, weights_1_2)+b_1_2)
        total_loss += -(y[i:i+1]*np.log(layer_2)+\
                (1-y[i:i+1])*np.log(1-layer_2))  #  计算模型误差

        # 反向传播算法：计算 delta_2
        delta_2 = (layer_2 - y[i:i+1])
        # 反向传播算法：计算 delta_1
        delta_1 = delta_2.dot(weights_1_2.T) * \
                 sigmoid2deriv(layer_1)
        # 更新 b_0_1 和 b_1_2
        b_1_2 -= lr * delta_2
        b_0_1 -= lr * delta_1
        # 更新 weights_1_2 和 weights_0_1
        weights_1_2 -= lr * layer_1.T.dot(delta_2)
        weights_0_1 -= lr * layer_0.T.dot(delta_1)

    if (iter % 100 == 9 or iter==599):
        print("iter: %3d; Loss: %0.5f" % (iter, total_loss))
```

运行结果如下。

```
iter:   9; Loss: 4.05018
iter: 109; Loss: 2.93568
```

```
iter: 209; Loss: 2.82540
iter: 309; Loss: 0.07302
iter: 409; Loss: 0.02847
iter: 509; Loss: 0.01768
iter: 599; Loss: 0.01317
```

4.4.2　批量随机梯度下降法

图 4-22 表示一个具有两个隐藏层的神经网络模型。我们将应用正向传播算法、反向传播算法及批量随机梯度下降法训练该模型。图 4-22 中的神经网络可以用以下方式表示（随机梯度下降法的 batch size 设为 10）。

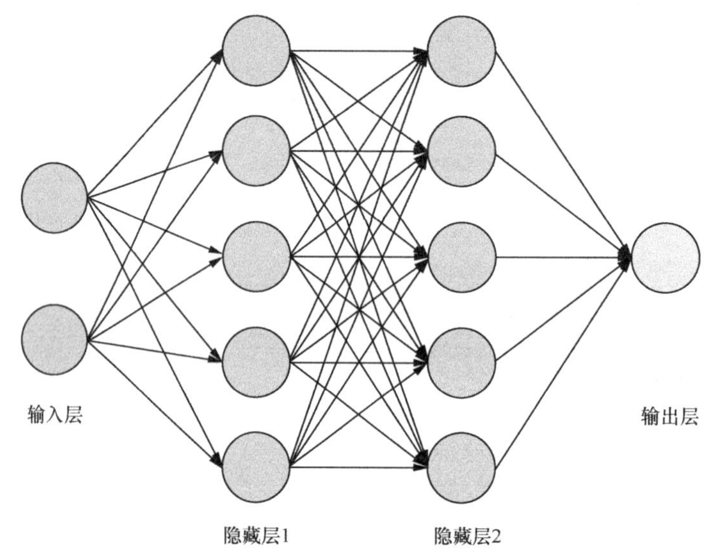

图 4-22　具有两个隐藏层的神经网络（每个隐藏层的节点数都为 5）

$$\underset{10\times2}{\boldsymbol{l}_0}\left(\underset{2\times5}{\boldsymbol{W}_{01}},\underset{1\times5}{\boldsymbol{b}_{01}}\right)\rightarrow\underset{10\times5}{\boldsymbol{l}_1}\left(\underset{5\times5}{\boldsymbol{W}_{12}},\underset{1\times5}{\boldsymbol{b}_{12}}\right)\rightarrow\underset{10\times5}{\boldsymbol{l}_2}\left(\underset{5\times1}{\boldsymbol{W}_{23}},\underset{1\times1}{b_{23}}\right)\rightarrow\underset{10\times1}{\boldsymbol{l}_3}$$

其中，$\boldsymbol{l}_0$ 为输入层；$\boldsymbol{l}_1$ 为隐藏层 1；$\boldsymbol{l}_2$ 为隐藏层 2；l_3 为输出层；$\boldsymbol{W}_{01},\boldsymbol{W}_{12},\boldsymbol{W}_{23}$ 分别为 $\boldsymbol{l}_0$ 到 $\boldsymbol{l}_1$，$\boldsymbol{l}_1$ 到 $\boldsymbol{l}_2$，$\boldsymbol{l}_2$ 到 l_3 的权重；$\boldsymbol{b}_{01},\boldsymbol{b}_{12},b_{23}$ 分别为 $\boldsymbol{l}_0$ 到 $\boldsymbol{l}_1$，$\boldsymbol{l}_1$ 到 $\boldsymbol{l}_2$，$\boldsymbol{l}_2$ 到 $\boldsymbol{l}_3$ 的截距项。

批量随机梯度下降法的学习步长为 α，batch size 为 q。对于图 4-22 所示的神经网络，批量随机梯度下降法可以通过如下步骤实现。

（1）对于训练数据的每批数据，用正向传播算法得到输出值 $\boldsymbol{l}_3$。

$$\boldsymbol{s}_1=\boldsymbol{l}_0\boldsymbol{W}_{01}+\boldsymbol{b}_{01}$$
$$\boldsymbol{l}_1=\sigma(\boldsymbol{s}_1)$$
$$\boldsymbol{s}_2=\boldsymbol{l}_1\boldsymbol{W}_{12}+\boldsymbol{b}_{12}$$

$$l_2 = \sigma(s_2)$$
$$s_3 = l_2 W_{23} + b_{23}$$
$$l_3 = \sigma(s_3)$$

（2）计算损失函数L，并且计算$\delta_3 = \frac{\partial L}{\partial l_3}\frac{\partial l_3}{\partial s_3} = \frac{\partial L}{\partial l_3} \circ (l_3 \circ (1 - l_3)) / q$。

（3）逐层计算δ_2与δ_1。

$$\delta_2 = (\delta_3 W_{23}^{\mathrm{T}}) \circ (l_2 \circ (1 - l_2))$$
$$\delta_1 = (\delta_2 W_{12}^{\mathrm{T}}) \circ (l_1 \circ (1 - l_1))$$

（4）逐层计算梯度$\nabla_{W_{23}}$，$\nabla_{W_{12}}$，$\nabla_{W_{01}}$，$\nabla_{b_{23}}$，$\nabla_{b_{12}}$，$\nabla_{b_{01}}$。1表示维度为10×1，全部元素都为 1 的列向量。

$$\nabla_{W_{23}} = l_2^{\mathrm{T}} \delta_3$$
$$\nabla_{W_{12}} = l_1^{\mathrm{T}} \delta_2$$
$$\nabla_{W_{01}} = l_0^{\mathrm{T}} \delta_1$$
$$\nabla_{b_{23}} = 1^{\mathrm{T}} \delta_3$$
$$\nabla_{b_{12}} = 1^{\mathrm{T}} \delta_2$$
$$\nabla_{b_{01}} = 1^{\mathrm{T}} \delta_1$$

（5）更新权重和截距项。

因此，在算法中无论神经网络有多少层，每一层有多少个节点，都可以通过正向传播算法计算预测值和损失函数，并且可以自动化地按照反向传播算法计算损失函数关于所有参数的梯度。下面是计算$\delta_k, \nabla_{W_{i,i+1}}, \nabla_{b_{i,i+1}}$的通用方法。

首先，计算δ_k，δ_k表示最小化损失函数L需要改变的s_k的方向和大小。在本例中，$k = 1,2,3$。

- δ_3的维度为10×1，与l_3的维度相同。
- δ_2的维度为10×5，与l_2的维度相同。$\delta_2 = (\delta_3 W_{23}^{\mathrm{T}}) \circ \sigma'(s_2)$，即$\delta_2$为$\delta_3$乘以$l_2$到$l_3$的权重的转置再逐点乘以$l_2$关于$s_2$的偏导数。
- δ_1的维度为10×5，与l_1的维度相同；$\delta_1 = (\delta_2 W_{12}^{\mathrm{T}}) \circ \sigma'(s_1)$，即$\delta_1$为$\delta_2$乘以$l_1$到$l_2$的权重的转置再逐点乘以$l_1$关于$s_1$的导数。

因此，除了输出层的δ，其余层的δ都可以通过如下公式逐层计算得到：

$$\delta_i = (\delta_{i+1} W_{i,i+1}^{\mathrm{T}}) \circ \sigma'(s_i)$$

然后，计算$\nabla_{W_{i,i+1}}$，$\nabla_{W_{i,i+1}}$表示最小化损失函数L需要改变的$W_{i,i+1}$方向和大小。在本例中，$i = 0,1,2$。

- $\nabla_{W_{23}}$ 的维度为 5×1，与 W_{23} 相同；$\nabla_{W_{23}}=l_2^{\mathrm{T}}\delta_3$，$l_2$ 的维度为 10×5，δ_3 的维度为 10×1。
- $\nabla_{W_{12}}$ 的维度为 5×5，与 W_{12} 相同；$\nabla_{W_{12}}=l_1^{\mathrm{T}}\delta_2$，$l_1$ 的维度为 10×5，δ_2 的维度为 10×5。
- $\nabla_{W_{01}}$ 的维度为 2×5，与 W_{01} 相同；$\nabla_{W_{01}}=l_0^{\mathrm{T}}\delta_1$，$l_0$ 的维度为 10×2，δ_1 的维度为 10×5。

因此，权重 $W_{i,i+1}$ 的梯度都可以通过如下公式逐层计算。

$$\nabla_{W_{i,i+1}}=l_i^{\mathrm{T}}\delta_{i+1}$$

最后，计算 $\nabla_{b_{i,i+1}}$，$\nabla_{b_{i,i+1}}$ 表示最小化损失函数 L 需要改变的 $b_{i,i+1}$ 方向和大小。在本例中，$i=0,1,2$。

- $\nabla_{b_{23}}$ 的维度为 1×1，与 b_{23} 相同；$\nabla_{b_{23}}=\mathbf{1}^{\mathrm{T}}\delta_3$，$\delta_3$ 的维度为 10×1。
- $\nabla_{b_{12}}$ 的维度为 1×5，与 b_{12} 相同；$\nabla_{b_{12}}=\mathbf{1}^{\mathrm{T}}\delta_2$，$\delta_2$ 的维度为 10×5。
- $\nabla_{b_{01}}$ 的维度为 1×5，与 b_{01} 相同；$\nabla_{b_{01}}=\mathbf{1}^{\mathrm{T}}\delta_1$，$\delta_1$ 的维度为 10×5。

因此，截距项 $b_{i,i+1}$ 的梯度可以通过如下公式逐层计算。

$$\nabla_{b_{i,i+1}}=\mathbf{1}^{\mathrm{T}}\delta_{i+1}$$

现在以 Default 数据为例，在 Python 中建立图 4-22 所示的神经网络，并使用批量随机梯度下降法更新参数。批量随机梯度下降法的 batch size 设为 10，学习步长设为 0.5。

```
"""
定义函数 loadDataSet()
载入数据 Default.txt
"""
def loadDataSet():
    x = []; y = []
   # 打开 data 文件中的文件 Default.txt
    f = open("./data/Default.txt")
    for line in f.readlines(): # 函数 readlines()读入文件 f 的所有行
        lineArr = line.strip().split()
        x.append([float(lineArr[0]), float(lineArr[1])])
        y.append(lineArr[2])
    return np.array(x), np.array(y)
x, y = loadDataSet()

y01 = np.zeros(len(y))
for i in range(len(y)):
    if y[i] == "Yes":
        y01[i] = 1
y = y01
"""
训练有两个隐藏层的神经网络
批量随机梯度下降法
"""
np.random.seed(3)
```

```
def sigmoid(x):                          # 定义函数 sigmoid
    return 1.0/(1+np.exp(-x))

# 定义函数 sigmoid2deriv()，求 sigmoid 函数的导数
def sigmoid2deriv(x):
    return x * (1-x)

lr, hidden_size = 0.5, 5          # 给定学习步长和隐藏层的节点个数
batch_size = 10                   # 给定每一批数据的观测点个数
num_batch = int(np.floor(len(x)/batch_size))

scaled_x = (x - np.mean(x, axis=0, keepdims=True))/ \
           np.std(x, axis=0, keepdims=True)        # 自变量标准化
y = y.reshape((-1, 1))

b_0_1 = np.zeros((1, 5))                            # 初始化 b_0_1
b_1_2 = np.zeros((1, 5))                            # 初始化 b_1_2
b_2_3 = np.zeros((1, 1))                            # 初始化 b_1_2

# 初始化 weights_0_1, weights_1_2, weights_2_3
# 服从(-0.5,0.5)的均匀分布
weights_0_1 = np.random.random(size=(2, 5))-0.5
weights_1_2 = np.random.random(size=(5, 5))-0.5
weights_2_3 = np.random.random(size=(5, 1))-0.5

for iter in range(200):
    total_loss = 0
    train_acc = 0
    for i in range(num_batch):

        batch_start, batch_end = i * batch_size, \
                                 (i+1) * batch_size
        # 正向传播算法：计算 layer_0，layer_1，layer_2
        layer_0 = scaled_x[batch_start:batch_end]
        layer_1 = sigmoid(np.dot(layer_0, weights_0_1) + b_0_1)
        layer_2 = sigmoid(np.dot(layer_1, weights_1_2) + b_1_2)
        layer_3 = sigmoid(np.dot(layer_2, weights_2_3) + b_2_3)

        labels_batch = y[batch_start:batch_end]
        total_loss -= np.sum(labels_batch  * np.log(layer_3) +\
                  (1 - labels_batch ) * np.log(1 - layer_3))
        for k in range(batch_size):
            if layer_3[k] >= 0.5:
              pred = 1
           else:
              pred = 0
```

```
            train_acc += np.sum(pred == labels_batch[k])
        # 反向传播算法：计算delta_3，delta_2，delta_1
        delta_3 = (layer_3 - labels_batch)/batch_size
        delta_2 = delta_3.dot(weights_2_3.T)* \
                  sigmoid2deriv(layer_2)
        delta_1 = delta_2.dot(weights_1_2.T)* \
                  sigmoid2deriv(layer_1)

        # 更新b_2_3，b_1_2，b_0_1
        b_2_3 -= lr * np.sum(delta_3, axis = 0, keepdims=True)
        b_1_2 -= lr * np.sum(delta_2, axis = 0, keepdims=True)
        b_0_1 -= lr * np.sum(delta_1, axis = 0, keepdims=True)

        # 更新weights_1_2，weights_1_2，weights_0_1
        weights_2_3 -= lr * layer_2.T.dot(delta_3)
        weights_1_2 -= lr * layer_1.T.dot(delta_2)
        weights_0_1 -= lr * layer_0.T.dot(delta_1)

    if (iter%50 == 0 or iter==199):
        print("iter: %3d; Loss: %0.3f; Train Acc: %0.3f" %\
            (iter, total_loss, train_acc/len(x)))
```

运行结果如下。

```
iter:   0; Loss: 66.246; Train Acc: 0.700
iter:  50; Loss: 31.835; Train Acc: 0.920
iter: 100; Loss: 31.192; Train Acc: 0.890
iter: 150; Loss: 30.969; Train Acc: 0.890
iter: 199; Loss: 30.801; Train Acc: 0.890
```

4.5 本章小结

神经网络的目的是建立输入层与输出层之间的关系，进而利用建立的关系得到预测值。通过增加隐藏层，神经网络可以找到输入层与输出层之间较复杂的关系。深度学习是拥有多个隐藏层的神经网络。在神经网络中，我们通过正向传播算法得到预测值，并通过反向传播算法得到参数梯度，然后利用梯度下降法更新参数使得模型误差变小，最终得到一个训练好的神经网络模型。

在神经网络中，只要知道神经网络的结构，就可以自动地计算参数梯度（逐层计算 $\boldsymbol{\delta}$，再逐层计算参数梯度），进而训练神经网络。因此，无论神经网络模型的结构有多复杂，我们都可以使用一套既定的算法训练神经网络模型。

正向传播算法、反向传播算法和梯度下降法是训练神经网络模型的关键方法，也是使你理解神经网络原理的关键点。希望你可以逐行敲入代码，观察代码运行结果，最终能够独自编程实现神经网络模型。

习题

1．当 $\boldsymbol{l}_2=\sigma(\boldsymbol{s}_2)$ 时，证明 $\dfrac{\partial \boldsymbol{l}_2}{\partial \boldsymbol{s}_2}=\boldsymbol{l}_2\circ(\boldsymbol{1}-\boldsymbol{l}_2)$ 。

2．在 4.2 节的第 2 组数据中，建立图 4-12 所示的神经网络，使用随机梯度下降法求参数，尝试不同的学习步长。

3．在 4.2 节的第 2 组数据中，建立图 4-12 所示的神经网络，尝试不同的隐藏层节点数。

4．在 Default 数据中，建立图 4-12 所示的神经网络，使用随机梯度下降法求参数。

5．在 Default 数据中，建立图 4-12 所示的神经网络，使用批量随机梯度下降法求参数，尝试不同的 batch size。

6．在 Default 数据中，建立图 4-22 所示的神经网络，使用全数据梯度下降法求参数。

7．在 Advertising 数据中，建立图 4-12 所示的神经网络，使用全数据梯度下降法求参数。

第 5 章　激活函数

在神经网络中，隐藏层和输出层的节点都表示其上一层节点的加权和代入激活函数得到的函数值。例如，在图 5-1 所示的神经网络中，s_1 是 1，x_1，x_2 的加权和，把 s_1 代入 sigmoid 函数，得到 h_1；同样地，s_2 是 1，x_1，x_2 的加权和，把 s_2 代入 sigmoid 函数，得到 h_2。得到隐藏层 h_1，h_2 之后，s 是 1，h_1，h_2 的加权和，把 s 代入 sigmoid 函数，得到输出值。在神经网络中，sigmoid 函数称为激活函数。

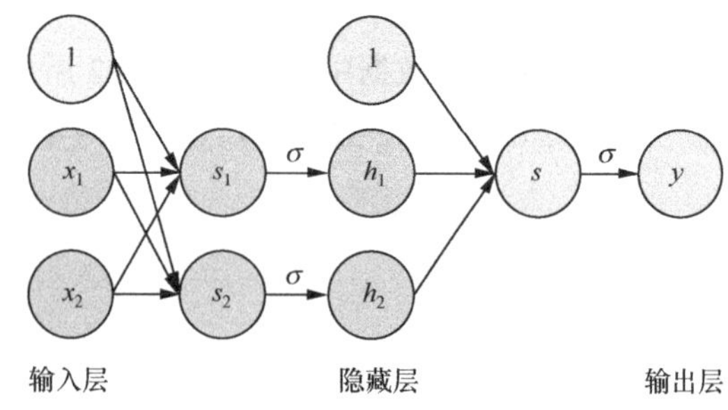

图 5-1　激活函数为 sigmoid 函数的神经网络

在实际应用中，激活函数不仅包括 sigmoid 函数，还有很多其他函数。本章将介绍两个应用于输出层的激活函数——sigmoid 函数、softmax 函数，以及 4 个常应用于隐藏层的激活函数——sigmoid 函数、tanh 函数、ReLU 函数、Leaky ReLU 函数。

5.1 激活函数的基本要求

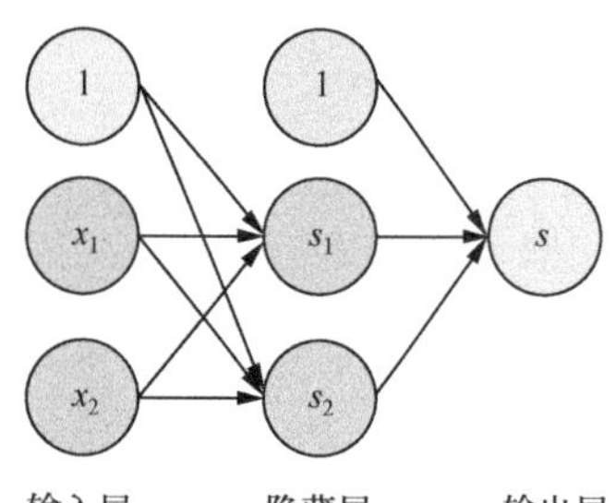

图 5-2　没有激活函数的神经网络

如果没有激活函数，那么神经网络会变成什么呢？在图 5-1 所示的神经网络中，去除激活函数，得到图 5-2 所示的神经网络。

假设在图 5-2 所示的神经网络中，有

$$s_1 = 0.5 + x_1 + x_2 \tag{5-1}$$

$$s_2 = 1 + 2x_1 + 3x_2 \tag{5-2}$$

$$s = 1.5 + 0.5s_1 + 0.6s_2 \tag{5-3}$$

将式（5-1）和式（5-2）代入式（5-3）中，得到

$$
\begin{aligned}
s &= 1.5 + 0.5 \times (0.5 + x_1 + x_2) + 0.6 \times (1 + 2x_1 + 3x_2) \\
&= 2.35 + 1.7x_1 + 2.3x_2
\end{aligned}
$$

可以看到，s 依然是 x_1 和 x_2 的一个线性函数。因此，如果没有激活函数，那么无论神经网络的结构多复杂，它都将退化为一个线性模型；在这种情况下，面对非线性的回归问题或者分类问题（如第 4 章的第 2 组数据），神经网络模型将不会比线性模型表现得更好。在第 4 章中，当使用 sigmoid 函数作为激活函数时，建立的 3 层神经网络可以很好地完成第 2 组数据的分类任务。第 2 组数据是一个相对简单的任务，只有 4 个观测点。现实的回归问题或者分类问题的决策边界通常都是复杂且非线性的，这要求模型具有产生复杂的非线性决策边界的能力。在这一点上，激活函数在神经网络中扮演了非常重要的角色。通常，我们让隐藏层的每一个节点值都通过激活函数进行变换，使得输出层是输入层的一个非线性函数。当神经网络有很多隐藏层且每个隐藏层有很多节点时，加入了激活函数的神经网络可以得到非常复杂的非线性函数，从而提高神经网络解决实际问题的能力。

直观理解，可以认为激活函数在神经网络中的作用是对加权和进行变换。因此，理论上，只要一个函数可以把一个数字变换成另一个数字，该函数便可以成为一个激活函数。我们可以找到成千上万的函数充当激活函数。而在实际中，并不是任意一个函数充当激活函数后神经网络都可以表现得很好。一个函数成为激活函数需要满足以下 4 个基本条件。

条件 1：激活函数是连续函数，且定义域是 $(-\infty,\infty)$。

激活函数的输入值为上一层节点值的加权和。加权和没有数值上的界限，因此，为了使每一个可能的加权和都能经过激活函数的变换，要求激活函数是连续函数，且定义域为 $(-\infty,\infty)$。例如，在图 5-3（a）中，函数只在 4 个区间中有定义，而在其他区间中没有定义。当上一层节点的加权和为 0 时，把 0 代入图 5-3（a）所示的函数中，将得不到任何结果。因此，如果在神经网络中使用图 5-3（a）的函数作为激活函数，将不能顺利地利用正向传播算法得到最终的预测值。如果使用图 5-3（b）所示的函数，神经网络中每一层节点的加权和都可以找到对应的函数值。

条件 2：激活函数是单调函数。

激活函数的第二个条件是单调性。假设激活函数是图 5-4（a）所示的函数 $y = x^2$，两个不同的 x 可以得到相同的 y。在第 4 章中，我们使用反向传播算法计算梯度，然后用梯度下降法更新权重，使得损失函数逐渐变小。梯度下降法通过更新权重，进而更新所有节点（除输入层节点之外）的值，使得损失函数最小化。如果两个不同的值可以得到同一个结果，那么梯度下降法更新梯度时可以有多个更新参数的方向。乐观地说，这可能是好事，因为有多种方式使得损失函数下降；悲观地说，可能更难找到一个正确方向更新参数，或者有可能在不同参数更新方向上摇摆，使得梯度下降法更难找到使得损失函数更小的路径。当然，该条件不是一个完全硬性的条件（条件 1 的函数连续性是一个硬性条件，每个激活函数都必须满足）。但是，我们还是应该尽量避免使用非单调的激活函数。

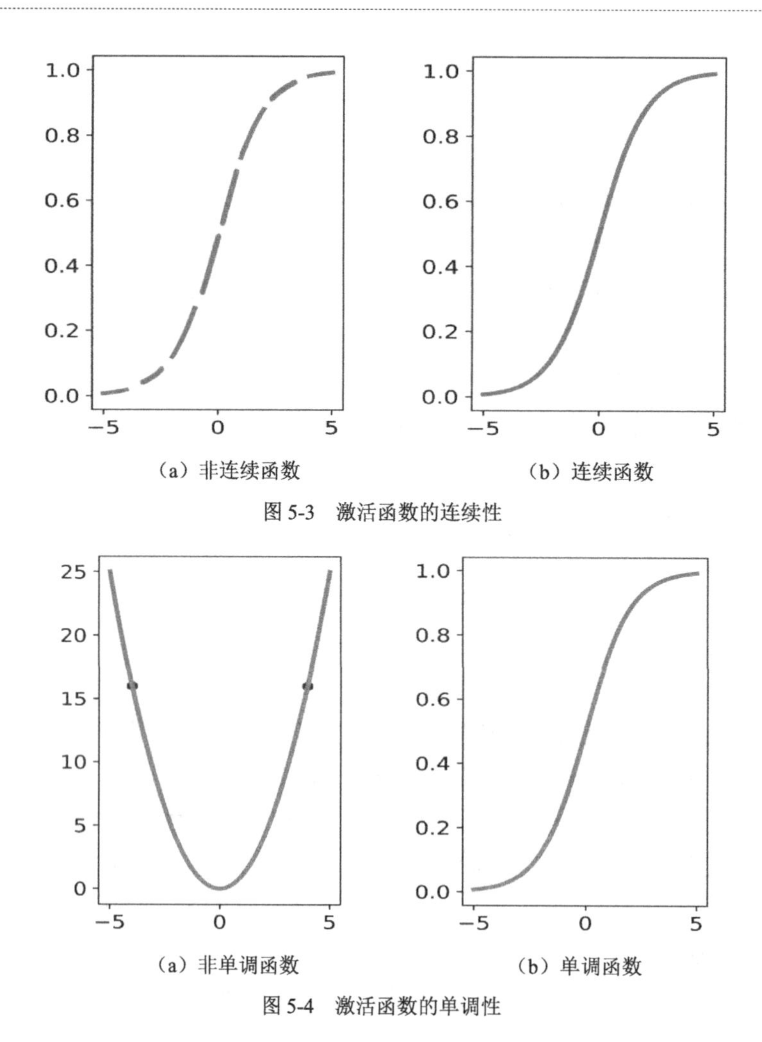

（a）非连续函数　　（b）连续函数

图 5-3　激活函数的连续性

（a）非单调函数　　（b）单调函数

图 5-4　激活函数的单调性

条件 3：激活函数是非线性函数。

激活函数不能是线性函数。假设激活函数为图 5-5（a）所示的函数 $h=2s+3$，加权和 $s=0.5+x_1+2x_2$，把 s 代入激活函数中得到 $h=2\times(0.5+x_1+2x_2)+3=4+2x_1+4x_2$。该线性激活函数的作用仅仅是把加权和从 $0.5+x_1+2x_2$ 变为 $4+2x_1+4x_2$。因此，激活函数是线性函数的神经网络模型还是线性模型不能让模型变得更加复杂。这要求激活函数必须是一个非线性函数。

条件 4：激活函数是可导函数，且激活函数和它的导数都容易计算。

在神经网络中需要使用反向传播算法计算参数梯度，然后用梯度下降法更新参数。反向传播算法的主要思想是通过链式法则逐步计算参数梯度，其过程需要计算激活函数的导数。在实际应用中，激活函数会应用于所有隐藏层和输出层的节点。当神经网络的隐藏层很多或者隐藏层的节点很多时，激活函数及其导数被计算的次数将会很多。因此，为了降低神经网络训练过程的计算复杂度，要求激活函数及其导数的计算复杂度较低。

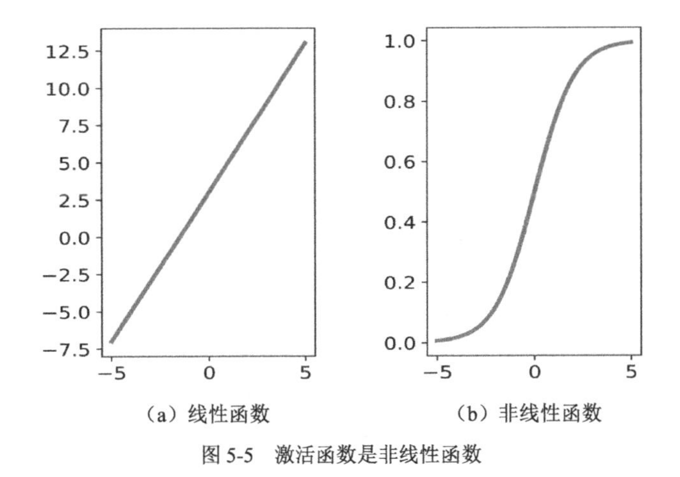

（a）线性函数　　（b）非线性函数

图 5-5　激活函数是非线性函数

5.2 输出层的激活函数

总体来说，因变量的常见数据类型有 3 种——定量数据、二分类定性数据和多分类定性数据。输出层激活函数的选择主要取决于因变量的数据类型。

5.2.1　因变量为定量数据

当因变量为定量数据时，因变量的取值范围通常为 $(-\infty,\infty)$。因变量的预测值也需要在区间 $(-\infty,\infty)$ 内。这种情况下，不使用激活函数，因变量的预测值为最后一层隐藏层的加权和。例如，在图 5-6 中，因变量的预测值 s 等于1，h_1，h_2 的加权和。如果记第 i 个观测点输出层的加权和为 s_i，那么第 i 个观测点的预测值 $\hat{y}_i = s_i$。损失函数可以定义为均方误差。

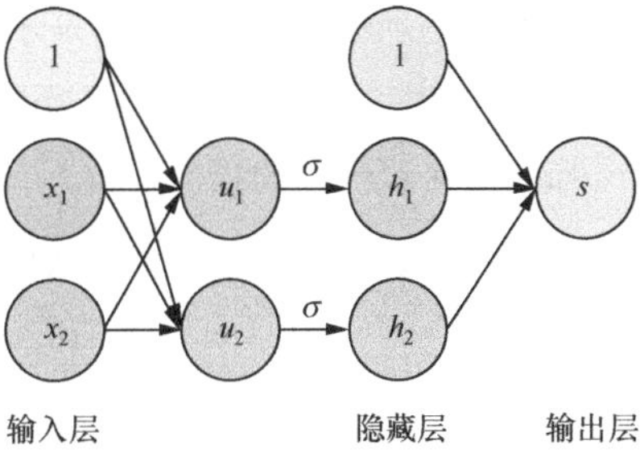

输入层　　隐藏层　　输出层

图 5-6　因变量为定量数据的神经网络

$$L = \underset{i\in\mathcal{D}}{\text{ave}}\left[\frac{1}{2}(y_i - \hat{y}_i)^2\right]$$

式中，ave 表示求平均值；$\mathcal{D}$ 为观测点集合（如果使用随机梯度下降法，那么 $\mathcal{D}$ 只包含一个观测点；如果使用全数据梯度下降法，那么 $\mathcal{D}$ 包含训练数据的全部观测点；如果使用批量随机梯度下降法，那么 $\mathcal{D}$ 包含训练数据的部分观测点）。

从第 4 章我们知道，在使用反向传播算法计算权重梯度时，需要计算输出层的 δ（即损失函数关于输出层加权和的偏导数）。记第 i 个观测点的损失函数 $L_i = \dfrac{1}{2}(y_i - \hat{y}_i)^2$。在这种情况下，通过如下方式计算损失函数关于第 i 个观测点的输出层加权和 s_i 的偏导数。

$$\begin{aligned}\delta_i=\frac{\partial L}{\partial s_i}&=\frac{\partial L}{\partial \hat{y}_i}\frac{\partial \hat{y}_i}{\partial s_i}\\&=-(y_i-\hat{y}_i)\times 1\\&=\hat{y}_i-y_i\end{aligned}$$

5.2.2 因变量为二分类定性数据

当因变量为二分类定性数据时，因变量可以用 0 和 1 表示。这时神经网络的输出层只需要一个节点。通过正向传播算法，第 i 个观测点的输出值为最后一层隐藏层的加权和代入 sigmoid 函数得到的函数值，表示神经网络预测第 i 个观测点为 1 的概率。如图 5-7 所示，s 为 1，h_1，h_2 的加权和，p 为 s 代入 sigmoid 函数的函数值。如果记第 i 个观测点对应的输出层的加权和为 s_i，那么第 i 个观测点的预测概率定义为

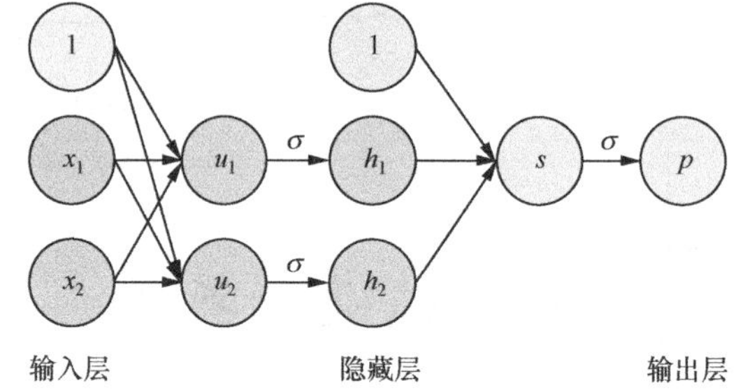

图 5-7 因变量为二分类定性数据的神经网络

$$p_i=\frac{1}{1+\mathrm{e}^{-s_i}}$$

这时，我们可以定义损失函数 L。

$$L=\underset{i\in\mathcal{D}}{\text{ave}}\{-[1_{y_i=1}\ln(p_i)+1_{y_i=0}\ln(1-p_i)]\}$$

式中，$1_{y_i=1}$ 是示性函数；$1_{y_i=0}$ 也是示性函数。当 y_i 等于 1 时，$1_{y_i=1}=1$；当 y_i 不等于 1 时，$1_{y_i=1}=0$。当 y_i 等于 0 时，$1_{y_i=0}=1$；当 y_i 不等于 0 时，$1_{y_i=0}=0$。

记第 i 个观测点的损失函数 $L_i=-[1_{y_i=1}\ln(p_i)+1_{y_i=0}\ln(1-p_i)]$。

在这种情况下，通过如下方式计算损失函数关于第 i 个观测点的输出层加权和 s_i 的偏导数。

$$\begin{aligned}\delta_i=\frac{\partial L}{\partial s_i}&=\frac{\partial L}{\partial p_i}\frac{\partial p_i}{\partial s_i}\\&=\left(-1_{y_i=1}\frac{1}{p_i}+1_{y_i=0}\frac{1}{1-p_i}\right)\frac{\partial p_i}{\partial s_i}\\&=\left[-1_{y_i=1}(1+\mathrm{e}^{-s_i})+1_{y_i=0}\frac{1+\mathrm{e}^{-s_i}}{\mathrm{e}^{-s_i}}\right]\frac{\mathrm{e}^{-s_i}}{(1+\mathrm{e}^{-s_i})^2}\\&=p_i-y_i\end{aligned}$$

5.2.3 因变量为多分类定性数据

当因变量为多分类定性数据时，因变量可以用独热编码表示。假设因变量的类的数量为 K，第 i 个观测点的因变量属于第 k 类，那么第 i 个观测点的因变量 y_i 的独热码 $\boldsymbol{y}_i=(0\cdots010\cdots0)$，即

$\boldsymbol{y}_i$ 的第 k 个元素为1，其他元素都为0。假设 $K=3$ 且因变量取值为1，2或者3。当第 i 个观测点的因变量为1时，y_i 的独热码 $\boldsymbol{y}_i=(1\,0\,0)$；当第 i 个观测点的因变量为2时，y_i 的独热编码 $\boldsymbol{y}_i=(0\,1\,0)$；当第 i 个观测点的因变量为3时，y_i 的独热码 $\boldsymbol{y}_i=(0\,0\,1)$。

当因变量为多分类定性数据时，神经网络模型输出层的节点个数将设为因变量的类的数量。在图5-8中，输出层的节点数为3。输出层的 s_1，s_2，s_3 分别为1，h_1，h_2 的加权和。p_1 定义为 $\mathrm{e}^{s_1}/\sum_{i=1}^{3}\mathrm{e}^{s_i}$；$p_2$ 定义为 $\mathrm{e}^{s_2}/\sum_{i=1}^{3}\mathrm{e}^{s_i}$；$p_3$ 定义为 $\mathrm{e}^{s_3}/\sum_{i=1}^{3}\mathrm{e}^{s_i}$。$p_1$，$p_2$，$p_3$ 分别表示预测为第1类、第2类、第3类的概率，而且 $p_1+p_2+p_3=1$。

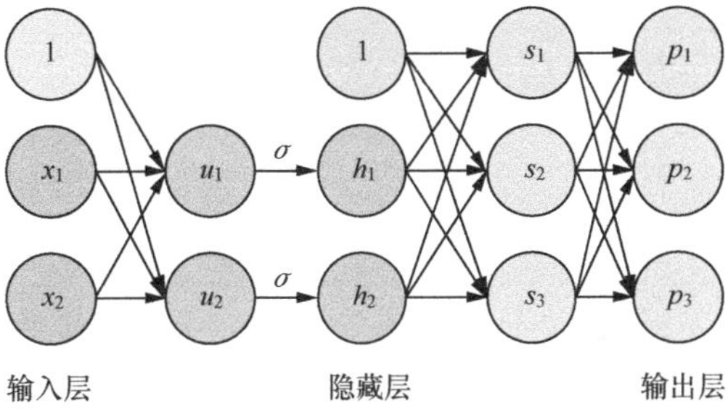

对于一般情况，当因变量的类的数量为 K 时，模型预测为第 k 类的概率定义为

$$p_k=\frac{\mathrm{e}^{s_k}}{\sum_{i=1}^{K}\mathrm{e}^{s_i}}$$

该函数称为softmax函数。

图5-8 因变量为多分类定性数据的神经网络

假设在图5-8的神经网络中，对于输出层，$(s_1\quad s_2\quad s_3)=(2\ 1\ 0)$，那么通过如下方式计算softmax函数值。

$$(2\quad 1\quad 0)\rightarrow(\mathrm{e}^2\quad \mathrm{e}^1\quad \mathrm{e}^0)=(7.39\quad 2.72\quad 1.00)\rightarrow(0.665\quad 0.245\quad 0.090)$$

也就是说，神经网络预测第1类发生的概率为66.5%，第2类发生的概率为24.5%，第3类发生的概率为9%。在这里，第1类发生的概率最大，因此最终预测结果为第1类。

对于一般的第 k 类的情况，我们通过如下方式得到神经网络的最终预测值。

$$\hat{y}=\underset{k}{\mathrm{arc\ max}}\ p_k$$

即找出概率值最大的节点对应的类。可以看到，softmax函数是sigmoid函数的推广，但是softmax函数可以更自然地处理多分类问题。在神经网络中以softmax函数作为输出层的激活函数有如下优点。

- 加权和的结果在 $(-\infty,\infty)$ 中，代入softmax函数之后，最终输出层的值全部变为正值，且在0和1之间。
- 通过softmax函数的运算，输出层的所有结果的和为1，因此我们可以认为输出层节点的值为概率值。

在这个情况下，我们可以定义损失函数 L。

$$L=\underset{i\in\mathcal{D}}{\mathrm{ave}}\left[-\sum_{j=1}^{k}y_{ij}\ln(p_{ij})\right]=\underset{i\in\mathcal{D}}{\mathrm{ave}}\left[-\ln(p_{ik})\right]$$

式中，y_{ij} 为第 i 个观测点的因变量 $\boldsymbol{y}_i$ 的第 j 个元素（其中，$y_{ik}=1$）；p_{ij} 为第 i 个观测点预测为第 j 类的概率。该损失函数称为交叉熵（cross entropy）。直观上，当 y_{ik} 等于1时，我们希望第

i 个观测值最终被预测为第 k 类，因此希望概率 p_{ik} 可以很大。也就是说，希望 $-\ln(p_{ik})$ 很小。对于 softmax 函数，因为所有类的概率值加起来等于 1，如果 p_{ik} 很大，也就意味着其他概率很小。因此，最小化 $\underset{i\in\mathcal{D}}{\text{ave}}[-\ln(p_{ik})]$ 也意味着最大化 p_{ik}，最小化其他类的概率值。

假设第 i 个观测点的因变量为 y_i（y_i 为独热码，且第 k 个元素为 1），则该观测点的损失函数

$$\begin{aligned}L_i &= -\ln(p_{ik}) \\ &= -\ln\frac{\mathrm{e}^{s_{ik}}}{\sum_{j=1}^{k}\mathrm{e}^{s_{ij}}} \\ &= -s_{ik} + \ln\left(\sum_{j=1}^{k}\mathrm{e}^{s_{ij}}\right)\end{aligned}$$

记 L_i 关于 $\boldsymbol{s}_i = (s_{i1} \quad s_{i2} \quad \ldots \quad s_{iK})$ 的导数为 $\frac{\partial L_i}{\partial \boldsymbol{s}_i}$，$\frac{\partial L_i}{\partial \boldsymbol{s}_i}$ 的维度为 $1\times k$。把 $\frac{\partial L_i}{\partial \boldsymbol{s}_i}$ 的元素分成两种情况。

求 $\frac{\partial L_i}{\partial \boldsymbol{s}_i}$ 的第 k 个元素（假设第 i 个观测点的 $y_{ik}=1$），即 $\frac{\partial L_i}{\partial s_{ik}}$。

$$\begin{aligned}\frac{\partial L_i}{\partial s_{ik}} &= \frac{\partial\left(-s_{ik} + \ln\left(\sum_{j=1}^{k}\mathrm{e}^{s_{ij}}\right)\right)}{\partial s_{ik}} \\ &= -1 + \frac{\mathrm{e}^{s_{ik}}}{\sum_{j=1}^{K}\mathrm{e}^{s_{ij}}} \\ &= p_{ik} - 1\end{aligned}$$

求 $\frac{\partial L_i}{\partial \boldsymbol{s}_i}$ 中第 k 个元素之外的元素，即 $\frac{\partial L_i}{\partial s_{ij}}, j\neq k$。

$$\begin{aligned}\frac{\partial L_i}{\partial s_{ij}} &= \frac{\partial\left(-s_{ik} + \ln\left(\sum_{j=1}^{k}\mathrm{e}^{s_{ij}}\right)\right)}{\partial s_{ij}} \\ &= -0 + \frac{\mathrm{e}^{s_{ij}}}{\sum_{j=1}^{k}\mathrm{e}^{s_{ij}}} \\ &= p_{ij} - 0\end{aligned}$$

综合上面两种情况，得到

$$\frac{\partial L_i}{\partial \boldsymbol{s}_i} = \boldsymbol{p}_i - \boldsymbol{y}_i \text{。}$$

因此，损失函数关于第 i 个观测点的输出层加权和 $\boldsymbol{s}_i$ 的偏导数可以写成如下形式。

$$\begin{aligned}\boldsymbol{\delta}_i &= \frac{\partial L_i}{\partial \boldsymbol{s}_i} \\ &= \boldsymbol{p}_i - \boldsymbol{y}_i\end{aligned}$$

在 Python 中，定义函数 softmax()。

```
# ***** 定义函数 softmax()
def softmax(x):
    temp = np.exp(x)
    return temp / np.sum(temp, axis = 1, keepdims=True)
```

5.2.4　识别 MNIST 数据集中的手写数字

MNIST 数据集是机器学习文献中常用的数据。MNIST 数据集把手写数字图片（包含 0, 1, 2, 3, 4, 5, 6, 7, 8, 9 ）用 28×28 的像素表示，每个像素的灰度值是一个 8 位的字节数字（0～255）。例如，图 5-9 是数字 8 的手写图片。观测点的自变量为手写数字图片的每一行灰度值链接在一起的向量，长度为784(即28×28)。因变量为人工标注的手写数字图像代表的数字，即 0~9 的整数。因变量用独热码表示。例如，数字 8 的热独码为(0 0 0 0 0 0 0 0 1 0)；数字 2 的独热码为(0 0 1 0 0 0 0 0 0 0)。

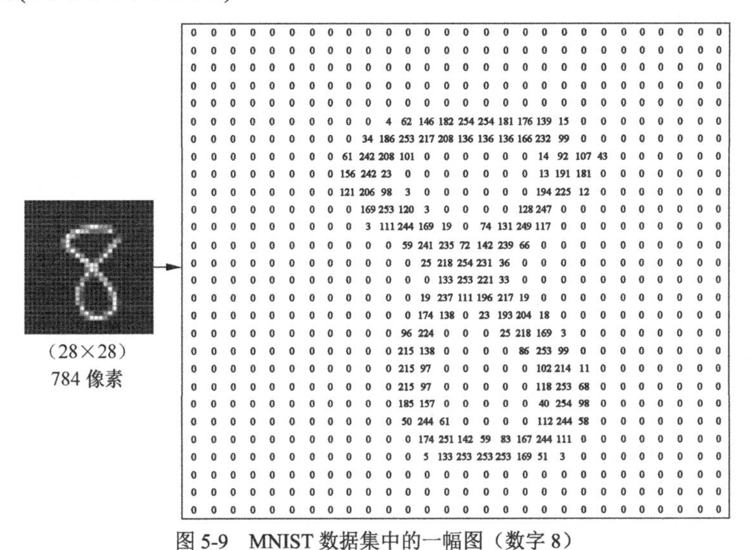

图 5-9　MNIST 数据集中的一幅图（数字 8）

包 idx2numpy 的函数 convert_from_file()可用于载入 MNIST 数据集。训练数据由 6 万幅手写数字图片及对应的数字组成，保存在 x_train、y_train 中。测试数据由 1 万幅手写数字图片及其对应的数字组成，保存在 x_test、y_test 中。

使用以下代码输出训练数据中因变量的前 10 个数字。

```
"""
载入需要用到的包和 MNIST 数据集
"""
%config InlineBackend.figure_format = 'retina'
import idx2numpy
import matplotlib.pyplot as plt
import numpy as np

x_train = idx2numpy.convert_from_file(    \
          './data/mnist/train-images.idx3-ubyte')
y_train = idx2numpy.convert_from_file(    \
           './data/mnist/train-labels.idx1-ubyte')
x_test = idx2numpy.convert_from_file(  \
           './data/mnist/t10k-images.idx3-ubyte')
y_test = idx2numpy.convert_from_file(    \
           './data/mnist/t10k-labels.idx1-ubyte')

print("训练数据的自变量维度:"+str(x_train.shape))
print("训练数据的因变量维度:"+str(y_train.shape))
print("测试数据的自变量维度:"+str(x_test.shape))
print("测试数据的因变量维度:"+str(y_test.shape))
print("训练数据中因变量的前 10 个数字: "+str(y_train[0:10]))
```

输出结果如下。

```
训练数据的自变量维度:(60000, 28, 28)
训练数据的因变量维度:(60000,)
测试数据的自变量维度:(10000, 28, 28)
测试数据的因变量维度:(10000,)
训练数据中因变量的前 10 个数字: [5 0 4 1 9 2 1 3 1 4]
```

使用以下代码绘制训练数据的前 20 幅图片（见图 5-10），图片对应的因变量写在图片的上方。

```
fig=plt.figure(figsize=(6, 4))  #设置每个数字图片的大小
columns = 5
rows = 4
for i in range(1, columns*rows+1):
    fig.add_subplot(rows, columns, i)
    plt.imshow(x_train[i-1]) # 函数 plt.imshow 可以根据像素画出图片
    plt.title(y_train[i-1])
    plt.axis('off')
    plt.tight_layout(True)
plt.show()
```

我们为 MNIST 数据集建立图 5-11 所示的神经网络。在该神经网络中，输出层节点数为 10，第一个节点表示输入图片为数字 0 的概率，第二个节点表示输入图片为数字 1 的概率，等等。该神经网络的结构特点如下。

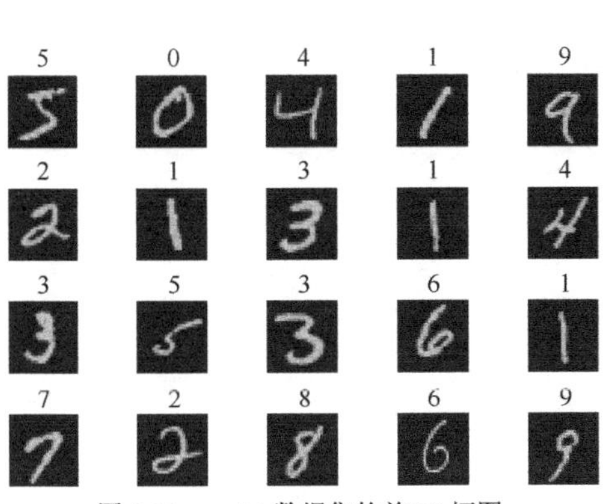

图 5-10　mnist 数据集的前 20 幅图

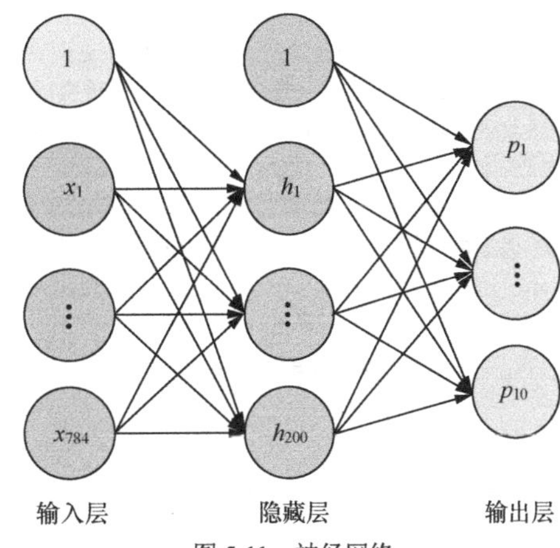

图 5-11　神经网络

- 输入层有 784 个节点（注意，在计算节点数时，通常不包含截距项）。
- 隐藏层有 200 个节点，隐藏层的激活函数为 sigmoid 函数。
- 输出层有 10 个节点，输出层的激活函数为 softmax 函数。

为了缩短计算时间，模型只用 `x_train` 的前 1000 幅手写数字图片作为训练数据。像素的灰度值为 0～255 的数字，为了确保数值计算的稳定性，把所有灰度值除以 255，变换之后自变量的值介于 0～1。权重初始值随机从(–0.5,0.5)的均匀分布中产生，初始截距项系数都设为 0。设置 batch size 为 100，训练数据刚好有 10 批。下面的代码和第 4 章处理 Default 数据的代码是类似的，不同之处在于输出层有 10 个节点，且使用 softmax 作为激活函数。

```
"""
使用批量随机梯度下降法，训练具有一个隐藏层的神经网络
"""
np.random.seed(3)

# 定义函数 sigmoid
def sigmoid(x):
    return 1.0/(1+np.exp(-x))

# 定义函数 sigmoid2deriv()求 sigmoid 函数的导数
def sigmoid2deriv(x):
    return x * (1-x)

# 定义 softmax 函数
def softmax(x):
    temp = np.exp(x)
    return temp / np.sum(temp, axis = 1, keepdims=True)

# 因变量为 10 类定性数据；自变量维度为 784
num_classes, pixels_per_image = 10, 784
```

```
n_train_images = 1000
images = x_train[0:n_train_images]
# 训练数据的自变量：把 28*28 的像素转换成向量形式
images = images.reshape(n_train_images, 28*28)/255
labels = y_train[0:n_train_images]                    # 训练数据的因变量

# 训练数据的因变量
one_hot_labels = np.zeros((len(labels), num_classes))
for i, j in enumerate(labels):
    one_hot_labels[i][j] = 1

# 测试数据的自变量
test_images = x_test.reshape(len(x_test), 28*28)/255
# 测试数据的因变量
one_hot_test_labels = np.zeros((len(y_test), num_classes))
for i, j in enumerate(y_test):
    one_hot_test_labels[i][j] = 1

lr, hidden_size = 0.05, 200    # 给定学习步长和隐藏层的节点个数
batch_size, epochs = 100, 2000 # 给定每一批数据的观测点个数和循环次数
num_batch = int(np.floor(n_train_images/batch_size))

b_0_1 = np.zeros((1, hidden_size))           # 初始化 b_0_1
b_1_2 = np.zeros((1, num_classes))           # 初始化 b_1_2
# 初始化 weights_0_1
weights_0_1 = np.random.random(size=(pixels_per_image, hidden_size))-0.5

# 初始化 weights_1_2
weights_1_2 = np.random.random(size=(hidden_size, num_classes))-0.5

for e in range(epochs):
    total_loss = 0
    train_acc = 0
    for i in range(num_batch):
        batch_start = i * batch_size
        batch_end = (i+1) *batch_size
        layer_0 = images[batch_start:batch_end]     # layer_0
        # 正向传播算法：计算 layer_1
        layer_1 = sigmoid(np.dot(layer_0, weights_0_1) + b_0_1)
        # 正向传播算法：使用 softmax 函数，计算 layer_2
        layer_2 = softmax(np.dot(layer_1, weights_1_2) + b_1_2)
        labels_batch = one_hot_labels[batch_start:batch_end]
        for j in range(len(layer_0)):
         # 计算损失函数
         total_loss += - np.log(layer_2[j, \
                           np.argmax(labels_batch[j])])
         # 计算预测正确的观测点数量
```

```
            train_acc += int(np.argmax(labels_batch[j]) == \
                             np.argmax(layer_2[j]))
        # 反向传播算法：计算 delta_2
        layer_2_delta = (layer_2 - labels_batch)/batch_size
        # 反向传播算法：计算 delta_1
        layer_1_delta = layer_2_delta.dot(weights_1_2.T)* \
                        sigmoid2deriv(layer_1)
        # 更新 b_0_1 和 b_1_2
        b_1_2 -= lr * np.sum(layer_2_delta, axis = 0, \
                             keepdims=True)
        b_0_1 -= lr * np.sum(layer_1_delta, axis = 0, \
                             keepdims=True)
        # 更新 weights_1_2 和 weights_0_1
        weights_1_2 -= lr * layer_1.T.dot(layer_2_delta)
        weights_0_1 -= lr * layer_0.T.dot(layer_1_delta)

    if(e % 200 == 0 or e == epochs - 1):
        layer_0 = test_images
        # 计算测试准确率
         layer_1 = sigmoid(np.dot(layer_0, weights_0_1) + b_0_1)
         layer_2 = softmax(np.dot(layer_1, weights_1_2) + b_1_2)
         test_acc = 0
         for i in range(len(test_images)):
             test_acc += int(np.argmax(one_hot_test_labels[i])\
                             == np.argmax(layer_2[i]))

         print("Loss: %10.3f;   Train Acc: %0.3f;   Test  Acc:\
               %0.3f"%(total_loss, train_acc/n_train_images,
                       test_acc/len(test_images)))
```

运行结果如下。

```
Loss:   3043.921;    Train Acc: 0.133;   Test Acc:0.197
Loss:    150.026;    Train Acc: 0.979;   Test Acc:0.851
Loss:     65.080;    Train Acc: 0.999;   Test Acc:0.860
Loss:     37.565;    Train Acc: 1.000;   Test Acc:0.863
Loss:     25.463;    Train Acc: 1.000;   Test Acc:0.864
Loss:     18.916;    Train Acc: 1.000;   Test Acc:0.866
Loss:     14.890;    Train Acc: 1.000;   Test Acc:0.867
Loss:     12.193;    Train Acc: 1.000;   Test Acc:0.867
Loss:     10.275;    Train Acc: 1.000;   Test Acc:0.868
Loss:      8.848;    Train Acc: 1.000;   Test Acc:0.869
Loss:      7.753;    Train Acc: 1.000;   Test Acc:0.870
```

从代码运行结果可以看出，预测误差迅速从 3000 多下降到 7 左右，训练准确率达到 1，测试准确率逐步稳定在 0.87。

综上所述，输出层激活函数的选择取决于因变量的数据类型。选定激活函数之后，需要根据建模目标选择相应的损失函数。3 个常用的激活函数及对应的损失函数总结如表 5-1 所示。从表 5-1 可以看到，softmax 函数是 sigmoid 函数的推广，多分类定性数据的损失函数也是二分类定性数据的推广；虽然对于 3 种因变量的数据类型，激活函数的定义不同，损失函数的定义也不同，但是输出层 $\boldsymbol{\delta}$ 的形式是相似的。

表 5-1　输出层激活函数的选择

因变量的数据类型	输出层激活函数	损失函数	输出层 δ_i
定量数据	不需要激活函数	$\underset{i\in\mathcal{D}}{\text{ave}}(y_i-\hat{y}_i)^2$	$\hat{y}_i-y_i$
二分类定性数据	sigmoid 函数	$\underset{i\in\mathcal{D}}{\text{ave}}\left\{-\left[1_{y_i=1}\ln(p_i)+1_{y_i=0}\ln(1-p_i)\right]\right\}$	p_i-y_i
多分类定性数据	softmax 函数	$\underset{i\in\mathcal{D}}{\text{ave}}\left[-1_{\{y_{ik}=1\}}\ln(p_{ik})\right]$	$\boldsymbol{p}_i-\boldsymbol{y}_i$

5.3 隐藏层的激活函数

根据激活函数需要满足的基本条件，其实有成千上万的函数可供我们选择。然而，在实际应用中，有些激活函数在神经网络的发展过程中脱颖而出，获得神经网络科学家和应用者的青睐。本节将介绍其中 4 个常用且效果很好的隐藏层激活函数：

- sigmoid 函数；
- tanh 函数；
- ReLU 函数；
- Leaky ReLU 函数。

5.3.1 sigmoid 函数

sigmoid 函数的定义如下：

$$\text{sigmoid}(x)=\frac{1}{1+\mathrm{e}^{-x}}$$

sigmoid 函数的定义域为 $(-\infty,\infty)$。sigmoid 函数可以将输入值变换到 0～1，如图 5-12 所示。该特征使得 sigmoid 函数既可以用于输出层也可以用于隐藏层。在 Python 中，使用如下代码定义函数 sigmoid()。

```
def sigmoid(x):
    return 1/(1 + np.exp(-x))

x = np.linspace(-10, 10, 1000)
```

```
plt.plot(x, sigmoid(x), linewidth=3)
plt.show()
```

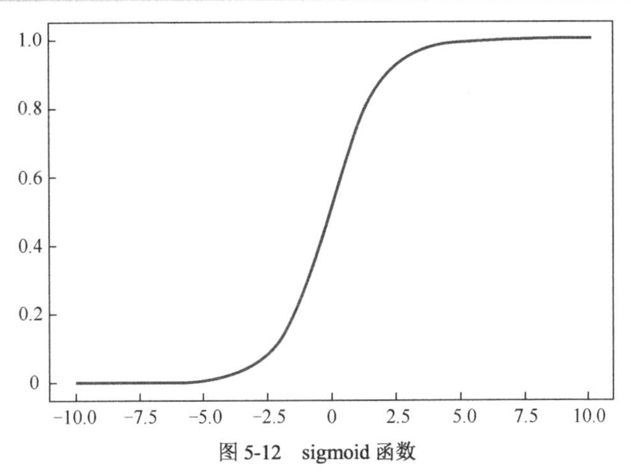

图 5-12 sigmoid 函数

sigmoid 函数的导数为

$$\frac{\partial \text{sigmoid}(x)}{\partial x}=\text{sigmoid}(x)[1-\text{sigmoid}(x)]$$

可以看到，sigmoid 函数的导数非常容易计算。在 Python 中，使用如下代码计算 sigmoid 函数的导数。

```
# 计算 sigmoid 函数的导数
def sigmoid2deriv(output):
    return output*(1-output)

plt.rcParams['font.sans-serif']=['SimHei'] # 用来正常显示中文标签
plt.rcParams['axes.unicode_minus']=False   # 用来正常显示负号

plt.plot(x, sigmoid2deriv(sigmoid(x)), linewidth=3, \
        label="sigmoid 函数")
plt.plot(x, sigmoid(x), linewidth=3, \
        label="sigmoid 函数的导数")
plt.ylim(0, 1)
plt.legend()
plt.show()
```

从图 5-13 可以看出，sigmoid 函数的导数在 0 处达到最大值 0.25。随着输入值远离 0，导数值迅速变小。当输入值的绝对值大于 5 时，sigmoid 函数的导数几乎等于 0。这是 sigmoid 函数作为隐藏层激活函数的最大缺点。我们知道在反向传播算法中，应用链式法则计算参数导数时需要乘以激活函数的导数。当多个隐藏层使用 sigmoid 函数作为激活函数时，参数导数包含多个激活函数的导数乘积。然而，sigmoid 函数的导数都是较小的小数，这可能使得参数的梯度非常小，甚至接近 0，导致神经网络模型无法通过梯度下降法更新参数。这就是 sigmoid 函数的梯度消失问题。

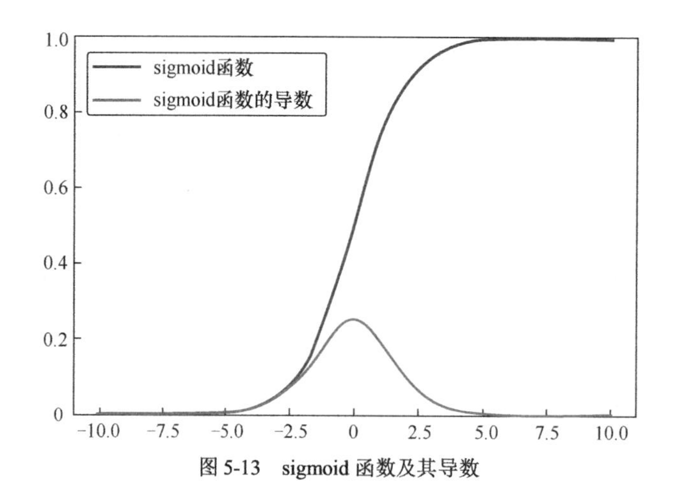

图 5-13　sigmoid 函数及其导数

5.3.2　tanh 函数

tanh 函数的定义如下。

$$\tanh(x) = \frac{e^x - e^{-x}}{e^x + e^{-x}}$$

可以看到，tanh 函数可以把输入值变换到−1～+1，如图 5-14 所示。在 Python 中，使用 NumPy 函数 `np.tanh()` 计算 tanh 函数。

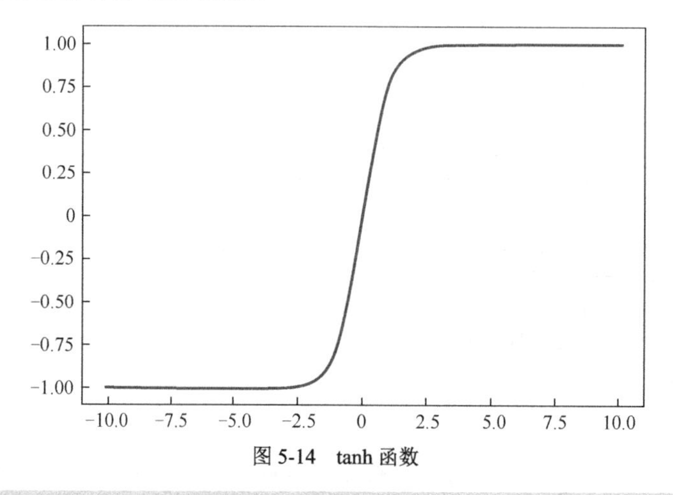

图 5-14　tanh 函数

```
# 计算 tanh 函数
def tanh(x):
    return np.tanh(x)

x = np.linspace(-10, 10, 1000)
plt.plot(x, tanh(x), linewidth=3)
plt.show()
```

tanh 函数的导数为

$$\frac{\partial \tanh(x)}{\partial x}=1-[\tanh(x)]^2$$

也就是说，tanh 函数的导数为 1 减 tanh 函数的函数值的二次方，这非常容易计算。在 Python 中，使用如下代码计算 tanh 函数的导数。

```
# 计算 tanh 函数的导数
def tanh2deriv(output):
    return 1 - output**2

plt.plot(x, tanh(x), linewidth=3, label="tanh 函数")
plt.plot(x, tanh2deriv(tanh(x)), linewidth=3, \
        label = "tanh 函数的导数")
plt.legend()
plt.show()
```

从图 5-15 可以看出，tanh 函数的导数在 0 处达到最大值1。随着输入值远离 0 点，导数值迅速变小。当输入值的绝对值大于 2.5 时，tanh 函数的导数非常接近于 0。虽然 tanh 函数的导数最大值达到 1，但是其导数也在 0～1，而且当输入值稍大时，tanh 函数的导数快速变小。因此，tanh 函数也有 sigmoid 函数的缺点，即梯度消失问题。比较 sigmoid 函数和 tanh 函数可以看到，sigmoid 函数的值域为 0～1，而 tanh 函数以原点为中心，函数值在 –1～+1。tanh 函数的作用是把整个负无穷大到正无穷大的输入值变换到一个有界区间，而且不改变符号，这样可以增加数值的稳定性且实现模型非线性。相比于 sigmoid 函数，tanh 函数可以更好地传递信息。

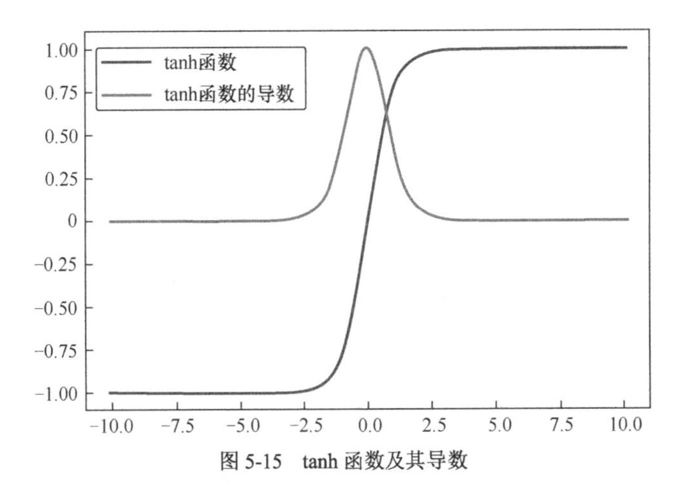

图 5-15　tanh 函数及其导数

5.3.3　ReLU 函数

ReLU（Rectified Linear Unit）函数出现和流行的时间都比较晚，它却是现在深度学习中非常常用的激活函数。ReLU 函数的定义如下。

$$\mathrm{ReLU}(x) = \max(x,0)$$

ReLU 函数是一个非常简单的函数，它是一个折线函数，把所有负的输入值都变换成 0，对于所有非负的输入值，函数值都等于输入值本身，如图 5-16 所示。在 Python 中，使用如下代码定义函数 relu()。

```
# 计算 ReLU 函数
def relu(x):
    return (x>=0) * x

x = np.linspace(-10, 10, 1000)
plt.plot(x, relu(x), linewidth=3)
plt.show()
```

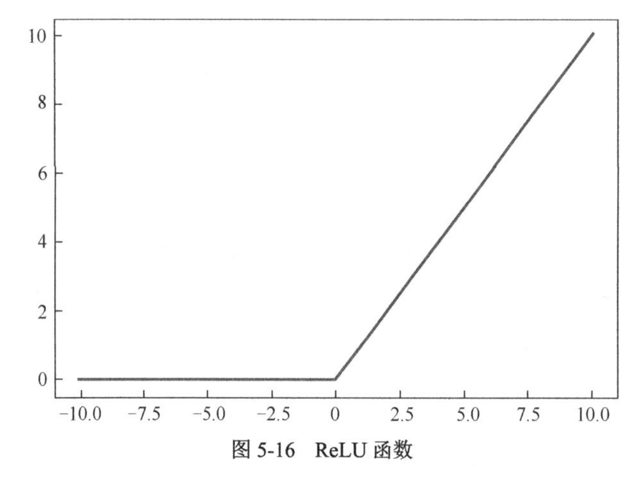

图 5-16　ReLU 函数

ReLU 函数的导数为

$$\frac{\partial \mathrm{ReLU}(x)}{\partial x} = \begin{cases} 1 & x > 0 \\ 0 & x \leqslant 0 \end{cases}$$

可以看到，ReLU 函数的导数非常容易计算。当 x 大于 0 时，其导数值为 1；当 x 小于或等于 0 时，其导数值为 0。在 Python 中，使用如下代码计算 ReLU 函数的导数。

```
# 计算 ReLU 函数的导数
# 当 output 等于 0 时，ReLU 函数的导数设为 0
def relu2deriv(output):
    return output > 0

plt.plot(x, relu(x), linewidth=2, label="ReLU 函数")
plt.plot(x, relu2deriv(relu(x)), linewidth=4, \
         label = " ReLU 函数的导数")
plt.legend()
plt.show()
```

从图 5-17 可以看出，ReLU 函数形式非常简单，在正值区域没有梯度消失问题（ReLU 函数在所有正输入值的导数都是 1）。因为 ReLU 函数的这些优点，ReLU 函数是深度学习模型中较常用的激活函数之一。然而，ReLU 函数也有缺点，当输入值是负值时，ReLU 函数的梯度等于 0，这使得相关节点的导数为 0，与这类节点相关的权重梯度都是 0，从而导致部分权重无法在梯度下降法中优化更新。

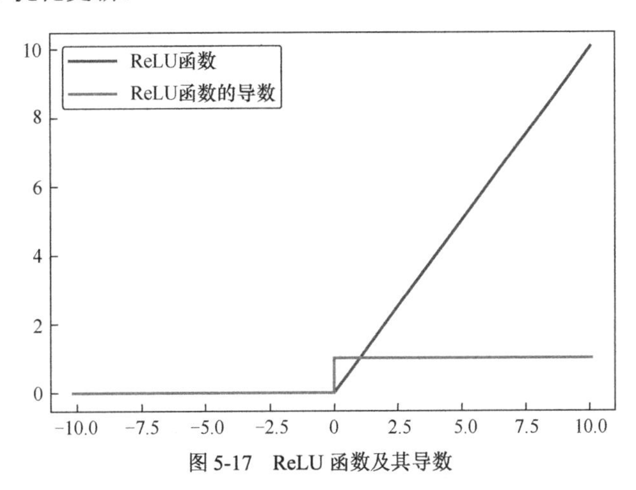

图 5-17 ReLU 函数及其导数

5.3.4 Leaky ReLU 函数

Leaky ReLU 函数的定义如下。

$$\text{Leaky ReLU}(x) = \max(x, \gamma x)$$

式中，γ 是一个很小的正数。例如，设 $\gamma = 0.01$。当输入值 x 为正值时，Leaky ReLU 函数的函数值为 x 本身；当输入值 x 为负值时，Leaky ReLU 函数的函数值为 x 乘以一个很小的正数。在 Python 中，使用如下代码定义函数 `Leaky_ReLU()`。

```
# 计算 Leaky ReLU 函数
def leaky_relu(x, gamma=0.01):
    return np.maximum(gamma*x, x)

x = np.linspace(-5, 5, 1000)
plt.plot(x, leaky_relu(x, 0.05), linewidth=3)
plt.plot([-5, 5], [0, 0], 'k-')
plt.plot([0, 0], [-0.5, 4.2], 'k-')

props = dict(facecolor='black', shrink=0.1)
plt.annotate('Leak', xytext=(-3.5, 0.5), xy=(-5, -0.2), \
             arrowprops=props, fontsize=14, ha="center")
plt.axis([-5, 5, -0.5, 4.2])
plt.show()
```

输出结果如图 5-18 所示。

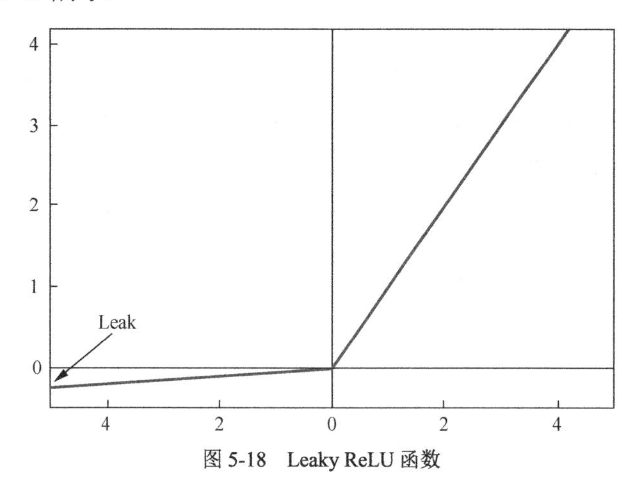

图 5-18　Leaky ReLU 函数

Leaky ReLU 函数的导数为

$$\frac{\partial \text{Leaky ReLU}(x)}{\partial x}=\begin{cases}1 & x>0\\ \gamma & x\leqslant 0\end{cases}$$

可以看到，Leaky ReLU 函数的导数也非常容易计算。当 x 大于 0 时，其导数值为 1；当 x 小于或等于 0 时，其导数值为 γ 。因此，Leaky ReLU 函数在一定程度上避免了 ReLU 函数的缺点（当输入值为负数时，导数为 0）。在 Python 中，使用如下代码计算 Leaky ReLU 函数的导数。

```
# 计算 Leaky ReLU 函数的导数
# 当 output 等于 0 时，Leaky ReLU 函数的导数设为 gamma
def leakyrelu2deriv(output, gamma=0.01):
    deriv = np.ones_like(output)
    deriv[output <= 0] = gamma
    return deriv

x = np.linspace(-5, 5, 1000)
plt.plot(x, leaky_relu(x, 0.05), linewidth=3, \
         label="leaky relu 函数")
plt.plot([-5, 5], [0, 0], 'k-')
plt.plot(x, leakyrelu2deriv(leaky_relu(x, 0.05), 0.05), \
         label="leaky relu 函数的导数")
plt.axis([-5, 5, -0.5, 4.2])
plt.legend()
plt.show()
```

输出结果如图 5-19 所示。

从图 5-19 可以看出，Leaky ReLU 函数拥有 ReLU 函数的优点，而且克服了 ReLU 的缺点（当输入值为负值时，Leaky ReLU 函数的导数为 γ ，而不是 0，使得输入值为负值的节点也可以在训练的过程中迭代），只是建模时需要额外选择一个合适的超参数 γ 。根据文献记载和我们的实际经验，当我们能够选择合适的γ时，使用 Leaky ReLU 为激活函数的神经网络模型可以表现得更好。

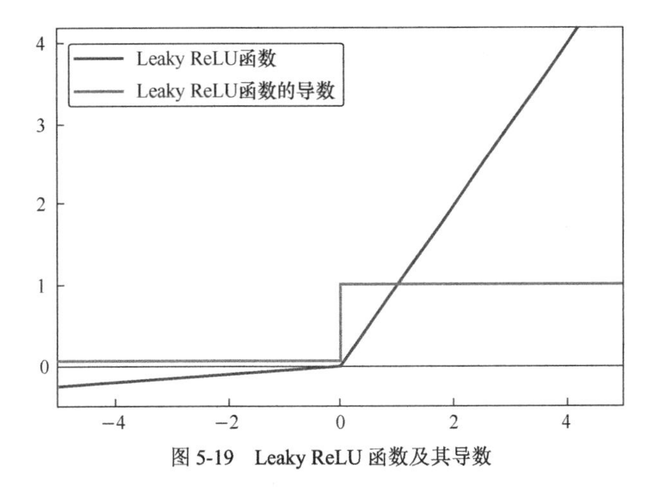

图 5-19 Leaky ReLU 函数及其导数

对于 MNIST 数据集的分类问题，现在用 Leaky ReLU 函数替换 sigmoid 函数。编写以下代码。

```
"""
使用批量随机梯度下降法，训练具有一个隐藏层的神经网络
"""
np.random.seed(1)

def leaky_relu(x, gamma=0.01):
    return np.maximum(gamma*x, x)

def leakyrelu2deriv(x, gamma=0.01):
    deriv = np.ones_like(x)
    deriv[x <= 0] = gamma
    return deriv

def softmax(x):
    temp = np.exp(x)
    return temp / np.sum(temp, axis = 1, keepdims=True)

# 因变量为 10 类的定性数据；自变量维度为 84
num_classes, pixels_per_image = 10, 784
n_train_images = 1000
# 训练数据中的自变量：把 28*28 的像素转换成向量的形式
images = x_train[0:n_train_images]
images = images.reshape(n_train_images, 28*28)/255
labels = y_train[0:n_train_images]            # 训练数据中的因变量
# 训练数据中的因变量
one_hot_labels = np.zeros((len(labels), num_classes))
for i, j in enumerate(labels):
```

```
    one_hot_labels[i][j] = 1

# 测试数据中的自变量
test_images = x_test.reshape(len(x_test), 28*28)/255
# 测试数据中的因变量
one_hot_test_labels = np.zeros((len(y_test), num_classes))
for i, j in enumerate(y_test):
    one_hot_test_labels[i][j] = 1

lr, hidden_size = 0.05, 200     # 给定学习步长和隐藏层的节点个数
batch_size, epochs = 100, 2000 # 给定每一批数据的观测点个数和循环次数
num_batch = int(np.floor(n_train_images/batch_size))

# 初始化b_0_1和b_1_2
b_0_1 = np.zeros((1, hidden_size))
b_1_2 = np.zeros((1, num_classes))

# 初始化weights_0_1和weights_1_2
weights_0_1 = 0.02*np.random.random(size=(pixels_per_image,\
                                           hidden_size))-0.01
weights_1_2 = 0.2*np.random.random(size=(hidden_size, \
                                          num_classes))-0.1

for e in range(epochs):
    total_loss = 0
    train_acc = 0
    for i in range(num_batch):
        batch_start = i * batch_size
        batch_end = (i+1) * batch_size
        layer_0 = images[batch_start:batch_end]       # layer_0
        # 正向传播算法：计算layer_1
        layer_1 = leaky_relu(np.dot(layer_0, weights_0_1)+b_0_1)
        # 正向传播算法：计算layer_2
        layer_2 = softmax(np.dot(layer_1, weights_1_2)+b_1_2)

        labels_batch = one_hot_labels[batch_start:batch_end]
        for j in range(len(layer_0)):
         # 计算损失函数
         total_loss += - np.log(layer_2[j, np.argmax(labels_batch[j])])
         # 计算预测正确的观测点数量
         train_acc += int(np.argmax(labels_batch[j]) == np.argmax(layer_2[j]))
        # 反向传播算法：计算delta_2
        layer_2_delta = (layer_2 - labels_batch)/batch_size
        # 反向传播算法：计算delta_1
        layer_1_delta = layer_2_delta.dot(weights_1_2.T)* \
                        leakyrelu2deriv(layer_1)
```

```
        # 更新b_1_2和b_0_1
        b_1_2 -= lr * np.sum(layer_2_delta, axis = 0, keepdims=True)
        b_0_1 -= lr * np.sum(layer_1_delta, axis = 0, keepdims=True)
        # 更新weights_1_2和weights_0_1
        weights_1_2 -= lr * layer_1.T.dot(layer_2_delta)
        weights_0_1 -= lr * layer_0.T.dot(layer_1_delta)

    if (e % 200 == 0 or e == (epochs - 1)):
        layer_0 = test_images
        layer_1 = leaky_relu(np.dot(layer_0, weights_0_1) + b_0_1)
        layer_2 = softmax(np.dot(layer_1, weights_1_2) + b_1_2)
        # 计算测试准确率
        test_acc = 0
        for i in range(len(test_images)):
            test_acc += int(np.argmax(one_hot_test_labels[i])
                             == np.argmax(layer_2[i]))

        print("Loss: %10.3f;   Train Acc: %0.3f;  Test Acc: \
              %0.3f"%(total_loss, train_acc/n_train_images,\
              test_acc/len(test_images)))
```

运行结果如下。

```
Loss:   2238.407;   Train Acc: 0.434;   Test Acc:0.682
Loss:     38.150;   Train Acc: 1.000;   Test Acc:0.868
Loss:     12.073;   Train Acc: 1.000;   Test Acc:0.868
Loss:      6.533;   Train Acc: 1.000;   Test Acc:0.868
Loss:      4.327;   Train Acc: 1.000;   Test Acc:0.868
Loss:      3.179;   Train Acc: 1.000;   Test Acc:0.868
Loss:      2.485;   Train Acc: 1.000;   Test Acc:0.868
Loss:      2.026;   Train Acc: 1.000;   Test Acc:0.868
Loss:      1.702;   Train Acc: 1.000;   Test Acc:0.868
Loss:      1.462;   Train Acc: 1.000;   Test Acc:0.868
Loss:      1.278;   Train Acc: 1.000;   Test Acc:0.868
```

从代码运行结果可以看出，使用 Leaky ReLU 函数的神经网络模型的最终测试准确率大约为 0.868，没有比使用 sigmoid 函数的神经网络模型表现得更好。一个可能的原因是该神经网络模型只有一个隐藏层，以 sigmoid 函数作为隐藏层的激活函数不会造成严重的梯度消失问题。

5.4 本章小结

本章介绍了激活函数在神经网络中的作用及激活函数需要满足的基本要求。特别地，本章介绍了两个应用于输出层的激活函数 sigmoid 函数和 softmax 函数，以及 4 个应用于隐藏层的激活函数 sigmoid 函数、tanh 函数、ReLU 函数、Leaky ReLU 函数。

表 5-2 总结了 4 个隐藏层激活函数的定义、导数、优点及缺点。在实际应用中，我们有时候很难根据函数的性质和数据的特征确定适合的激活函数。我们可能需要在模型中尝试不同的激活函数，根据模型的数值结果选择合适的激活函数。

表 5-2　4 个隐藏层激活函数的总结

激活函数	定义	导数	优点	缺点
sigmoid 函数	$\frac{1}{1+e^{-x}}$	$\text{sigmoid}(x)[1-\text{sigmoid}(x)]$	有连续导数	梯度消失
tanh 函数	$\frac{e^{x}-e^{-x}}{e^{x}+e^{-x}}$	$1-[\tanh(x)]^2$	有连续导数，函数值关于原点对称	梯度消失
ReLU 函数	$\max(x,0)$	当 $x>0$ 时，导数为 1； 当 $x\leqslant 0$ 时，导数为 0	梯度不会消失	当输入值为负值时，导数为 0
Leaky ReLU 函数	$\max(x,\gamma x)$	当 $x>0$ 时，导数为 1； 当 $x\leqslant 0$ 时，导数为 γ	当输入值为负值时，导数不为 0。梯度不会消失	需要确定 γ

习题

1．分析 MNIST 数据集，建立具有一个隐藏层的神经网络，尝试以下两种情况：

（a）隐藏层不使用激活函数；

（b）隐藏层使用 sigmoid 函数作为激活函数。

比较两种情况下神经网络的表现。

2．分析 MNIST 数据集，建立具有一个隐藏层的神经网络，隐藏层的激活函数为 tanh 函数或者 ReLU 函数。比较两种情况下神经网络的表现。

3．分析 MNIST 数据集，建立具有两个隐藏层的神经网络，隐藏层 1 和隐藏层 2 使用不同的激活函数。

4．分析 Fashion-MNIST 数据集（见图 5-20），建立具有一个隐藏层的神经网络，尝试不同的激活函数。比较使用各种不同激活函数的情况下神经网络的表现。使用如下方式读入 Fashion-MNIST 数据集（注意，在我们的计算机中，数据保存在工作目录路径的文件夹 data/fashion 中。在该文件夹中，还有文件 mnist_reader.py，我们需要借助该文件读入 Fashion-MNIST 数据集）。

```
from data.fashion import mnist_reader

x_fashion_train, y_fashion_train = \
        mnist_reader.load_mnist('./data/fashion', kind='train')
x_fashion_test, y_fashion_test =  \
        mnist_reader.load_mnist('./data/fashion', kind='t10k')
```

```
text_labels = ['t-shirt', 'trouser', 'pullover', 'dress', \
      'coat','sandal', 'skirt', 'sneaker', 'bag', 'ankle boot']

fig=plt.figure(figsize=(6, 4))
columns = 5
rows = 2
for i in range(1, columns*rows+1):
    fig.add_subplot(rows, columns, i)
    plt.imshow(x_fashion_train[i-1].reshape((28, 28)),cmap="gray")
    plt.title(text_labels[y_train[i-1]])
    plt.axis('off')
plt.tight_layout(True)
plt.show()
```

图 5-20　Fashion-MNIST 数据集的前 10 幅图

5．现在，我们建立一个没有隐藏层的神经网络（见图 5-21），并使用该神经网络分析 MNIST 数据集。在神经网络中，权重矩阵的维度为784×10。在下面的代码中，计算权重时，如果权重小于 0，则令其等于 0。最后把权重矩阵的每一列都变成28×28的矩阵，然后画出图形。思考权重在神经网络中的意义。（我们知道权重矩阵的每一列表示所有输入层节点到对应输出层节点的权重。例如，权重矩阵的第一列表示根据所有输入层节点计算数字 0 的概率的权重。）

```
"""
训练没有隐藏层的神经网络
"""
np.random.seed(3)

def softmax(x):
    temp = np.exp(x)
    return temp / np.sum(temp, axis = 1, keepdims=True)

num_classes, pixels_per_image = 10, 784
n_train_images = 1000
images = x_train[0:n_train_images]
```

```
    images = images.reshape(n_train_images, 28*28)/255
    labels = y_train[0:n_train_images]
    one_hot_labels = np.zeros((len(labels), num_classes))
    for i, j in enumerate(labels):
        one_hot_labels[i][j] = 1

    test_images = x_test.reshape(len(x_test), 28*28)/255
    one_hot_test_labels = np.zeros((len(y_test), num_classes))
    for i, j in enumerate(y_test):
        one_hot_test_labels[i][j] = 1

    lr = 0.05
    batch_size, epochs = 100, 2000
    num_batch = int(np.floor(n_train_images/batch_size))

    b_0_1 = np.zeros((1, 10))
    weights_0_1 = np.random.random(size=(pixels_per_image, 10))-0.5

    for e in range(epochs):
        total_loss = 0
        train_acc = 0
        for i in range(num_batch):

            batch_start, batch_end = i * batch_size, \
                                     (i+1) * batch_size
            layer_0 = images[batch_start:batch_end]
            layer_1 = softmax(np.dot(layer_0, weights_0_1)+b_0_1)

            labels_batch = one_hot_labels[batch_start:batch_end]
            for j in range(len(layer_0)):
                total_loss += - np.log(layer_1[j, \
                                       np.argmax(labels_batch[j])])
                train_acc += int(np.argmax(labels_batch[j]) == \
                                       np.argmax(layer_1[j]))

            layer_1_delta = (layer_1 - labels_batch)/batch_size
            b_0_1 -= lr * np.sum(layer_1_delta, axis = 0, \
                                 keepdims=True)
            weights_0_1 -= lr * layer_0.T.dot(layer_1_delta)
            weights_0_1[weights_0_1<=0] =0      # 令小于 0 的权重等于 0

        if(e % 200 == 0 or e == epochs - 1):
            layer_0 = test_images
            layer_1 = softmax(np.dot(layer_0, weights_0_1) + b_0_1)
            test_acc = 0
            for i in range(len(test_images)):
```

```
            test_acc += int(np.argmax(one_hot_test_labels[i])\
                                == np.argmax(layer_1[i]))

        print("Loss: %10.3f;    Train Acc: %0.3f;   Test Acc: \
              %0.3f"%(total_loss, train_acc/n_train_images, \
                                  test_acc/len(test_images)))
```

运行结果如下。

```
Loss:   3071.014;   Train Acc: 0.125;  Test Acc:0.138
Loss:    234.250;   Train Acc: 0.953;  Test Acc:0.848
Loss:    152.757;   Train Acc: 0.977;  Test Acc:0.850
Loss:    112.962;   Train Acc: 0.989;  Test Acc:0.848
Loss:     89.277;   Train Acc: 0.997;  Test Acc:0.847
Loss:     73.852;   Train Acc: 0.998;  Test Acc:0.846
Loss:     63.029;   Train Acc: 1.000;  Test Acc:0.846
Loss:     54.979;   Train Acc: 1.000;  Test Acc:0.847
Loss:     48.776;   Train Acc: 1.000;  Test Acc:0.846
Loss:     43.844;   Train Acc: 1.000;  Test Acc:0.846
Loss:     39.847;   Train Acc: 1.000;  Test Acc:0.845
```

以下代码用于计算神经网络的权重的图形。

```
fig=plt.figure(figsize=(6, 4))
columns = 5
rows = 2
for i in range(1, columns*rows+1):
    fig.add_subplot(rows, columns, i)
    plt.imshow(weights_0_1[:,i-1].reshape((28, 28)),cmap="gray")
    plt.title(str(i-1))
    plt.axis('off')
plt.tight_layout(True)
plt.show()
```

输出结果如图 5-22 所示。

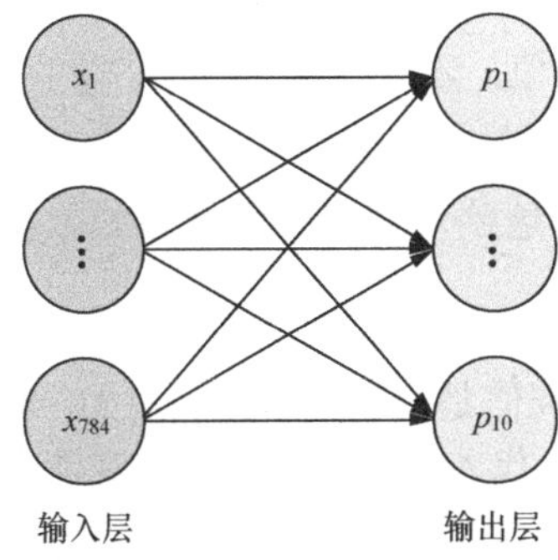

图 5-21　没有隐藏层的神经网络

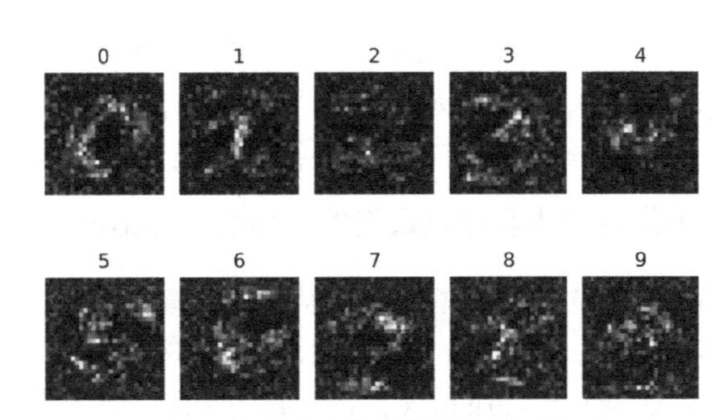

图 5-22　没有隐藏层的神经网络的权重

第 6 章　模型评估和正则化

现在我们已经知道如何建立一个基本的神经网络模型。在本章中，我们将学习评估神经网络模型的方法，讨论神经网络模型经常会出现的两个问题——欠拟合和过拟合。

6.1 模型评估

在神经网络建模的过程中，模型评估有两个作用：了解神经网络的表现，如预测精度和波动性等；找出神经网络模型表现不好的原因，明确改进神经网络模型的方向。

我们用模型误差衡量神经网络模型的表现。直觉上，计算模型误差，应该计算模型预测与真实因变量的差值。神经网络的因变量通常有两种数据类型——定量数据和定性数据。接下来，我们分别讨论不同因变量数据类型对应的模型误差的定义。

当因变量的数据类型是定量数据时，模型最终得到的预测值是连续型数据。对于一个观测点(x,y)，把自变量x代入模型中得到该观测点的预测值$\hat{y}$，模型关于该观测点的误差可以定义为$(\hat{y}-y)^2$。$\hat{y}-y$表示预测值和真实值的差值。$\hat{y}-y$为正值，表示预测值过大；$\hat{y}-y$为负值，表示预测值过小。模型预测的最终目标是$\hat{y}$尽可能接近y。因此，定义模型误差为$(\hat{y}-y)^2$。$(\hat{y}-y)^2$越小，说明$\hat{y}$离y越近。如果有多个观测点，记包含这些观测点的集合为$\mathcal{D}$，模型误差定义为集合$\mathcal{D}$中观测点误差的平均值，即$\underset{i\in\mathcal{D}}{\text{ave}}(\hat{y}_i-y_i)^2$。

当因变量的数据类型是定性数据时，模型最终得到的预测值是离散型数据。例如，对于一个观测点$(x,y), y\in\{1,2,\cdots,K\}$，因变量分成$K$类；把自变量$x$代入模型中，得到该观测点的预测值$\hat{y}$，这里，$\hat{y}=\arg\max p_k, k=1,2,\cdots,K$。该观测点的误差定义为$I_{y\neq\hat{y}}$。如果预测值与真实值相同，则模型关于该观测点的误差为0；如果预测值与真实值不同，则模型关于该观测点的误差为1。如果有多个观测点，记包含这些观测点的集合为$\mathcal{D}$，模型误差定义为所有观测点误差的平均值，i.e. $\underset{i\in\mathcal{D}}{\text{ave}}\, I_{y_i\neq\hat{y}_i}$ 。该模型误差表示数据集 $\mathcal{D}$ 中预测值与真实值不相同的比例。

当因变量为定性数据时，模型误差可以进一步分为两个类型，即假阳性率和假阴性率。例如，在第 3 章的信用卡用户违约的例子中，模型有可能会错误预测真实违约的人不违约，或者预测真实不违约的人违约。这两种错误对决策的影响可能是不一样的。在信用卡用户违约的例子中，如果银行希望尽量降低风险，那么银行便希望真实违约但被预测为不违约的人尽可能少；如果银行希望扩大信用卡业务而适当放宽风险控制，那么银行可以让真实违约但被预测为不违约的人稍微多些。误差矩阵可以方便表示两类误差。表 6-1 是误差矩阵的一个例子。总的观测点个数为 100，模型的总体误差为 $(2+14)/100=0.16$ 。在真实不违约的人中，有 80 人正确预测为不违约，有两人错误预测为违约，错误率为 $(2/82)\times100\%\approx2.4\%$ ，该错误率称为假阳性率（False Positive Rate, FPR）；在真实违约的人中，有 14 人错误预测为不违约，4 人正确预测为违约，错误率为 $(14/18)\times100\%\approx77.8\%$ ，该错误率称为假阴性率（False Negative Rate, FNR）。从表 6-1 可以看到，信用卡用户违约模型可以很好地控制假阳性率，但是假阴性率很大。

表 6-1　误差矩阵

预测值	真实值	
	真实不违约	真实违约
预测不违约	80	14
预测违约	2	4

模型误差的定义方式取决于因变量的数据类型是定量数据还是定性数据。无论是哪种定义方式，估计模型误差还需要选择用于计算模型误差的合适的观测点集合。估计模型误差的作用之一是估计应用于实际情况时模型的误差大小。在实际应用中，输入值是模型没有使用过的。因此，为了更准确地得到模型误差估计值，模拟模型实际应用的情形，我们用训练数据训练模型，而用测试数据计算模型误差。训练数据和测试数据没有任何交集。通常，用训练数据计算得到的模型误差称为训练误差；用测试数据计算得到的模型误差称为测试误差。

在实际中，训练误差常常偏小，不是模型真实误差的“好”的估计值。这是因为模型是用训练数据训练出来的，而训练模型的目标是让模型损失函数最小（损失函数表示真实因变量与预测值的差值，与模型误差通常是相同或者相似的）。因此，用训练数据训练出来的模型会使得损失函数变小，从而使得训练误差较小。做一个类比，假如我们通过做作业来学习函数的相关知识。如果考试题目是我们做过的作业题，那么我们更容易得高分；如果考试题目不是我们做过的作业题，相对来说，我们不容易得到高分，但是这样的考试结果可以更好地评估我们对相关知识点的掌握程度。

如果没有测试数据，则把数据集分成两个部分——训练数据和测试数据。例如，在图 6-1

中，把原始数据中的 n 个观测点随机分成左边的训练数据和右边的测试数据。然后用训练数据训练模型，再把测试数据代入训练好的模型中，计算测试误差。

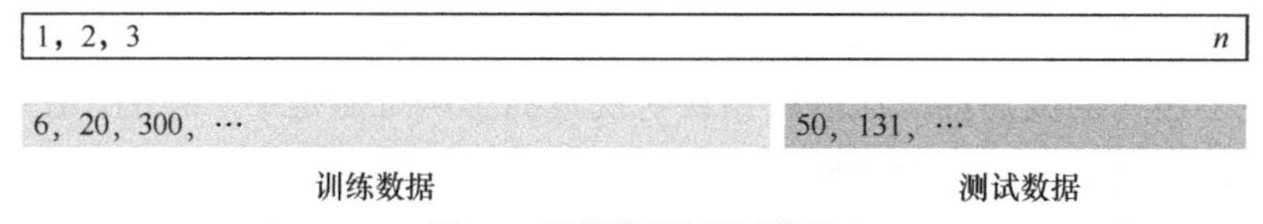

图 6-1　训练数据和测试数据

下面的代码演示了将数据分成训练数据和测试数据的常用方法。本例共有 4 个观测点：随机以两个观测点作为训练数据，以另外两个观测点作为测试数据。

```
import numpy as np

"""
产生简单的数据
"""
x = np.arange(20).reshape((4,5))
y = np.arange(4).reshape((4,1))
print("x:")
print(x)
print("y:")
print(y)

x:
[[ 0  1  2  3  4]
 [ 5  6  7  8  9]
 [10 11 12 13 14]
 [15 16 17 18 19]]
y:
[[0]
 [1]
 [2]
 [3]]

"""
把数据分成训练数据和测试数据
"""

# 产生一个维度等于观测点个数的向量

index = np.arange(len(x))
# 打乱 index 的顺序
np.random.shuffle(index)
# 训练数据和测试数据各一半
half = int(len(x)/2)
```

```
x_train, y_train = x[index[0:half]], y[index[0:half]]
x_test, y_test = x[index[-half:]], y[index[-half:]]

print("training data X:")
print(x_train)
print("training data y:")
print(y_train)
print("test data X:")
print(x_test)
print("test data y:")
print(y_test)
```

输出结果如下。

```
training data X:
[[ 5  6  7  8  9]
 [10 11 12 13 14]]
training data y:
[[1]
 [2]]
test data X:
[[15 16 17 18 19]
 [ 0  1  2  3  4]]
test data y:
[[3]
 [0]]
```

在实践中，有时候需要进一步把训练数据分成两个部分——训练数据和验证数据（见图6-2）。训练数据用于正向传播算法、反向传播算法和梯度下降法等具体模型训练过程。验证数据主要用于选择超参数（hyperparameter）。超参数指在模型中用到但是无法直接通过迭代计算优化的参数。在神经网络模型中，超参数包含隐藏层的层数、隐藏层的节点数、学习步长、batch size等。超参数的选择过程也是模型训练的一部分。因此，使用验证数据计算得到的验证误差不能用于估计模型真实的预测误差。测试数据将一直被搁置一旁，直到模型完全建立好，用于计算模型的测试误差。

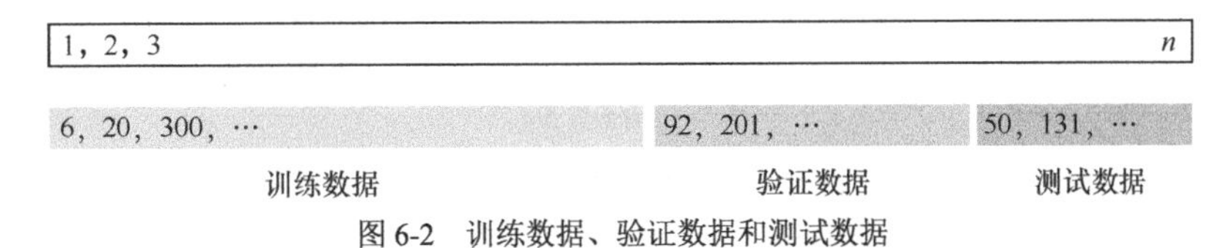

图 6-2　训练数据、验证数据和测试数据

6.2 欠拟合和过拟合

本节将讨论神经网络模型训练过程中经常出现的两类问题——欠拟合（underfitting）和过

拟合（overfitting）。在实践中，无论是欠拟合还是过拟合，都会造成神经网络模型的实际预测效果较差。

首先通过一个类比例子介绍什么是欠拟合和过拟合。想象学生通过做 100 道习题学习函数的相关知识，学习结束后老师会举办一次考试，测试学生的学习效果（考试涉及的知识点与 100 道习题一样，但是题目是完全不一样的）。分析考试成绩，把考试不好的原因分成两种情况。

第一种情况是学生没有很好地掌握 100 道习题，这意味着他们没能很好地理解习题涉及的知识点，当然，考试题也做不好。

第二种情况是学生死板地掌握了 100 道习题，但是他们过多地记住了习题的细节，没能通过习题充分地理解习题涉及的知识点，考试题可能做不好。例如，习题里的函数都写成 $y=f(x)$，死板掌握习题的学生则可能以为函数都应写成 $y=f(x)$，但是有的考试题中函数写成 $b=g(a)$的形式，结果就是学生有可能不明白 $g(a)$也是一个函数。

第一种情况是欠拟合，学生没能很好地学习习题中的知识；第二种情况是过拟合，学生过多地记住了习题的细节，掌握这些细节反而不利于理解习题涉及的重要知识点，导致学生做不好没做过的题目。

在神经网络中，模型的拟合程度由模型复杂度决定。模型复杂度主要由神经网络模型隐藏层的层数和隐藏层的节点数决定。隐藏层的层数和隐藏层的节点数越多，模型复杂度越高。因为复杂度高的神经网络可以更灵活地调整参数使得损失函数变小，所以模型复杂度越高的神经网络模型学习训练数据的能力也越强。给定训练数据，模型误差和模型复杂度通常有图 6-3 所示的关系。

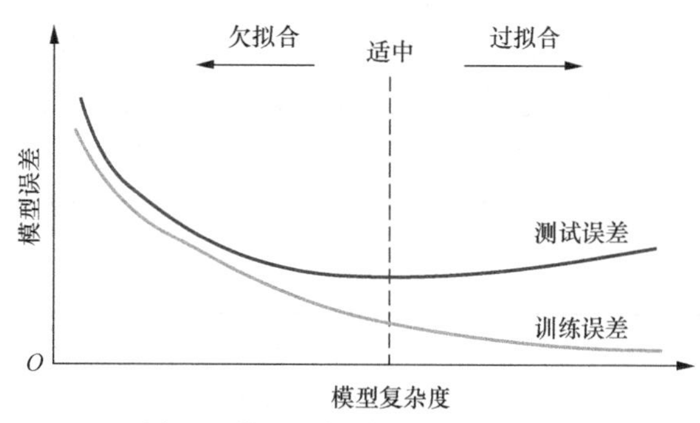

图 6-3　模型误差与模型复杂度的关系

训练误差随着模型复杂度增大而变小。

测试误差随着模型复杂度增大先变小再变大。

测试误差最小的位置表示模型复杂度是适中的。适中模型的左边是欠拟合模型，训练误差与测试误差比较接近，两者都比较大；适中模型的右边是过拟合模型，训练误差与测试误差差距比较大，训练误差很小而测试误差较大。

接下来，用 MNIST 数据集说明欠拟合和过拟合。为了节省计算时间，我们只用前 1000 幅数字图片作为训练数据。隐藏层的激活函数为 tanh 函数，输出层的激活函数为 softmax 函数。截距项的初始值都设为 0，输入层到隐藏层的权重从 (−0.01,0.01) 的均匀分布中产生，隐藏层到输出层的权重从 (−0.1,0.1) 的均匀分布中产生。

```
"""
载入需要用到的包和数据
对因变量进行编码
"""
%config InlineBackend.figure_format = 'retina'
import idx2numpy
import matplotlib.pyplot as plt
import numpy as np

x_train = idx2numpy.convert_from_file(\
                      './data/mnist/train-images.idx3-ubyte')
y_train = idx2numpy.convert_from_file(\
                      './data/mnist/train-labels.idx1-ubyte')
x_test = idx2numpy.convert_from_file(\
                      './data/mnist/t10k-images.idx3-ubyte')
y_test = idx2numpy.convert_from_file(\
                      './data/mnist/t10k-labels.idx1-ubyte')

images = x_train[0:1000].reshape(1000,28*28)/255
labels = y_train[0:1000]

one_hot_labels = np.zeros((len(labels), 10))
for i,l in enumerate(labels):
    one_hot_labels[i][l] = 1
labels = one_hot_labels

test_images = x_test.reshape(len(x_test), 28*28)/255
test_labels = np.zeros((len(y_test), 10))
for i,l in enumerate(y_test):
    test_labels[i][l] = 1
"""
定义激活函数 tanh, tanh2deriv, softmax
"""
def tanh(x):                    # 定义函数 tanh
    return np.tanh(x)

def tanh2deriv(x):              # 定义函数 tanh2deriv
    return 1 - (x**2)

def softmax(x):                 # 定义函数 softmax
```

```
    temp = np.exp(x)
    return temp / np.sum(temp, axis=1,keepdims=True)
```

下面的代码实现的神经网络模型的隐藏层只有两个节点，迭代更新 500 次。

```
"""
欠拟合
神经网络模型有一个隐藏层，隐藏层节点数为 2
"""

np.random.seed(1)
# 给定超参数
lr, epochs, hidden_size = (0.05,500, 2)
pixels_per_image, num_labels = (784,10)
batch_size = 100                          # 每一批数据的观测点个数
num_batch = int(len(images) / batch_size)# 数据的批数

# b_0_1 和 b_1_2 的初始值全部为 0
b_0_1 = np.zeros((1, hidden_size))
b_1_2 = np.zeros((1, num_labels))
# w_0_1 和 w_1_2 的初始值
w_0_1 = 0.02*np.random.random((pixels_per_image,hidden_size))-\0.01
w_1_2 = 0.2*np.random.random((hidden_size,num_labels))-0.1

train_err, test_err = [], []
for epoch in range(epochs):
    correct_cnt, test_correct_cnt = 0.0, 0.0
    for i in range(num_batch):
        batch_start, batch_end = ((i*batch_size), ((i+1)*batch_size))
        # layer_0: 输入值
        layer_0 = images[batch_start:batch_end]
        # layer_1: 隐藏层
        layer_1 = tanh(np.dot(layer_0, w_0_1)+b_0_1)
        # layer_2: 输出值
        layer_2 = softmax(np.dot(layer_1,w_1_2)+b_1_2)
        labels_batch = labels[batch_start:batch_end]
        for k in range(batch_size):
            # 计算训练正确率
            correct_cnt += int(np.argmax(layer_2[k:k+1])== \
                     np.argmax(labels_batch[k:k+1]))
        # 输出层 delta
        layer_2_delta=(layer_2-labels[batch_start:batch_end])/batch_size
        # 隐藏层 delta
        layer_1_delta=layer_2_delta.dot(w_1_2.T) * tanh2deriv(layer_1)
        # 更新 b_1_2 和 b_0_1
        b_1_2 -= lr * np.sum(layer_2_delta, axis = 0, keepdims=True)
        b_0_1 -= lr * np.sum(layer_1_delta, axis = 0, keepdims=True)
        # 更新 w_1_2 和 w_0_1
        w_1_2 -= lr * layer_1.T.dot(layer_2_delta)
```

```
        w_0_1 -= lr * layer_0.T.dot(layer_1_delta)


    layer_0 = test_images
    layer_1 = tanh(np.dot(layer_0, w_0_1)+b_0_1)
    layer_2 = softmax(np.dot(layer_1,w_1_2)+b_1_2)

    # 计算测试误差
    for i in range(len(test_images)):
        test_correct_cnt += int(np.argmax(layer_2[i:i+1])== \
                                np.argmax(test_labels[i:i+1]))

    # 记录训练误差
    train_err.append(1-correct_cnt/float(len(images)))
    # 记录测试误差
    test_err.append(1-test_correct_cnt/float(len(test_images)))
    # 每训练 100 次输出训练误差与测试误差等信息
    if (epoch % 100==0 or epoch==epochs-1):
        print("e: %3d; Train_Err: %0.3f; Test_Err: %0.3f" % \
              (epoch, train_err[-1], test_err[-1]))
```

输出结果如下。

```
e:   0; Train_Err: 0.911; Test_Err: 0.860
e: 100; Train_Err: 0.505; Test_Err: 0.554
e: 200; Train_Err: 0.415; Test_Err: 0.532
e: 300; Train_Err: 0.350; Test_Err: 0.519
e: 400; Train_Err: 0.301; Test_Err: 0.518
e: 499; Train_Err: 0.271; Test_Err: 0.520
```

从代码运行结果看，最终训练误差为 0.271，测试误差为 0.520。

图 6-4 展示了训练误差和测试误差在训练过程中的变化情况。可以看到，刚开始，训练误差和测试误差都较大；随后，训练误差和测试误差一起快速变小；接着，训练误差依然下降较快，测试误差下降较慢；直到模型训练停止，训练误差依然较大且测试误差还没有上升。这说明该神经网络没能很好地学习 1000 幅数字图片包含的信息，使得训练误差和测试误差都较大。这是一个典型的欠拟合情况。

```
plt.rcParams['font.sans-serif'] = ['SimHei'] #用来正常显示中文标签
plt.rcParams['axes.unicode_minus'] = False    #用来正常显示负号

plt.plot(train_err, label="训练误差")
plt.plot(test_err, label="测试误差 ")

plt.xlabel("迭代次数", fontsize=16)
plt.ylabel("模型误差", fontsize=16 )
plt.legend(fontsize=16)
plt.show()
```

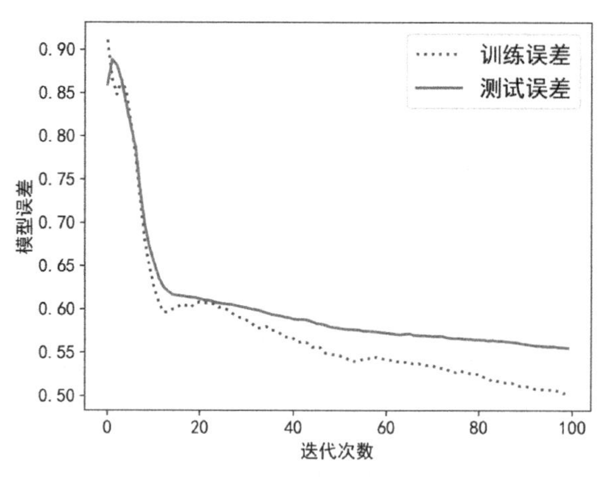

图 6-4　训练误差和测试误差（隐藏层节点数为 2）

解决欠拟合问题的方法比较简单，增加模型复杂度就可以了。在神经网络中，常见的方法是增加隐藏层的数量，或者增加隐藏层的节点数，或者同时增加隐藏层数量和隐藏层的节点数。这些方法都可以提高模型复杂度，改善模型的欠拟合情况。

下面的神经网络模型把隐藏层的节点数增加到 300，并且更新迭代 3000 次。

```
"""
过拟合
神经网络模型有一个隐藏层，隐藏层节点数为 300
"""
np.random.seed(1)
# 给定超参数
lr, epochs, hidden_size = (0.05,3000, 300)
pixels_per_image, num_labels = (784,10)
batch_size = 100                                # 每一批数据的观测点个数
num_batch = int(len(images) / batch_size)   # 数据的批数

# b_0_1 和 b_1_2 初始值的全部为 0
b_0_1 = np.zeros((1, hidden_size))
b_1_2 = np.zeros((1, num_labels))
# w_0_1 和 w_1_2 的初始值
w_0_1 = 0.02*np.random.random((pixels_per_image,hidden_size))-0.01
w_1_2 = 0.2*np.random.random((hidden_size,num_labels))-0.1

train_err, test_err = [], []
for epoch in range(epochs):
    correct_cnt, test_correct_cnt = 0.0, 0.0
    for i in range(num_batch):
        batch_start = i*batch_size
        batch_end = (i+1)*batch_size
        # layer_0: 输入值
        layer_0 = images[batch_start:batch_end]
```

```
        # layer_1: 隐藏层
        layer_1 = tanh(np.dot(layer_0, w_0_1)+b_0_1)
        # layer_2: 输出值
        layer_2 = softmax(np.dot(layer_1,w_1_2)+b_1_2)
        labels_batch = labels[batch_start:batch_end]
        for k in range(batch_size):
            # 计算训练正确率
            correct_cnt += int(np.argmax(layer_2[k:k+1])==\
                               np.argmax(labels_batch[k:k+1]))

          layer_2_delta=(layer_2-labels[batch_start:batch_end])/\
                                     batch_size      # 输出层 delta
          layer_1_delta=layer_2_delta.dot(w_1_2.T)*    \
                             tanh2deriv(layer_1)     # 隐藏层 delta

         # 更新 b_1_2 和 b_0_1
         b_1_2 -= lr * np.sum(layer_2_delta, axis = 0, \
                                          keepdims=True)
         b_0_1 -= lr * np.sum(layer_1_delta, axis = 0, \
                                          keepdims=True)
         # 更新 w_1_2 和 w_0_1
         w_1_2 -= lr * layer_1.T.dot(layer_2_delta)
         w_0_1 -= lr * layer_0.T.dot(layer_1_delta)

    layer_0 = test_images
    layer_1 = tanh(np.dot(layer_0, w_0_1)+b_0_1)
    layer_2 = softmax(np.dot(layer_1,w_1_2)+b_1_2)
    # 计算测试误差
    for i in range(len(test_images)):
       test_correct_cnt += int(np.argmax(layer_2[i:i+1])== \
                            np.argmax(test_labels[i:i+1]))

    # 记录训练误差
    train_err.append(1-correct_cnt/float(len(images)))
    # 记录测试误差
    test_err.append(1-test_correct_cnt/float(len(test_images)))

    if (epoch % 300==0 or epoch==epochs-1):
       # 每训练 300 次输出训练误差与测试误差
       print("e: %4d; Train_Err:%0.3f; Test_Err:%0.3f" % \
             (epoch, train_err[-1], test_err[-1]))
```

输出结果如下。

```
e:    0; Train_Err:0.453; Test_Err:0.336
e:  300; Train_Err:0.000; Test_Err:0.138
e:  600; Train_Err:0.000; Test_Err:0.139
e:  900; Train_Err:0.000; Test_Err:0.140
```

```
e: 1200; Train_Err:0.000; Test_Err:0.140
e: 1500; Train_Err:0.000; Test_Err:0.140
e: 1800; Train_Err:0.000; Test_Err:0.140
e: 2100; Train_Err:0.000; Test_Err:0.140
e: 2400; Train_Err:0.000; Test_Err:0.140
e: 2700; Train_Err:0.000; Test_Err:0.140
e: 2999; Train_Err:0.000; Test_Err:0.140
```

可以看到，现在训练误差接近 0，测试误差大约为 0.14。

以下代码用于展示训练误差和测试误差在训练过程中的变化情况（见图 6-5）。

```
plt.plot(train_err, label="训练误差")
plt.plot(test_err, label="测试误差")

plt.xlabel("迭代次数", fontsize=16)
plt.ylabel("模型误差", fontsize=16 )
plt.legend(fontsize=16)
plt.show()
```

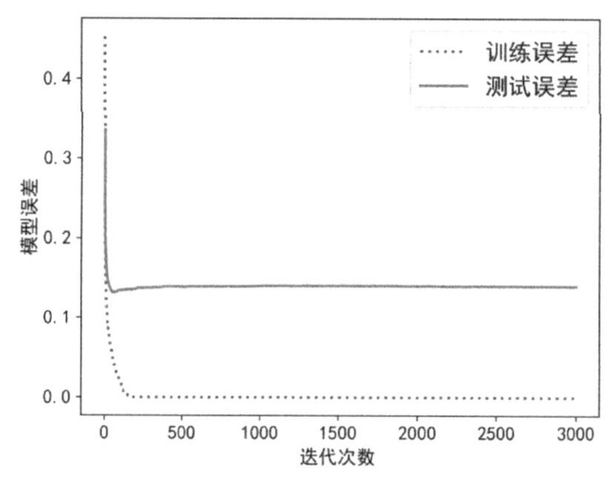

图 6-5　训练误差和测试误差（隐藏层节点数为 300）

可以看到，刚开始，训练误差和测试误差都较大；随后，训练误差和测试误差都快速变小；接着，训练误差依然持续下降，测试误差变得平稳甚至略有上升；当模型训练停止后，训练误差和测试误差的差距较大，训练误差接近 0。这说明该神经网络过度学习 1000 幅数字图片包含的信息，使得训练误差不断下降，而测试误差上升，训练误差和测试误差的差距较大。这是典型的过拟合情况。

6.3 正则化

在建立神经网络模型的初始阶段，通常很难确定合适的神经网络复杂度（没有过拟合和欠拟合）。解决欠拟合的方法比较简单，只需要增加模型复杂度。在实践中，通常先构造一个复杂的神经网络模型（该模型通常过拟合），然后应用一些方法控制复杂神经网络模型的过拟合现象。科学家提出了很多控制神经网络模型过拟合的方法，这些方法统称为正则化（regularization）方法。

6.3.1 早停法

从 6.2 节中过拟合的例子可以看出，当过拟合发生时，随着神经网络模型的训练，测试误差不再减小，甚至增大，而训练误差还在逐步减小。因此，一个很自然的想法是早点停止训练神经网络即可以防止神经网络模型过拟合。该策略称为早停（early stopping）法。

什么时候停止训练神经网络模型呢？回答该问题需要考虑两个因素。第一，需要一个合适的模型评价指标。该指标不能是训练误差，因为训练误差始终逐步减小，而且不能反映实际模型误差。该指标也不能是测试误差，因为测试数据需要一直保留着，直到完全建立好神经网络模型，再用测试数据计算测试误差（但是，选择停止训练的时机也是训练的一部分）。这时，通常可以把数据分成 3 份，即训练数据、验证数据和测试数据。在建模过程中，用训练数据训练模型，同时，在模型训练过程中，每次迭代之后（或者若干次迭代之后）用验证数据计算验证误差。第二，需要一个停止模型训练的策略。一个简单的策略是，当最新的验证误差大于上次的验证误差时，停止训练模型。

理想情况下，早停法是一个可以有效防止过拟合的方法。在图 6-6 中，早停法将在 A 点处停止模型训练，得到一个拟合程度适中的神经网络模型。

然而，现实中，验证误差有可能不是单调减小的，而是如图 6-7 所示，先减小，增大，然后再减小，再增大。如果我们使用上面说的早停法准则，只要最新的验证误差大于上次的验证误差就停止训练，早停法可能会使模型训练停在 B 点处。这时，早停法虽然防止了过拟合，但是没能得到更好的神经网络模型（在 C 点处）。

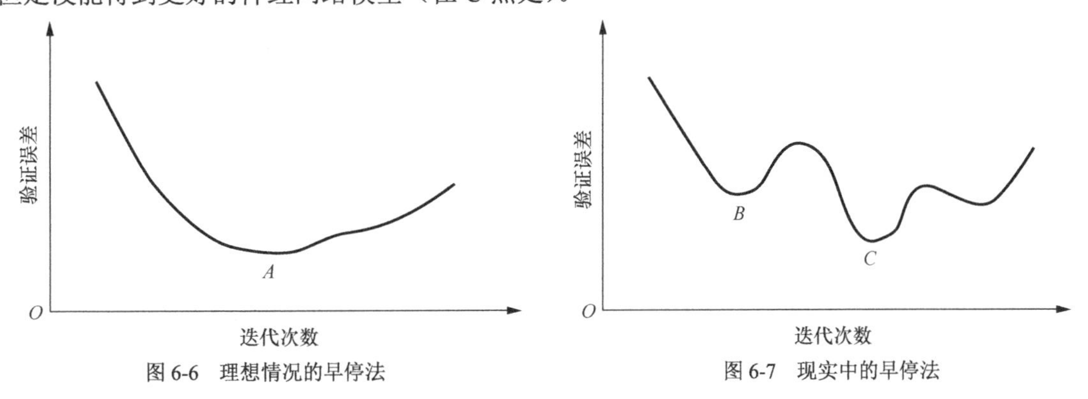

图 6-6　理想情况的早停法　　　图 6-7　现实中的早停法

6.3.2 L_2 惩罚法

L_2 惩罚法是一个经典的正则化方法。该方法在原有损失函数的基础上加上所有或者部分权重的 L_2 范数构造了一个新的损失函数。例如，在 6.2 节的例子中，神经网络模型有两个权重矩阵 $\boldsymbol{W}_{01}$ 和 $\boldsymbol{W}_{12}$，新的损失函数可以写成如下形式。

$$\underset{i\in\mathcal{D}}{\text{ave}}\{-(1_{\{y_{ik}=1\}}\ln(p_{ik}))\}+\lambda(\|\boldsymbol{W}_{01}\|_2^2+\|\boldsymbol{W}_{12}\|_2^2)$$

式中，λ 为一个正的常数；$\mathcal{D}$ 为观测点集合；$\|\boldsymbol{W}\|_2$ 表示 Frobenius 范数，即 $\|\boldsymbol{W}\|_2^2$ 表示矩阵 $\boldsymbol{W}$ 所

有元素的平方和。注意，L_2 惩罚法只限制权重，而不限制截距项系数。

对于一般情况，如果记模型误差为 L，所有权重矩阵为 $\boldsymbol{W}_1,\boldsymbol{W}_2,\cdots,\boldsymbol{W}_m$，截距项系数为 $\boldsymbol{b}_1,\boldsymbol{b}_2,\cdots,\boldsymbol{b}_m$，那么带有惩罚项的损失函数可以写成

$$\underset{\boldsymbol{b}_1,\boldsymbol{b}_2,\cdots,\boldsymbol{b}_m,\boldsymbol{W}_1,\boldsymbol{W}_2,\cdots,\boldsymbol{W}_m}{\arg\min} \quad L+\lambda\sum_{i=1}^{m}\|\boldsymbol{W}_i\|_2^2$$

从上式可以看出，当最小化带有惩罚项的损失函数时，增大 $\boldsymbol{W}_i$ 的某个元素，上式右边惩罚项的值会上升（λ 乘以该元素增加值）。该元素值增加可以使得 L 下降得更多，这样才可以使得带惩罚项的损失函数变小。因此，惩罚项可以限制权重大小。也就是说，带有惩罚项的损失函数可以让神经网络权重的绝对值变小。当 λ 值很大时，其对权重的限制更大，会使得权重较小；当 λ 值很小时，其对权重的限制较小，会使得权重较大。限制权重实质等价于降低模型的复杂度（想象一种极端情况，λ 非常大，这有可能使得某些权重值压缩到接近 0，等于减弱了某些节点的作用），降低模型复杂度可以降低过拟合的程度。因此，L_2 惩罚法可以控制过拟合，且 λ 越大，控制过拟合的程度越大。

加入惩罚项后，如何最小化带有惩罚项的损失函数呢？当损失函数没有惩罚项时，梯度下降法可以通过如下方式更新权重。

$$\boldsymbol{W}_i=\boldsymbol{W}_i-\alpha\nabla_{\boldsymbol{W}_i},\ i=1,2,\cdots,m$$

式中，$\nabla_{\boldsymbol{W}_i}=\dfrac{\partial L}{\partial \boldsymbol{W}_i}$。

现在，当损失函数带有惩罚项时，带有惩罚项的损失函数关于 $\boldsymbol{W}_i$ 的偏导数为

$$\frac{\partial L}{\partial \boldsymbol{W}_i}+2\lambda\boldsymbol{W}_i$$

式中，$2\lambda\boldsymbol{W}_i$ 为 $\lambda\|\boldsymbol{W}\|_2^2$ 的偏导数。梯度下降法将通过如下方式更新权重。

$$\boldsymbol{W}_i=\boldsymbol{W}_i-\alpha\left(\frac{\partial L}{\partial \boldsymbol{W}_i}+2\lambda\boldsymbol{W}_i\right),\ i=1,2,\cdots,m$$

在下面的代码中，神经网络模型中增加了 L_2 惩罚机制，并设 $\lambda=0.005$。

```
"""
L2 惩罚
神经网络模型有一个隐藏层，隐藏层节点数为 300
"""
np.random.seed(1)

lr, epochs, hidden_size = (0.05,3000, 300)
pixels_per_image, num_labels = (784,10)
batch_size = 100
num_batch = int(len(images) / batch_size)
lam = 0.005                                        # 惩罚项参数设为 0.005
```

```
b_0_1 = np.zeros((1, hidden_size))
b_1_2 = np.zeros((1, num_labels))
w_0_1 = 0.02*np.random.random((pixels_per_image,hidden_size))-0.01
w_1_2 = 0.2*np.random.random((hidden_size,num_labels))-0.1

L2_train_err, L2_test_err = [], []
for epoch in range(epochs):
    correct_cnt, test_correct_cnt = 0.0, 0.0
    for i in range(num_batch):
        batch_start = i*batch_size
        batch_end = (i+1)*batch_size
        layer_0 = images[batch_start:batch_end]
        layer_1 = tanh(np.dot(layer_0, w_0_1)+b_0_1)
        layer_2 = softmax(np.dot(layer_1,w_1_2)+b_1_2)

        labels_batch = labels[batch_start:batch_end]
        for k in range(batch_size):
        correct_cnt += int(np.argmax(layer_2[k:k+1])== np.argmax(labels_batch[k:k+1]))


        layer_2_delta=(layer_2-labels[batch_start:batch_end])/batch_size
        layer_1_delta=layer_2_delta.dot(w_1_2.T)* tanh2deriv(layer_1)

        b_1_2 -= lr * np.sum(layer_2_delta, axis = 0, keepdims=True)
        b_0_1 -= lr * np.sum(layer_1_delta, axis = 0, keepdims=True)
        # 更新 w_1_2 和 w_0_1， 增加惩罚项
        w_1_2 -= lr * (layer_1.T.dot(layer_2_delta) + 2*lam*w_1_2)
        w_0_1 -= lr * (layer_0.T.dot(layer_1_delta) + 2*lam*w_0_1)
    layer_0 = test_images
    layer_1 = tanh(np.dot(layer_0, w_0_1)+b_0_1)
    layer_2 = softmax(np.dot(layer_1,w_1_2)+b_1_2)
    for i in range(len(test_images)):
        test_correct_cnt += int(np.argmax(layer_2[i:i+1])==\
                                np.argmax(test_labels[i:i+1]))

    L2_train_err.append(1-correct_cnt/float(len(images)))
    L2_test_err.append(1-test_correct_cnt/ float(len(test_images)))

    # 每训练 300 次输出训练误差与测试误差
    if (epoch % 300==0 or epoch==epochs-1):
        print("e: %4d; Train_Err: %0.3f; Test_Err: %0.3f" % \
              (epoch, L2_train_err[-1], L2_test_err[-1]))
```

运行结果如下。

```
e:    0; Train_Err: 0.453; Test_Err: 0.336
e:  300; Train_Err: 0.012; Test_Err: 0.129
```

```
e:  600; Train_Err: 0.009; Test_Err: 0.128
e:  900; Train_Err: 0.008; Test_Err: 0.128
e: 1200; Train_Err: 0.007; Test_Err: 0.128
e: 1500; Train_Err: 0.007; Test_Err: 0.129
e: 1800; Train_Err: 0.007; Test_Err: 0.128
e: 2100; Train_Err: 0.007; Test_Err: 0.128
e: 2400; Train_Err: 0.007; Test_Err: 0.128
e: 2700; Train_Err: 0.006; Test_Err: 0.128
e: 2999; Train_Err: 0.006; Test_Err: 0.128
```

从代码运行结果可以看出，模型过拟合现象略有减少，训练误差以更慢的速度趋近 0，测试误差也略微降低到 0.128。在实践中，λ 是一个超参数。我们需要尝试多个不同的 λ，对每个 λ 利用验证数据计算验证误差，然后选择最小验证误差对应的 λ。

为了进一步展示有 L_2 惩罚项和无 L_2 惩罚项的训练误差与测试误差随着迭代次数的增加而变化的情况，编写以下代码。

```
plt.plot(np.arange(len(L2_train_err)), L2_train_err, \
        label="训练误差（有 L2 惩罚项）")
plt.plot(np.arange(len(train_err)), train_err, linestyle=":", \
        label="训练误差（无惩罚项）")
plt.plot(np.arange(len(L2_test_err)), L2_test_err, \
        label="测试误差（有 L2 惩罚项）")
plt.plot(np.arange(len(test_err)), test_err, linestyle=":", \
        label="测试误差（无惩罚项）")
plt.ylim((-0.01, 0.3))
plt.legend()
plt.xlabel("迭代次数", fontsize=16)
plt.ylabel("模型误差", fontsize=16)
plt.show()
```

运行结果如图 6-8 所示。

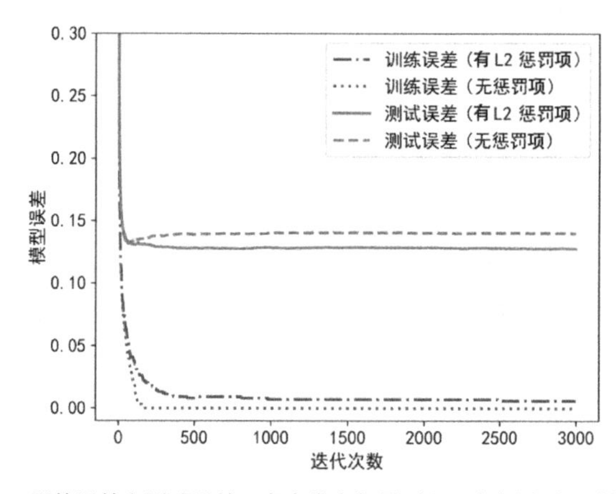

图 6-8　训练误差和测试误差（考虑带有惩罚项和没有惩罚项两种情况）

与标准神经网络相比，应用了 L_2 惩罚法的神经网络训练误差下降得更慢。虽然应用了 L_2 惩罚法的神经网络模型有更大的训练误差，但是测试误差更小。

6.3.3 丢弃法

在统计学习或者机器学习领域，模型集成（model ensemble）经常可以提高模型的预测准确度（主要原因是可以减少过拟合）。模型集成方法的主要思想很简单，首先训练大量结构不同的模型，然后通过平均或者投票方式综合所有模型的结果，获得最终预测。通常情况下，如果因变量是定量数据，则模型集成的最终预测值是所有模型预测结果的平均值；如果因变量是定性数据，则模型集成的最终预测值是所有模型预测最多的类别，这时，该过程也称为投票。

沿用 6.2 节的类比例子，在该例子中，学生通过 100 道习题学习函数的相关知识，然后通过参加考试测试知识的掌握程度。如果学生在学习过程中陷入思维惯性，死板地学习了习题中过多细节，该学生的思维可能会限制在 100 道习题提供的知识中，造成过拟合。例如，他们有可能认为 $y=f(x)$ 是函数，而 $b=g(a)$ 不是函数；或者因为 100 道习题中出现的函数的定义域都是 $(-\infty,\infty)$，就认为所有函数的定义域都是 $(-\infty,\infty)$，这样，碰到函数 $y=\lg x$ 时就容易做错题了。如果让 1000 个学生（而不是 1 个学生）学习这 100 道习题，考试时，每一道题的最终答案都参考所有学生的意见，考试分数将可能更高。因为，一般情况下，不会所有学生都对同一个知识点掌握不好。例如，有的学生可能误认为 $b=g(a)$ 不是函数，但是其他学生不会这样想，参考所有学生意见的答案将很可能不会犯该错误；有的学生可能误认为 $y=\lg x$ 的定义域是 $(-\infty,\infty)$，但是不会所有学生都会有这个误解，综合所有学生的意见可能不会犯这个错误。

在统计学习或者机器学习中，虽然复杂度很高的神经网络或多或少都会过拟合，但是这些神经网络过拟合的地方将会不一样。因为不同神经网络模型的初始值不同，模型结构也可能不同，所以最终这些神经网络模型得到的输入值与输出值的关系也不同。这就像学生一样，学生会犯错，但是犯错的地方会不同。训练大量结构不同的模型（相当于大量的学生），然后综合所有模型的结果，最终将会减少总的错误数。因为对于某个错误，只有少量模型会出错，综合之后，这些错误将会减少。因此，理论上说，模型集成可以降低模型过拟合程度，得到更好的预测值。

理论上，模型集成方法可以提高神经网络模型的预测准确度，如图 6-9 所示。然而，实践中，把模型集成方法应用于神经网络模型有较大限制，其原因主要有两个。

（1）在实际应用中，神经网络可能有几十上百个隐藏层，每个隐藏层有大量的节点，调试和训练一个大型的神经网络模型已经需要大量时间、资金、人力和计算机资源，而集成模型需要大量的神经网络模型。因此，有限的时间和成本限制了模型集成方法在神经网络模型中的应用。

（2）在实际应用中，神经网络模型在预测时有时需要很快的反应速度。例如，自动驾驶车辆需要很快预测出车辆前方是否有人。把输入值代入大量的神经网络，然后综合所有神经网络的结果需要耗费大量的时间和计算机资源。

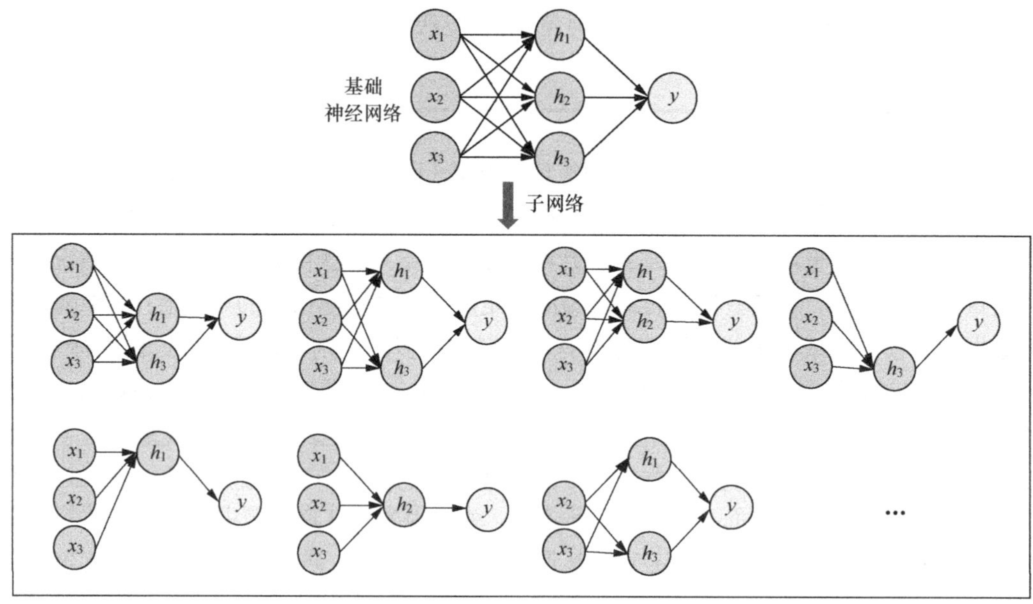

图 6-9　神经网络的模型集成方法

Geoffrey Hinton 及其团队在 2014 年发明了丢弃（dropout）法。丢弃法是一个非常有创意的方法，丢弃法可以在增加少量计算机资源的情况下近似地在神经网络训练过程中实现模型集成，从而控制过拟合，提高神经网络模型的预测准确度。另外，使用丢弃法的神经网络与没有使用丢弃法的神经网络预测时占用的计算资源是一样的。从 2014 年丢弃法提出之后，丢弃法就被广泛地应用于学术界和工业界。

丢弃法的实现原理很简单。如图 6-10 和图 6-11 所示，在标准神经网络情况下，当训练神经网络时，每输入一个（或者一批）输入值，丢弃法以概率 $1-p$ 随机使某些节点（可以是输入层和隐藏层的节点）失活。这些失活的节点在当次正向传播算法和反向传播算法中将不起任何作用。也就是说，当输入一个（或者一批）观测点训练神经网络模型时，因为部分节点失活了，观测点其实训练了一个更“瘦”的模型。这样，每次输入观测点，训练神经网络模型都在一定程度上训练了一个“瘦”的、不一样的神经网络模型。预测时，我们将用上所有的节点，这相当于综合这些不同的“瘦”模型的预测结果。

下面以 MNIST 数据集为例，建立神经网络，说明丢弃法的具体实现方式。丢弃法主要是在训练过程中让一部分输入层或者隐藏层的节点失活。也就是说，随机让某些节点变为 0。在实际中，使用二项分布 $\text{Binomial}(1,p)$ 可以产生随机数。在 $\text{Binomial}(1,p)$ 的参数中，1 表示二项分布实验次数为 1，p 表示成功的概率。因此，二项分布 $\text{Binomial}(1,p)$ 产生的随机数要么是 1 要么是 0，且随机数为 1 的比例大约等于 p 。在下面的代码中，我们让 `layer_1` 乘以 `dropout`，而 `dropout` 是 $\text{Binomial}(1,p)$ 产生的随机数的矩阵，所以，`layer_1 * dropout` 便使 `layer_1`

的部分节点失活了。丢弃法保留的节点比例一般为 0.3～1。在 MNIST 数据集中，我们设 $p=0.5$，即每次随机让大约一半的隐藏层节点失活。

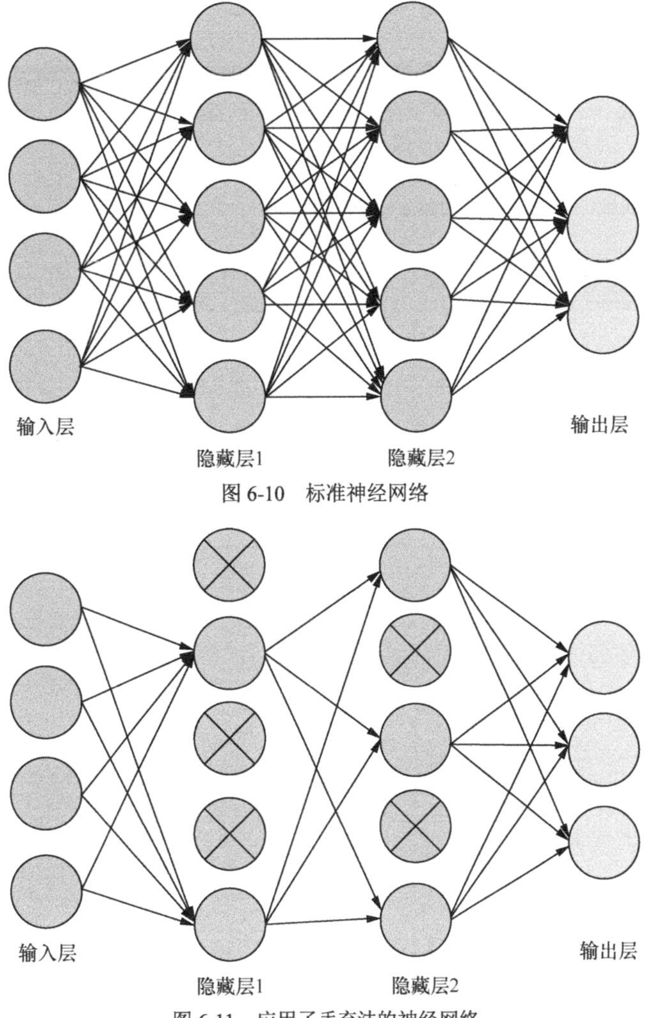

图 6-10　标准神经网络

图 6-11　应用了丢弃法的神经网络

在实现丢弃法时，还需要注意以下两点。

- `layer_1` 不变成 0 的部分需要除以 p。`layer_2` 是 `layer_1` 的加权平均值再通过激活函数处理的结果。在训练神经网络模型时，对于 `layer_1`，在丢弃过程中只有 $(100p)\%$ 的节点会被保留，因此 `layer_1` 的加权平均值会相应减小，进而使得 `layer_2` 的节点的值变小。在使用神经网络做预测时，`layer_1` 的节点没有失活。为了在训练模型和使用模型的两种情况下，输入一个观测点，`layer_2` 节点的值大致相等，我们需要在训练神经网络时，让 `layer_1` 除以 p。在关于 MNIST 数据集的例子中，因为 $p=0.5$，所以 `layer_1` 需要除以 0.5。

- 在使用丢弃法训练神经网络的过程中，因为隐藏层的有些节点被设为 0，所以这些被设为 0 的节点的梯度也应该被设为 0。因此，在下面的代码中，我们让 layer_1_delta 乘以 dropout。

```
# 下面两行代码得到 layer_0 和 layer_1
layer_0 = images[1:2]                                  # 输入层
layer_1 = tanh(np.dot(layer_0, w_0_1)+b_0_1)    # 隐藏层

"""
从二项分布中产生随机数，使 layer_1 的部分节点失活
"""
# 从二项分布中产生随机数
dropout = np.random.binomial(1, 0.5, size=layer_1.shape)

"""
Layer_1 乘以 dropout 使部分节点失活
layer_1 除以 0.5，即 layer_1 中未失活节点数乘以 2
"""
layer_1 *= dropout
layer_1 *= 2

"""
计算输出层
并计算输出层和隐藏层 delta
"""
layer_2 = softmax(np.dot(layer_1,w_1_2) + b_1_2)
layer_2_delta=(layer_2 - labels[1:2])
layer_1_delta=layer_2_delta.dot(w_1_2.T) * tanh2deriv(layer_1)
"""
注意，隐藏层的 delta 乘以 dropout
"""
layer_1_delta *= dropout
```

接下来，我们把丢弃法融入训练 MNIST 数据集的神经网络模型中。

```
"""
使用丢弃法
神经网络模型有一个隐藏层，隐藏层节点数为 300
"""
np.random.seed(1)
lr, epochs, hidden_size = (0.05,3000, 300)
pixels_per_image, num_labels = (784,10)
batch_size = 100
num_batch = int(len(images) / batch_size)
retain_prob = 0.5              # ***** Dropout 的保留节点的比例为 0.5

b_0_1 = np.zeros((1, hidden_size))
b_1_2 = np.zeros((1, num_labels))
```

```
w_0_1 = 0.02*np.random.random((pixels_per_image,hidden_size))-0.01
w_1_2 = 0.2*np.random.random((hidden_size,num_labels))-0.1

dropout_train_err, dropout_test_err = [], []
for epoch in range(epochs):
    correct_cnt, test_correct_cnt = 0.0, 0.0
    for i in range(num_batch):
        batch_start = i*batch_size
        batch_end = (i+1)*batch_size
        layer_0 = images[batch_start:batch_end]
        layer_1 = tanh(np.dot(layer_0, w_0_1)+b_0_1)
        # 从二项分布中产生随机数
        dropout = np.random.binomial(1, retain_prob, size=layer_1.shape)
        # 使 dropout 为 0 对应的节点失活，之后除以保留比例
        layer_1 *= dropout/retain_prob

        layer_2 = softmax(np.dot(layer_1,w_1_2)+b_1_2)

        labels_batch = labels[batch_start:batch_end]
        for k in range(batch_size):
            correct_cnt += int(np.argmax(layer_2[k:k+1])== \
                               np.argmax(labels_batch[k:k+1]))

        layer_2_delta=(layer_2-labels[batch_start:batch_end])/batch_size
        # 隐藏层 delta
        layer_1_delta=layer_2_delta.dot(w_1_2.T)* tanh2deriv(layer_1)
        # 把 dropout 为 0 的节点对应的 delta 设为 0
        layer_1_delta *= dropout
        b_1_2 -= lr * np.sum(layer_2_delta, axis = 0, keepdims=True)
        b_0_1 -= lr * np.sum(layer_1_delta, axis = 0, keepdims=True)
        w_1_2 -= lr * layer_1.T.dot(layer_2_delta)
        w_0_1 -= lr * layer_0.T.dot(layer_1_delta)

    # 计算测试误差，正常使用神经网络
    layer_0 = test_images
    layer_1 = tanh(np.dot(layer_0, w_0_1)+b_0_1)
    layer_2 = softmax(np.dot(layer_1,w_1_2)+b_1_2)
    for i in range(len(test_images)):
        test_correct_cnt += int(np.argmax(layer_2[i:i+1])==\
                            np.argmax(test_labels[i:i+1]))

    dropout_train_err.append(1-correct_cnt/float(len(images)))
    dropout_test_err.append(1-test_correct_cnt/ float(len(test_images)))

    if (epoch % 300==0 or epoch==epochs-1):
        # 每训练 300 次输出训练误差与测试误差
        print("epoch: %4d; Train_Err: %0.3f; Test_Err: %0.3f"%\
              (epoch, dropout_train_err[-1], dropout_test_err[-1]))
```

运行结果如下。

```
epoch:    0; Train_Err: 0.586; Test_Err: 0.368
epoch:  300; Train_Err: 0.003; Test_Err: 0.131
epoch:  600; Train_Err: 0.003; Test_Err: 0.125
epoch:  900; Train_Err: 0.001; Test_Err: 0.124
epoch: 1200; Train_Err: 0.000; Test_Err: 0.123
epoch: 1500; Train_Err: 0.001; Test_Err: 0.121
epoch: 1800; Train_Err: 0.000; Test_Err: 0.120
epoch: 2100; Train_Err: 0.000; Test_Err: 0.119
epoch: 2400; Train_Err: 0.000; Test_Err: 0.120
epoch: 2700; Train_Err: 0.001; Test_Err: 0.119
epoch: 2999; Train_Err: 0.000; Test_Err: 0.119
```

从代码运行结果可以看出，丢弃法在 MNIST 数据集中可以较好地控制过拟合，训练误差下降得更慢，同时测试误差下降到了 0.119。为了判断使用丢弃法和未使用丢弃法两种情况下训练误差与测试误差随着迭代次数的增加而变化的情况，编写以下代码。

```
plt.plot(np.arange(len(dropout_train_err)), dropout_train_err, label="训练误差（dropout）")
plt.plot(np.arange(len(train_err)), train_err, linestyle=":", \
         label="训练误差（no dropout）")
plt.plot(np.arange(len(dropout_test_err)), dropout_test_err, \
         label="测试误差（dropout）")
plt.plot(np.arange(len(test_err)), test_err, linestyle=":", \
         label="测试误差（no dropout）")
plt.ylim((-0.01, 0.3))
plt.legend()
plt.xlabel("迭代次数", fontsize=16)
plt.ylabel("模型误差", fontsize=16)
plt.show()
```

输出的误差曲线如图 6-12 所示。

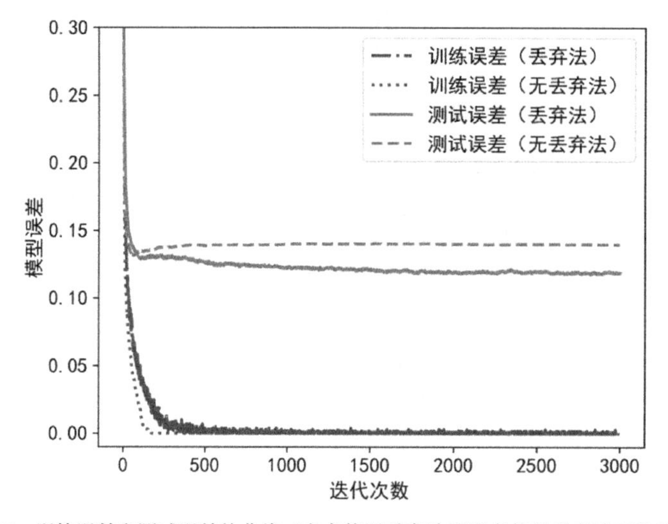

图 6-12　训练误差和测试误差的曲线（考虑使用丢弃法和没有使用丢弃法两种情况）

从图 6-12 可以看出，与标准神经网络相比，应用了丢弃法的神经网络的训练误差下降得更慢，测试误差也下降得更慢。然而，应用了丢弃法的神经网络模型最终取得了更小的测试误差。

6.3.4 增加观测点

在实际应用中，增加观测点也可以减少过拟合。沿用 6.2 节的类比例子，学生通过 100 道习题来学习函数相关知识，然后参加考试来测试知识的掌握程度。假设一个学生在 10 小时内学习 100 道习题，结果过度学习了。一个解决过度学习的方法是增加习题数量，并且增加习题的多样性。例如，如果新增的习题里出现了 $b=g(a)$ 这样表示函数的形式，学生就会知道，只要满足 $y=f(x)$ 的形式就可以称为函数，而符号并不是很重要。因此，在一定的学习时间内，增加习题数量和提高习题多样性可以减少学生过度学习的情况。

在神经网络中，原理是类似的。在同样结构的神经网络下，用同样的时间训练模型，更多观测点可以减少过拟合，提高模型的预测准确度。然而，在现实中，因为有更多观测点，所以我们可能会尝试更复杂的神经网络模型，而更复杂的神经网络模型就可以造成过拟合。因此，在现实中，增加观测点有可能让模型表现更好，但是通常需要结合其他的正则化方法。增加观测点的另一个缺点是，在现实中，收集更多的数据意味着需要投入更多的资金和人力成本。总体来说，增加观测点可以减少过拟合现象。然而，严格来说，增加观测点不算是一种正则化方法。

6.4 本章小结

在本章中，我们学习了评估神经网络模型预测效果的方法，知道了训练误差和测试误差的区别。我们还学习了神经网络模型经常出现的两类问题——欠拟合和过拟合。通过观察训练误差和验证误差，我们可以判断神经网络模型是欠拟合还是过拟合，并且改进神经网络的表现。欠拟合和过拟合的判断依据与改进措施如表 6-2 所示。

表 6-2 欠拟合和过拟合的判断依据和改进措施

两类问题	判断方法	改进措施
欠拟合	训练误差与验证误差差距较小， 训练误差与验证误差都比较大	增加隐藏层， 增加隐藏层节点
过拟合	训练误差与验证误差差距较大； 训练误差较小，验证误差较大，且验证误差开始上升	使用早停法、L_2 惩罚法、丢弃法，增加观测点

习题

1．分析 MNIST 数据集，建立具有一个隐藏层的神经网络，尝试不同隐藏层节点个数，观察欠拟合和过拟合现象。

2．分析 Fasion-MNIST 数据集，建立具有一个隐藏层的神经网络，使用早停法控制过拟合。在该例子中，早停法会过早停止训练模型，使我们没能得到更优的神经网络模型吗？如果会，我们可以怎么改进早停法？

3．分析 Fasion-MNIST 数据集，建立具有两个隐藏层的神经网络，使用 L_2 惩罚法控制过拟合。尝试多个不同的惩罚项参数 λ 。

4．分析 Fasion-MNIST 数据集，建立具有两个隐藏层的神经网络，使用丢弃法控制过拟合。尝试使用多个丢弃法保留节点比例。

5．分析 Fasion-MNIST 数据集，建立具有两个隐藏层的神经网络，同时使用 L_2 惩罚法和丢弃法控制过拟合。

6．分析 Default 数据集，建立具有一个隐藏层的神经网络，得到误差矩阵，计算错误率、假阳性率和假阴性率。

第7章　基于TensorFlow 2建立深度学习模型

通过对前面几章的学习，我们已经学会了如何使用 Python 的基本函数（包括 NumPy 的函数）建立神经网络模型，如何使用正向传播算法、反向传播算法及梯度下降法训练神经网络，如何评估神经网络模型的模型误差及控制过拟合。然而，当处理复杂问题时，建立的神经网络模型需要更加复杂的结构和多样化的控制过拟合的方法。这时，每次建立神经网络模型都从最基础的 Python 语句开始会非常困难，容易出错，而且运行效率低。因此，大型科技公司或者高校研究团队开发了深度学习框架，旨在提高深度学习的应用效率。目前较流行的深度学习框架有 TensorFlow、PyTorch、Caffe、Theano、MXNet 等。

TensorFlow 是一个开源深度学习框架，由 Google 推出并且维护，拥有较大的用户群体和社区。TensorFlow 的优点如下。

- 易用性。TensorFlow 提供大量容易理解且可读性强的函数，使得它的工作流程相对容易，兼容性好。例如，TensorFlow 可以很好地与 NumPy 结合，让数据科学家更容易理解和使用。
- 灵活性。TensorFlow 能够在各种类型的设备上运行，从手机到超级计算机。TensorFlow 可以很好地支持分布式计算，可以同时在多个 CPU 或者 GPU 上运行。
- 高效性。TensorFlow 在计算资源要求高的部分采用 C++编写，且开发团队花费了大量时间和精力来改进 TensorFlow 的大部分代码。随着越来越多开发人员的努力，TensorFlow 的运行效率不断提高。
- 具有良好的支持。TensorFlow 有 Google 团队支持。Google 在自己的日常工作中也使用 TensorFlow，并且持续对其提供支持，在 TensorFlow 周围形成了一个强大社区。

本章将介绍如何使用 TensorFlow 2 建立深度学习模型。

7.1 安装 TensorFlow

无论是在 Windows 系统、macOS 还是 Linux 系统中，都可以使用同样的方式安装 TensorFlow。

首先，在 Anaconda 中，进入想要安装 TensorFlow 的环境（例如，要进入 py37 环境，请输入 `conda activate py37`）。

然后，输入 `conda install tensorflow` 即可安装 TensorFlow，如图 7-1 所示。

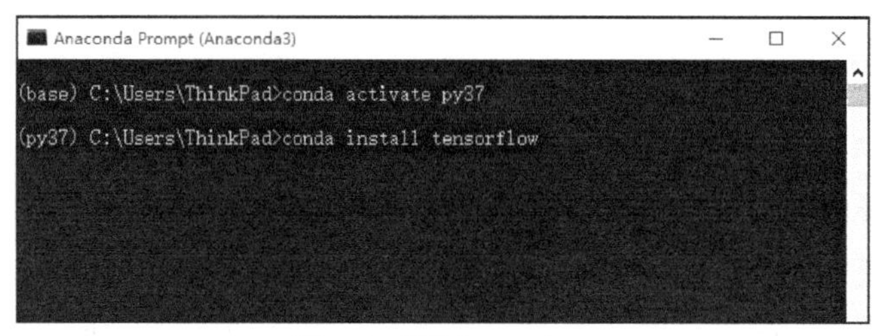

图 7-1　安装 TensorFlow

在一个已安装 TensorFlow 的环境中，打开 Jupyter Notebook，在代码框中，输入下面代码，若输出 TensorFlow 版本号，则说明已经成功安装 TensorFlow。

```
import tensorflow as tf
print(tf.__version__)
2.0.0
```

7.2 TensorFlow 2 基本用法

7.2.1　tf.Tensor

TensorFlow 2 中的 Tensor（张量）是一个多维数组，类似于 NumPy 的数组。相对于 NumPy，张量包含更多信息，包括数据、数据维度和数据类型。例如，在以下代码中，x 为一个张量。

```
x = tf.add([[1.0, 2.0]], [[3.0, 4.0]])

print(x)
print("x's shape: {}".format(x.shape))
print("x's data type: {}".format(x.dtype))

tf.Tensor([[4. 6.]], shape=(1, 2), dtype=float32)
x's shape: (1, 2)
x's data type: <dtype: 'float32'>
```

TensorFlow 2 提供了数值运算函数，包括加、减、乘（包括逐点相乘与矩阵乘法）、乘方等。

- tf.add(x, y)：加法，矩阵对应元素相加。
- tf.subtract(x, y)：减法，矩阵对应元素相减。
- tf.multiply(x, y)：乘法，矩阵对应元素相乘。
- tf.matmul(x, y)：矩阵乘法。
- tf.square(x)：矩阵的平方。
- tf.reduce_sum(x)：求矩阵的所有元素之和。

在下面的代码中，分别定义$\boldsymbol{X}$，$\boldsymbol{Y}$，$\boldsymbol{Z}$。

$$\boldsymbol{X}=\begin{pmatrix}1 & 2 & 1\\ 2 & 1 & 1\end{pmatrix},\ \boldsymbol{Y}=\begin{pmatrix}0\\ 1\\ 1\end{pmatrix},\ \boldsymbol{Z}=\begin{pmatrix}1 & 1 & 0\\ 1 & 0 & 1\end{pmatrix}$$

然后使用 TensorFlow 2 中的函数计算$\boldsymbol{X}+\boldsymbol{Z}$，$\boldsymbol{X}-\boldsymbol{Z}$，$\boldsymbol{X}\circ\boldsymbol{Z}$，$\boldsymbol{XY}$，$\boldsymbol{X}^2$，$\sum_{i=1}^{3}\boldsymbol{Y}_i$。

```
import numpy as np

x = np.array([[1, 2, 1],[2, 1, 1]])
y = np.array([[0], [1], [1]])
z = np.array([[1, 1, 0], [1, 0, 1]])
w1 = tf.add(x, z)
w2 = tf.subtract(x, z)
w3 = tf.multiply(x, z)
w4 = tf.matmul(x, y)
w5 = tf.square(x)
w6 = tf.reduce_sum(y)

print("w1: \n", w1)
print("w2: \n", w2)
print("w3: \n", w3)
print("w4: \n", w4)
print("w5: \n", w5)
print("w6: \n", w6)

w1:
tf.Tensor([[2 3 1] [3 1 2]], shape=(2, 3), dtype=int32)
w2:
tf.Tensor([[0 1 1] [1 1 0]], shape=(2, 3), dtype=int32)
w3:
tf.Tensor([[1 2 0] [2 0 1]], shape=(2, 3), dtype=int32)
w4:
tf.Tensor([[3] [2]], shape=(2, 1), dtype=int32)
w5:
tf.Tensor([[1 4 1] [4 1 1]], shape=(2, 3), dtype=int32)
w6:
tf.Tensor(2, shape=(), dtype=int32)
```

7.2.2　TensorFlow 2 和 NumPy 的兼容性

TensorFlow 2 和 NumPy 有很好的兼容性，其主要特性如下。

- TensorFlow 2 的运算可以自动把 NumPy 数组转换成 TensorFlow 的张量。
- NumPy 的运算可以自动把 TensorFlow 张量转换成 NumPy 数组。
- TensorFlow 2 的张量可以使用方法.numpy()转换成 NumPy 数组。

示例代码如下。

```
np_array = np.ones([3, 3])

print("TensorFlow 的运算可以自动把 NumPy 数组转换成 TensorFlow 的张量")
tensor = tf.multiply(np_array, 42)
print(tensor)

print("Numpy 的运算可以自动把 TensorFlow 的张量转换成 NumPy 数组")
print(np.add(tensor, 1))

print("TensorFlow 的张量可以使用方法.numpy()转换成 NumPy 数组")
print(tensor.numpy())
```

运行结果如下。

```
TensorFlow 的运算可以自动把 NumPy 数组转换成 TensorFlow 的张量
tf.Tensor(
[[42. 42. 42.]
 [42. 42. 42.]
 [42. 42. 42.]], shape=(3, 3), dtype=float64)

NumPy 的运算可以自动把 TensorFlow 的张量转换成 NumPy 数组
[[43. 43. 43.]
 [43. 43. 43.]
 [43. 43. 43.]]

TensorFlow 的张量可以使用方法.numpy()转换成 NumPy 数组
[[42. 42. 42.]
 [42. 42. 42.]
 [42. 42. 42.]]
```

7.3　深度神经网络建模基本步骤

在 TensorFlow 2.0 中，建立深度神经网络模型分为 3 个步骤。

（1）创建模型结构。

（2）训练模型。

（3）评估和预测模型。

7.3.1 创建模型结构

在 TensorFlow 2.0 中，使用函数 tf.keras.models.Sequential()可以把隐藏层、输出层等深度学习模型的层结合在一起。使用函数 tf.keras.models.Sequential()建立深度神经网络有多种方式。这里将以图 7-2 所示的神经网络模型为例介绍两种常用方式。该神经网络模型包含 4 层，即输入层、隐藏层 1、隐藏层 2、输出层，节点数分别为 5、3、3、2，隐藏层激活函数为 ReLU 函数，输出层激活函数为 softmax 函数。在图 7-2 中，两层之间的方框表示权重矩阵和截距项，这里列出了权重矩阵和截距项的维度。

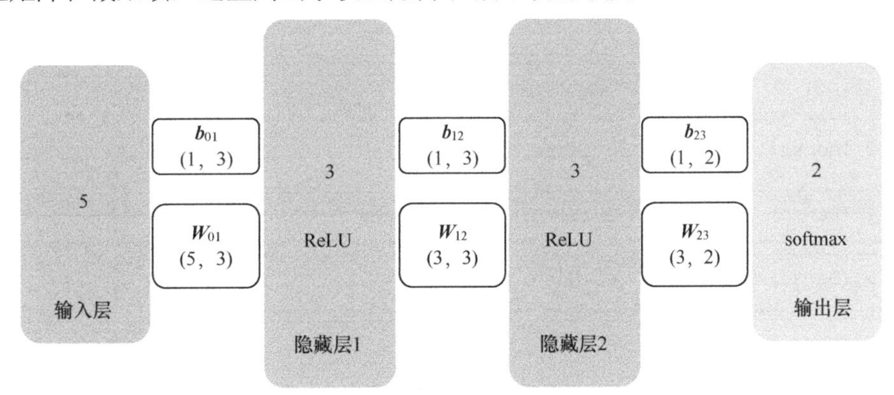

图 7-2 具有两个隐藏层的神经网络

第一种建立深度神经模型的方式是使用函数 tf.keras.models.Sequential()建立一个 model 对象。然后，使用函数 model.add()把 tf.keras.layers.Dense()创建的层加入 model 中。示例代码如下。

```
model = tf.keras.models.Sequential()
model.add(tf.keras.layers.Dense(3, input_shape=(5,), activation='relu'))
model.add(tf.keras.layers.Dense(3, activation='relu'))
model.add(tf.keras.layers.Dense(2, activation='softmax'))
```

函数 tf.keras.models.Sequential()建立了一个 model 对象。

在 TensorFlow 2.0 中，tf.keras.layers()提供了多种类型的层。其中，函数 tf.keras.layers.Dense()可以创建最常见的神经网络的全连接层（dense layer）。全连接层指该层的所有节点与上一层的所有节点都有连接，即该层的每一个节点都是上一层所有节点的加权和再通过一个激活函数的结果。函数 tf.keras.layers.Dense()的第一个参数表示该层的节点数；参数 input_shape 表示输入数据的维度；参数 activation 表示激活函数。

函数 model.add()可以把 tf.keras.layers.Dense()创建的层加入 model 中。

上面的代码首先创建了两个节点数都为 3、激活函数都是 relu 的隐藏层，然后创建了节点数为 2、激活函数为 softmax 的输出层。

第二种建立深度神经网络模型的方式是把函数 tf.keras.layers.Dense() 创建的层放在一个列表中，然后使用函数 tf.keras.models.Sequential() 一次性建立模型。示例代码如下。

```
model = tf.keras.models.Sequential([ \
tf.keras.layers.Dense(3, input_shape=(5,), activation='relu'),\
tf.keras.layers.Dense(3, activation='relu'),    \
tf.keras.layers.Dense(2, activation='softmax')])
```

两种建立神经网络模型的方式是等价的。

这时，使用函数 model.summary() 得到神经网络模型的基本信息。

```
model.summary()

Model: "sequential_1"
_________________________________________________________________
Layer (type)                 Output Shape              Param #
=================================================================
dense_3 (Dense)              (None, 3)                 18
_________________________________________________________________
dense_4 (Dense)              (None, 3)                 12
_________________________________________________________________
dense_5 (Dense)              (None, 2)                 8
=================================================================
Total params: 38
Trainable params: 38
Non-trainable params: 0
_________________________________________________________________
```

函数 model.summary() 不仅显示了模型的两个隐藏层与输出层的信息（函数 model.summary() 不显示模型输入层的信息），还显示了每一层的节点数，以及得到该层所需要的参数数量。部分信息如下。

- 第一个隐藏层的节点数为 3，从输入层到第一个隐藏层的参数个数为 $5\times3+3=18$（输入层的节点数为 5）。其中，5×3 表示 5 个输入层节点，连接 3 个该层节点所需的权重的元素个数；加号后面的 3 表示截距项个数，该层有 3 个节点，所以截距项个数为 3。
- 第二个隐藏层的节点数也为 3，从第一个隐藏层到第二个隐藏层的参数个数为 $3\times3+3=12$。
- 输出层的节点数为 2，从第二个隐藏层到输出层的参数个数为 $3\times2+2=8$。

最后，模型总的参数个数为 $18+12+8=38$。使用 model.trainable_variables 可以查看参数的具体数值。例如：

```
model.trainable_variables

[<tf.Variable 'dense_3/kernel:0' shape=(5, 3) dtype=float32, \
numpy= array([[ 0.58498806, -0.83305913, -0.8193064 ],\
```

```
        [ 0.8531212 , -0.3258524 , 0.13195276],\
        [ 0.51721174, -0.7353755 , -0.3585236 ],\
        [-0.6890211 , -0.72342956, -0.32241583],\
        [-0.28896993,  0.76220506,  0.6864143 ]], dtype=float32)>, \
 <tf.Variable 'dense_3/bias:0' shape=(3,) dtype=float32, numpy=array([0., 0., 0.],
 dtype=float32)>, \
 <tf.Variable 'dense_4/kernel:0' shape=(3, 3) dtype=float32, \
 numpy= array([[ 0.42070603,  0.52094555,  0.22916198], \
        [-0.13093519, -0.77951264,  0.13630629], \
        [-0.54199314, -0.00618839, -0.7810683 ]], dtype=float32)>, \
 <tf.Variable 'dense_4/bias:0' shape=(3,) dtype=float32, numpy=array([0., 0., 0.],
 dtype=float32)>, \
 <tf.Variable 'dense_5/kernel:0' shape=(3, 2) dtype=float32, \
 numpy= array([[ 0.23387682,  0.19419336], \
        [ 0.7517618 ,  1.0273001 ],
        [-0.75748616, -0.7398752 ]], dtype=float32)>, \
 <tf.Variable 'dense_5/bias:0' shape=(2,) dtype=float32, numpy=array([0., 0.], \
 dtype=float32)>]

len(model.trainable_variables)
6
```

`model.trainable_variables` 返回了长度为 6 的列表，分别为隐藏层 1 的权重矩阵（维度为5×3）和截距项向量（维度为1×3），隐藏层 2 的权重矩阵（维度为3×3）和截距项向量（维度为1×3），输出层的权重矩阵（维度为3×2）和截距项向量（维度为1×2）。现在，神经网络模型还没有开始训练，`model.trainable_variables` 返回了 TensorFlow 2 自动给予这些参数的初始值。

默认的权重矩阵初始值为由方法 glorot_uniform 得到的随机数。glorot_uniform 方法从$[-\text{limit},\text{limit}]$的均匀分布中产生随机数，其中

$$\text{limit}=\sqrt{\frac{6}{\text{row\_num}+\text{col\_num}}}$$

式中，row_num 和 col_num 分别是权重矩阵的行数与列数。可以看出，当权重矩阵维度比较大时，默认权重初始值将会在更小的范围随机产生。根据经验，这样产生的权重初始值可以表现得更好。默认截距项初始值都为 0。

如果需要，通过函数 `tf.keras.layers.Dense()`的参数 `kernel_initializer` 设置产生权重初始值的方法，通过参数 `bias_initializer` 设置产生截距项初始值的方法。

7.3.2 训练模型

现在开始设置模型训练的最优化方法、损失函数和模型评价指标。函数 `model.compile()` 可以实现这些设置。例如：

```
model.compile(optimizer=tf.keras.optimizers.SGD(),\
              loss='mse', metrics=['mse'])
```

上面的代码使用函数 tf.keras.optimizers.SGD()实现最优化，SGD 表示随机梯度下降法（Stochastic Gradient Descent，SGD）；使用 mse 作为损失函数；同时使用 mse 评价模型。

至此，model 已经具备建立神经网络模型的全部要素：

- 模型结构；
- 损失函数；
- 最优化方法。

接着，使用函数 model.fit()训练模型。下面的代码从均匀分布中随机产生 train_x、train_y、test_x、test_y，然后把 train_x、train_y 代入函数 model.fit()中，训练模型。在训练模型时，设置迭代次数 epochs=3，设置 batch_size=100。可以看到，函数 model.fit()在计算过程中会动态显示每次迭代中每个观测点的训练时间，以及每次迭代后损失函数和评价指标的值。

```
train_x = np.random.random((1000, 5))
train_y = np.random.random((1000, 2))
test_x = np.random.random((200, 5))
test_y = np.random.random((200, 2))

history = model.fit(train_x, train_y, epochs=3, batch_size=100)

Train on 1000 samples
Epoch 1/
31000/1000 [====] - 0s 55us/sample - loss: 0.0843 - mse: 0.0843
Epoch 2/
31000/1000 [====] - 0s 11us/sample - loss: 0.0843 - mse: 0.0843
Epoch 3/
31000/1000 [====] - 0s 11us/sample - loss: 0.0843 - mse: 0.0843
```

7.3.3　评估和预测模型

我们可以通过函数 model.evaluate()得到预测误差。从下面的运算结果可以看到，该神经网络模型的损失函数的值和测试误差都约为 0.08（在该模型中，损失函数和模型评价指标都是均方误差，因此两者相等）。

```
model.evaluate(test_x, test_y)

200/200 [====] - 0s 160us/sample - loss: 0.0827 - mse: 0.0827

[0.08271521747112275, 0.08271521]
```

此外，使用函数 model.predict()可以得到观测点的预测值。例如，下面的代码随机产生一个观测点，然后使用函数 model.predict()计算该观测点的预测值。

```
one_obs = np.random.random((1, 5))
one_obs

array([[0.62068234, 0.31588733, 0.47846199, 0.58297638, 0.37947331]])
model.predict(one_obs)

array([[0.48976234, 0.5102377 ]], dtype=float32)
```

7.4 基于 TensorFlow 2 建立线性回归模型

本节将以广告数据为例，通过建立线性回归模型一步一步学习 TensorFlow 2 的一般建模过程。在第 3 章中，我们曾使用过该数据。数据包括某个商品在 200 个市场的广告费用和商品销量。投放广告的形式有 3 种，分别是使用 TV、Radio、Newspaper，广告费用的单位是千美元（thousands of dollars）。数据的因变量为商品销量，商品销量的单位是 1000 件（thousands of units）。在这个例子中，我们关心不同广告投放形式对商品销量的影响。线性回归模型为

$$y = b + w_1 x_1 + w_2 x_2 + w_3 x_3 + \varepsilon$$

1. 预处理数据

下面的代码定义了函数 loadDataSet()，该函数可以读入 data 文件夹的数据 Advertising.csv。for 循环对数据进行逐行处理。line.strip().split(',')可以去掉换行符“\n”，同时根据逗号“,”把数据分隔开。接着，将数据转换成浮点型，把每一行的前 3 个数字放入列表 x 中，把最后一个数字放入列表 y 中。最后，把列表 x 和列表 y 转换成 Numpy 数组，并把列表 y 的维度变成 200×1。

```
def loadDataSet():
    x = []; y = []

    # 打开 data 文件中的文件 Advertising.csv
    f = open("./data/Advertising.csv")

    # 函数 readlines 读入文件 f 的所有行
    for line in f.readlines()[1:]:
        lineArr = line.strip().split(',')
        x.append([float(lineArr[0]), float(lineArr[1]),
        float(lineArr[2])])
        y.append(float(lineArr[3]))
    return np.array(x), np.array(y).reshape(-1, 1)
x, y = loadDataSet()

print("shape of x:")
```

```
print(x.shape)
print("shape of y:")
print(y.shape)

shape of x:
(200, 3)
shape of y:
(200, 1)
```

使用以下代码把数据分成两部分，即训练数据和测试数据。训练数据包含 100 个观测点，测试数据包含 100 个观测点。

```
np.random.seed(1)
train_x, train_y = x[:100], y[:100]
test_x, test_y = x[-100:], y[-100:]
```

接着，使用以下代码使因变量 y 中心化，$\text{centered}\_y = y - \bar{y}$，使自变量 x 标准化，$\text{scaled}\_x = \dfrac{x-\bar{x}}{\text{sd}(x)}$，并且使 centered_y 的均值为 0，scaled_x 的均值为 0，方差为 1。

```
mean_x = np.mean(train_x, axis = 0, keepdims=True)
sd_x = np.std(train_x, axis=0, keepdims=True)
mean_y = np.mean(train_y)

train_scaled_x = (train_x - mean_x)/sd_x
train_centered_y = train_y - mean_y

test_scaled_x = (test_x - mean_x)/sd_x
test_centered_y = test_y - mean_y
```

通过上面的步骤，数据已经完成预处理。接下来，使用 TensorFlow 2 建立线性回归模型。线性回归模型相当于图 7-3 所示的简单神经网络模型，该模型没有隐藏层，输出层只有一个节点且激活函数为线性函数。

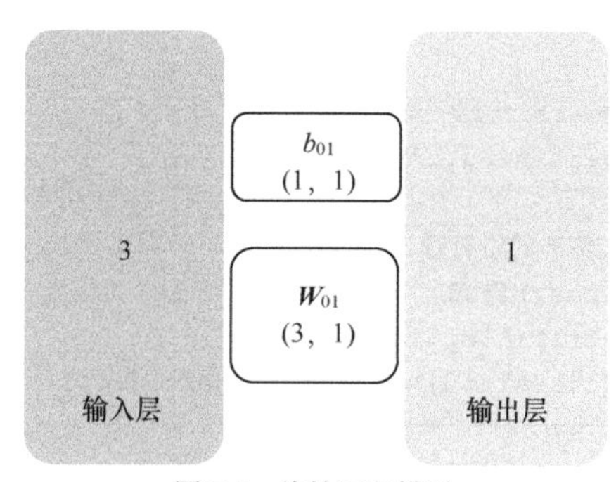

图 7-3　线性回归模型

2. 创建模型结构

线性回归模型没有隐藏层，输出层的节点数为 1。使用函数 tf.keras.models.

Sequential()构建模型。

```
model = tf.keras.models.Sequential([ \
                    tf.keras.layers.Dense(1, input_shape=(3,))])
```

3. 训练模型

接着，使用函数 model.compile()设置优化方法、损失函数和评价指标，使用函数 model.fit()代入训练数据，训练模型。在函数 model.fit()中，通过参数 validation_data 把测试数据 test_scaled_x 与 test_centered_y 代入函数中。这样，每一次迭代都可以得到一个测试误差。函数 model.fit()的运行过程都记录在 lm_history 中。

```
model.compile(optimizer=tf.keras.optimizers.SGD(0.1), \
                    loss='mse', metrics=['mse'] )
lm_history = model.fit(train_scaled_x, train_centered_y, \
     epochs=50, verbose=0, batch_size=100,       \
     validation_data=(test_scaled_x, test_centered_y))
```

lm_history 保存了诸多信息，包括 lm_history.epoch 和 lm_history.history。lm_history.history 包含了每一次循环的模型损失函数值（损失函数的值即训练误差）和评价指标的值（评价指标的值即测试误差）。要得到训练误差和测试误差随着每一次循环的变化情况，编写以下代码。

```
%config InlineBackend.figure_format = 'retina'
import matplotlib.pyplot as plt

plt.rcParams['font.sans-serif'] = ['SimHei'] #用来正常显示中文标签
plt.rcParams['axes.unicode_minus'] = False   #用来正常显示负号

plt.plot(lm_history.epoch, lm_history.history['mse'], label="训练误差")
plt.plot(lm_history.epoch, lm_history.history['val_mse'], label="测试误差")

plt.xlabel("迭代次数", fontsize=16)
plt.ylabel("模型误差", fontsize=16)
plt.legend(fontsize=16)
plt.show()
```

输出的曲线如图 7-4 所示。

使用 model.trainable_variables 查看线性模型的权重和截距项。

```
print("Weights:\n{}".format(model.trainable_variables[0].numpy()))
print("Bias:\n{}".format(model.trainable_variables[1].numpy()))
```

输出结果如下。

```
Weights:
[[ 3.7997427 ]
 [ 2.769601  ]
 [-0.23214102]]
Bias:
[-5.6775757e-08]
```

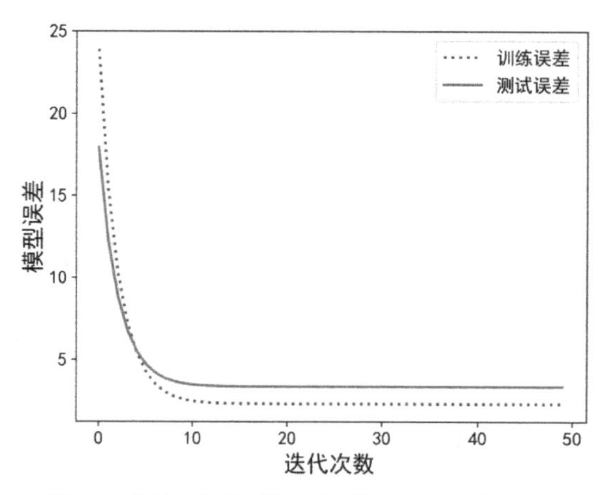

图 7-4　线性回归模型的训练误差和测试误差的曲线

7.5 基于 TensorFlow 2 建立神经网络分类模型

我们以 MNIST 数据集为例，使用 TensorFlow 2 建立具有两个隐藏层的神经网络模型。通过这个例子，我们学习使用 TensorFlow 2 建立分类模型的方法，并且进一步学习 TensorFlow 2 的一些常用函数。

7.5.1 神经网络分类模型

我们将建立图 7-5 所示的神经网络模型。该模型包含两个隐藏层，节点数分别为 1024 和 512。

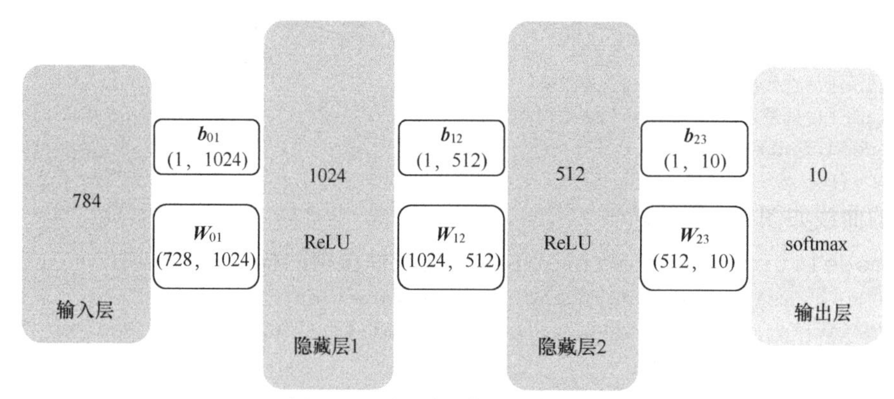

图 7-5　具有两个隐藏层的神经网络

从输入层到隐藏层 1 的权重矩阵为 784×1024 维的（输入层的节点数乘以隐藏层 1 的节点数），截距项为 1×1024 维的（截距项为一个行向量，元素个数为隐藏层 1 的节点数）；

从隐藏层 1 到隐藏层 2 的权重矩阵为 1024×512 维的（隐藏层 1 的节点数乘以隐藏层 2 的

节点数），截距项为1×512维的（截距项为一个行向量，元素个数为隐藏层 2 的节点数）。

从隐藏层 2 到输出层的权重矩阵为512×10维的（隐藏层 2 的节点数乘以输出层的节点数），截距项为1×10维的（截距项为一个行向量，元素个数为输出层的节点数）。

下面的代码载入了建模所需要的 Python 包，并且载入 MNIST 数据集。其中，训练数据 x_train 和 y_train 包含了60000幅图片的信息，测试数据 x_test 和 y_test 包含了10000幅图片的信息。

```
"""
载入 MNIST 数据集
"""
import idx2numpy

train_images = idx2numpy.convert_from_file(  \
                        './data/mnist/train-images.idx3-ubyte')
train_labels  = idx2numpy.convert_from_file( \
                        './data/mnist/train-labels.idx1-ubyte')
test_images = idx2numpy.convert_from_file(    \
                        './data/mnist/t10k-images.idx3-ubyte')
test_labels = idx2numpy.convert_from_file(    \
                        './data/mnist/t10k-labels.idx1-ubyte')
```

接着，把所有像素的值除以 255，以使自变量矩阵中元素的值都处在[0,1]。为了方便选择超参数，把训练数据进一步随机分成两部分，分别是训练数据 train_images 和 train_labels（训练数据包含 50000 幅图片的信息），验证数据 valid_images 和 valid_labels（验证数据包含 10000 幅图片的信息）。

```
"""
输入数据除以 255
"""
np.random.seed(1)
train_images, test_images = train_images/255, test_images/255

"""
把训练数据(60000×28×28)分成训练数据(50000×28×28)和验证数据(10000×28×28)
"""
index = np.arange(len(train_images))
np.random.shuffle(index)

valid_images, valid_labels = train_images[index[-10000:]], \
                         train_labels[index[-10000:]]   # 验证数据
train_images, train_labels = train_images[index[:50000]], \
                         train_labels[index[:50000]]    # 训练数据
```

然后，使用 tf.keras.models.Sequential() 构建模型。因为 MNIST 数据集中每一幅图片用 28×28 的灰度值表示，所以我们需要使用函数 tf.keras.layers.Flatten() 把每一幅图片的维度变为 784。

```
mnist_model = tf.keras.models.Sequential([    \
        tf.keras.layers.Flatten(input_shape=(28, 28)), \
        tf.keras.layers.Dense(1024, activation='relu'), \
        tf.keras.layers.Dense(512, activation='relu'),  \
        tf.keras.layers.Dense(10, activation='softmax')])
```

下面通过 `mnist_model.summary()` 查看每一层的节点数和参数个数。可以看到，`Flatten` 的维度为(None,784)，没有参数，在这里，`None` 表示训练数据中每一批数据的观测点个数，不需要指定。该模型总的参数个数超过百万，具体为1333770 。

```
mnist_model.summary()
Model: "sequential_6"
_________________________________________________________________
Layer (type)                 Output Shape              Param #
=================================================================
flatten_3 (Flatten)          (None, 784)               0
_________________________________________________________________
dense_16 (Dense)             (None, 1024)              803840

_________________________________________________________________
dense_17 (Dense)             (None, 512)               524800

_________________________________________________________________
dense_18 (Dense)             (None, 10)                5130

=================================================================
Total params: 1,333,770
Trainable params: 1,333,770
Non-trainable params: 0
_________________________________________________________________
```

现在使用函数 `model.compile()` 设置 `mnist_model` 的优化方法、损失函数和评价指标。

```
mnist_model.compile(optimizer=tf.keras.optimizers.Adam(), \
                    loss='sparse_categorical_crossentropy', \
                    metrics=['accuracy'])
```

- 我们使用 Adam 优化方法 `tf.keras.optimizers.Adam()`，Adam 方法是一个改进版的梯度下降法。
- 损失函数选用 `sparse_categorical_crossentropy`，因为这是一个多分类问题，且因变量没有独热码，保持整数形式。
- 模型评价方法采用预测准确率 `accuracy`。对于分类问题，这是一个很直观的指标。

最后使用函数 `mnist_model.fit()` 训练模型，并用函数 `mnist_model.evaluate()` 计算测试准确率。

```
mnist_model_history = mnist_model.fit(train_images, train_labels, epochs=20,
verbose=0, validation_data=(valid_images,valid_labels), batch_size=128)
    mnist_model.evaluate(test_images, test_labels)
```

```
10000/10000 [====] - 1s 71us/sample - loss: 0.1123 - accuracy: 0.9799

[0.11226291974880187
, 0.9799]
```

从上面的结果可以看出，测试准确率大约为98%。以下代码用于展示预测准确率随着每一次迭代的变化情况。

```
plt.plot(mnist_model_history.epoch,  \
mnist_model_history.history['accuracy'],  \
label="训练准确率")
plt.plot(mnist_model_history.epoch, \
mnist_model_history.history['val_accuracy'], \
label="验证准确率")

plt.xlabel("迭代次数", fontsize=16)
plt.ylabel("预测准确率", fontsize=16)
_ = plt.legend(fontsize=16)
```

从图 7-6 所示的运行结果可以看出，训练准确率一直在增长，到最后几乎等于100%；验证准确率在 2 或 3 次循环之后就不再增长，稳定在略低于 98% 的水平。

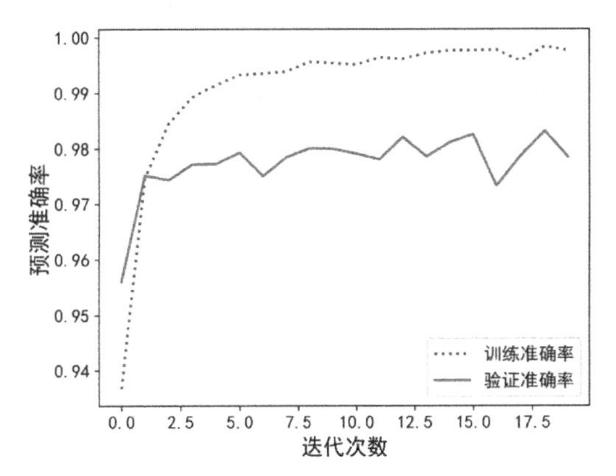

图 7-6　训练准确率和测试准确率随着训练过程的变化曲线

7.5.2　神经网络模型的正则化

从图 7-6 可以看出，训练准确率逐渐增大，验证准确率几乎不变，训练准确率和验证准确率的差值增大。因此，我们可以怀疑 7.5.1 节的模型过拟合。在本节中，我们尝试通过两种正则化方法控制过拟合——L_2 正则化和丢弃法。

首先，使用 L_2 正则化。使用 `tf.keras.models.Sequential()` 建立模型时，只需要设置函数 `tf.keras.layers.Dense()` 的参数 `kernel_regularizer` 为函数 `tf.keras.regularizers.l2()` 便可以实现对该层的 L_2 正则化。函数 `tf.keras.regularizers.l2(0.001)` 表示 L_2 正则化的参数 $\lambda=0.001$。其余建模过程和没有正则化的情况完全一样。

```
mnist_l2_model = tf.keras.models.Sequential([\
        tf.keras.layers.Flatten(input_shape=(28, 28)), \
        tf.keras.layers.Dense(1024, activation='relu', \
           kernel_regularizer=tf.keras.regularizers.l2(1e-4)), \
        tf.keras.layers.Dense(512, activation='relu', \
           kernel_regularizer=tf.keras.regularizers.l2(1e-4)), \
        tf.keras.layers.Dense(10, activation='softmax')])

mnist_l2_model.compile(optimizer=tf.keras.optimizers.Adam(), \
                       loss='sparse_categorical_crossentropy',\
                       metrics=['accuracy'])
mnist_l2_model_history = mnist_l2_model.fit(train_images, \
                    train_labels, epochs=20, verbose=0, \
                    validation_data=(valid_images,valid_labels), \
                    batch_size=128)

mnist_l2_model.evaluate(test_images, test_labels)
10000/10000 [====] - 1s 108us/sample - loss: 0.1457 - accuracy: 0.9750

[0.14569806067943572, 0.975]
```

然后，使用丢弃法。当使用 `tf.keras.models.Sequential()` 建立模型时，只需要在函数 `tf.keras.layers.Dense()` 的后面使用函数 `tf.keras.layers.Dropout()`，便可以实现对该层节点的丢弃。函数 `tf.keras.layers.Dropout(0.5)` 表示失活节点的比例为 50%。其余建模过程和没有正则化的情况完全一致。

```
mnist_dropout_model = tf.keras.models.Sequential([
            tf.keras.layers.Flatten(input_shape=(28, 28)),  \
            tf.keras.layers.Dense(1024, activation='relu'),  \
            tf.keras.layers.Dropout(0.5),   \
            tf.keras.layers.Dense(512, activation='relu'),  \
            tf.keras.layers.Dropout(0.5),   \
            tf.keras.layers.Dense(10, activation='softmax')])
mnist_dropout_model.compile(optimizer= \
            tf.keras.optimizers.Adam(),\
            loss='sparse_categorical_crossentropy',\
            metrics=['accuracy'])
mnist_dropout_model_history = mnist_dropout_model.fit( \
           train_images, train_labels, epochs=20, verbose=0,  \
           validation_data=(valid_images,valid_labels),  \
           batch_size=128)
mnist_dropout_model.evaluate(test_images, test_labels)
10000/10000 [====] - 1s 71us/sample - loss: 0.0676 - accuracy: 0.9826


[0.06755764851501081,
 0.9826]
```

图 7-7 展示了 3 个模型的训练准确率、验证准确率的变化情况。实线为验证准确率，虚线为训练准确率。可以看到，L_2 正则化和丢弃法都使得过拟合推迟了一些。总体来说，丢弃法的效果更好一些，使用丢弃法的模型的测试准确率达到了 98.3%。

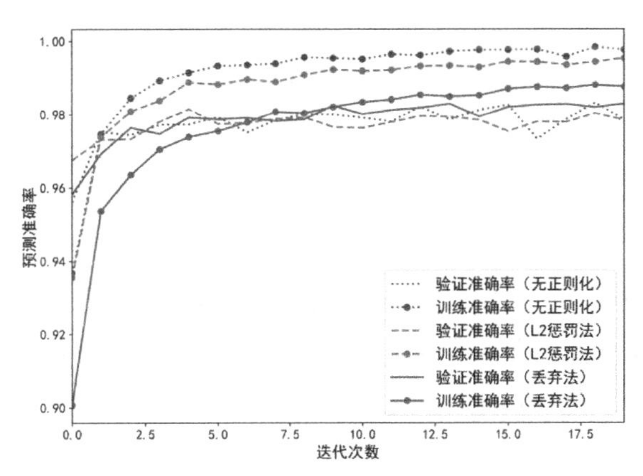

图 7-7　3 个模型的训练准确率和验证准确率的变化情况（使用 L_2 惩罚法和丢弃法控制过拟合）

```
def plot_history(histories, key='accuracy'):
    plt.figure(figsize=(10,7))

    for name, history in histories:
        val = plt.plot(history.epoch, \
                       history.history['val_'+key], \
                       '--', label= '验证准确率'+name.title())
        plt.plot(history.epoch, history.history[key], \
                 color=val[0].get_color(),   \
                 label= '训练准确率'+name.title())

    plt.xlabel('迭代次数', fontsize=16)
    plt.ylabel('预测准确率', fontsize=16)
    plt.legend(fontsize=16)

    plt.xlim([0,max(history.epoch)])

plot_history([('（无正则化）', mnist_model_history),\
              ('（L2 惩罚法）', mnist_l2_model_history), \
              ('（丢弃法）', mnist_dropout_model_history)])
```

7.6 本章小结

TensorFlow 2 是现在较流行、较强大的深度学习框架。在本章中，我们学习了用 TensorFlow 2 建立深度学习模型的方法。使用 TensorFlow 2 建立深度学习模型通常需要 3 步。

（1）创建模型结构，主要使用的函数有 `model=tf.keras.models.Sequential()`和`tf.keras.layers.Dense()`。

（2）训练模型，主要使用的函数有 `model.compile(optimizer, loss, metrics)`和`model.fit()`。

（3）评估和预测模型，主要使用的函数有`model.evaluate()`和`model.predict()`。

习题

1．分析 Default 数据，使用 TensorFlow 2 建立 logistic 模型。

2．分析 MNIST 数据集，使用 TensorFlow 2 建立具有 3 个隐藏层的神经网络模型，尝试用不同的正则化方法控制过拟合。

3．分析 MNIST 数据集，使用 TensorFlow 2 建立神经网络模型，尝试不同的隐藏层个数、隐藏层节点数和正则化方法。在建模过程中，把数据分成训练数据、验证数据和测试数据，使用训练数据建立神经网络模型，并且使用验证数据计算验证误差，选择合适的隐藏层个数、隐藏层的节点数及正则化方法。神经网络模型的测试正确率最高可以达到多少？

4．分析 Fashion-MNIST 数据集，使用 TensorFlow 2 建立神经网络模型，尝试不同的隐藏层个数、隐藏层节点数和正则化方法。在建模过程中，把数据分成训练数据、验证数据和测试数据，使用训练数据建立神经网络模型，并且使用验证数据计算验证误差，选择合适的隐藏层个数、隐藏层的节点数及正则化方法。神经网络模型的测试正确率是多少？

5．分析 MNIST 数据集，使用 TensorFlow 2 建立没有隐藏层的神经网络模型，得到权重矩阵，把权重矩阵的每一列都变成 28×28 的矩阵，然后绘制图形，观察图形特征，思考权重在神经网络中的意义。

第 8 章　卷积神经网络

到现在为止，我们建立的神经网络都是全连接的。全连接的意思是相邻两层之间的节点都相连，如图 8-1 所示。

全连接神经网络可以处理很多一般问题。然而，当数据自变量的结构达到一定复杂的程度时，全连接神经网络通常表现一般。例如，在图 8-2 所示的图片中，黑色矩形框中的像素组成了 Lena 的右眼。这些像素具备特定的结构，例如，中间是黑色的瞳孔，四周是眼白，像素只有这样排列才能构成眼睛。换句话说，这些像素具有内在关联，是相关的。在实际中，全连接神经网络不能很好地处理图片数据，以及自变量具有一定复杂结构的类似数据。

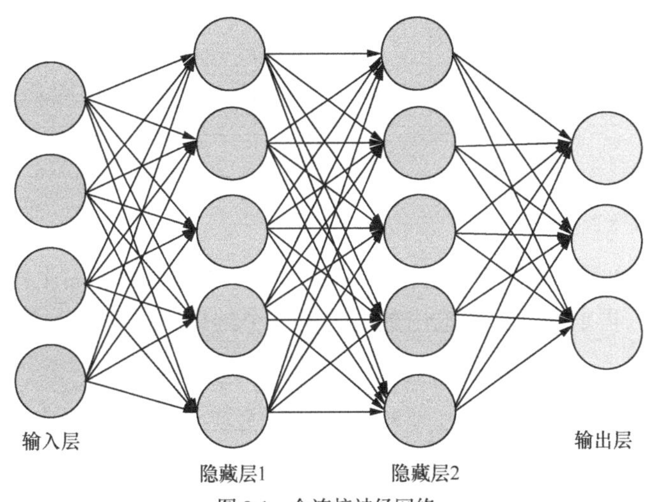

图 8-1　全连接神经网络

图 8-2　数字图像处理领域常用的标准图片

这时我们需要建立卷积神经网络（Convolution Neu ral Network，CNN）。卷积神经网络可以简单有效地处理自变量的内在结构，是深度学习在计算机视觉领域实现优异表现的基石。本章将首先介绍卷积神经网络两个重要的组成部分——卷积（convolution）和池化（pooling），然后把卷积和池化应用到 MNIST 数据集中，建立卷积神经网络，使得手写数字图片的分类达到更高的精度。

8.1 卷积层

8.1.1 卷积运算

卷积层（convolutional layer）是卷积神经网络最重要的组成部分。卷积层需要用到卷积运算。在数学上，卷积是通过两个函数 f 和 g 生成第三个函数的一种数学算子，其定义和理论都较复杂。幸运的是，学习卷积神经网络不需要了解数学中关于卷积的定义和性质。

在卷积神经网络中，卷积运算只是输入数据和核（kernel）按照一定规则简单相乘，再求和的运算，卷积运算记为 $\odot$ 。在下面的例子中，输入数据为一个 3×3 的数组，核是一个 2×2 的数组。输入数据和核通过一定的运算规则（运算规则称为卷积）得到输出数据。总的运算规则是把核从左到右、从上到下与输入数据比对（也就是在输入数据中查找与核维度相同的部分），然后把输入数据中的数字和核的对应数字相乘，再求和。请看下面的详细步骤。

（1）把核对应到输入数据左上角的 4 个数字，把输入数据左上角的 4 个数字与核中对应位置的数字相乘，再求和，得到输出数据的第一个结果。如图 8-3 所示， $0\times(-1)+4\times0.5+(-1)\times0+0\times1=2$ 。

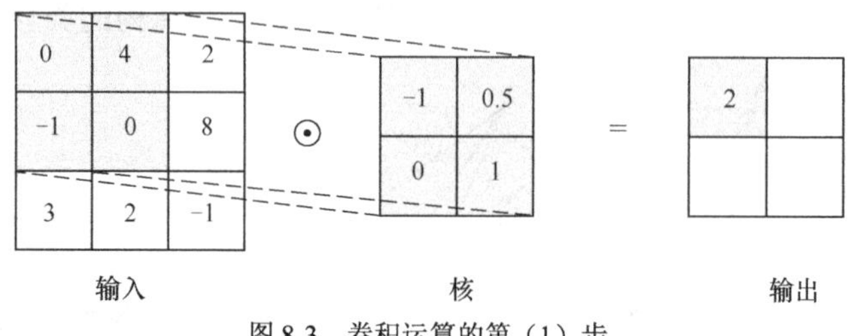

图 8-3　卷积运算的第（1）步

（2）把核往右边移动一格，对应到输入数据的右上角的 4 个数字，把输入数据右上角的 4 个数字与核中对应位置数的字相乘，再求和，得到输出数据的第二个结果。如图 8-4 所示， $4\times(-1)+2\times0.5+0\times0+8\times1=5$ 。

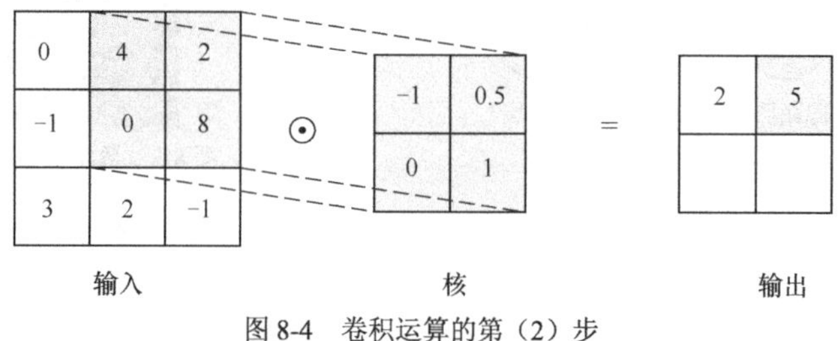

图 8-4　卷积运算的第（2）步

（3）把核向下移动一格，且移到最左边，对应到输入数据的左下角的 4 个数字，把输入数据左下角的 4 个数字与核的对应位置数字相乘，再求和，得到输出数据的第 3 个结果。如图 8-5 所示，$(-1)\times(-1)+0\times0.5+3\times0+2\times1=3$。

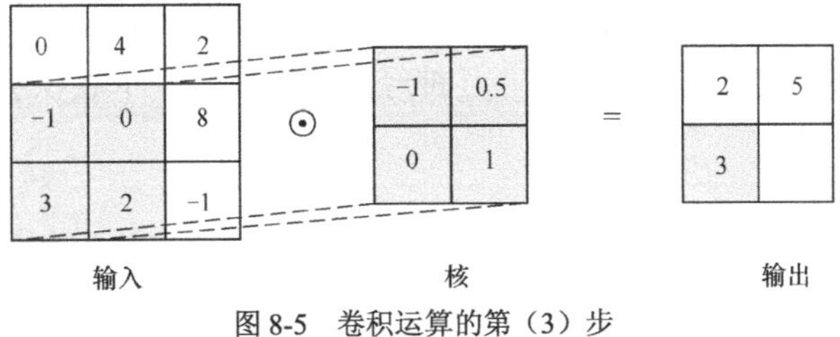

图 8-5 卷积运算的第（3）步

（4）把核往右边移动一格，对应到输入数据右下角的 4 个数字，把输入数据右下角的 4 个数字与核的对应位置数字相乘，再求和，得到输出数据的第 4 个结果。如图 8-6 所示，$0\times(-1)+8\times0.5+2\times0+(-1)\times1=3$。

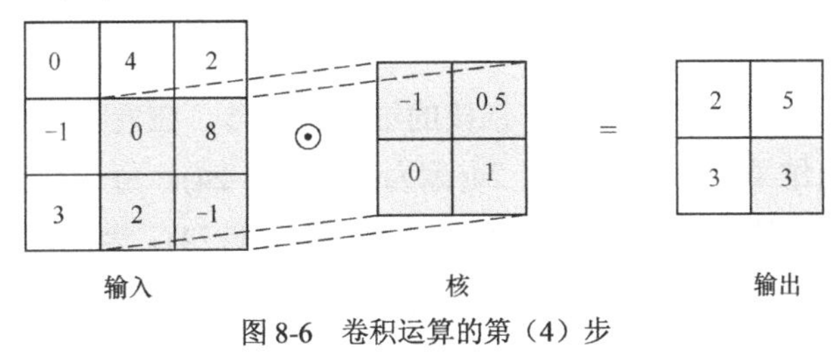

图 8-6 卷积运算的第（4）步

8.1.2 卷积层运算

在前面章节中，我们把图片数据的二维像素（每个像素就是一个自变量）转换成一维的向量。这样的方式破坏了像素之间的关系。在卷积神经网络中，我们将保留二维像素的形式。例如，在 MNIST 数据集中，把图片表示为28×28像素的灰度值，如图 8-7 所示。

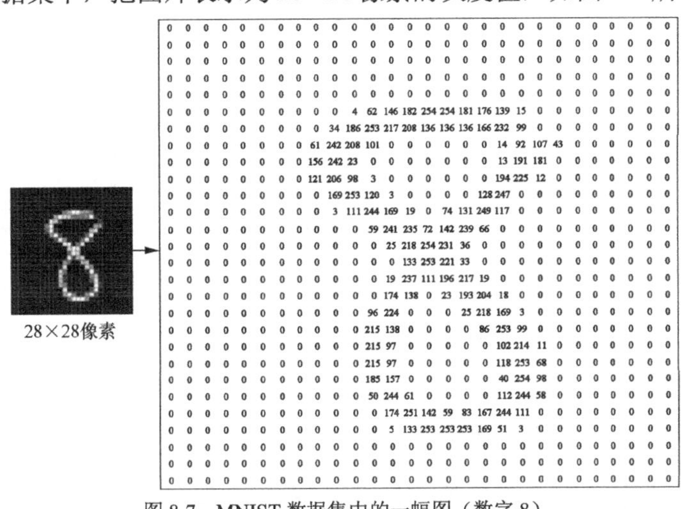

图 8-7 MNIST 数据集中的一幅图（数字 8）

卷积神经网络可以表示为图 8-8 的形式。卷积神经网络的每一层都可以看作一个 3 维数组。3 个维度分别为宽度（width）、高度（height）和深度（depth）。例如，在图 8-7 中，数字 8 的宽度为 28，高度为 28，深度为 1。在本章中，我们考虑较简单的情况，输入层的深度为 1（输入数据表示为一个矩阵或者二维数组），并且神经网络中只有一个卷积层。

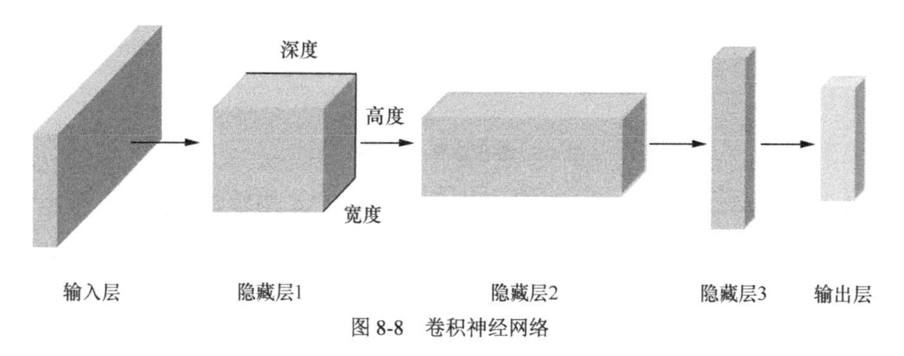

图 8-8　卷积神经网络

在图 8-9 中，输入层的维度为28×28，核的维度为5×5。在卷积运算中，如果核每次往右边移动一格，那么输出结果中行的维度为 24(因为 28−5+1=24)；每一行结束之后，如果核每次往下移动一格，那么输出结果中列的维度为 24(因为 28−5+1=24)。因此，对于图 8-9 中的核，输出为一个24×24的平面。对于一般的情况，记输入层维度为$W\times H$，核的维度为$K\times K$。如果核每次移动一格，则卷积运算输出结果的维度为（W_{out},H_{out}），其中$W_{out}=W-K+1$，$H_{out}=H-K+1$。在实际中，核也可以每次移动超过一格。记每次移动S格，S称为步幅（stride），这时卷积运算输出结果的维度中，$W_{out}=(W-K)/S+1$，$H_{out}=(H-K)/S+1$。

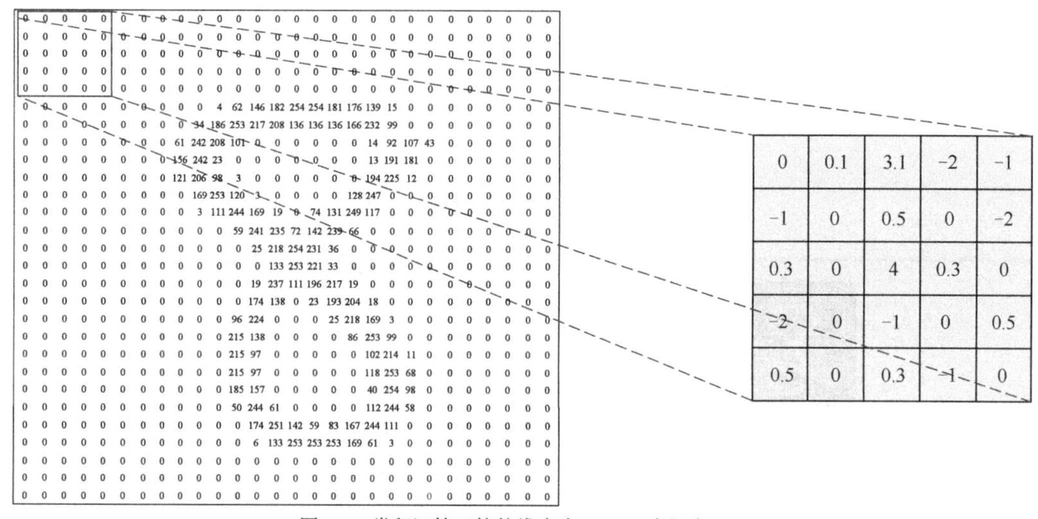

图 8-9　卷积运算（核的维度为5×5，步幅为 1）

在实际中，卷积层使用多个核分别与输入层做卷积运算，每个核与输入层卷积运算的结果为一个平面（每个平面的维度都是宽度×高度），把多个平面放在一起堆叠成一个 3 维数组，平面的数量即深度。图 8-10 中有 3 个核。在图 8-10 中，假设输入层的维度为28×28，核的维度为5×5，有 3 个核，那么卷积层的维度为24×24×3（宽度×高度×深度），即把 3 个核与输入层卷积运算结果（24×24）按从左到右排列。

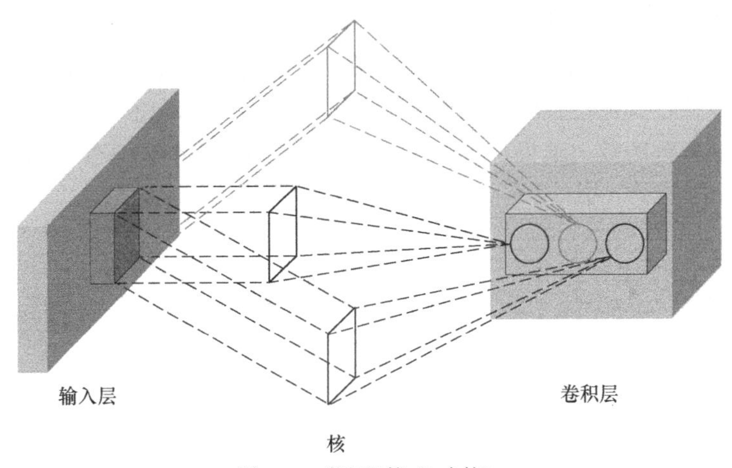

图 8-10 卷积运算（3 个核）

8.1.3 卷积运算的直观理解

请看图 8-11。在日常生活中，人类大脑对眼睛接收到的信号的反应速度非常快，但是现在请尽可能地放慢速度，认真思考辨认图片的过程。

首先，我们会看到图片中的线条、棱角、颜色等基本元素。

然后，组合这些基本元素，我们可以识别出眼睛、耳朵、鼻子、嘴巴等图形。

最后，根据眼睛、鼻子等图形特征分辨出图片是一只小狗。

图 8-11 一只小狗

卷积神经网络通常有多个卷积层，每个卷积层又由多个卷积核产生，每一个卷积核都有其特定功能。卷积运算可以类比为人类的图片识别过程。示例如下。

第一个卷积层的卷积核识别图片的一些基本特征，如线条、颜色等。

第二个卷积层的卷积核综合第一层识别的线条颜色等特征，判断更大范围的特征，如鼻尖、眼角等。

第三个卷积层的卷积核又根据第二层得到的特征，识别出鼻子、眼睛等。

……

最后判断图片的类别。

例如，图 8-12（b）中有两个核，即虚线框核和实线框核。虚线框核斜向上对角线上的值及对角线两侧的都等于 1，左上角和右下角的值大部分等于 0；实线框核斜向下对角线上的值及对角线西侧的大部分等于 1，左下角和右上角的值都等于 0。

- 当虚线框核在图 8-12（a）中 *A* 处时，隐藏层中虚线框核对应节点将得到一个较大的值；而虚线框核在其他位置时，得到的值会比较小，如图 8-12（a）中位置 *B*。也就是说，虚线框核得到的较大结果说明输入数据对应位置具有斜向上线段的特征。
- 当实线框核在图 8-12（a）中 *D* 处时，隐藏层中实线框核对应节点将得到一个较大值；而实线框核在其他位置时，得到的值会比较小，如图 8-12（a）中位置 *C*。也就是说，实线框核得到的较大结果说明输入数据对应位置具有斜向下线段的特征。

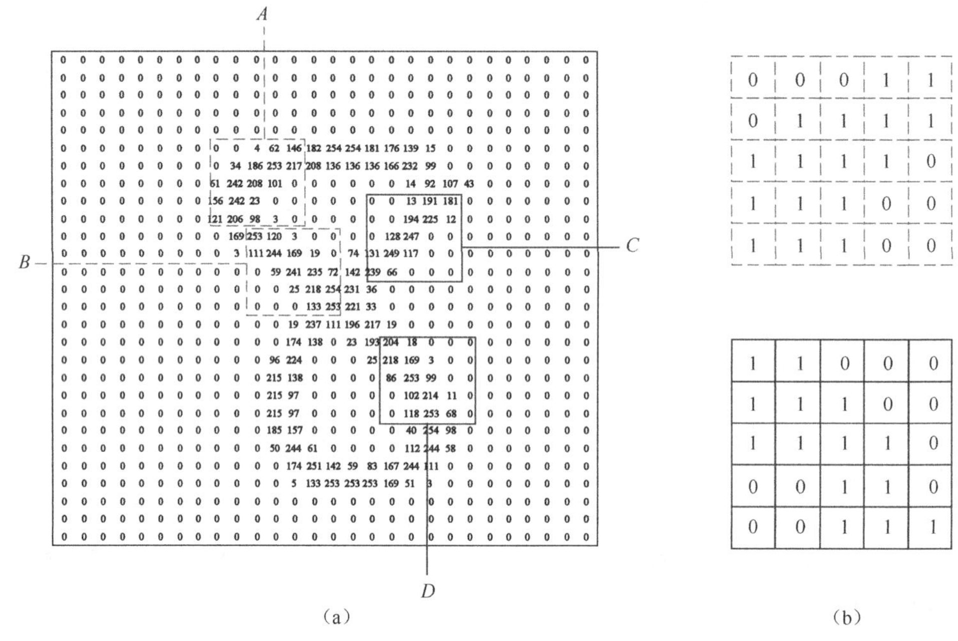

图 8-12　识别出斜向上线段和斜向下线段的核

在实际应用中，卷积神经网络使用多个核作用于同一个输入层。通过训练，不同的核可以识别出图片的不同特征。如果使用多个卷积层，则下一步的卷积层将可以综合上一层识别的特征，判断范围更大的特征。总体来说，卷积神经网络的预测或者判断过程和人类大脑的思考过程具有相似性。

在机器学习领域，有很多科学家从事卷积神经网络识别图片的解释性研究。图 8-13 展示了 Krizhevsky 等人建立的卷积神经网络第一个卷积层的核。该卷积层有 96 个核，每个核的维度是 $11\times11\times3$，输入层的维度是 $224\times224\times3$（这里，输入层是 3 维，核也是 3 维的，因此二者可以体现出颜色。第 9 章会介绍 3 维卷积运算）。从图 8-13 可以看到，不同的核表现出不同的功能，有些核可以识别一些角度各不相同的线段（特别是前 3 行），有些核可以识别一些花纹，有核可以识别颜色特征（特别是后 3 行）。

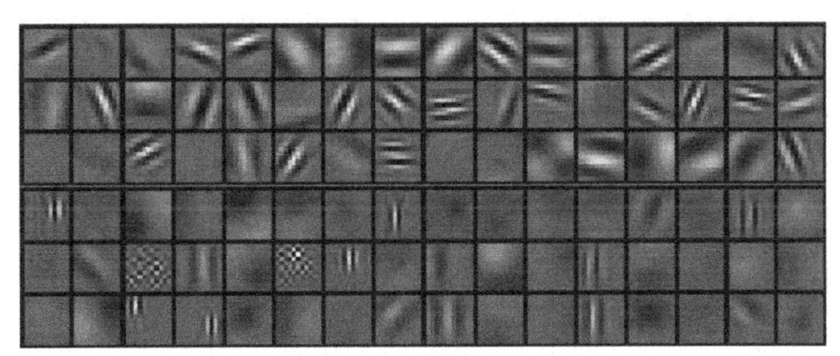

图 8-13　Krizhevsky 等人建立的卷积神经网络中第一个卷积层的核

8.1.4 填充

我们已经学习了卷积层的基本运算。不过，卷积层运算有两点不足。

（1）相对于输入层，卷积层的宽度和高度都变小了，而且变小的速度很快。如图 8-14 所示，输入层的维度为4×4，核的维度为3×3，每次只移动一格，卷积运算结果的维度为2×2。在这个例子中，输出数据的维度只有输入数据的维度的一半。卷积运算结果的维度下降有两个缺点。

① 在建模过程中，需要时刻关注卷积运算结果的维度以确定下一层的核或者权重矩阵的维度。如果卷积运算结果的维度保持不变，那么确定下一层的核或者权重矩阵的维度将会更简单。

② 当卷积运算使维度下降很快时，少数几个卷积层便能使维度下降到很小。这样很难建立层数很多的深度学习模型。

（2）在卷积运算中，因为输入层边缘只出现在少数的运算中，所以边缘部分的信息没有充分利用。如图 8-14 所示，输入层左下角的 3 只出现在一次运算中，容易使该信息在运算中消失。如果输入层的边缘体现了图片特征，这种情况便会降低预测准确率。

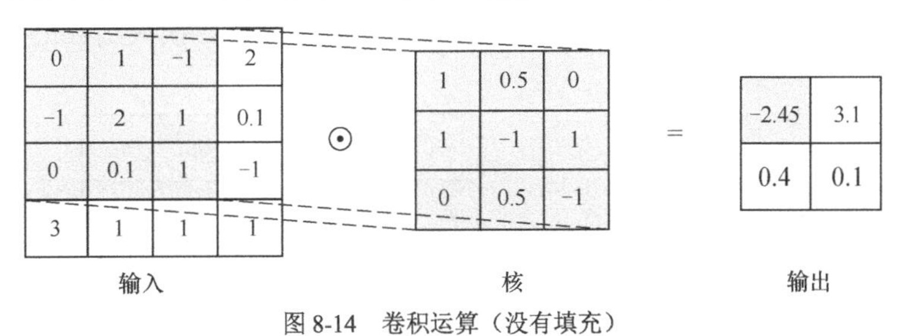

图 8-14　卷积运算（没有填充）

幸运的是，填充（padding）可以有效解决上述两个问题。填充的思想很简单，只需要在输入层的四周填充数字，然后做卷积运算，便可以使输出数据的维度与输入数据的维度保持一致，且输入层边缘可以在计算中多次使用。因为 0 在卷积运算中不会增加噪声，所以通常情况下，我们在输入数据四周填充 0 。因此，填充也称为零填充（zero-padding）。

在图 8-15 所示的例子中，输入数据的维度为4×4，在数据的左右两边都填充一列 0，上下两边都填充一行 0；输入数据的维度变为6×6。核的维度为3×3，步幅$S=1$。最终得到的输出数据的维度为4×4，与输入数据一样。另外，输入数据中左下角的 3 出现在 4 次运算中，该像素的信息可以更好地保留下来。如果该像素对判断该图有重要作用，那么填充便可能提高模型预测准确度。

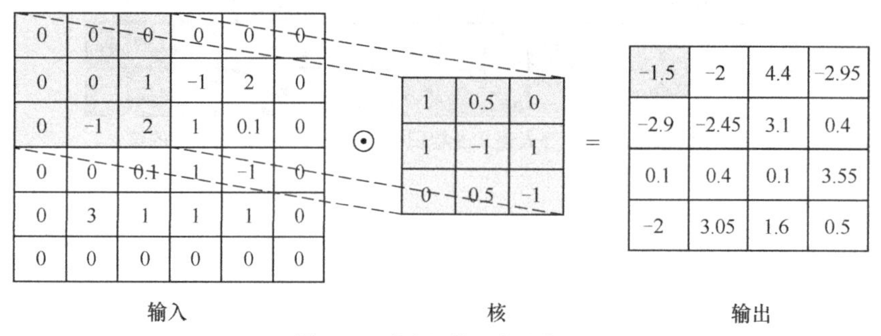

图 8-15　卷积运算（有填充）

在零填充中，通常在输入数据每一边都填充相同的行数和列数，记为P。在上面的例子中，$P=1$。这时卷积运算输出维度中，$W_{\text{out}}=(W-K+2P)/S+1$，$H_{\text{out}}=(H-K+2P)/S+1$。例如，在图 8-15 中，$W_{\text{out}}=(4-3+2\times1)/1+1=4$，$H_{\text{out}}=(4-3+2\times1)/1+1=4$，输入层的维度与输出层的维度保持一致。反过来，当我们知道了W和H并且确定了K和S时，令$W_{\text{out}}=W$（或$H_{\text{out}}=H$），便可以通过$W_{\text{out}}=(W-K+2P)/S+1$（或者$H_{\text{out}}=(H-K+2P)/S+1$）得到需要零填充的行数和列数，即$P=((W-1)S-W+K)/2$。

8.1.5　卷积层求导

在本节中，我们用一个简单例子说明卷积层求导过程。假设进行图 8-16 所示的卷积运算，输入层的维度为3×3，核的维度为2×2，输出层的维度为2×2。损失函数记为L。

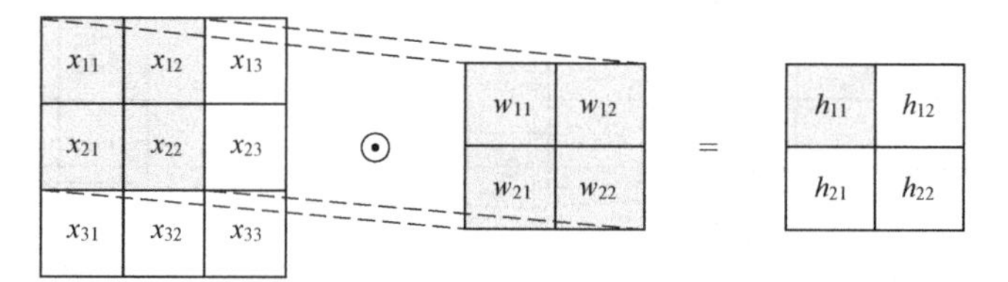

图 8-16　卷积层求导

使用正向传播算法计算预测值：在卷积层中，通过卷积运算计算h_{11}，h_{12}，h_{21}，h_{22}，再通过一系列运算计算预测值。卷积运算的结果如下。

$$
\begin{aligned}
h_{11}&=x_{11}w_{11}+x_{12}w_{12}+x_{21}w_{21}+x_{22}w_{22}\\
h_{12}&=x_{12}w_{11}+x_{13}w_{12}+x_{22}w_{21}+x_{23}w_{22}\\
h_{21}&=x_{21}w_{11}+x_{22}w_{12}+x_{31}w_{21}+x_{32}w_{22}\\
h_{22}&=x_{22}w_{11}+x_{23}w_{12}+x_{32}w_{21}+x_{33}w_{22}
\end{aligned}
$$

然后，计算损失函数 L，通过反向传播算法得到 L 关于 h_{11}，h_{12}，h_{21}，h_{22} 的偏导数 $\partial L/\partial h_{11}$，$\partial L/\partial h_{12}$，$\partial L/\partial h_{21}$，$\partial L/\partial h_{22}$。

为了更新核元素 w_{11}，w_{12}，w_{21}，w_{22}，需要计算损失函数 L 关于 w_{11}，w_{12}，w_{21}，w_{22} 的偏导数 $\partial L/\partial w_{11}$，$\partial L/\partial w_{12}$，$\partial L/\partial w_{21}$，$\partial L/\partial w_{22}$。根据链式法则，有

$$
\begin{aligned}
\frac{\partial L}{\partial w_{11}} &= \frac{\partial L}{\partial h_{11}}\frac{\partial h_{11}}{\partial w_{11}} + \frac{\partial L}{\partial h_{12}}\frac{\partial h_{12}}{\partial w_{11}} + \frac{\partial L}{\partial h_{21}}\frac{\partial h_{21}}{\partial w_{11}} + \frac{\partial L}{\partial h_{22}}\frac{\partial h_{22}}{\partial w_{11}} \\
&= \frac{\partial L}{\partial h_{11}}x_{11} + \frac{\partial L}{\partial h_{12}}x_{12} + \frac{\partial L}{\partial h_{21}}x_{21} + \frac{\partial L}{\partial h_{22}}x_{22} \\
\frac{\partial L}{\partial w_{12}} &= \frac{\partial L}{\partial h_{11}}\frac{\partial h_{11}}{\partial w_{12}} + \frac{\partial L}{\partial h_{12}}\frac{\partial h_{12}}{\partial w_{12}} + \frac{\partial L}{\partial h_{21}}\frac{\partial h_{21}}{\partial w_{12}} + \frac{\partial L}{\partial h_{22}}\frac{\partial h_{22}}{\partial w_{12}} \\
&= \frac{\partial L}{\partial h_{11}}x_{12} + \frac{\partial L}{\partial h_{12}}x_{13} + \frac{\partial L}{\partial h_{21}}x_{22} + \frac{\partial L}{\partial h_{22}}x_{23} \\
\frac{\partial L}{\partial w_{21}} &= \frac{\partial L}{\partial h_{11}}\frac{\partial h_{11}}{\partial w_{21}} + \frac{\partial L}{\partial h_{12}}\frac{\partial h_{12}}{\partial w_{21}} + \frac{\partial L}{\partial h_{21}}\frac{\partial h_{21}}{\partial w_{21}} + \frac{\partial L}{\partial h_{22}}\frac{\partial h_{22}}{\partial w_{21}} \\
&= \frac{\partial L}{\partial h_{11}}x_{21} + \frac{\partial L}{\partial h_{12}}x_{22} + \frac{\partial L}{\partial h_{21}}x_{31} + \frac{\partial L}{\partial h_{22}}x_{32} \\
\frac{\partial L}{\partial w_{22}} &= \frac{\partial L}{\partial h_{11}}\frac{\partial h_{11}}{\partial w_{22}} + \frac{\partial L}{\partial h_{12}}\frac{\partial h_{12}}{\partial w_{22}} + \frac{\partial L}{\partial h_{21}}\frac{\partial h_{21}}{\partial w_{22}} + \frac{\partial L}{\partial h_{22}}\frac{\partial h_{22}}{\partial w_{22}} \\
&= \frac{\partial L}{\partial h_{11}}x_{22} + \frac{\partial L}{\partial h_{12}}x_{23} + \frac{\partial L}{\partial h_{21}}x_{32} + \frac{\partial L}{\partial h_{22}}x_{33}
\end{aligned}
$$

对于卷积运算，我们也可以先对输入数据和核做变换，再计算。首先，把每个与核对应的输入数据子集排成一行，如图 8-17 所示。然后，把核排成一列，如图 8-18 所示。矩阵 $\boldsymbol{Z}$、列向量 $\boldsymbol{w}$、列向量 $\boldsymbol{h}$ 分别如下。

$$
\boldsymbol{Z} = \begin{pmatrix} x_{11} & x_{12} & x_{21} & x_{22} \\ x_{12} & x_{13} & x_{22} & x_{23} \\ x_{21} & x_{22} & x_{31} & x_{32} \\ x_{22} & x_{23} & x_{32} & x_{33} \end{pmatrix} \qquad \boldsymbol{w} = \begin{pmatrix} \boldsymbol{w}_1 \\ \boldsymbol{w}_2 \\ \boldsymbol{w}_3 \\ \boldsymbol{w}_4 \end{pmatrix} \qquad \boldsymbol{h} = \begin{pmatrix} h_1 \\ h_2 \\ h_3 \\ h_4 \end{pmatrix}
$$

卷积运算等价于矩阵乘法运算 $\boldsymbol{Zw}$，即 $\boldsymbol{h} = \boldsymbol{Zw}$。最后，把 $\boldsymbol{h}$ 变换回 2×2 的形式即得到卷积运算的结果。

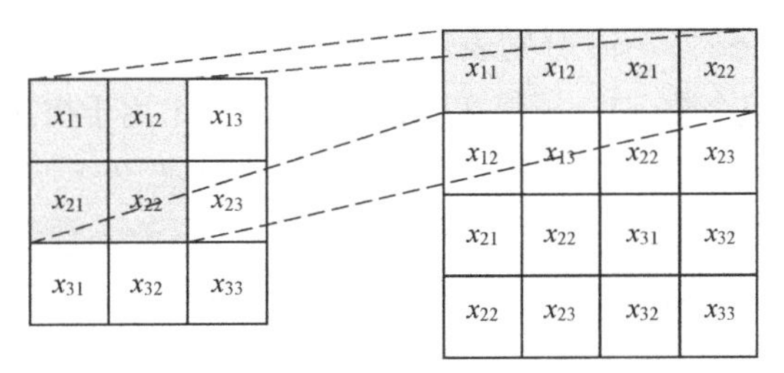

图 8-17　输入数据的变换

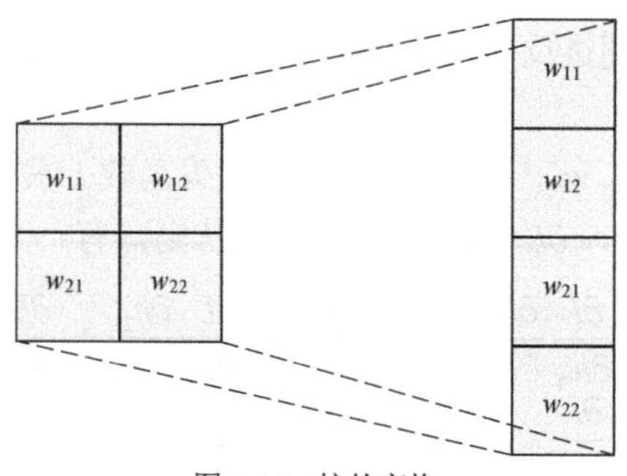

图 8-18　核的变换

根据 $\boldsymbol{h}=\boldsymbol{Z}\boldsymbol{w}$ ，我们也可以计算损失函数 L 关于 $\boldsymbol{w}$ 的偏导数。根据偏导数的定义，有

$$\frac{\partial L}{\partial w_{11}}=\frac{\partial L}{\partial h_{11}}x_{11}+\frac{\partial L}{\partial h_{12}}x_{12}+\frac{\partial L}{\partial h_{21}}x_{21}+\frac{\partial L}{\partial h_{22}}x_{22}$$

$$\frac{\partial L}{\partial w_{12}}=\frac{\partial L}{\partial h_{11}}x_{12}+\frac{\partial L}{\partial h_{12}}x_{13}+\frac{\partial L}{\partial h_{21}}x_{22}+\frac{\partial L}{\partial h_{22}}x_{23}$$

$$\frac{\partial L}{\partial w_{21}}=\frac{\partial L}{\partial h_{11}}x_{21}+\frac{\partial L}{\partial h_{12}}x_{22}+\frac{\partial L}{\partial h_{21}}x_{31}+\frac{\partial L}{\partial h_{22}}x_{32}$$

$$\frac{\partial L}{\partial w_{22}}=\frac{\partial L}{\partial h_{11}}x_{22}+\frac{\partial L}{\partial h_{12}}x_{23}+\frac{\partial L}{\partial h_{21}}x_{32}+\frac{\partial L}{\partial h_{22}}x_{33}$$

可以看到，损失函数 L 关于 w_{11} 的偏导数等于 L 关于 $\boldsymbol{h}$ 的偏导数逐点乘以 $\boldsymbol{Z}$ 的第一列，再求和；L 关于 w_{12} 的偏导数等于 L 关于 $\boldsymbol{h}$ 的偏导数逐点乘以 $\boldsymbol{Z}$ 的第二列，再求和，等等。因此，可以得到

$$\frac{\partial L}{\partial \boldsymbol{w}}=\boldsymbol{Z}^{\mathrm{T}}\frac{\partial L}{\partial \boldsymbol{h}}$$

8.1.6　用 Python 实现卷积层的计算

在本节中，我们尝试在 Python 中实现卷积层的运算。为了更好地理解卷积层原理，计算都基于基本的矩阵运算，因此只需要用到 NumPy 和 Python 的基本函数。

首先，定义函数 `get_image_section()`，该函数的作用是选取输入数据中与核同样大小的子集。在这里，`layer` 有 3 个维度——观测点个数、数据宽度、数据高度。参数 `row_start`、`row_end`、`col_start`、`col_end` 分别表示选取的子集的行开始、行结束、列开始、列结束。输出数据为 4 维——观测点个数、1、子集宽度、子集高度。1 用于拼接数据。

```
def get_image_section(layer, row_start, row_end, col_start, col_end):

    section = layer[:, row_start:row_end, col_start:col_end]
    return section.reshape(-1, 1, row_end-row_start, \
                           col_end-col_start)
```

然后，定义函数 `conv_reshape()`。该函数的作用是填充输入数据，然后对数据做图 8-19

所示的变换。我们使用函数 np.pad() 对数据进行零填充，((0,0),(1,1),(1,1)) 表示观测点个数方向不需要填充，宽度方向左右各填充一列，高度方向上下各填充一行。接着，有两个 for 循环，使用函数 get_image_section() 提取输入数据中与核同样大小的子集。函数 np.concatenate() 可以把输入数据子集（见图 8-19（a）与（b））拼接在一起，设置 axis=1 可以使得同一幅图片的输入数据子集放在一起，再把数据的列数变换成核宽度乘以核高度。

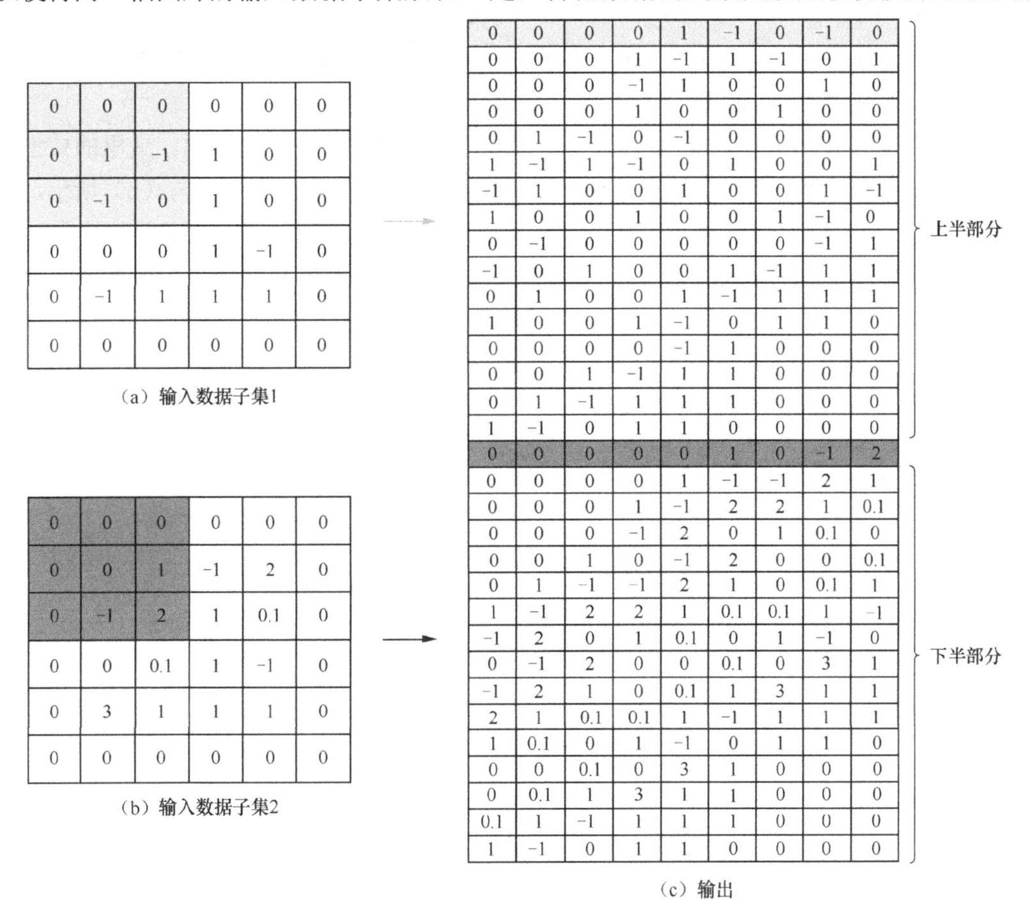

图 8-19　数据填充和变换（在这个例子中，一批数据有两幅图片）

```python
def conv_reshape(image, kernel_rows, kernel_cols):
    # 零填充
    image = np.pad(image, ((0,0),(1,1),(1,1)), mode='constant')
    image_sections = []
    for row_start in range(image.shape[1] - kernel_rows + 1):
        for col_start in range(image.shape[2] - kernel_cols + 1):
            image_sections.append(get_image_section(image, \
                        row_start, row_start+kernel_rows, \
                        col_start, col_start+kernel_cols))
    # 拼接列表元素
```

```
        expanded_input = np.concatenate(image_sections, axis=1)
        es = expanded_input.shape
        # 把数据的列数变换成核的宽度乘以核的高度
        layer = expanded_input.reshape(es[0]*es[1], -1)
        return layer
```

函数 conv_reshape()的输出如图 8-19（c）所示：每一行表示一个输入数据中核对应的部分，例如，图 8-19（a）与（b）中阴影矩形部分变换成了图 8-19（c）中阴影部分；图 8-19（c）中的上半部分为一批输入数据的第一幅图片中核对应的所有子集，图 8-19（c）中的下半部分为一批输入数据的第二幅图片中核对应的所有子集。

最后，定义函数 conv_2d()，让变换后的输入数据乘以核加上截距项。这里的核也是经过变换的，核本来的维度涉及核宽度、核高度、核的数量。如图 8-20（a）与（b）所示，核宽度等于 3，核高度等于 3，核的数量等于 2。为了方便计算，我们把核的维度变换为（核宽度 × 核高度）× 核的数量，如图 8-20（c）所示。在这里，bias 的维度为 1 乘以核的数量，也就是给每个核增加了一个截距项。本章关于核的所有示意图中，为了画图方便，都没有画截距项。函数 conv_2d()没有体现核的变换。该变换在代码中体现在核初始化部分。在函数 conv_2d()中，参数 kernels 是核变换后的结果。

```
    def conv_2d(layer, kernels, bias):
        layer = np.dot(layer, kernels) + bias
        return relu(layer)
```

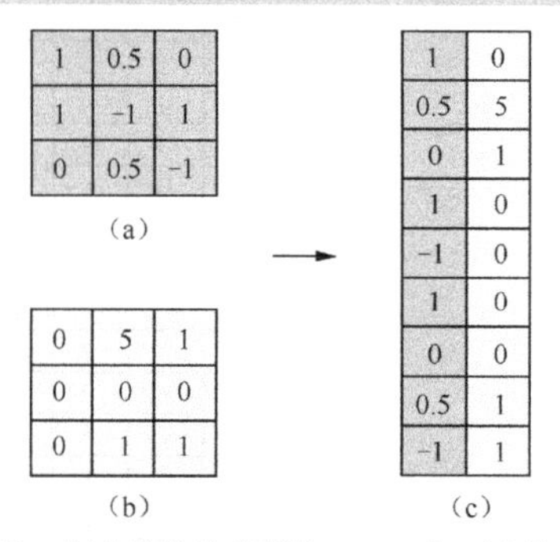

图 8-20　核的变换（有两个核，每个核的维度都为 3×3，把两个核变换为维度为 9×2 的矩阵）

函数 conv_2d()的参数 layer 是函数 conv_reshape()的结果。

函数 conv_2d()的作用也可以用图 8-21 更直观地展示。在这个例子中，输入数据有两幅图片，也有两个核，输入数据和核都经过了变换，图 8-21 左边两个矩阵分别表示 layer 和 kernels。函数 conv_2d()的结果如图 8-21 右边所示，函数 conv_2d()的结果为32×2 维的。第一列表示两幅图片与第一个核做卷积运算的结果，其中，第一列的前 16 行为第一幅图片与第一个核做卷积运算的结果，第一列的后 16 行为第二幅图片与第一个核做卷积运算的结果；第二列表示两幅图片与第二个核做卷积运算的结果，其中，第二列的前 16 行为第一幅图片与第二个核做卷积运算的结果，第二列的后 16 行为第二幅图片与第二个核做卷积运算的结果。

0	0	0	0	1	−1	0	−1	0
0	0	0	1	−1	1	−1	0	−1
0	0	0	−1	1	0	0	1	0
0	0	0	1	0	0	1	0	0
0	1	−1	0	−1	0	0	0	0
1	−1	1	−1	0	1	0	0	−1
−1	1	0	0	1	0	0	1	−1
1	0	0	1	0	0	1	−1	0
0	−1	0	0	0	0	0	−1	1
−1	0	1	0	0	1	−1	1	1
0	1	0	0	1	−1	1	1	1
1	0	0	1	−1	0	1	1	0
0	0	0	0	−1	1	0	0	0
0	0	1	−1	1	1	0	0	0
0	1	−1	1	1	1	0	0	0
−1	−1	0	1	1	0	0	0	0
0	0	0	0	0	1	0	−1	2
0	0	0	0	1	−1	−1	2	1
0	0	0	1	−1	2	2	1	0.1
0	0	0	−1	2	0	1	0.1	0
0	0	1	0	−1	2	0	0	0.1
0	1	−1	−1	2	1	0	0.1	1
−1	−1	2	2	1	0.1	0.1	1	−1
−1	2	0	1	0.1	0	1	−1	0
0	−1	2	0	0	0.1	0	3	−1
−1	2	1	0	0.1	1	3	1	1
2	1	0.1	0.1	1	−1	1	1	1
1	0.1	0	1	−1	0	1	1	0
0	0	0.1	0	3	1	0	0	0
0	0.1	1	3	1	1	0	0	0
0.1	1	−1	1	1	1	0	0	0
1	−1	0	1	1	0	0	0	0

×

1	0
0.5	5
0	1
1	0
−1	0
1	0
0	0
0.5	1
−1	1

=

−2.5	−1
2	1
−1.5	1
1	0
1.5	4
−0.5	−3
0	5
1.5	−1
−2	−5
−0.5	3
−2	7
3.5	1
2	0
−1	1
1.5	4
0.5	−5
−1.5	1
−2	3
4.4	1.1
−2.95	0.1
2.9	1.1
−2.45	5.1
3.1	−3
0.4	9
0.1	1
0.4	13
0.1	7.1
3.55	1.5
−2	0.1
3.05	1.5
1.6	4
0.5	−5

图 8-21　`layer` 和 `kernels` 矩阵相乘

8.2 池化层

在卷积神经网络中，通常在一个或者多个卷积层后添加一个池化层（pool layer）。池化层运算与卷积层类似，但是核不需要具体数字，而是计算应输入数据的元素的最大值或者平均值。常用池化层的核维度为 2×2 ，步幅 $S=2$ 。我们使用一个简单例子学习池化运算。

8.2.1 池化运算

首先，把核对应到输入数据左上角的 4 个数字，如图 8-22 所示。输出结果为 4 个数字中的最大值， $\max(-0.5,-2,2.9,2.45)=2.9$ 。

然后，把核对应到输入数据右上角的 4 个数字，如图 8-23 所示。输出结果为 4 个数字中的最大值，$\max(4.4,3.05,3.1,0.4)=4.4$。

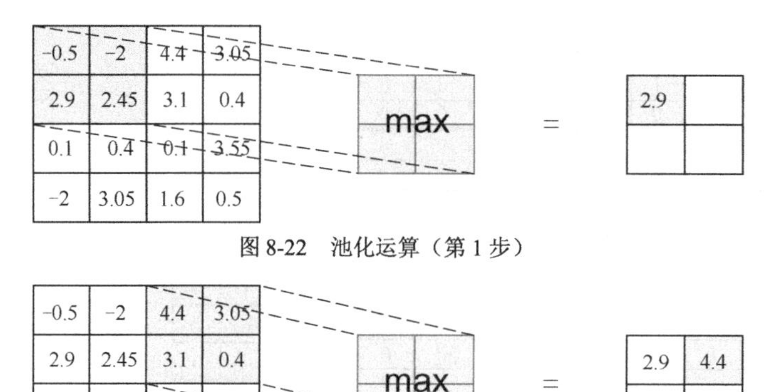

图 8-22　池化运算（第 1 步）

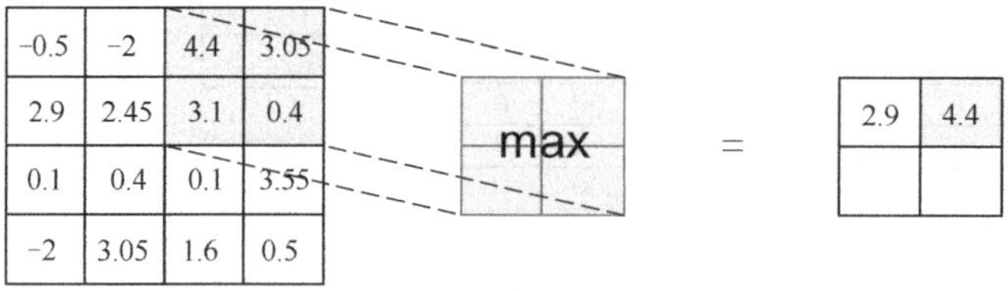

图 8-23　池化运算（第 2 步）

接着，把核对应到输入数据左下角的 4 个数字，如图 8-24 所示。输出结果为 4 个数字中的最大值，$\max(0.1,0.4,-2,3.05)=3.05$。

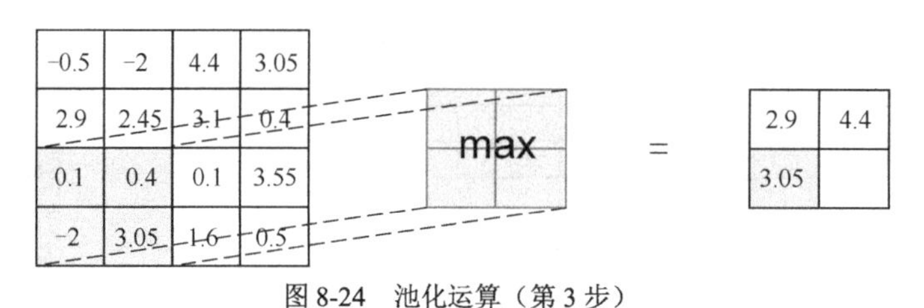

图 8-24　池化运算（第 3 步）

最后，把核对应到输入数据右下角的 4 个数字，如图 8-25 所示。输出结果为 4 个数字中的最大值，$\max(0.1,3.55,1.6,0.5)=3.55$。

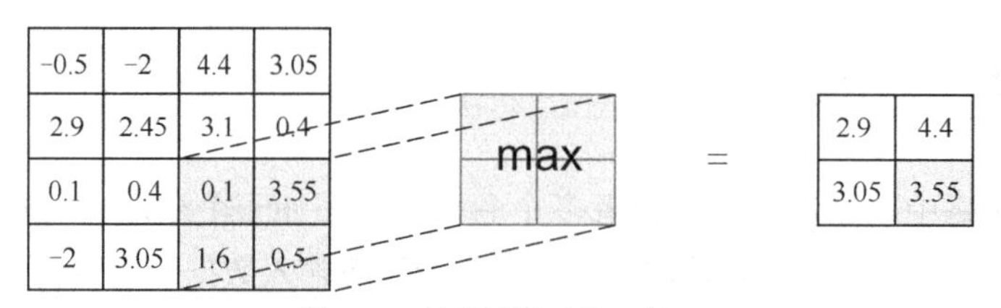

图 8-25　池化运算（第 4 步）

在上面的例子中，池化运算输出结果的维度为2×2，而原先卷积层的维度为4×4。池化运算使得池化层的维度大幅变小。在上面的例子中，核维度为2×2，步幅$S=2$，池化层的宽和高将缩小一半。卷积层通常都是 3 维数组，我们对卷积层深度的每一层做池化运算。如果池化层的核维度为2×2，步幅$S=2$，那么池化层的宽和高缩小一半，深度保持不变，如图 8-26 所示。

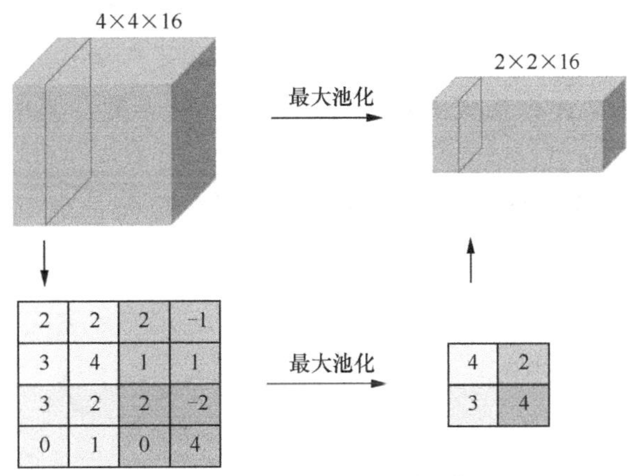

图 8-26 三维数组的池化运算

上面的池化运算称为最大池化（max pooling）。在实际中，还有另一种池化方法，称为平均池化（average pooling）。平均池化的工作原理和最大池化类似，只是将求最大值替换成求平均值，如图 8-27 所示。直观地看，最大池化可以保留卷积层中小块区域的最大值，而平均池化可以让卷积层的结果更加平稳。

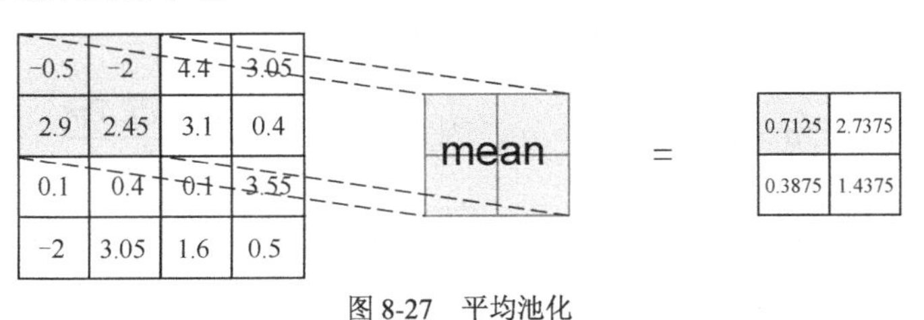

图 8-27 平均池化

在卷积神经网络中，通常在一个或者多个卷积层中会添加一层池化层。池化运算有如下作用。

- 从直观角度看，在实际应用中，感兴趣的物体通常不会出现在图片的固定位置；即使在连续拍摄的图片中，同一个物体也有可能出现像素位置上的偏移。这将会导致同一特征可能出现在卷积层的不同位置，从而对进一步的识别造成不便。池化运算只保留相邻位置的最大值，因此可以减少物体位移对图片预测的影响。
- 从算法角度看，池化可以减少参数数量，降低计算量，因此它可以控制过拟合。

在实际中，最常见的池化核的维度为2×2，步幅$S=2$。有时候也会使用维度为3×3的核，步幅$S=2$。

8.2.2 池化层求导

假设建立图 8-28 所示的卷积神经网络，包括输入层、卷积层、池化层和输出层。损失函数记为L。

利用正向传播算法，池化层节点 m 的值计算如下，$m=\max(a,b,c,d)$，进而计算输出层的值，最终计算损失函数 L。

利用反向传播算法，计算损失函数 L 关于池化层的导数，其中包括 L 关于 m 的导数 $\partial L/\partial m$。

接下来，计算损失函数 L 关于 a，b，c，d 的导数 $\partial L/\partial a$，$\partial L/\partial b$，$\partial L/\partial c$，$\partial L/\partial d$。

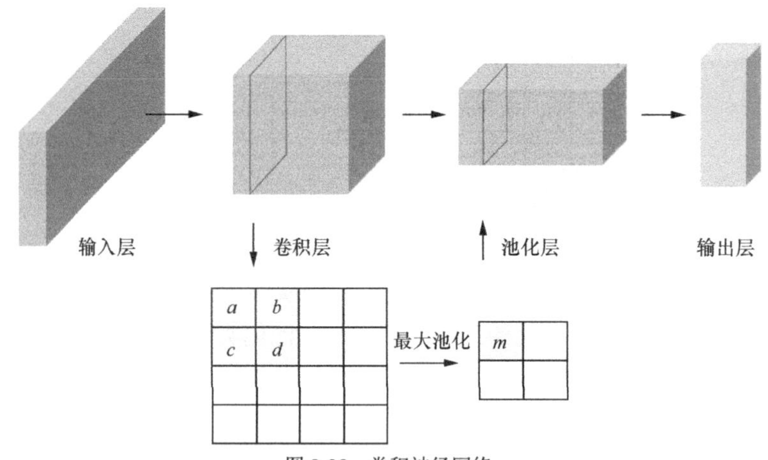

图 8-28　卷积神经网络

如果 $a>b$，$a>c$，$a>d$，那么 $m=a$，因为 $\frac{\partial m}{\partial a}=1$，$\frac{\partial L}{\partial a}=\frac{\partial L}{\partial m}\frac{\partial m}{\partial a}=\frac{\partial L}{\partial m}$。

这时，m 与 b，c，d 没有关系，因此 $\frac{\partial m}{\partial b}=\frac{\partial m}{\partial c}=\frac{\partial m}{\partial d}=0$。进一步，$\frac{\partial L}{\partial b}=\frac{\partial L}{\partial m}\frac{\partial m}{\partial b}=0$，$\frac{\partial L}{\partial c}=\frac{\partial L}{\partial m}\frac{\partial m}{\partial c}=0$，$\frac{\partial L}{\partial d}=\frac{\partial L}{\partial m}\frac{\partial m}{\partial d}=0$。

同理，得到以下结果。

- 如果 $m=b$，$\frac{\partial L}{\partial b}=\frac{\partial L}{\partial m}$，$\frac{\partial L}{\partial a}=\frac{\partial L}{\partial c}=\frac{\partial L}{\partial d}=0$。
- 如果 $m=c$，$\frac{\partial L}{\partial c}=\frac{\partial L}{\partial m}$，$\frac{\partial L}{\partial a}=\frac{\partial L}{\partial b}=\frac{\partial L}{\partial d}=0$。
- 如果 $m=d$，$\frac{\partial L}{\partial d}=\frac{\partial L}{\partial m}$，$\frac{\partial L}{\partial a}=\frac{\partial L}{\partial b}=\frac{\partial L}{\partial c}=0$。

再看一个例子。如图 8-29 所示，正向传播算法对卷积层做了池化运算，使得节点的维度由 4×4 变为 2×2。在反向传播算法中，右下角 2×2 数组是损失函数关于池化层的导数。损失函数关于卷积层的导数大部分是 0，只有 4 个位置的导数不为 0。

卷积层

2	2	2	-1
3	4	1	1
3	2	2	-2
0	1	0	4

正向传播 → 最大池化

池化层

4	2
3	4

损失函数关于卷积层的导数

0	0	0.8	0
0	1.1	0	0
1.6	0	0	0
0	0	0	2.5

反向传播 ← 求导

损失函数关于池化层的导数

1.1	0.8
1.6	2.5

图 8-29　池化层求导

8.2.3 用 Python 实现池化层的计算

函数 maxpool()的作用是实现池化运算。函数 maxpool()的参数如下。

- Layer：函数 conv_2d()的结果，是一个 2 维数组。
- pool_rows：池化层核的宽度，默认为 2。
- pool_cols：池化层核的高度，默认为 2。
- batch_size：每批数据的观测点个数。
- input_rows：卷积层的宽度。
- input_cols：卷积层的高度。
- num_kernels：卷积层的深度。

在以下代码中，首先，把卷积层 layer 变换成 4 维数组，维度分别涉及 batch size、卷积层的宽度、卷积层的高度、卷积层的深度；池化层的维度也是 4 维，其宽度和高度为卷积层的宽度和高度的一半，其他两个维度的值（batch size 和深度）保持不变，即池化层的 4 个维度分别为 batch_size、int (input_rows/2)、int (input_cols/2)、num_kernels。在这里，卷积层是一个 4 维数组，为了简便，我们逐层处理深度方向的每一层。在函数 maxpool()中，最外层的 for 循环是卷积层的深度方向。对于每一个深度方向的层，用函数 get_image_section()提取出 pool_rows×pool_cols 大小的子集，然后用函数 np.concatenate()把卷积层的子集合并在一起，接着把数据列数变换为 pool_rows 乘以 pool_cols，如图 8-19 所示。最后的结果为变换后二维数组每一行的最大值。同时，我们用 argmax_out 记录每一行中最大值的坐标。argmax_out 将用于求池化运算的导数。

```
def maxpool(layer, pool_rows, pool_cols, batch_size, \
                         input_rows, input_cols, num_kernels):

    # 变换卷积层维度
    layer = layer.reshape(batch_size, input_rows, input_cols, num_kernels)

    # layer_out_shape 为池化层结果的维度
    layer_out_shape = (layer.shape[0], int(layer.shape[1]/2), \
                       int(layer.shape[2]/2), layer.shape[3])
    # layer_out 为池化层结果的初始值
    layer_out = np.zeros(layer_out_shape)
    argmax_out = []
    for k in range(num_kernels):
        layer_sections = []
        for row_start in range(0, layer.shape[1] - pool_rows + 1, 2):
            for col_start in range(0, layer.shape[2] - pool_cols + 1, 2):
                layer_sections.append(get_image_section(    \
                    layer[:,:,:,k], row_start,   \
                    row_start+pool_rows, col_start, \
                    col_start+pool_cols))
```

```
        layer_temp = np.concatenate(layer_sections, axis=1)
        layer_temp = layer_temp.reshape(layer_temp.shape[0]* \
                                        layer_temp.shape[1], -1)

        # out 为 layer_temp 每一行的最大值
        out = np.max(layer_temp, axis=1)
        # argmax_out 为 layer_temp 每一行中最大值的坐标
        argmax_out.append(np.argmax(layer_temp, axis=1))

        layer_out[:,:,:,k] = out.reshape(layer_out_shape[:-1])
    return layer_out, argmax_out
```

函数 maxpool_2_derive() 的作用主要是在反向传播算法中计算最大池化的导数。函数 maxpool_2_derive() 的参数如下。

- delta：损失函数关于池化层的导数。
- pool_argmax：最大值位置坐标。
- pool_rows：池化层核的宽度。
- pool_cols：池化层核的高度。
- batch_size：每批数据的观测点个数。
- input_rows：卷积层的宽度。
- input_cols：卷积层的高度。
- num_kernels：卷积层的深度。

以下代码用于定义 maxpool_2_derive() 函数。我们在卷积层深度方向逐层计算导数。在卷积层深度方向，在每一层与池化核对应的区域中，最大值对应的导数为损失函数关于对应池化层节点的导数，其余导数设为 0。

```
def maxpool_2_derive(delta, pool_argmax, pool_rows, pool_cols, \
                batch_size, input_rows, input_cols, num_kernels):

    # 初始化卷积层的 delta
    delta_conv = np.zeros((batch_size, input_rows, input_cols,num_kernels))

    # 池化层的高和宽
    after_pool_rows = int(input_rows/pool_rows)
    after_pool_cols = int(input_cols/pool_cols)

    # 变换池化层维度
    delta = delta.reshape(batch_size, after_pool_rows, \
                          after_pool_cols, num_kernels)
    for k in range(num_kernels):
        # delta_k 为卷积层 delta 在深度方向的一层
        # delta_k 中全部元素初始化为 0
        delta_k = np.zeros((int(batch_size*after_pool_rows*  \
                       after_pool_cols), pool_rows*pool_cols))
```

```
        # 函数.flatten()可以把数组变为一个向量
        delta_k[:, pool_argmax[k]] = delta[:,:,:,k].flatten()
        # 变换 delta_k 的维度
        delta_k = delta_k.reshape(batch_size,after_pool_rows*\
                  after_pool_cols, pool_rows*pool_cols)

        # 在 for 循环中，把 delta_k 变换成合适的维度，并放入 delta_conv 中
        delta_k_row = 0
        for row_start in range(0, input_rows - pool_rows + 1,pool_rows):

            for col_start in range(0, input_cols - pool_cols +1, pool_cols):

                delta_conv[:,row_start:(row_start+pool_rows), \
                       col_start:(col_start+pool_cols),k] = delta_k[:,
                       delta_k_row,:].reshape(batch_size, pool_rows, pool_cols)
                delta_k_row += 1

    return delta_conv
```

8.3 卷积神经网络

现在把 8.1 节和 8.2 节学过的关于卷积层和池化层的知识应用到 MNIST 数据集中。我们建立图 8-30 所示的卷积神经网络（CNN），其中包括输入层、卷积层、池化层、全连接层和输出层。

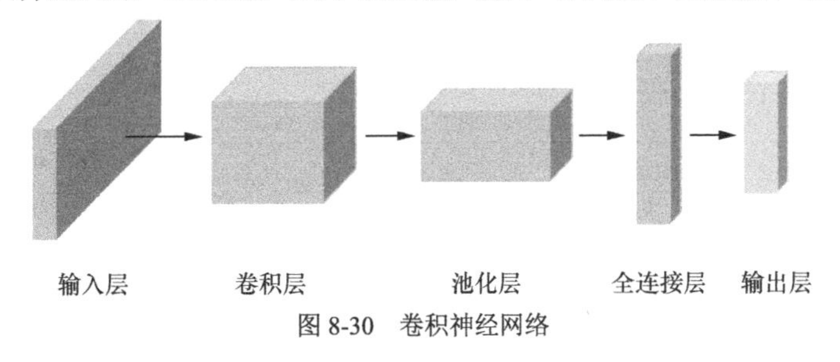

图 8-30 卷积神经网络

在池化层到全连接层的计算中，为了计算方便，把 3 维数组变换成一个 1 维数组，如图 8-31 中的虚线框所示。

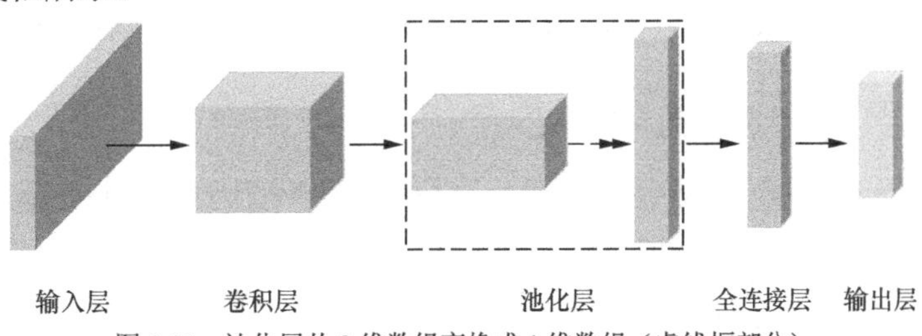

图 8-31 池化层从 3 维数组变换成 1 维数组（虚线框部分）

首先，加载所需的包和数据，并对数据进行预处理。把数据分成 3 部分，即训练数据、验证数据和测试数据。

```
"""
载入需要用到的包和数据
"""
%config InlineBackend.figure_format = 'retina'
import idx2numpy
import matplotlib.pyplot as plt
import numpy as np

x_train = idx2numpy.convert_from_file(\
                     './data/mnist/train-images.idx3-ubyte')
y_train  = idx2numpy.convert_from_file(\
                     './data/mnist/train-labels.idx1-ubyte')
x_test = idx2numpy.convert_from_file(\
                      './data/mnist/t10k-images.idx3-ubyte')
y_test = idx2numpy.convert_from_file(\
                      './data/mnist/t10k-labels.idx1-ubyte')
"""
获得数据，并对因变量进行独热编码
"""
np.random.seed(1)

train_images, train_labels = (x_train/255, y_train)

# 训练数据的独热码
one_hot_labels = np.zeros((len(train_labels), 10))
for i,j in enumerate(train_labels):
    one_hot_labels[i][j] = 1
train_labels = one_hot_labels


"""
把训练数据分成训练数据和验证数据
"""

# 验证数据
valid_images, valid_labels = train_images[-10000:],train_labels[-10000:]
# 训练数据
train_images, train_labels = train_images[:1000],train_labels[:1000]

test_images = x_test/255                        # 测试数据中的自变量矩阵
# 测试数据的独热码
test_labels = np.zeros((len(y_test), 10))
for i,j in enumerate(y_test):
    test_labels[i][j] = 1
```

然后，使用 ReLU 函数作为激活函数，定义函数 relu()和 relu2derive()，分别计算 ReLU 函数的函数值和导数。同时，定义函数 softmax()，用于得到最终的输出值。

```
def relu(x):
    return (x>0) * x

def relu2derive(x):
    return (x>0)

def softmax(x):
    temp = np.exp(x)
    return temp/np.sum(temp, axis=1, keepdims=True)
```

接着，为了计算卷积层，定义 3 个函数，分别是 get_image_section()、conv_reshape() 和 conv_2d()。为了计算池化层，定义函数 maxpool()。为了计算池化层的导数，定义函数 maxpool_2_derive()。

```
def get_image_section(layer, row_start, row_end, col_start, col_end):
    section = layer[:,row_start:row_end, col_start:col_end]
    return section.reshape(-1, 1, row_end-row_start, col_end-col_start)

def conv_reshape(image, kernel_rows, kernel_cols):
    image = np.pad(image, ((0,0),(1,1),(1,1)), mode='constant')
    image_sections = []
    for row_start in range(image.shape[1] - kernel_rows + 1):
        for col_start in range(image.shape[2] - kernel_cols + 1):
            image_sections.append(get_image_section(image, \
                          row_start, row_start+kernel_rows, \
                          col_start, col_start+kernel_cols))
    expanded_input = np.concatenate(image_sections, axis=1)
    es = expanded_input.shape
    layer = expanded_input.reshape(es[0]*es[1], -1)
    return layer

def conv_2d(layer, kernels, bias):
    layer = np.dot(layer, kernels) + bias
    return relu(layer)

def maxpool(layer,pool_rows,pool_cols,batch_size,input_rows, \
                                    input_cols, num_kernels):
    layer = layer.reshape(batch_size, input_rows, input_cols,num_kernels)

    layer_out_shape = (layer.shape[0], int(layer.shape[1]/2), \
                       int(layer.shape[2]/2), layer.shape[3])
    layer_out = np.zeros(layer_out_shape)
    argmax_out = []
    #layer_2_derive = np.zeros(layer.shape)
```

```
    for k in range(num_kernels):
        layer_sections = []
        for row_start in range(0, layer.shape[1] - pool_rows + 1, 2):
            for col_start in range(0, layer.shape[2] - pool_cols + 1, 2):
                layer_sections.append(get_image_section(\
                layer[:,:,:,k], row_start, row_start+pool_rows, \
                    col_start, col_start+pool_cols))
        layer_temp = np.concatenate(layer_sections, axis=1)
        layer_temp = layer_temp.reshape(layer_temp.shape[0]* \
                                        layer_temp.shape[1], -1)
        out = np.max(layer_temp, axis=1)
        argmax_out.append(np.argmax(layer_temp, axis=1))
        layer_out[:,:,:,k] = out.reshape(layer_out_shape[:-1])
    return layer_out, argmax_out

def maxpool_2_derive(delta, pool_argmax, pool_rows, pool_cols, \
            batch_size, input_rows, input_cols, num_kernels):

    delta_conv = np.zeros((batch_size, input_rows, input_cols,\
                            num_kernels))

    after_pool_rows = int(input_rows/pool_rows)
    after_pool_cols = int(input_cols/pool_cols)

    delta=delta.reshape(batch_size, after_pool_rows, \
                                after_pool_cols, num_kernels)
    for k in range(num_kernels):
        delta_k = np.zeros((int(batch_size*after_pool_rows* \
                    after_pool_cols), pool_rows*pool_cols))
        delta_k[:, pool_argmax[k]] = delta[:,:,:,k].flatten()
        delta_k = delta_k.reshape(batch_size, \
                  after_pool_rows*after_pool_cols, \
                  pool_rows*pool_cols)
        delta_k_row = 0
        for row_start in range(0, input_rows - pool_rows + 1, 2):
            for col_start in range(0, input_cols - pool_cols + 1, 2):
                delta_conv[:,row_start:(row_start+pool_rows),\
                           col_start:(col_start+pool_cols),k] \
                = delta_k[:,delta_k_row,:].reshape( \
                          batch_size, pool_rows, pool_cols)
                delta_k_row += 1

    return delta_conv
```

接下来，给定超参数值和初始化参数。卷积层核的宽度、高度和深度分别设为 3、3、32。池化层核的宽度和高度分别设为 2、2。全连接层的节点数为 128。所有层的截距项都设为 0，卷积层核、池化层到全连接层的权重、全连接层到输出层的权重都从0.1到0.2的均匀分布中产生。

```
lr, epoches = 0.01, 1000
pixels_per_image, num_labels = 784, 10

input_rows, input_cols = 28, 28
# 卷积层核的宽度、高度和深度
kernel_rows, kernel_cols, num_kernels = 3, 3, 32
pool_rows, pool_cols = 2, 2
FC_size = 128

batch_size = 100
num_batch = int(len(train_images)/batch_size)

hidden_maxpool = int((input_rows/2)*(input_cols/2)*num_kernels)


b_kernels = np.zeros((1, num_kernels))    # 截距项初始值全部为0
b_2_3 = np.zeros((1, FC_size))            # b_2_3 全部初始为0
b_3_4 = np.zeros((1, num_labels))         # b_3_4 全部初始为0

# 卷积核的初始值
kernels = 0.2 * np.random.random((kernel_rows*kernel_cols, \
                                  num_kernels)) - 0.1
w_2_3 = 0.2 * np.random.random((hidden_maxpool, FC_size)) - 0.1
w_3_4 = 0.2 * np.random.random((FC_size, num_labels)) - 0.1
```

最后，正式开始训练卷积神经网络模型。整个过程分成4步。

（1）使用正向传播算法计算每一层的节点值。

（2）使用反向传播算法计算损失函数关于权重和截距项的导数，并更新权重和截距项。

（3）每训练100次计算一次验证误差。

（4）计算测试误差。

具体代码如下。

```
for epoch in range(epoches):
    correct_cnt, val_correct_cnt = 0, 0
    loss, val_loss =0.0, 0.0

    for i in range(num_batch):
# ---------------------------------------------------------#
# 正向传播算法
        batch_start, batch_end = i*batch_size, (i+1)*batch_size
        batch_image = train_images[batch_start:batch_end]
        batch_label = train_labels[batch_start:batch_end]
        layer_0 = conv_reshape(batch_image, kernel_rows, kernel_cols)
```

```
        layer_1 = conv_2d(layer_0, kernels, b_kernels)
        layer_1_shape = layer_1.shape

        layer_2, pool_argmax = maxpool(layer_1, pool_rows, \
                       pool_cols, batch_size, \
                       input_rows, input_cols, num_kernels)
        layer_2 = layer_2.reshape(batch_size, -1)

        layer_3 = relu(np.dot(layer_2, w_2_3) + b_2_3)
        layer_4 = softmax(np.dot(layer_3, w_3_4) + b_3_4)
# ------------------------------------------------------------#
# 反向传播算法
        for k in range(batch_size):
            loss -= np.log(layer_4[k:k+1, np.argmax(\
                        batch_label[k:k+1])])

            correct_cnt += int(np.argmax(layer_4[k:k+1]) == \
                          np.argmax(batch_label[k:k+1]))

        layer_4_delta = (layer_4 - batch_label)/batch_size
        layer_3_delta = np.dot(layer_4_delta, w_3_4.T)* relu2derive(layer_3)

        layer_2_delta = np.dot(layer_3_delta, w_2_3.T)
        layer_2_delta = maxpool_2_derive(layer_2_delta,    \
              pool_argmax, pool_rows, pool_cols, batch_size,\
              input_rows, input_cols, num_kernels)
        layer_1_delta = layer_2_delta.reshape(layer_1_shape)*relu2derive(layer_1)


        b_3_4 -= lr * np.sum(layer_4_delta, axis=0, keepdims=True)
        b_2_3 -= lr * np.sum(layer_3_delta, axis=0, keepdims=True)
        b_kernels -= lr * np.sum(layer_1_delta, axis=0, \
                      keepdims=True)/(input_rows * input_cols)

        w_3_4 -= lr * layer_3.T.dot(layer_4_delta)
        w_2_3 -= lr * layer_2.T.dot(layer_3_delta)
        kernels -= lr * layer_0.T.dot(layer_1_delta)/(input_rows * input_cols)

# ------------------------------------------------------------#
# 每训练 100 次，计算一次验证误差
    if (epoch % 100==0 or epoch==epoches-1):
        layer_0 = conv_reshape(valid_images, kernel_rows,\
                                          kernel_cols)
        layer_1 = conv_2d(layer_0, kernels, b_kernels)
        layer_1 = layer_1.reshape(len(valid_images), -1)
```

```
        layer_2, _ = maxpool(layer_1, pool_rows, pool_cols, \
                             len(valid_images), input_rows, \
                             input_cols, num_kernels)

        layer_3 = relu(np.dot(layer_2.reshape(len(valid_images), \
                       -1), w_2_3) + b_2_3)
        layer_4 = softmax(np.dot(layer_3, w_3_4) + b_3_4)

        for k in range(len(valid_images)):
            val_loss -= np.log(layer_4[k:k+1, \
                               np.argmax(valid_labels[k:k+1])])
            val_correct_cnt += int(np.argmax(layer_4[k:k+1]) == \
                               np.argmax(valid_labels[k:k+1]))
        print("e:%3d; Tr_Loss:%0.2f; Tr_Acc:%0.2f; \
             Val_Loss: %0.2f; Val_Acc: %0.3f" % \
             (epoch, loss/float(len(train_images)), \
             correct_cnt/float(len(train_images)), \
             val_loss/float(len(valid_images)), \
             val_correct_cnt/float(len(valid_images))))

# -----------------------------------------------------------#
# 计算测试误差
num_test_train = len(test_images)

layer_0 = conv_reshape(test_images, kernel_rows, kernel_cols)
layer_1 = conv_2d(layer_0, kernels, b_kernels)
layer_1 = layer_1.reshape(num_test_train, -1)

layer_2, _ = maxpool(layer_1, pool_rows, pool_cols,  \
           num_test_train,input_rows, input_cols, num_kernels)
layer_2 = layer_2.reshape(num_test_train, -1)

layer_3 = relu(np.dot(layer_2, w_2_3) + b_2_3)
layer_4 = softmax(np.dot(layer_3, w_3_4) + b_3_4)

test_loss, test_correct_cnt = 0, 0
for k in range(num_test_train):
    test_loss -= np.log(layer_4[k:k+1, \
                        np.argmax(test_labels[k:k+1])])

    test_correct_cnt += int(np.argmax(layer_4[k:k+1]) == \
                        np.argmax(test_labels[k:k+1]))

print("Test Loss: %0.3f  Test Acc: %0.3f"% \
      (test_loss/num_test_train,    \
      test_correct_cnt/num_test_train))
```

运行结果如下。

```
e:0;   Tr_Loss:2.31; Tr_Acc:0.13; Val_Loss:2.30; Val_Acc:0.154
e:100; Tr_Loss:0.97; Tr_Acc:0.81; Val_Loss:1.00; Val_Acc:0.805
e:200; Tr_Loss:0.51; Tr_Acc:0.88; Val_Loss:0.56; Val_Acc:0.858
e:300; Tr_Loss:0.38; Tr_Acc:0.91; Val_Loss:0.45; Val_Acc:0.874
e:400; Tr_Loss:0.32; Tr_Acc:0.92; Val_Loss:0.41; Val_Acc:0.884
e:500; Tr_Loss:0.27; Tr_Acc:0.94; Val_Loss:0.38; Val_Acc:0.889
e:600; Tr_Loss:0.23; Tr_Acc:0.95; Val_Loss:0.36; Val_Acc:0.893
e:700; Tr_Loss:0.21; Tr_Acc:0.96; Val_Loss:0.35; Val_Acc:0.895
e:800; Tr_Loss:0.18; Tr_Acc:0.96; Val_Loss:0.34; Val_Acc:0.896
e:900; Tr_Loss:0.16; Tr_Acc:0.97; Val_Loss:0.34; Val_Acc:0.897
e:999; Tr_Loss:0.13; Tr_Acc:0.97; Val_Loss:0.34; Val_Acc:0.896
Test Loss: 0.364  Test Acc: 0.890
```

从运行结果可以看出，该卷积神经网络模型收敛得很快，1000 次循环之后，训练准确率达到了 0.97，验证准确率达到了 0.896。卷积神经网络最终测试准确率达到了 0.89，比使用丢弃法的全连接神经网络的准确率高大约 1%。

8.4 本章小结

本章讲述了卷积神经网络模型，着重介绍了卷积神经网络模型的两个重要组成部分——卷积层和池化层。卷积层特殊的运算方式使得卷积神经网络有如下优点。

- 每一个核作用于输入层的不同小区域，使得卷积神经网络可以提取出不同小区域的特征。
- 核（核可以视为卷积运算的权重矩阵）的维度通常较小，与全连接的网络相比，这减少了参数数量。在一定程度上，卷积运算也控制了过拟合。

池化层的作用在于进一步减少噪声和参数的数量，使得卷积神经网络可以更好地控制过拟合。虽然本章中实现卷积层、池化层及池化层导数的代码较复杂，但是你可以尝试推导卷积层和池化层的求导公式，通过编程实现卷积神经网络，这样可以帮助你加深对卷积神经网络的理解。本章的代码主要用于说明卷积神经网络的工作原理和流程，代码的运行效率较低。第 10 章会介绍如何使用 TensorFlow 框架建立高效的卷积神经网络。

习题

1．分析 MNIST 数据集，尝试自己编程实现卷积神经网络，尝试不同的初始值、学习步长和卷积层核的维度。

2．分析 Fasion-MNIST 数据集，建立卷积神经网络，计算测试准确率。与使用 TensorFlow 建立的普通神经网络相比，卷积神经网络的测试准确率提高了吗？

3．分析 Fasion-MNIST 数据集，建立卷积神经网络，尝试不同的初始值、学习步长和卷积层核的维度。

4. 分析 Fasion-MNIST 数据集，建立卷积神经网络，尝试去除全连接层，如图 8-32 所示。测试准确率是降低还是提高了？

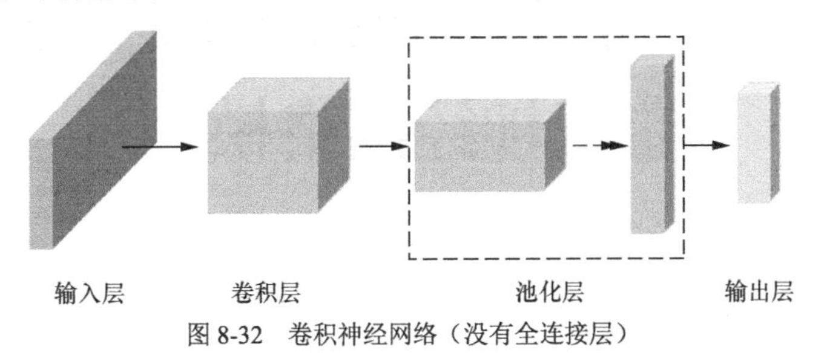

图 8-32　卷积神经网络（没有全连接层）

5. 分析 Fasion-MNIST 数据集，建立卷积神经网络，尝试去除池化层，如图 8-33 所示。测试准确率是降低还是提高了？

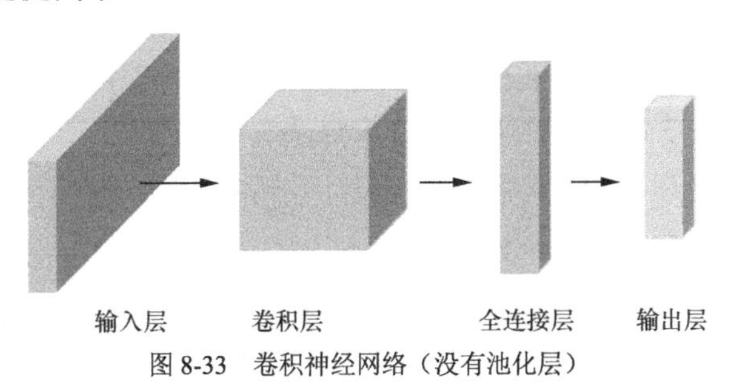

图 8-33　卷积神经网络（没有池化层）

第9章　基于TensorFlow 2搭建卷积神经网络模型

在实践中，卷积神经网络可能包括多个卷积层/池化层或者全连接层，使得卷积神经网络包含几十甚至几百个隐藏层。如果我们使用NumPy等实现卷积神经网络，则我们需要把很多精力放在正向传播算法、反向传播算法和梯度下降法等技术细节上。使用深度学习框架可以让我们集中精力于数据预处理、神经网络的结构设计及超参数的选择等方面，从而提高建模效率和算法运行效率。本章主要介绍以下内容。

（1）TensorFlow 2中实现卷积层和池化层的函数。

（2）使用TensorFlow 2分析MNIST数据集（黑白图片）和CIFAR-10数据集（彩色图片）。

- 在计算机视觉中，黑白图片通常使用灰度值表示成二维数组的形式。图片的维度涉及宽度（*W*，Width）和高度（*H*，Height）。
- 彩色图片通常用R、G、B这3种颜色表示。彩色图片的每一个像素都由*R*（红色）、*G*（绿色）、*B*（蓝色）3个数值表示，如图9-1所示。*R*、*G*、*B*的数值范围都是0～255。

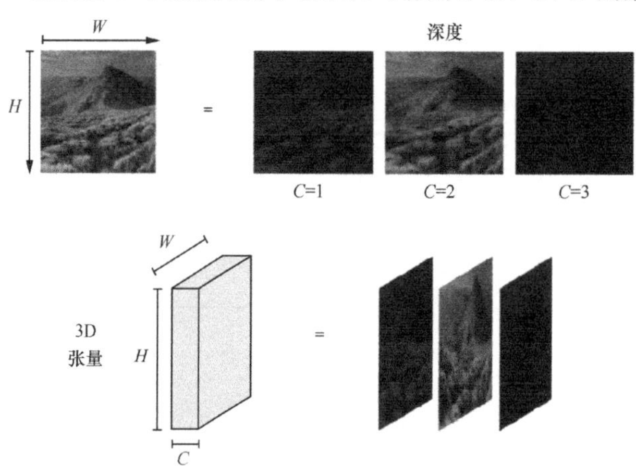

图9-1　彩色图片（用三维数组表示）

彩色图片除图片宽度（*W*）和高度（*H*）之外，还有深度（也称为颜色通道（channel），用 *C* 表示）。因此，彩色图片用三维数组表示。

（3）卷积神经网络的建模技巧。

9.1 卷积层和池化层

本节首先介绍 TensorFlow 2 中两个新的函数——`tf.keras.layers.Conv2D()`和`tf.keras.layers.MaxPooling2D()`，这两个函数分别实现卷积层和池化层。下面的代码载入所需要的库，其中包含 Tensorflow、NumPy、idx2numpy 和 Matplotlib。

```
%config InlineBackend.figure_format = 'retina'
import tensorflow as tf
import numpy as np
import matplotlib.pyplot as plt
import idx2numpy
```

为了更清楚地看到两个函数的运行结果，先考虑一个简单例子。假设输入数据的维度为4×4。首先，使用以下代码把这个4×4的数据转化为维度为$1\times4\times4\times1$的数据。其中，第一个维度（1）表示观测点的个数，这里只有一个观测点；第二个维度和第三个维度(4,4)表示数据的宽度与高度；第四个维度（1）表示数据的深度。函数 `tf.keras.layers.Conv2D()`要求输入数据为 4 维形式。

```
tf.random.set_seed(1)
images = np.array([[0, 1, -1, 2],
                   [-1, 2, 1, 0.1],
                   [0, 0.1, 1, -1],
                   [3, 1, 1, 1]])
images = images.reshape(1,4,4,1)
```

下面的代码调用函数`tf.keras.layers.Conv2D()`计算卷积层。

```
conv_layer = tf.keras.layers.Conv2D(1, kernel_size=(3,3), \
            strides=(1,1), input_shape=(4,4,1), padding='same',dtype='float64')
```

- ❑ 第一个参数（1），表示该函数输出结果的深度为 1，即只使用一个卷积核。
- ❑ `kernel_size=(3,3)`表示核的宽度和高度都为 3。
- ❑ `strides=(1,1)`表示步幅，核无论是横向还是纵向，每次只移动一格。
- ❑ `input_shape=(4,4,1)`表示输入数据的宽度、高度和深度分别为 4,4,1。
- ❑ `padding='same'`表示该函数输出结果的宽度和高度与输入数据保持一致。

现在，`conv_layer` 只定义了卷积运算，并设置了相关参数，还没有产生核的初始值，更没有实现卷积运算。`conv_layer(images)`输入简单数据 `images`，并实现卷积运算。在以下代码中，`conv_layer(images)`为一个张量，使用函数`.numpy()`可以把结果转化成 NumPy 数组。可以看到，卷积层的计算结果为一个$1\times4\times4\times1$的数组。把卷积层变换为4×4的数组后，查看卷积层的计算结果。

```
conv_layer(images).numpy().shape

(1, 4, 4, 1)

conv_layer(images).numpy().reshape(4,4)

array([[-0.12557002,  0.12896288, -1.50176408, -1.3329796 ],
       [-0.87352764, -1.65900396, -0.01473809, -0.67228483],
       [-0.71944782, -3.10842334, -1.39798264, -0.37900039],
       [-1.24817389,  0.09585495, -0.72222156,  0.41610027]])
```

使用函数 conv_layer.get_weights()得到该卷积层的核及其截距项的初始值。

```
conv_layer.get_weights()[0].shape
(3, 3, 1, 1)
print("Kernel Weights:\n", conv_layer.get_weights()[0].reshape(3,3))
print("Bias:\n", conv_layer.get_weights()[1])

Kernel Weights:
 [[-0.20663663 -0.52216303 -0.18993356]
 [ 0.35366662 -0.25309275 -0.4699023 ]
 [-0.44492979 -0.28197704  0.03117762]]
Bias:
 [0.]
```

我们尝试自行计算卷积层的部分元素，以验证函数 tf.keras.layers.Conv2D()的计算结果。首先，为了让输出结果的维度与输入数据的维度一样，先对输入数据 images 进行零填充。需要填充几行和几列呢？回忆第 8 章学习的公式：$W_{\text{out}}=(W-K+2P)/S+1$和$H_{\text{out}}=(H-K+2P)/S+1$。现在，$W=4$，$K=3$，$S=1$，$W_{\text{out}}=4$，因此，解得$P=1$。在做卷积运算前，需要在输入数据上、下、左、右各加一列或者一行 0，如下面的代码所示。

```
padding = np.zeros((6, 6))
padding[1:5,1:5] = images.reshape(4,4)
print("Padded Input: \n", padding)

Padded Input:
 [[ 0.   0.   0.   0.   0.   0. ]
  [ 0.   0.   1.  -1.   2.   0. ]
  [ 0.  -1.   2.   1.   0.1  0. ]
  [ 0.   0.   0.1  1.  -1.   0. ]
  [ 0.   3.   1.   1.   1.   0. ]
  [ 0.   0.   0.   0.   0.   0. ]]
```

根据卷积的运算规则，建议读者尝试验证输出结果。

函数 tf.keras.layers.Conv2D()可以通过参数 activation 设置卷积运算之后的激活函数。例如，下面的代码设置 conv_layer2 的激活函数为 ReLU 函数。

```
conv_layer2 = tf.keras.layers.Conv2D(1, kernel_size=(3, 3), \
```

```
                strides=(1, 1), input_shape=(4,4,1), \
                padding='same', activation='relu')
```

函数 tf.keras.layers.MaxPooling2D()可以实现最大池化。在下面的代码中，第一个参数(2,2)表示池化层的核的宽度和高度都为 2。函数 tf.keras.layers.MaxPooling2D()还有一个关键的参数 strides。在这里，strides 设为(2,2)。实际上，参数 strides 的默认值等于 pool_size。因此，在下面的代码中我们可以省略参数 strides 的设置。

```
max_pool_layer = tf.keras.layers.MaxPooling2D((2,2), strides=(2, 2),dtype='float64')
```

下面的代码用于显示池化层的结果。

```
max_pool_layer(conv_layer(images).numpy()).numpy().reshape(2,2)
array([[ 0.12896288, -0.01473809],
       [ 0.09585495,  0.41610027]])
```

我们也可以自行计算最大池化层。

池化层的结果中，第 1 行第 1 列的值如下。

$0.12896288 = \max(-0.12557002, 0.12896288, -0.87352764, -1.65900396)$；

池化层的结果中，第 1 行第 2 列的值如下。

$-0.01473809 = \max(-1.50176408, -1.3329796, -0.01473809, -0.67228483)$；

池化层的结果中，第 2 行第 1 列的值如下。

$0.09585495 = \max(-0.71944782, -3.10842334, -1.24817389, 0.09585495)$；

池化层的结果中，第 2 行第 2 列的值如下。

$0.41610027 = \max(-1.39798264, -0.37900039, -0.72222156, 0.41610027)$。

9.2 CNN 实例——MNIST 数据集和 CIFAR-10 数据集

9.2.1 关于 MNIST 数据集的实例

在第 7 章中，我们没有使用卷积神经网络，而是把 MNIST 数据集 28×28 的输入数据转化成 784 的向量，然后建立具有两个隐藏层并且使用了丢弃层的全连接神经网络，得到的测试准确率为 98.3%。本节将尝试用 TensorFlow 为 MNIST 数据集建立卷积神经网络模型，看看是否可以进一步提高预测精度。

首先，载入 MNIST 数据集中的数据，并对数据进行预处理。把数据分成 3 部分，即训练数据（50000 幅图片）、验证数据（10000 幅图片）和测试数据（10000 幅图片）。这里把输入数据的维度变为(None, 28, 28, 1)，因变量不需要进行独热编码。

```
"""
载入 MNIST 数据集中的数据，并做预处理
"""
x_train = idx2numpy.convert_from_file(\
                    './data/mnist/train-images.idx3-ubyte')
```

```
y_train  = idx2numpy.convert_from_file(\
                    './data/mnist/train-labels.idx1-ubyte')
x_test = idx2numpy.convert_from_file(\
                    './data/mnist/t10k-images.idx3-ubyte')
y_test = idx2numpy.convert_from_file(\
                    './data/mnist/t10k-labels.idx1-ubyte')

np.random.seed(1)
train_images = x_train.reshape(-1, 28, 28, 1)/255
train_labels = y_train


"""
把训练数据分成训练数据和验证数据
"""
index = np.arange(len(train_images))
np.random.shuffle(index)
# 验证数据
valid_images = train_images[index[-10000:]]
valid_labels = train_labels[index[-10000:]]
# 训练数据
train_images, train_labels = train_images[index[:50000]], \
                             train_labels[index[:50000]]

# 测试数据
test_images = x_test.reshape(len(x_test), 28, 28, 1)/255
test_labels = y_test
```

现在使用函数 tf.keras.models.Sequential() 建立图 9-2 所示的卷积神经网络模型。该卷积神经网络具有两个卷积层、两个池化层和一个全连接层。两个卷积层的核的宽度和高度都是3，卷积层的深度分别为 32 和 64。两个池化层的宽度和高度都是2，步幅都设为2 。

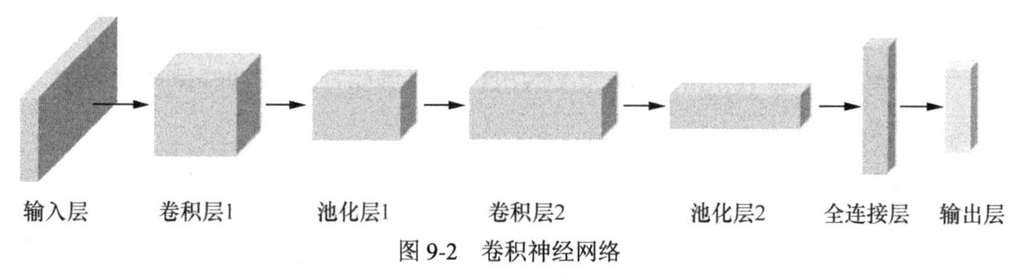

图 9-2　卷积神经网络

```
mnist_cnn_model = tf.keras.models.Sequential([tf.keras.layers.Conv2D(32,
                    kernel_size=(3, 3), \
                    strides=(1, 1), padding='same', \
                    activation='relu', \
                    input_shape=(28, 28, 1)), \
```

```
        tf.keras.layers.MaxPooling2D(pool_size=(2, 2)), \
        tf.keras.layers.Conv2D(64, kernel_size=(3, 3), \
                    strides=(1, 1), padding='same', \
                    activation='relu'), \
            tf.keras.layers.MaxPooling2D((2, 2)), \
            tf.keras.layers.Flatten(), \
            tf.keras.layers.Dense(128, activation='relu'), \
            tf.keras.layers.Dense(10, activation='softmax')])
```

在模型中，隐藏层的激活函数都为 ReLU 函数。函数 `mnist_cnn_model.summary()` 用于得到卷积神经网络每一层的节点数量和维度。

```
mnist_cnn_model.summary()
Model: "sequential"
_________________________________________________________________
Layer (type)                 Output Shape              Param #
=================================================================
conv2d_2 (Conv2D)            (None, 28, 28, 32)        320
_________________________________________________________________
max_pooling2d_1 (MaxPooling2 (None, 14, 14, 32)        0
_________________________________________________________________
conv2d_3 (Conv2D)            (None, 14, 14, 64)        18496
_________________________________________________________________
max_pooling2d_2 (MaxPooling2 (None, 7, 7, 64)          0
_________________________________________________________________
flatten (Flatten)            (None, 3136)              0
_________________________________________________________________
dense (Dense)                (None, 128)               401536
_________________________________________________________________
dense_1 (Dense)              (None, 10)                1290
=================================================================
Total params: 421,642
Trainable params: 421,642
Non-trainable params: 0
_________________________________________________________________
```

卷积层 1 的维度为$(28,28,32)$，对于该卷积层，`padding='same'`。每一个核的参数个数为 3×3，共有 32 个核，每个核有 1 个截距项，因此，该卷积层的参数个数为$3\times3\times32+32=320$。

池化层 1 的维度为$(14,14,32)$。2×2 的核和 2×2 的步幅使得池化层维度减半。池化层没有参数。

卷积层 2 的维度为$(14,14,64)$，对于该卷积层，`padding='same'`。每一个核的参数个数为 $3\times3\times32$，共有 64 个核，每个核还有 1 个截距项，因此，该卷积层的参数个数为 $3\times3\times32\times64+64=18496$。

池化层 2 的维度为$(7,7,64)$。2×2 的核和 2×2 的步幅使得池化层维度减半。池化层没有参数。

函数 tf.keras.layers.Flatten() 把池化层 2 的节点向量化，向量的维度为 $7\times7\times64=3136$。

全连接层的维度为128，参数个数为 $3136\times128+128=401536$。

输出层的维度为10，参数个数为 $128\times10+10=1290$。

该卷积神经网络总的参数个数为 421642。

接着，使用函数 mnist_cnn_model.compile() 设置最优化方法、损失函数和评价指标，使用函数 mnist_cnn_model.fit() 训练模型。

```
mnist_cnn_model.compile(optimizer=tf.keras.optimizers.Adam(), \
                        loss='sparse_categorical_crossentropy', \
                        metrics=['accuracy'])

mnist_cnn_history = mnist_cnn_model.fit(train_images,     \
                 train_labels, epochs=5, batch_size = 128, \
                 validation_data=(valid_images, valid_labels))

Train on 50000 samples, validate on 10000 samples
Epoch 1/550000/50000 [====] - 23s 455us/sample - loss: 0.2121 - accuracy: 0.9374 -
val_loss: 0.0701 - val_accuracy: 0.9799
Epoch 2/550000/50000 [====] - 21s 419us/sample - loss: 0.0554 - accuracy: 0.9828 -
val_loss: 0.0560 - val_accuracy: 0.9844
Epoch 3/550000/50000 [====] - 21s 426us/sample - loss: 0.0387 - accuracy: 0.9880 -
val_loss: 0.0458 - val_accuracy: 0.9871
Epoch 4/5
50000/50000 [====- 21s 426us/sample - loss: 0.0301 - accuracy: 0.9908 - val_loss:
0.0449 - val_accuracy: 0.9862
Epoch 5/550000/50000 [====] - 21s 417us/sample - loss: 0.0224 - accuracy: 0.9927 -
val_loss: 0.0332 - val_accuracy: 0.9908


mnist_cnn_model.evaluate(test_images, test_labels)
10000/10000 [====] - 1s 136us/sample - loss: 0.0277 - accuracy: 0.9898

[0.027659693840309047, 0.9898]
```

从代码的运行结果可以得到，该卷积神经网络测试准确率约为99%！在这里，卷积神经网络的参数只有大约 42 万个（而且，大部分的参数是全连接层的）。作为对比，在第 7 章中，我们建立的全连接神经网络的参数超过 140 万个，测试准确率为98.3%。从图 9-3 可以看到，刚建立的卷积神经网络的过拟合程度较小。

```
plt.rcParams['font.sans-serif'] = ['SimHei'] #用来正常显示中文标签

plt.plot(mnist_cnn_history.epoch, \
         mnist_cnn_history.history['accuracy'], \
         label="训练准确率")
```

```
plt.plot(mnist_cnn_history.epoch, \
         mnist_cnn_history.history['val_accuracy'], \
         label="验证准确率")

plt.xlabel("迭代次数", fontsize=16)
plt.ylabel("预测准确率", fontsize=16)
_ = plt.legend(fontsize=13)
plt.xticks(fontsize=13)
plt.yticks(fontsize=13)
plt.show()
```

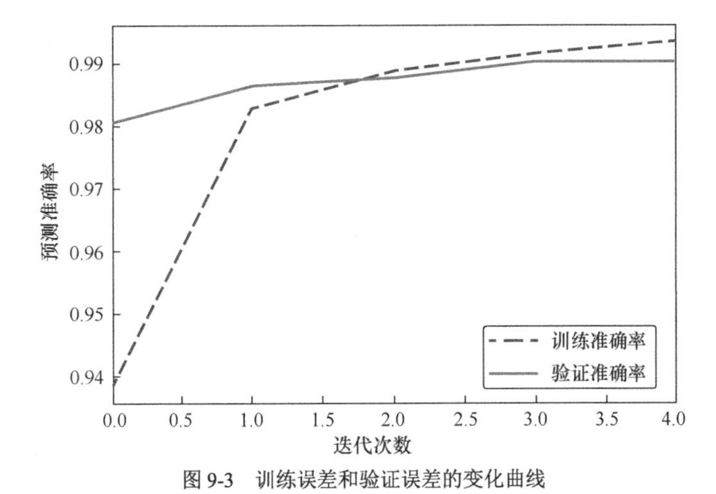

图 9-3　训练误差和验证误差的变化曲线

注意，输入数据是三维数组的卷积运算结果。在模型 mnist_cnn_model 中，卷积层 1 的维度为$28\times28\times32$，池化层 1 的维度为$14\times14\times32$。接着，池化层 1 的结果成为卷积层 2 的输入，因此，卷积层 2 的输入数据为一个三维数组。我们在第 8 章学过输入数据为二维数组的卷积运算规则。当输入数据的维度是 3 时，要怎么做卷积运算呢？本质上，输入数据为三维数组的卷积运算规则与输入数据为二维数组的卷积运算一样，只是在细节上略有不同。我们通过图 9-4 所示的简单例子来学习输入数据是三维数组的卷积运算。

在图 9-4 所示的例子中，输入数据是$4\times4\times3$。为了让输出结果的宽度和高度与输入数据保存一致，使用零填充在输入数据上、下、左、右都加一行或者一列 0。图 9-4 所示的例子有两个核，每一组核的维度都是$3\times3\times3$，外加一个截距项。每一组核的宽度和高度都小于输入数据的宽度和高度，但是核的深度一定与输入数据的深度保持一致。输出结果的维度为$4\times4\times2$。记输入数据为$\boldsymbol{X}$，第 1 组核为W_0，第 2 组核为W_1。输入数据$\boldsymbol{X}$与核W_0的卷积运算可以分解为 3 个二维的卷积运算。

- 计算$\boldsymbol{X}[:,:,0]$与$W_0[:,:,0]$的二维卷积，得到一个4×4数组。
- 计算$\boldsymbol{X}[:,:,1]$与$W_0[:,:,1]$的二维卷积，得到一个4×4数组。

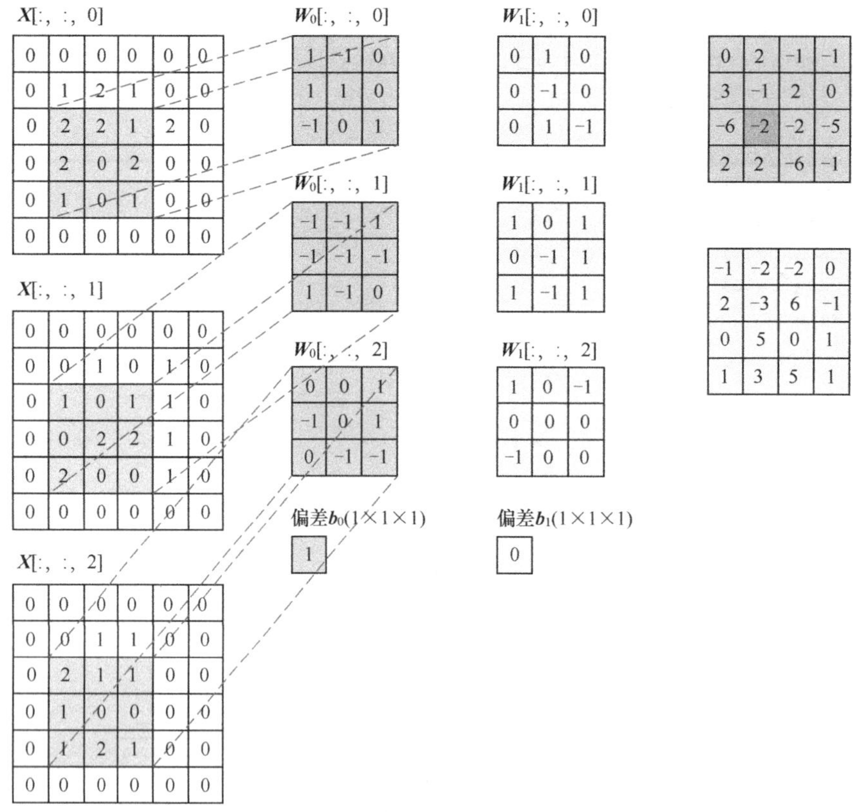

图 9-4　输入数据是三维数组的卷积运算

- 计算 $\boldsymbol{X}[:,:,2]$ 与 $W_0[:,:,2]$ 的二维卷积，得到一个 4×4 数组。

3 个二维卷积运算的结果都是 4×4 数组，把 3 个 4×4 数组对应的元素相加，相加的结果再加上截距项即三维卷积运算的结果。例如，在输入数据 $\boldsymbol{X}$ 与核 W_0 的卷积运算结果中，第 3 行第 2 列的元素 –2 可以通过以下方式计算。

- $\boldsymbol{X}[:,:,0]$ 与 $W_0[:,:,0]$ 的卷积运算：$2\times1+2\times(-1)+1\times0+2\times1+0\times1+2\times0+1\times(-1)+0\times0+1\times1=2$。
- $\boldsymbol{X}[:,:,1]$ 与 $W_0[:,:,1]$ 的卷积运算：$1\times(-1)+0\times(-1)+1\times1+0\times(-1)+2\times(-1)+2\times(-1)+2\times1+0\times(-1)+0\times0=-2$。
- $\boldsymbol{X}[:,:,2]$ 与 $W_0[:,:,2]$ 的卷积运算：$2\times0+1\times0+1\times1+1\times(-1)+0\times0+0\times1+1\times0+2\times(-1)+1\times(-1)=-3$。

卷积运算的最终结果为 $2+(-2)+(-3)+1=-2$。第二组核 W_1 与 $\boldsymbol{X}$ 做同样的运算可以得到输出结果的第二个 4×4 数组。总体来说，当输入数据是三维数组时，核也是三维的，核的深度和输入数据的深度保持一致。当进行卷积运算时，核从输入数据的宽和高的方向对应到输入数据中，核与输入数据对应部分的所有元素相乘，然后把乘积的结果相加，得到卷积层的一个元素的值，如图 9-5 所示。

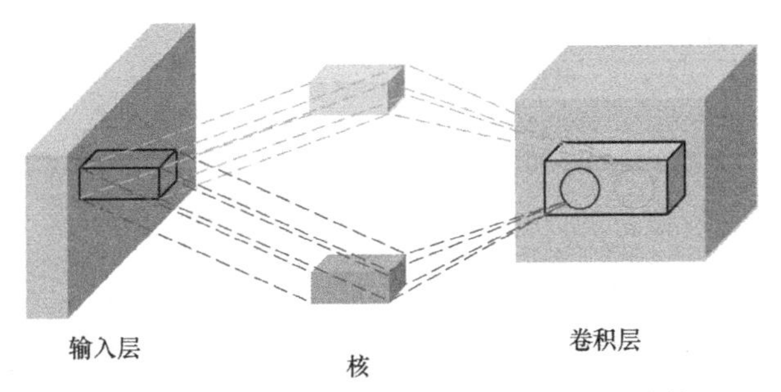

图 9-5 卷积层运算（输入数据为三维数组，有两个核）

9.2.2 关于 CIFAR-10 数据集的实例

CIFAR-10 数据集包含 60000 幅 32×32 像素的彩色图片。其中的部分图片如图 9-6 所示。这 60000 幅图片有 10 个物体，即飞机（airplane）、小汽车（automobile）、鸟（bird）、猫（cat）、鹿（deer）、狗（dog）、青蛙（frog）、马（horse）、轮船（ship）和卡车（truck），每个物体有 6000 幅图片。

图 9-6 CIFAR-10 数据集的部分图片

CIFAR-10 数据集的 Python 版文件名为 `cifar-10-python.tar.gz`。解压之后，数据保存在文件夹 cifar-10-batches-py 中。在该文件夹中，数据被分成包含 50000 幅图片的训练数据和 10000 幅图片的测试数据。测试数据包含每一类物体的 1000 幅图片。因为训练数据占用的存储空间较大，所以它被分成 5 个文件保存。我们用函数 `pickle.load()` 逐个打开训练数据文件，把数据的维度变为（None, 32, 32, 3），同时把像素值除以 255。然后，把训练数据按 9:1 的比例进一步划分训练数据和验证数据，把每个文件的训练数据和验证数据分别拼接在一起。

```
import pickle

n_batches = 5
train_images = np.empty((0, 32, 32, 3))
train_labels = np.empty((0, 10))
valid_images = np.empty((0, 32, 32, 3))
valid_labels = np.empty((0, 10))

for batch_i in range(1, n_batches + 1):
```

```
    with open('./data/cifar10/cifar-10-batches-py' + \
              '/data_batch_' + str(batch_i), mode='rb') as file:
        batch = pickle.load(file, encoding='latin1')
    # 数据的原始维度是 3×32×32，需要把数据变换成 32×32×3
    images = batch['data'].reshape((len(batch['data']), \
        3, 32, 32)).transpose(0, 2, 3, 1)/255
    labels = batch['labels']

    validation_count = int(len(images) * 0.1)

    train_images = np.append(train_images, \
                             images[:-validation_count], axis=0)
    train_labels = np.append(train_labels, \
                             labels[:-validation_count])
    valid_images = np.append(valid_images, \
                             images[-validation_count:], axis=0)
    valid_labels = np.append(valid_labels, \
                             labels[-validation_count:])

with open('./data/cifar10/cifar-10-batches-py'+'/test_batch', \
        mode='rb') as file:
    batch = pickle.load(file, encoding='latin1')

    # 测试数据
test_images = batch['data'].reshape((len(batch['data']), \
        3, 32, 32)).transpose(0, 2, 3, 1)/255
test_labels = np.array(batch['labels'])

class_names = ['airplane', 'automobile', 'bird', 'cat', \
'deer','dog', 'frog', 'horse', 'ship', 'truck']
```

图 9-7 展示了 CIFAR-10 数据集的前 25 幅图片，并在图片下面标出了所属类别。可以看到，这些图片的像素较少，图片质量比较粗糙，但是我们可以分辨出大部分图片中的物体。

```
plt.figure(figsize=(8,8))
for i in range(25):
    plt.subplot(5,5,i+1)
    plt.xticks([])
    plt.yticks([])
    plt.grid(False)
    plt.imshow(train_images[i], cmap=plt.cm.binary)
    plt.xlabel(class_names[int(train_labels[i])])
plt.show()
```

现在开始建立卷积神经网络模型。受限于计算机的性能及训练时间，我们建立了一个不算复杂的模型。该模型包含 6 个卷积层、两个池化层、1 个全连接层和 1 个输出层。该卷积神经网络模型是到现在为止我们建立的最复杂的神经网络模型。

图 9-7 CIFAR-10 数据集的前 25 幅图片

```
cifar10_cnn_model = tf.keras.models.Sequential([
            tf.keras.layers.Conv2D(32, kernel_size=(3, 3), \
              strides=(1, 1), padding='same', \
              activation='relu', input_shape=(32, 32, 3)),\
            tf.keras.layers.Conv2D(32, kernel_size=(3, 3), \
              strides=(1, 1), padding='same',\
              activation='relu'),\
            tf.keras.layers.MaxPooling2D(pool_size=(2, 2)),\
            tf.keras.layers.Conv2D(64, kernel_size=(3, 3), \
              strides=(1, 1), padding='same',\
              activation='relu'),\
            tf.keras.layers.Conv2D(64, kernel_size=(3, 3),\
              strides=(1, 1), padding='same',\
              activation='relu'),\
            tf.keras.layers.MaxPooling2D((2, 2)), \
            tf.keras.layers.Conv2D(128, kernel_size=(3, 3),\
              strides=(1, 1), padding='same', \
              activation='relu'), \
            tf.keras.layers.Conv2D(128,  kernel_size=(3, 3),\
              strides=(1, 1), padding='same', \
              activation='relu'), \
```

```
                tf.keras.layers.Flatten(), \
                tf.keras.layers.Dense(128, activation='relu'), \
                tf.keras.layers.Dropout(0.5), \
                tf.keras.layers.Dense(10, activation='softmax')])
```

从函数 `cifar10_cnn_model.summary()` 的结果可以看到，该模型的参数个数超过 130 万。

```
cifar10_cnn_model.summary()
Model: "sequential_1"
_________________________________________________________________
Layer (type)                 Output Shape              Param #
=================================================================
conv2d_4 (Conv2D)            (None, 32, 32, 32)        896
_________________________________________________________________
conv2d_5 (Conv2D)            (None, 32, 32, 32)        9248
_________________________________________________________________
max_pooling2d_3 (
MaxPooling2 (None, 16, 16, 32)        0
_________________________________________________________________
conv2d_6 (Conv2D)            (None, 16, 16, 64)        18496
_________________________________________________________________
conv2d_7 (Conv2D)            (None, 16, 16, 64)        36928
_________________________________________________________________
max_pooling2d_4 (MaxPooling2 (None, 8, 8, 64)          0
_________________________________________________________________
conv2d_8 (Conv2D)            (None, 8, 8, 128)         73856
_________________________________________________________________
conv2d_9 (Conv2D)            (None, 8, 8, 128)         147584
_________________________________________________________________
flatten_1 (Flatten)          (None, 8192)              0
_________________________________________________________________
dense_2 (Dense)              (None, 128)               1048704
_________________________________________________________________
dropout (Dropout)            (None, 128)               0
_________________________________________________________________
dense_3 (Dense)              (None, 10)                1290
=================================================================
Total params: 1,337,002
Trainable params: 1,337,002
Non-trainable params: 0
_________________________________________________________________
```

接着，使用函数 `cifar10_cnn_model.compile()` 设置最优化方法、损失函数和评价指标，然后使用函数 `cifar10_cnn_model.fit()` 训练模型。

```
cifar10_cnn_model.compile(optimizer=tf.keras.optimizers.Adam(),\
                    loss='sparse_categorical_crossentropy',\
                    metrics=['accuracy'])
cifar10_cnn_history = cifar10_cnn_model.fit(train_images, \
             train_labels, epochs=10, batch_size = 64,\
```

```
              validation_data=(valid_images, valid_labels),\
              verbose=0)
cifar10_cnn_model.evaluate(test_images, test_labels)

10000/10000 [====] - 6s 568us/sample - loss: 0.7723 - accuracy: 0.7666

[0.7723461737632752, 0.7666]
```

以下代码用于显示训练准确率和验证准确率与迭代次数的关系

```
plt.plot(cifar10_cnn_history.epoch, \
         cifar10_cnn_history.history['accuracy'], \
         label="训练准确率")
plt.plot(cifar10_cnn_history.epoch, \
         cifar10_cnn_history.history['val_accuracy'], \
         label="验证准确率")

plt.xlabel("迭代次数")
plt.ylabel("预测准确率")
_ = plt.legend(fontsize=13)
plt.xticks(fontsize=13)
plt.yticks(fontsize=13)
plt.xlim([0,max(cifar10_cnn_history.epoch)])
plt.show()
```

输出结果如图 9-8 所示。从图 9-8 可以看到，验证准确率在第 7 次循环之后便上升得很平缓，训练准确率一直在上升。这说明第 7 次循环之后模型开始过拟合。最终的测试准确率约为 76%。可见 CIFAR-10 数据集的预测难度比 MNIST 数据集的预测难度大很多。文献记载的 CIFAR-10 分类模型的测试准确率在 2019 年已超过 99%，而 MNIST 分类模型的预测准于 2013 年已超过 99%，现在几乎已经达到100%。

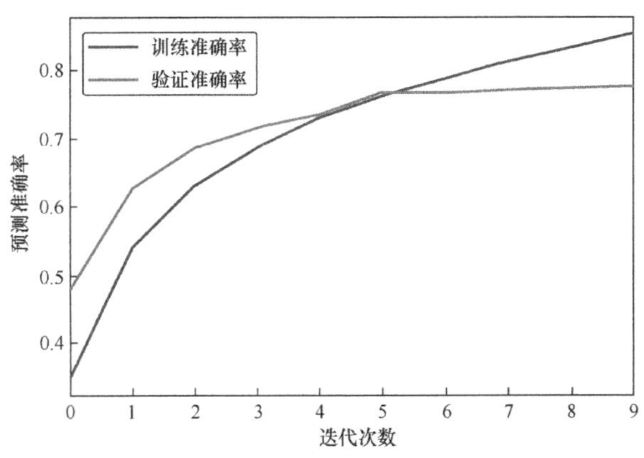

图 9-8 训练准确率和验证准确率与迭代次数的关系

现在，我们具体看一些测试数据的结果。使用函数 `cifar10_cnn_model.predict()`得到预测值。测试数据的维度为(10000, 32, 32, 3)，得到的预测结果的维度为(10000,10)。

```
predictions = cifar10_cnn_model.predict(test_images)
predictions.shape
(10000, 10)
```

预测结果 predictions 的每一行表示对应图片的预测概率。因为模型输出层的激活函数为 softmax，所以预测结果中每一行的和为 1。

```
predictions[0]
array([2.3348389e-04, 2.9092006e-04, 2.3525478e-03, 7.5659144e-01,
       3.4237808e-05, 2.3221229e-01, 3.2766063e-03, 2.2625634e-04,
       3.8457965e-03, 9.3629351e-04], dtype=float32)
```

预测结果中每一行最大值对应的位置表示对应图片的预测结果。可以看到，对于第一幅图片，预测概率的最大值是 7.5659144e−01，对应的位置是 3。其真实的类别也为 3。这说明模型对第一幅图的预测是正确的。

```
np.argmax(predictions[0])
3
test_labels[0]
3
```

为了通过一些图更直观地展示预测效果，首先定义两个画图函数——plot_image()和 plot_value_array()。

```
def plot_image(i, predictions_array, true_label, img):
    predictions_array = predictions_array[i]
    true_label = true_label[i]
    img = img[i]

    plt.grid(False)
    plt.xticks([])
    plt.yticks([])

    plt.imshow(img, cmap=plt.cm.binary)

    predicted_label = np.argmax(predictions_array)
    if predicted_label == true_label:
        color = 'blue'
    else:
        color = 'red'

    plt.xlabel("{} {:2.0f}% ({})".format(\
                                  class_names[predicted_label],\
                                  100*np.max(predictions_array),\
                                  class_names[true_label]),\
                                  color=color)

def plot_value_array(i, predictions_array, true_label):
    predictions_array = predictions_array[i]
    true_label = true_label[i]

    plt.grid(False)
```

```
    plt.xticks([])
    plt.yticks([])
    thisplot = plt.bar(range(10), predictions_array, \
                       color="#777777")
    plt.ylim([0, 1])
    predicted_label = np.argmax(predictions_array)

    thisplot[predicted_label].set_color('red')
    thisplot[true_label].set_color('blue')
```

- 函数 plot_image()可以画出图片，并在图片下面标注模型对该图片的预测类别和预测概率。标注中，括号外的文字表示预测类别；括号内的文字表示真实类别。
- 函数 plot_value_array()可以显示模型把图片预测为每一个类别的概率，用柱状图的方式表示。

为了得到第一幅图的预测结果，编写以下代码。

```
i = 0
plt.figure(figsize=(6,3))
plt.subplot(1,2,1)
plot_image(i, predictions, test_labels, test_images)
plt.subplot(1,2,2)
plot_value_array(i, predictions,  test_labels)
plt.show()
```

图 9-9 是第一幅图的预测结果。左图为一只猫，模型预测该图片为猫的概率为 76%；右图为各个概率的柱状图。有的类别的概率很小，因此在右图中没有显示。

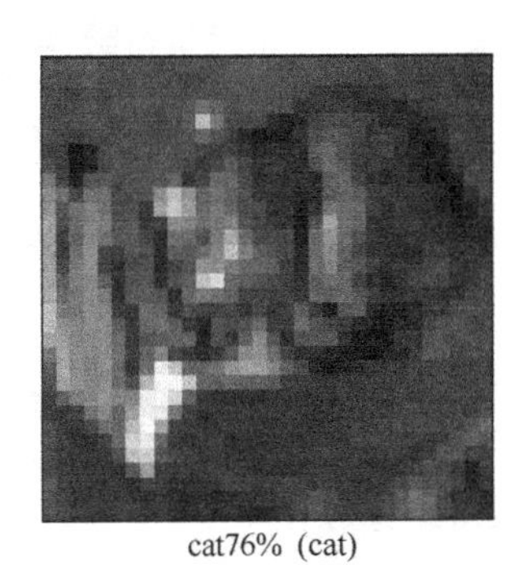

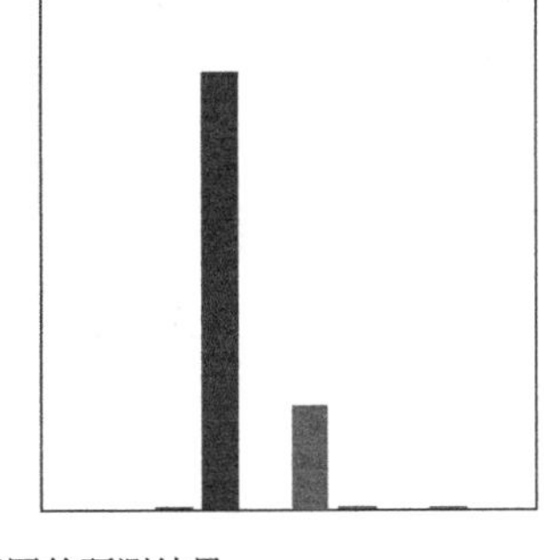

图 9-9 第一幅图的预测结果

为了显示模型对前 15 幅图的预测结果，编写以下代码。

```
num_rows = 5
num_cols = 3
num_images = num_rows*num_cols
plt.figure(figsize=(2*2*num_cols, 2*num_rows))
for i in range(num_images):
    plt.subplot(num_rows, 2*num_cols, 2*i+1)
    plot_image(i, predictions, test_labels, test_images)
```

```
        plt.subplot(num_rows, 2*num_cols, 2*i+2)
        plot_value_array(i, predictions, test_labels)
    plt.show()
```

从图 9-10 所示的运行结果可以看到，前 15 幅图片中有 14 幅图片预测正确了，第 13 幅预测错误。第 13 幅图中的动物应该是狗（dog），模型预测为猫（cat）。

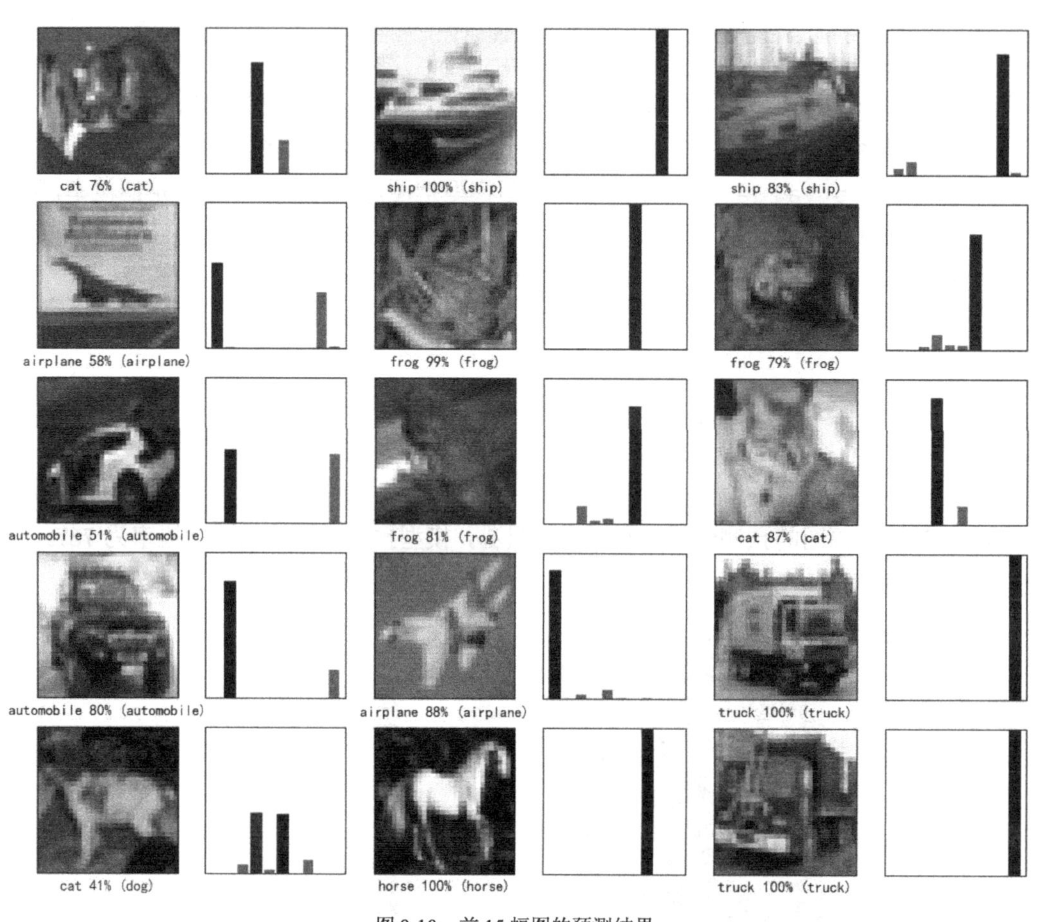

图 9-10　前 15 幅图的预测结果

9.3 CNN 建模技巧

9.3.1　卷积神经网络的结构

到现在为止，我们已经实现了多个卷积神经网络模型。总体来说，卷积神经网络包含 3 种层，即卷积层、池化层和全连接层。对于一般情况，我们应该如何合理安排卷积层、池化层和全连接层？如何选择合适的超参数使得卷积神经网络预测的精度更高呢？我们通常会使用多个卷积层，在卷积层之间夹杂着池化层。这样会使得神经网络的层的宽度和高度变小，而深度变大。最后使用全连接层。常用的卷积神经网络可以表示成如下形式。

$$\text{Input} \rightarrow [[\text{CONV} \rightarrow \text{ReLU}] \times N \rightarrow \text{POOL?}] \times M \rightarrow [\text{FC} \rightarrow \text{ReLU}] \times K \rightarrow \text{FC}$$

其中，乘号×表示重复次数；“POOL?”表示这里的池化层是可选的；CONV 表示卷积；FC 表示全连接层；N，M，K 表示重复的次数。通常情况下，$N \geqslant 1$ 且 $N \leqslant 3$，$M \geqslant 1$，$K \geqslant 1$ 且 $K \leqslant 3$。下面是一些常见的卷积神经网络结构。

- ❑ $\text{Input} \rightarrow \text{FC}$，线性回归模型。这时，$N = M = K = 0$。
- ❑ $\text{Input} \rightarrow [\text{CONV} \rightarrow \text{ReLU}] \rightarrow \text{FC}$，只有一个卷积层。这时，$N = M = 1$，$K = 0$，没有池化层。
- ❑ $\text{Input} \rightarrow [[\text{CONV} \rightarrow \text{ReLU}] \rightarrow \text{POOL}] \rightarrow [\text{FC} \rightarrow \text{ReLU}] \rightarrow \text{FC}$，有一个卷积层，一个池化层，一个全连接层。这时，$N = M = K = 1$。
- ❑ $\text{Input} \rightarrow [[\text{CONV} \rightarrow \text{ReLU}] \rightarrow \text{POOL}] \times 2 \rightarrow [\text{FC} \rightarrow \text{ReLU}] \rightarrow \text{FC}$，卷积层加池化层重复两次，有一个全连接层。这时，$N = 1$，$M = 2$，$K = 1$。
- ❑ $\text{Input} \rightarrow [[\text{CONV} \rightarrow \text{ReLU}] \times 2 \rightarrow \text{POOL}] \times 3 \rightarrow [\text{FC} \rightarrow \text{ReLU}] \times 2 \rightarrow \text{FC}$，两个卷积层后加一个池化层并重复 3 次，再加两个全连接层。这时，$N = 2$，$M = 3$，$K = 2$。使用多个卷积层不仅可以使得模型不会快速降低维度，还有助于建立更深的卷积神经网络模型。这种结构可以使得模型辨认出更加复杂的数据结构，最终可能使得模型表现得更好。

9.3.2 卷积层和池化层的超参数选择

本节将探讨卷积层和池化层的超参数选择。

卷积层有两个重要的参数，即核维度（kernel_size，F）和步幅（stride，S）。通常情况下，我们会使用较小的核维度，如 3×3 或者 5×5；让核小步移动，例如，$S = 1$；同时，我们还会设置 `padding='same'`。这样的设置可以让模型以较少的参数找出数据变量间复杂的结构。有时候，前几个卷积层的核维度会设置得大一些，如 7×7。

池化层也有两个重要的参数，即核维度（kernel_size，F）和步幅（stride，S）。池化层的重要作用是去掉噪声、简化维度和保留信息。我们通常把核维度设置为 2×2，步幅设置为 2。同时，设置 `padding='valid'`。按照这样的设置，每添加一个池化层，节点的宽度和高度都减少一半，也就是说，75% 的节点将会丢掉。有时候，我们也会设置池化层的核维度为 3×3，$S = 2$。池化层的核维度越大，丢掉的节点数将越多，因此，通常不会让池化层的核维度超过 3。

总体来说，我们会在卷积层中保持层的宽度和高度不变，然后在池化层中减少节点数，从而去除噪声和保留信号。在实践中，最大池化比平均池化用得多一些。

9.3.3 经典的卷积神经网络

在卷积神经网络的发展历史中，一些卷积神经网络取得了突破性进展。这些神经网络通常以发明者的名字命名。下面列举几个经典的卷积神经网络，以激发我们建立卷积神经网络模型的灵感。

LeNet 发明于 20 世纪 90 年代，由 Yann Lecun 提出。LeNet 是卷积神经网络的第一个成功的例子，主要用于邮编等的识别。LeNet 的结构为

$$\text{Input} \rightarrow \left[\left[\text{CONV} \rightarrow \text{sigmoid} \right] \rightarrow \text{POOL} \right] \times 2 \rightarrow \left[\text{FC} \rightarrow \text{sigmoid} \right] \times 2 \rightarrow \text{FC}$$

虽然现在看该模型很简单，但是在当时这已经是一个非常复杂的模型了。

AlexNet 是 2012 年的 ILSVRC（ImageNet Large Scale Visual Recognition Challenge，ImageNet 大规模视觉识别挑战赛）的冠军，由 Alex Krizhevsky、Ilya Sutskever 和 Geoffrey Hinton 发明。AlexNet 的发明使得卷积神经网络在计算机视觉领域开始流行。AlexNet 的结构比 LeNet 更加复杂。

$$\text{Input} \rightarrow \left[\left[\text{CONV} \rightarrow \text{ReLU} \right] \rightarrow \text{POOL} \right] \times 2 \rightarrow \left[\left[\text{CONV} \rightarrow \text{ReLU} \right] \times 3 \rightarrow \text{POOL} \right]$$
$$\rightarrow \left[\text{FC} \rightarrow \text{ReLU} \right] \times 2 \rightarrow \text{FC}$$

AlexNet 使用了激活函数 ReLU，并且在全连接层用 Dropout 控制过拟合。

ZFNet 是 ILSVRC 2013 的冠军，由 Mattew Zeiler 和 Rob Fergus 发明。ZFNet 在 AlexNet 的基础上调整了很多超参数，例如，ZFNet 增大了中间卷积层的深度，并且在前几个卷积层中使用更小维度的核和更小的步幅。

GoogLeNet 是 2014 年 ILSVRC 的冠军，发明团队来自 Google。GoogLeNet 的主要贡献在于使用了 Inception Module，即在某个卷积层中同时使用多个不同维度的核。GoogLeNet 没有使用全连接层，采用平均池化，而不是常用的最大池化。

VGGNet 是 ILSVRC 2014 的亚军，由 Karen Simonyan 和 Andrew Zisserman 发明。VGGNet 的一个重要贡献是让大家意识到神经网络的深度非常重要。VGGNet 有 13 个卷积层、5 个池化层和两个全连接层。VGGNet 的具体结构如以下代码所示，总的参数个数超过了 1.3 亿。

```
VGGNet = tf.keras.models.Sequential([tf.keras.layers.Conv2D(64, kernel_size=(3, 3), \
        input_shape=(224, 224, 3), padding='same', \
        activation='relu'),
    tf.keras.layers.Conv2D(64, kernel_size=(3, 3), \
        padding='same', \
        activation='relu'), \
    tf.keras.layers.MaxPool2D((2,2)), \
```

```
    tf.keras.layers.Conv2D(128, kernel_size=(3, 3), \
        padding='same', \
        activation='relu'), \
    tf.keras.layers.Conv2D(128, kernel_size=(3, 3), \
        padding='same', \
        activation='relu'), \
    tf.keras.layers.MaxPool2D((2,2)), \
    tf.keras.layers.Conv2D(256, kernel_size=(3, 3), \
        padding='same', \
        activation='relu'), \
    tf.keras.layers.Conv2D(256, kernel_size=(3, 3), \
        padding='same', \
        activation='relu'), \
    tf.keras.layers.Conv2D(256, kernel_size=(3, 3), \
        padding='same', \
        activation='relu'), \
    tf.keras.layers.MaxPool2D((2,2)), \
    tf.keras.layers.Conv2D(512, kernel_size=(3, 3), \
        padding='same', \
        activation='relu'), \
    tf.keras.layers.Conv2D(512, kernel_size=(3, 3), \
        padding='same', \
        activation='relu'), \
    tf.keras.layers.Conv2D(512, kernel_size=(3, 3), \
        padding='same', \
        activation='relu'), \
    tf.keras.layers.MaxPool2D((2,2)),
    tf.keras.layers.Conv2D(512, kernel_size=(3, 3), \
        padding='same', \
        activation='relu'), \
    tf.keras.layers.Conv2D(512, kernel_size=(3, 3), \
        padding='same', \
        activation='relu'), \
    tf.keras.layers.Conv2D(512, kernel_size=(3, 3), \
        padding='same', \
        activation='relu'), \
    tf.keras.layers.MaxPool2D((2,2)), \
    tf.keras.layers.Flatten(), \
    tf.keras.layers.Dense(4096, activation='relu'), \
    tf.keras.layers.Dense(4096, activation='relu'), \
    tf.keras.layers.Dense(1000, activation='softmax'),])
VGGNet.summary()
Model: "sequential_2"
```

```
_________________________________________________________________
Layer (type)                 Output Shape              Param #
=================================================================
conv2d_10 (Conv2D)           (None, 224, 224, 64)      1792
_________________________________________________________________
conv2d_11 (Conv2D)           (None, 224, 224, 64)      36928
_________________________________________________________________
max_pooling2d_5 (
MaxPooling2 (None, 112, 112, 64)       0
_________________________________________________________________
conv2d_12 (Conv2D)           (None, 112, 112, 128)     73856
_________________________________________________________________
conv2d_13 (Conv2D)           (None, 112, 112, 128)     147584
_________________________________________________________________
max_pooling2d_6 (
MaxPooling2 (None, 56, 56, 128)        0
_________________________________________________________________
conv2d_14 (Conv2D)           (None, 56, 56, 256)       295168
_________________________________________________________________
conv2d_15 (Conv2D)           (None, 56, 56, 256)       590080
_________________________________________________________________
conv2d_16 (Conv2D)           (None, 56, 56, 256)       590080
_________________________________________________________________
max_pooling2d_7 (MaxPooling2 (None, 28, 28, 256)       0
_________________________________________________________________
conv2d_17 (Conv2D)           (None, 28, 28, 512)       1180160
_________________________________________________________________
conv2d_18 (Conv2D)           (None, 28, 28, 512)       2359808
_________________________________________________________________
conv2d_19 (Conv2D)           (None, 28, 28, 512)       2359808
_________________________________________________________________
max_pooling2d_8 (MaxPooling2 (None, 14, 14, 512)       0
_________________________________________________________________
conv2d_20 (Conv2D)           (None, 14, 14, 512)       2359808
_________________________________________________________________
conv2d_21 (Conv2D)           (None, 14, 14, 512)       2359808
_________________________________________________________________
conv2d_22 (Conv2D)           (None, 14, 14, 512)       2359808
_________________________________________________________________
max_pooling2d_9 (MaxPooling2 (None, 7, 7, 512)         0
_________________________________________________________________
flatten_2 (Flatten)          (None, 25088)             0
_________________________________________________________________
dense_4 (Dense)              (None, 4096)              102764544
```

```
_________________________________________________________________
dense_5 (Dense)              (None, 4096)              16781312
_________________________________________________________________
dense_6 (Dense)              (None, 1000)              4097000
=================================================================
Total params: 138,357,544
Trainable params: 138,357,544
Non-trainable params: 0
_________________________________________________________________
```

9.4 本章小结

在本章中，我们学习使用 TensorFlow 建立卷积神经网络。具体来说，我们可以通过函数 `tf.keras.layers.Conv2D()`和`tf.keras.layers.MaxPooling2D()`分别实现卷积层和池化层。在卷积神经网络中，通常使用多层卷积层提取数据的特征，在一个或者多个卷积层之后使用池化层降低隐藏层的维度，最后几层一般是全连接层，最终卷积神经网络可能包含几十个隐藏层。近年来，卷积神经网络逐渐开始不包含全连接层。从 VGGNet 中可以看到，虽然整个神经网络包含超过 1.3 亿个参数，但是大部分参数是由全连接层贡献的。因此，去除全连接层，可以大幅减少卷积神经网络的参数数量。

在卷积神经网络中，人们认识到神经网络的深度非常重要，深度神经网络可以提高模型的预测准确率。神经网络的隐藏层数量增加意味着参数数量的增加，这导致神经网络模型更复杂，再加上数据的维度和样本量的增加，最终导致训练神经网络的计算量异常巨大。为了提高优化速度并降低开发成本，现在人们普遍使用具有更高访存速度、更强浮点运算能力且具有更多内核的 GPU 来训练深度神经网络。Google 于 2016 年发布了为机器学习专门设计的 TPU（Tensor Processing Unit，张量处理单元）。TPU 可以大幅降低功耗并加快运算速度，从而促进机器学习特别是深度学习的研究和应用。

习题

1. 分析 MNIST 数据集，使用 TensorFlow 建立卷积神经网络模型，尝试不同的模型结构。例如，不同的卷积层个数、池化层个数，以及卷积层和池化层的参数。尝试使用丢弃方法和 L_2 惩罚法等。对 MNIST 数据集中图片的预测准确率可以进一步提高吗？

2. 分析 Fashion-MNIST 数据集，使用 TensorFlow 建立卷积神经网络模型。尝试不同的模型结构，预测准确率最高能达到多少？

3．分析 CIFAR-10 数据集，使用 TensorFlow 建立卷积神经网络模型。尝试不同的模型结构。

4．分析 CIFAR-10 数据集，使用 TensorFlow 建立卷积神经网络模型。尝试经典的模型结构，并尝试调整超参数或者一切可能有效的办法，模型预测准确率可以超越经典卷积神经网络模型吗？

第 10 章　循环神经网络

在前面的章节中，我们学习了普通神经网络和卷积神经网络。在一般情况下，普通神经网络通过增加隐藏层与控制过拟合，在很多实际问题中可以取得很好的预测效果。卷积神经网络通过加入卷积层、池化层等提高了对图片等结构数据的处理能力。然而，当处理具有序列特征的数据（序列数据）时，普通神经网络和卷积神经网络都无法取得很好的效果。这是因为普通神经网络和卷积神经网络都无法有效地考虑序列数据观测点之间的关系。

然而，序列数据广泛存在于日常生活中，如天气预报、经济分析等。因此，循环神经网络（Recurrent Neural Network，RNN）便应运而生了。在现实生活中，循环神经网络在很多领域（如机器翻译、语音识别、自动文本归纳、手势识别及步态识别等）获得了极大成功。

在本章及本书后面的章节中，我们将基于自然语言处理问题，陆续学习循环神经网络的原理和应用。

10.1 分析 IMDB 的数据

10.1.1 IMDB 的数据

首先看一个例子。互联网电影数据库（Internet Movie DataBase，IMDB）数据包含了 5 万条电影评论，以及这 5 万条电影评论代表的观众情绪——喜欢（POSITIVE）或不喜欢（NEGATIVE）。先读入数据。在下面的代码中，`lambda x:x[:-1]`表示定义一个没有名字的函数，该函数的参数为 x，`x[:-1]`表示去除 x 的最后一个字符；函数 `map()`对第二个参数列表的每一个元素调用第一个参数的函数。例如，`map(lambda x:x[:-1], f.readlines())`将去除 `f.readlines()` 载入的每一句话的最后一个字符。

```
import numpy as np
with open('./data/reviews.txt', 'r') as f:
```

```
    raw_reviews = list(map(lambda x:x[:-1], f.readlines()))

with open('./data/labels.txt', 'r') as f:
    raw_labels = list(map(lambda x:x[:-1].upper(), f.readlines()))
```

下面的代码列出一些数据观测点（一个观测点包含一条电影评论及其对应的观众情绪）。可以看到，电影评论表达的观众情绪与因变量是比较吻合的。例如，第一条评论开始的第一句话是“one of the best love stories i have ever seen.”，因变量是“POSITIVE”。

```
def print_label_and_review(i):
    print(raw_labels[i] + "\t:\t" + raw_reviews[i][:50] + "...")
print("Labels \t\t : \t Reviews\n......................... \n")

print_label_and_review(2134)
print_label_and_review(4998)
print_label_and_review(5297)
print_label_and_review(6267)
print_label_and_review(12816)
print_label_and_review(21934)

Labels       :  Reviews
................................

POSITIVE     :  one of the best love stories i have ever seen . it ...
POSITIVE     :  this schiffer guy is a real genius  the movie is of...
NEGATIVE     :  if you haven  t seen this  it  s terrible . it is  ...
NEGATIVE     :  comment this movie is impossible . is terrible  ve ...
POSITIVE     :  adrian pasdar is excellent is this film . he makes ...
POSITIVE     :  excellent episode movie ala pulp fiction .  days   ...
```

在 IMDB 网站上，有些观众看电影之后喜欢对电影进行评论，但是没有明确表明对电影喜欢与否。因此，我们希望通过分析这些数据，建立模型，之后把电影评论输入模型，模型可以判断发表电影评论的观众喜欢或者不喜欢所评论的电影。因此，人们也称类似的数据分析为情绪分析。基于这些数据，我们可以建立一个分类模型，如图 10-1 所示。

为了便于后期的处理，在分类模型中，输入数据和输出数据必须都是数字。而在该分类模型中，输入数据和输出数据都是文字。因此，需要先把文字信息转化为数字信息，即需要先完成图 10-2 中虚线框标注的步骤。

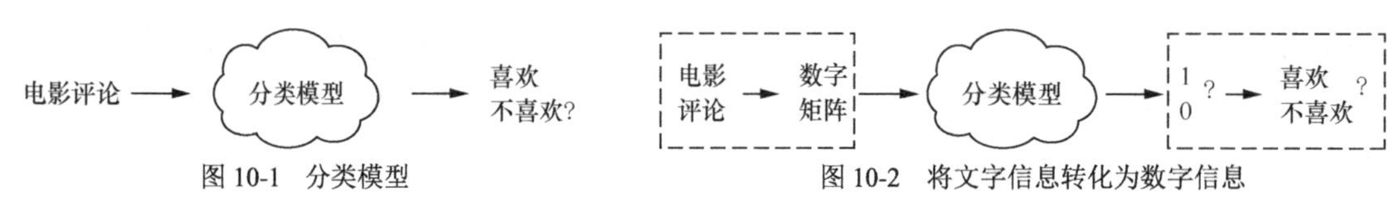

图 10-1　分类模型　　图 10-2　将文字信息转化为数字信息

这里容易处理的是输出数据，因为输出数据只有两种可能，即 POSITIVE 和 NEGATIVE。我们可以把 POSTIVE 编码为 1，把 NEGATIVE 编码为 0。代码如下。

```
    targets = list()
    for label in raw_labels:
        if label == "POSITIVE":
            targets.append(1)
        else:
            targets.append(0)
```

将输入数据转化为数字信息是比较麻烦的，原因如下。

- 电影评论是文字，而且单词数量很多；
- 电影评论的长短不一，而神经网络模型输入向量的长度都是固定的。

该数据的建模目标是通过输入电影评论预测观众是否喜欢所评论的电影。换句话说，建立电影评论与观众情绪之间的关系，这样可以通过建立的关系预测观众的情绪。我们可以先问自己一个问题：当我们阅读一条电影评论后，如何判断评论所蕴含的观众情绪？直观上，当一个或者多个褒义词（如 excellent（出色的）、perfect（完美的）、amazing（迷人的）、wonderful（奇妙的））出现在评论中时，我们会认为评论是正面的（POSITIVE）；当一个或者多个贬义词（如 worst（最糟的）、awful（可怕的）、waste（浪费）、poor（不好的）、terrible（糟糕的）、disappointment（失望））出现在评论中时，我们会认为评论是负面的（NEGATIVE）。总体来说，我们认为褒义词意味着正面评价，贬义词意味着负面评价。

换句话说，我们可以通过查看评论中出现了哪些褒义词或者贬义词来判断观众的情绪。基于这样的逻辑，如果模型可以实现类似的判断流程，那么模型便可以对评论做出预测。为了实现这一点，我们首先统计每个句子中出现的单词。

编写以下代码，用于记录每一条评论中出现的单词（以下代码中的 tokens），以及所有评论中出现的单词（以下代码中的 vocab）。

```
    tokens = list()
    vocab = set()
    for sentence in raw_reviews:
        words_in_sent = set()
        for word in sentence.split(" "):
            words_in_sent.add(word)
            vocab.add(word)
        tokens.append(list(words_in_sent))
    vocab = list(vocab)
```

通过下面的代码，我们可以看到前 3 条评论包含的单词量（不重复计算，即如果一个单词多次出现在评论中，只记一次），它们为 93，92，232。在所有评论中，出现的单词（包括标点等各种字符）数量为 74074。

```
    print("First review contains %2d unique words;" % (len(tokens[0])))
    print("Second review contains %2d unique words;" % (len(tokens[1])))
    print("Third review contains %3d unique words;" % (len(tokens[2])))
    print("Total words contained in all reviews: %5d" % (len(vocab)))

    First review contains 93 unique words;
```

```
Second review contains 92 unique words;
Third review contains 232 unique words;
Total words contained in all reviews: 74074
```

对每个单词进行编码，即让每个单词对应一个数字。为了方便，按照单词出现的先后顺序对单词编码。在 Python 中，使用字典可以实现单词编码，如以下代码中的 word2index。

```
word2index = {}
for idx, word in enumerate(vocab):
    word2index[word] = idx
dict(list(word2index.items())[0:10])
{'': 0,
 'flopped': 1,
 'tranquilizers': 2,
 'hyuck': 3,
 'huddled': 4,
 'cordell': 5,\
 'ustinov': 6,
 'sergio': 7,
 'freemasons': 8,
 'seeping': 9}
```

对每一条评论进行编码，每一条评论用长度相同的向量表示。向量的长度为单词总数量 74074；向量的大部分元素是 0，只有评论出现的单词的编码对应位置设为 1。也就是说，每一条评论的编码记录了该评论中出现过哪些单词。在下面代码中，reviews_arr 每一行表示一条评论的信息，reviews_arr 的行数为评论数，列数为单词总数量；reviews 是一个列表，列表元素表示一条评论所有单词对应的编码。因此，reviews_arr 和 reviews 包含一样的信息。

例如，有两条评论，分别为“I love this love story !”和“this movie is terrible”。两条评论中出现的单词总数为 8，假设对这 8 个单词的编码为{'!':0,'love':1,'terrible':2,'I':3,'movie':4, 'this':5, 'is':6, 'story':7}，那么使用 reviews_arr 和 reviews 表示这两条评论蕴含的信息。

reviews_arr 是一个 2×8 的矩阵。即

$$\begin{pmatrix} 1 & 1 & 0 & 1 & 0 & 1 & 0 & 1 \\ 0 & 0 & 1 & 0 & 1 & 1 & 1 & 0 \end{pmatrix}$$

reviews 是一个长度为 2 的列表，即[[0,1,3,5,7], [2,4,5,6]]。

对于 IMDB，如下代码可用于得到 reviews_arr 和 reviews。

```
reviews = list()
reviews_arr = np.zeros((len(tokens), len(vocab)))
for i, sentence in enumerate(tokens):
    sent_indices = list()
    for word in sentence:
        sent_indices.append(word2index[word])
        reviews_arr[i][word2index[word]] = 1
    reviews.append(sent_indices)
```

```
print("reviews 包含的第一条评论的编码：\n", reviews[0])
print("reviews_arr 包含的第一条评论的编码的前 100 个元素：\n", reviews_arr[0][0:100])
```

输出结果如下。

```
reviews 包含的第一条评论的编码：
 [0, 48318, 22779, 70804, 44198, 33550, 27847, 61668, 9244, 1474, 10676, 37944, 6952,
3780, 12149, 53296, 18142, 59026, 2959, 6682, 63144, 34473, 27628, 55075, 70598, 66894,
65496, 26243, 22007, 59975, 53054, 20529, 48419, 51347, 19674, 61175, 27079, 1848, 53678,
32234, 33397, 17962, 56263, 66661, 57130, 43726, 3046, 29685, 23764, 42261, 14250, 43439,
42850, 55163, 33164, 57180, 22965, 24108, 73681, 11157, 26339, 29449, 43796, 50307,
58032, 67337, 29162, 73120, 10554, 26633, 6534, 52324, 49729, 11754, 12647, 36994,
21278, 11483, 44134, 50336, 30374, 32357, 10922, 35846, 502, 45408, 45955, 37016,
49772, 57814, 6896, 60782, 68281]
reviews_arr 包含的第一条评论的编码的前 100 个元素：
 [1. 0. 0. 0. 0. 0. 0. 0. 0. 0. 0. 0. 0. 0. 0. 0. 0. 0. 0. 0. 0. 0. 0. 0.
 0. 0. 0. 0. 0. 0. 0. 0. 0. 0. 0. 0. 0. 0. 0. 0. 0. 0. 0. 0. 0. 0. 0. 0.
 0. 0. 0. 0. 0. 0. 0. 0. 0. 0. 0. 0. 0. 0. 0. 0. 0. 0. 0. 0. 0. 0. 0. 0.
 0. 0. 0. 0. 0. 0. 0. 0. 0. 0. 0. 0. 0. 0. 0. 0. 0. 0. 0. 0. 0. 0. 0. 0.
 0. 0. 0. 0.]
```

至此，我们已经完成了建模过程中的以下工作。

- 把文字信息转化成数字信息。
- 经过变换，每一条评论的编码长度都是一致的。
- 对输出数据进行编码。

10.1.2 神经网络模型（IMDB）

现在我们已经准备好建立神经网络分类模型。我们将建立具有一个隐藏层的神经网络。隐藏层和输出层的激活函数都是 sigmoid 函数。输入层的节点数为评论中出现过的单词数量 74074，隐藏层的节点数为 20，输出层的节点数为 1。在这里，从输入层到隐藏层没有截距项。图 10-3 显示了该神经网络模型的输入层、隐藏层、输出层的节点数，输入层到隐藏层的权重，隐藏层到输出层的权重和截距项，以及隐藏层和输出层的激活函数。

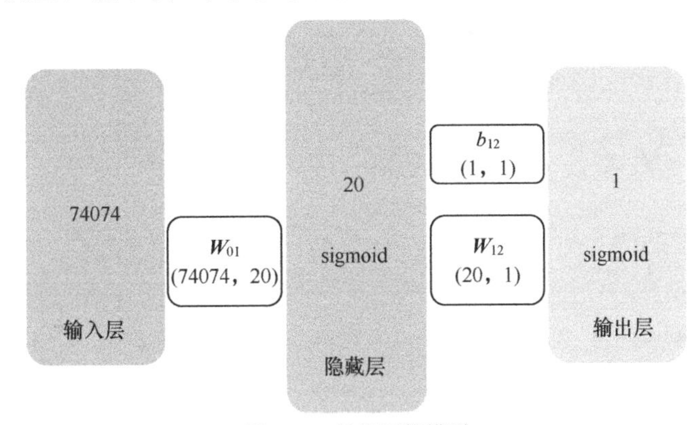

图 10-3 神经网络模型

下面的代码实现了图 10-3 所示的神经网络模型。

```
np.random.seed(1)

def sigmoid(x):
    return 1.0/(1.0 + np.exp(-x))

def sigmoid2deriv(output):
    return output * (1-output)

train_reviews, train_targets = reviews[:20000], targets[:20000]
test_reviews, test_targets = reviews[-5000:], targets[-5000:]

lr, epochs = 0.1, 2
hidden_size = 20

weights_0_1 = np.random.normal(loc=0, scale=0.1, \
                               size=(len(vocab), hidden_size))
weights_1_2 = np.random.normal(loc=0, scale=0.1, \
                               size=(hidden_size, 1))
b_1_2 = 0
for e in range(epochs):
    train_correct_cnt = 0
    for i in range(len(train_reviews)):
        layer_0, target = train_reviews[i], train_targets[i]
        #--------------------------------
        # 使用函数 np.sum 计算 layer_1，而不是矩阵乘法
        layer_1 = sigmoid(np.sum(weights_0_1[layer_0], axis=0,\
                                 keepdims=True))
        layer_2 = sigmoid(np.dot(layer_1, weights_1_2) + b_1_2)

        if (np.abs(layer_2 - target) < 0.5):
            train_correct_cnt += 1

        layer_2_delta = layer_2 - target
        layer_1_delta = layer_2_delta.dot(weights_1_2.T) * \
                                  sigmoid2deriv(layer_1)

        b_1_2 -= lr * layer_2_delta
        weights_1_2 -= lr * layer_1.T.dot(layer_2_delta)
        #--------------------------------
        # 更新 weights_0_1
        weights_0_1[layer_0] -= lr * layer_1_delta

    val_correct_cnt = 0
    for i in range(len(test_reviews)):
        layer_0, target = test_reviews[i], test_targets[i]
        layer_1 = sigmoid(np.sum(weights_0_1[layer_0], axis=0,\
```

```
                                          keepdims=True))
        layer_2 = sigmoid(np.dot(layer_1, weights_1_2) + b_1_2)
        if (np.abs(layer_2 - target) < 0.5):
            val_correct_cnt += 1
    print("Train_acc: %0.3f; Val_acc: %0.3f" % \
          (train_correct_cnt/len(train_reviews), \
          val_correct_cnt / len(test_reviews)))
Train_acc: 0.831; Val_acc: 0.856
Train_acc: 0.918; Val_acc: 0.844
```

大部分的代码与之前章节介绍的内容是一样的。不同点有两个：第一是计算 `layer_1` 的方式，第二是更新权重矩阵 `weights_0_1` 的方式。为了更方便比较不同点，我们把现在和之前学习的代码不一样的地方列出来。

下面是以前计算 `layer_1` 的方式。`layer_0` 为 `reviews_arr` 的一行，维度为1×74074。然后使用矩阵乘法得到 `layer_1`。

```
train_reviews_arr = reviews_arr[:20000]
train_targets = targets[:20000]
layer_0, target = train_reviews_arr[1:2], train_targets[1:2]

# 使用矩阵乘法计算 layer_1
layer_1 = sigmoid(np.dot(layer_0, weights_0_1))
```

下面是现在计算 `layer_1` 的方式。现在以 `reviews` 作为输入数据。`reviews` 是一个列表，列表元素包含对应评论中所有单词的编码。`layer_0` 为列表的一个元素，然后取 `weights_0_1` 中 `layer_0` 对应的列，对 `weights_0_1[layer_0]` 列求和。

```
train_reviews, train_targets = reviews[:20000], targets[:20000]
layer_0, target = train_reviews[1], train_targets[1]
# 使用函数 np.sum 计算 layer_1，而不是矩阵乘法
layer_1 = sigmoid(np.sum(weights_0_1[layer_0], axis=0, keepdims=True))
```

上面两种方式的计算结果是完全一样的。如图 10-4 所示，一个行向量乘以一个矩阵，行向量中大部分元素是 0，有些元素为 1，相乘的结果等同于在矩阵中，取出与行向量为 1 的元素对应的行（例如，图 10-4 中 `weights_0_1` 矩阵带有阴影的两行），然后按列求和。

$$
\begin{pmatrix}0 & 1 & 0 & 0 & 1 & 0\end{pmatrix}\times\begin{pmatrix}13 & 27 & -5 & 10 & 1 & 2\\ 2 & -1 & 3 & 0 & 1 & 2\\ 10 & 5 & 17 & 24 & 2 & 3\\ 1 & 25 & 14 & 3 & 3 & 21\\ 3 & 2 & 1 & 0 & 4 & 5\\ 1 & 12 & 12 & 31 & 1 & 0\end{pmatrix}=\begin{pmatrix}5 & 1 & 4 & 0 & 5 & 7\end{pmatrix}
$$

layer_0　　　weights_0_1　　　layer_1

图 10-4 快速计算矩阵乘法

上面两种方式的区别在于计算速度。假设行向量和矩阵的维度分别为$1\times m$和$m\times n$，通常m很大。

- 如果对行向量和矩阵进行矩阵乘法，那么需要 $m \times n$ 次乘法和 $m \times n$ 次加法。
- 如果使用现在的做法，则只需要 $k \times n$ 次加法，而且 $k \ll m$ ，k 为向量中不为 0 的元素个数。

下面的代码分别采用两种方式计算整个训练数据的 `layer_1`，并使用 Jupyter Notebook 的魔法功能`%%time` 分别记录两种方法的运行时间。可以看到，两种方法的计算结果确实完全相同，但是以前的方式的运行时间是现在的方式的 15 倍以上。

```
%%timelayer_1_old = np.zeros((20000, 20))
for i in range(20000):
    layer_0, target = train_reviews_arr[i:i+1], \
                                    train_targets[i:i+1]
    layer_1_old[i] = sigmoid(np.dot(layer_0, weights_0_1))
Wall time: 14.5 s

%%timelayer_1_new = np.zeros((20000, 20))
for i in range(20000):
    layer_0, target = train_reviews[i], train_targets[i]
    layer_1_new[i] = sigmoid(np.sum(weights_0_1[layer_0], axis=0, keepdims=True))
Wall time: 960 ms

# 判断两种方式的计算结果是否相同
np.allclose(layer_1_old, layer_1_new)
True
```

接着，考虑更新权重矩阵 `weights_0_1` 的方式。同样地，首先把以前的方式和现在的方式都列出来。

下面是以前更新 `weights_0_1` 的方式。注意，在下面的代码中，`layer_0` 为 `train_reviews_arr` 的一行。采用矩阵乘法计算 `weights_0_1` 梯度的过程如图 10-5 所示。从计算结果可以看到，`weights_0_1` 的梯度中的大部分元素是 0，只有 `layer_0` 中为 1 的元素对应的两行不为 0。因此，在这一次迭代中，`weights_0_1` 的梯度中，只有两行元素不为 0，且两行元素是一样的，其他行的元素为 0，如图 10-5 所示。

```
layer_0, target = train_reviews_arr[1:2],
train_targets[1:2]
weights_0_1 -= lr*layer_0.T.dot(layer_1_delta)
```

$$\begin{pmatrix}0\\1\\0\\0\\1\\0\end{pmatrix} \times \begin{pmatrix}0.2 & 2 & 0.1 & 3 & 0.9 & 0.5\end{pmatrix} = \begin{pmatrix}0 & 0 & 0 & 0 & 0 & 0\\0.2 & 2 & 0.1 & 3 & 0.9 & 0.5\\0 & 0 & 0 & 0 & 0 & 0\\0 & 0 & 0 & 0 & 0 & 0\\0.2 & 2 & 0.1 & 3 & 0.9 & 0.5\\0 & 0 & 0 & 0 & 0 & 0\end{pmatrix}$$

layer_0.T　　layer_1_delta　　weights_0_1的梯度

图 10-5　计算 weights_0_1 的梯度的过程

下面是现在更新 weights_0_1 的方式。在下面的代码中，layer_0 为 train_reviews 列表的一个元素。从以前计算 weights_0_1 的梯度的结果已知 weights_0_1 的梯度中只有 layer_0 的元素 1 对应的行不为 0，且 weights_0_1 的梯度中不为 0 的行的值都等于 layer_1_delta。基于这些观察，在更新 weights_0_1 时，只需要针对 weights_0_1 中 layer_0 的元素 1 对应的行，让这些行减 layer_1_delta 和 lr 的乘积。这两种更新 weights_0_1 方式的结果完全相同，区别在于现在的方式的计算速度要快得多。

```
layer_0, target = train_reviews[1], train_targets[1]
weights_0_1[layer_0] -= lr * layer_1_delta
```

10.2 词嵌入

在 10.1 节中，我们为 IMDB 模型建立了一个神经网络模型。在模型训练过程中，使用计算复杂度较小的方式计算 layer_1。现在，我们再次审视权重矩阵 weights_0_1。在模型中，单词经过独热编码；在编码向量中，只有单词编码对应的元素为 1，其余的元素为 0。

从图 10-6 可以看到，当 layer_0 表示一个单词时，layer_1 即权重矩阵 weights_0_1 中单词编码对应的行。神经网络模型计算 layer_1 之后，再通过 layer_1 计算输出层，判断该单词所代表的情绪状态。从这个角度来说，layer_1 包含了 layer_0 所代表的信息。或者说，在 IMDB 中，通过训练模型，我们希望模型的长度为 20 的 layer_1 可以表示长度为 74074 的 layer_0 所蕴含的信息，进而通过 layer_1 预测观众情绪。因此，layer_1 也是该单词的编码。这时（输入数据为一个单词的独热编码），layer_0 和 layer_1 都是单词的编码，它们都蕴含了单词的信息。直观上，layer_0 和 layer_1 的不同之处有如下两点。

- layer_0 为离散型的编码（元素只可以取 0 和 1），而 layer_1 为连续型的编码（元素可以是任意实数）。
- layer_0 的维度很大（在 IMDB 中，编码向量的维度等于单词的总数 74074），而 layer_1 的维度通常较小（在 IMDB 中，layer_1 的维度为 20）。在实际中，即使单词数量很多，layer_1 的维度介于（200～300）通常也足够了。

$$
\begin{pmatrix} 0 & 1 & 0 & 0 & 0 & 0 \end{pmatrix} \times \begin{pmatrix} 13 & 27 & -5 & 10 & 1 & 2 \\ 2 & -1 & 3 & 0 & 1 & 2 \\ 10 & 5 & 17 & 24 & 2 & 3 \\ 1 & 25 & 14 & 3 & 3 & 21 \\ 3 & 2 & 1 & 0 & 4 & 5 \\ 1 & 12 & 12 & 31 & 1 & 0 \end{pmatrix} = \begin{pmatrix} 2 & -1 & 3 & 0 & 1 & 2 \end{pmatrix}
$$

layer_0　　weights_0_1　　layer_1

图 10-6　词嵌入

因此，任意一个单词都能在矩阵 weights_0_1 中找到对应的行，作为该单词的编码。这个过程称为**词嵌入**。layer_1 的维度称为词嵌入维度。我们也可以把权重矩阵看成一个查找表（look-up table），根据单词编号可以在表中找到对单词的编码，如图 10-7 所示。

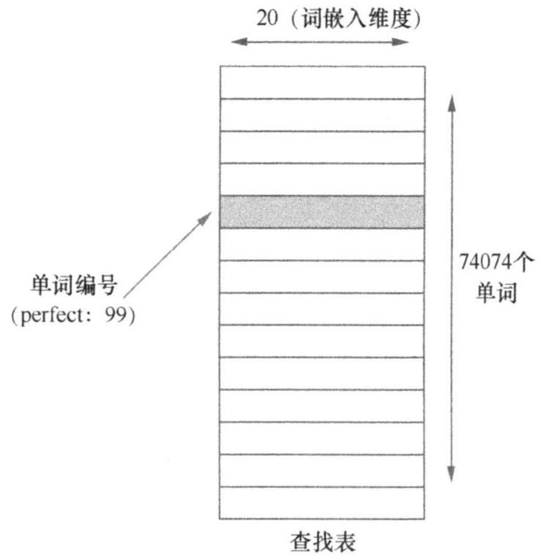

图 10-7　词嵌入——查找表

我们已经看到词嵌入的一个优点，它可以用较小的维度对单词进行编码。这可以有效地表达单词蕴含的信息。其实，词嵌入还有另外一个优点，即相似意思的单词可能有相近的向量表示。为了验证这一点，我们先确定一个目标单词，如 perfect，然后找出与 perfect 对应的向量最近的单词，观察这些单词的意思是否与 perfect 相近。这里采用欧氏距离衡量向量的"相近"程度，$\boldsymbol{v}$ 和 $\boldsymbol{u}$ 的距离定义为

$$d=\sqrt{\sum_{i=0}^{n}(v_i-u_i)^2}$$

下面的代码定义函数 similar()，该函数可以找出与目标单词编码距离较短的 10 个单词。代码需要用到函数包 collections 的类 Counter，Counter 可以方便对距离进行排序。

```
from collections import Counter

def similar(target='perfect'):
    target_index = word2index[target]  # target 的编码
    scores = Counter()
    for word, index in word2index.items():
        # 计算所有单词与 target 的距离
        raw_diff = weights_0_1[index] - \
                   weights_0_1[target_index]
        squared_diff = raw_diff * raw_diff
        scores[word] = - np.sqrt(np.sum(squared_diff))
    return scores.most_common(10)
print(similar('perfect'))

[('perfect', -0.0), ('amazing', -0.6626543443142086), ('incredible', \
-0.7645675403756697), ('superb', -0.7806366585028585), ('excellent', \
-0.7903178732866969), ('loved', -0.8276581288623271), ('wonderful', \
-0.8366806442056482), ('highly', -0.8808036787802515), ('enjoyable', \
-0.9099089096747288), ('favorite', -0.9140890439208232)]

print(similar('terrible'))

[('terrible', -0.0), ('poorly', -0.743657265653953l), ('lame', -0.7515908855558356), \
```

```
('disappointing', -0.776169872113042), ('mess', -0.7905753693182044), ('fails', \
-0.794331307577956), ('dull', -0.7980887062553197), ('avoid', -0.8158677823569627), \
('worse', -0.8372545413595637), ('save', -0.8495447242356247)]
```

可以看到，与 perfect 单词最相近的单词有 amazing、incredible、superb、excellent、loved、wonderful 等，在词义上，这些单词也与 perfect 相似；与 terrible 最相近的有 poorly、lame、disappointing、mess、fails、dull 等，在词义上，这些单词也与 terrible 相似。

为什么词嵌入会有这样的效果呢？我们先回忆一下图 10-3 所示的神经网络模型。在模型训练过程中，总的目标是使得损失函数 $\sum -(y_i \ln(p_i) + (1-y_i)\ln(1-p_i))$ 变小。也就是说，当 $y_i=1$ 或者观众的情绪是正面时，要让 p_i 尽可能大；当 $y_i=0$ 或者观众的情绪是负面时，要让 p_i 尽可能小。一种可能的情况是，从包含褒义词的评论都得到相近的 `layer_1`，由这些相近的 `layer_1` 都得到比较大的 p_i；同样地，从包含贬义词的评论都得到相近的 `layer_1`，由这些相近的 `layer_1` 都得到比较小的 p_i。从包含褒义词的评论都得到相近的 `layer_1` 的一种方式就是让褒义词具有相近的词嵌入；从包含贬义词的评论都得到相近的 `layer_1` 的一种方式就是让贬义词具有相近的词嵌入。也就是说，如果两个单词表达了相似的情绪，那么神经网络模型就有较大可能让这两个单词有相近的词嵌入。

10.3 循环神经网络

在本节中，我们将学习循环神经网络（Recurrent Neural Network, RNN）。先回顾词嵌入，以及建立的根据电影评论分析观众情绪的神经网络模型。我们依然关注神经网络模型中的词嵌入部分，即图 10-8 的虚线框部分。

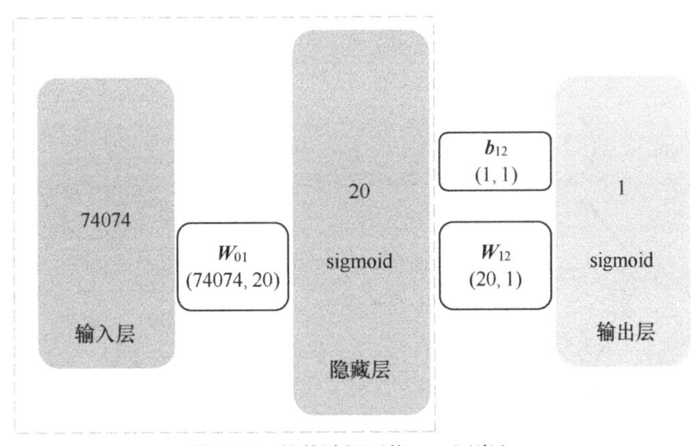

图 10-8　简单神经网络——词嵌入

为了更好地理解图 10-8 虚线框的运算，考虑一个简单例子。该例子中共有 5 个单词，分别是["I","love","deep","learning","story"]，5 个单词的编码分别是[0,1,2,3,4]，接着对 5 个单词做独热编码，且假设 $\boldsymbol{W}_{01}$ 的维度为 5×3。那么，在隐藏层中，对句子“I love deep learning”的编码就是矩阵 $\boldsymbol{W}_{01}$ 的前 4 行按列求和的结果，即 $\boldsymbol{W}_{01}[0,]+\boldsymbol{W}_{01}[1,]+\boldsymbol{W}_{01}[2,]+\boldsymbol{W}_{01}[3,]$，如图 10-9 所示。

这个模型实质还是普通的神经网络模型，只是在建模过程中，增加了对文字信息的处理。该模型有一个潜在缺陷——没有考虑句子的单词顺序。例如，“deep learning love I”的编码和“I love deep learning”是一样的。然而，我们希望神经网络模型能够考虑句子中的单词顺序，因为单词顺序可能影响最终预测结果，以及在更一般的情况下，考虑数据的序列信息。

我们先对图 10-9 中的计算做一个看似无用的变换。在图 10-9 中，“I love deep learning”的编码为 $\boldsymbol{W}_{01}[0,]+\boldsymbol{W}_{01}[1,]+\boldsymbol{W}_{01}[2,]+\boldsymbol{W}_{01}[3,]$。而在图 10-10 中，我们让“I”的词嵌入编码乘以一个单位矩阵（identity matrix），再加上“love”的词嵌入编码，所得到的和再乘以单位矩阵，等等。在这个简单的例子中，词嵌入维度为 3，单位矩阵为

$$\boldsymbol{I}=\boldsymbol{I}_3=\begin{pmatrix}1&0&0\\0&1&0\\0&0&1\end{pmatrix}$$

根据图 10-10，“I love deep learning”的编码为 $((\boldsymbol{W}_{01}[0,]\boldsymbol{I}_3+\boldsymbol{W}_{01}[1,])\boldsymbol{I}_3+\boldsymbol{W}_{01}[2,])\boldsymbol{I}_3+\boldsymbol{W}_{01}[3,]$。任何矩阵乘以单位矩阵都等于其本身，因此，图 10-10 和图 10-9 所示的两种计算方式的结果是完全一样的。

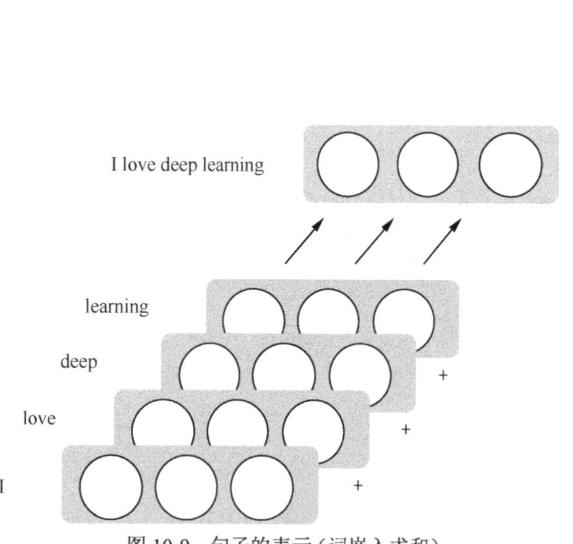

图 10-9　句子的表示（词嵌入求和）

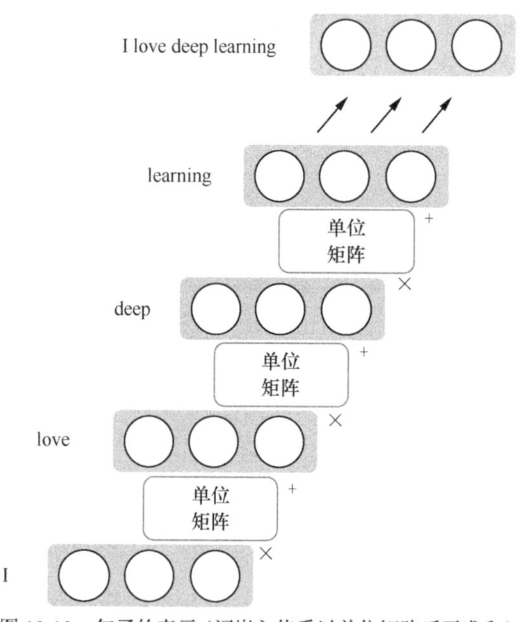

图 10-10　句子的表示（词嵌入值乘以单位矩阵后再求和）

我们也可以把图 10-10 所示的计算过程用图 10-11 表示。

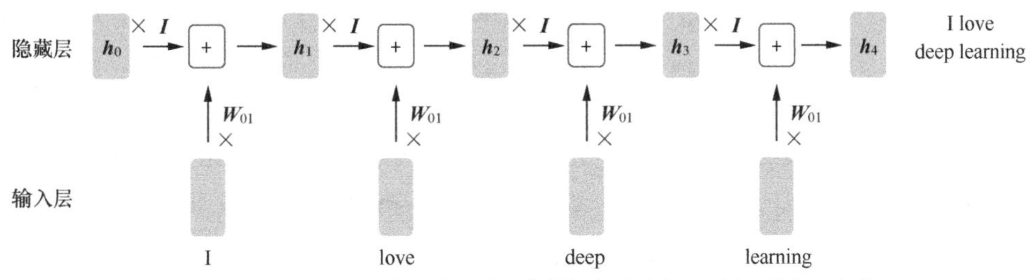

图 10-11 句子的表示（词嵌入编码乘以单位矩阵后再求和（第二种表示方式））

在图 10-11 中，隐藏层的矩形框从左到右分别记为 $\boldsymbol{h}_0$，$\boldsymbol{h}_1$，$\boldsymbol{h}_2$，$\boldsymbol{h}_3$，$\boldsymbol{h}_4$，其中，$\boldsymbol{h}_0$ 是一个元素全为 0 的矩阵。在这个简单的例子中，$\boldsymbol{h}_0$ 为一个维度为 3 的行向量，即 $\boldsymbol{h}_0=(0,0,0)$。图 10-11 中的计算方式为

$$\boldsymbol{h}_1=\boldsymbol{h}_0\boldsymbol{I}_3+\boldsymbol{W}_{01}[0,]$$
$$\boldsymbol{h}_2=\boldsymbol{h}_1\boldsymbol{I}_3+\boldsymbol{W}_{01}[1,]$$
$$\boldsymbol{h}_3=\boldsymbol{h}_2\boldsymbol{I}_3+\boldsymbol{W}_{01}[2,]$$
$$\boldsymbol{h}_4=\boldsymbol{h}_3\boldsymbol{I}_3+\boldsymbol{W}_{01}[3,]$$

句子“I love deep learning”的编码为 $\boldsymbol{h}_4$。同样地，$\boldsymbol{h}_4$ 等于图 10-9 所示的计算结果。

可以看到，$\boldsymbol{h}_4$ 等于神经网络模型（见图 10-8）的隐藏层。在图 10-11 中，增加一个输出层，神经网络即成为一个完整的神经网络。图 10-3 所示的具有一个隐藏层的神经网络模型也可以用图 10-12 的形式表示。

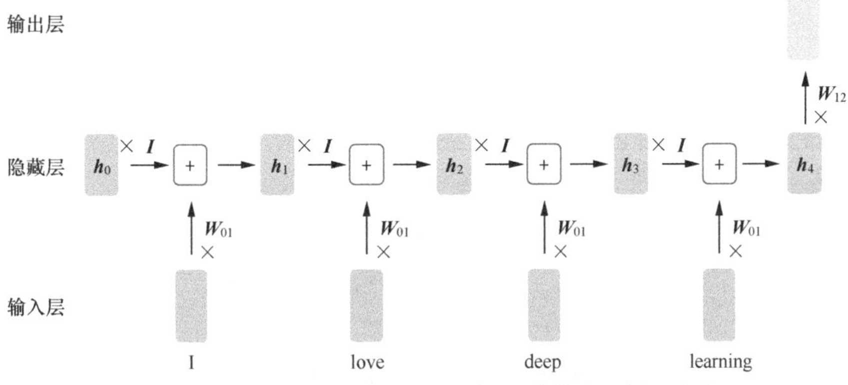

图 10-12 神经网络模型（图 10-3 所示神经网络的另一种表示方式）

到现在为止，我们用图 10-9、图 10-10、图 10-11 表示了同一个句子的编码，用图 10-8 和图 10-12 表示同一个神经网络模型。根据上面的分析，我们知道该模型无法考虑序列的关系。例如，输入“I love deep learning”和“deep learning love I”的预测结果将是一样的。现在，我们把上面的模型进一步推广，使模型可以考虑数据的序列关系。图 10-13 表示我们的第一个循

环神经网络，总体结构与图 10-12 类似，但是有 3 个不同点。

- 在图 10-12 中，$\boldsymbol{h}_0$，$\boldsymbol{h}_1$，$\boldsymbol{h}_2$，$\boldsymbol{h}_3$ 都乘以一个单位矩阵；但是，在图 10-13 中，$\boldsymbol{h}_0$，$\boldsymbol{h}_1$，$\boldsymbol{h}_2$，$\boldsymbol{h}_3$ 都乘以一个权重矩阵 $\boldsymbol{W}_{\text{hh}}$，$\boldsymbol{W}_{\text{hh}}$ 不是单位矩阵，将在模型训练中得到。注意，每一个 $\boldsymbol{h}_i(i=0,1,2,3)$ 都乘以同样的权重矩阵，记为 $\boldsymbol{W}_{\text{hh}}$（表示从隐藏层到隐藏层的权重矩阵）。
- 在图 10-12 中，$\boldsymbol{h}_i$ 是关于 $\boldsymbol{h}_{i-1}$ $(i=1,2,3,4)$ 的一个线性函数，例如，$\boldsymbol{h}_1=\boldsymbol{h}_0\boldsymbol{I}_{3\times3}+\boldsymbol{W}_{01}[0,]$；在图 10-13 中，计算 $\boldsymbol{h}_i$ 的过程中增加了一个激活函数，使得 $\boldsymbol{h}_i$ 是关于 $\boldsymbol{h}_{i-1}$ 的一个非线性函数。例如，$\boldsymbol{h}_1=f(\boldsymbol{h}_0\boldsymbol{W}_{\text{hh}}+\boldsymbol{W}_{01}[0,])$，$f(\cdot)$ 是一个激活函数。
- 符号略有不同。为了体现不同权重的功能，在图 10-13 中，我们把 $\boldsymbol{W}_{01}$ 记为 $\boldsymbol{W}_{\text{ih}}$（表示从输入层到隐藏层的权重），把 $\boldsymbol{W}_{12}$ 记为 $\boldsymbol{W}_{\text{ho}}$（表示从隐藏层到输出层的权重）。

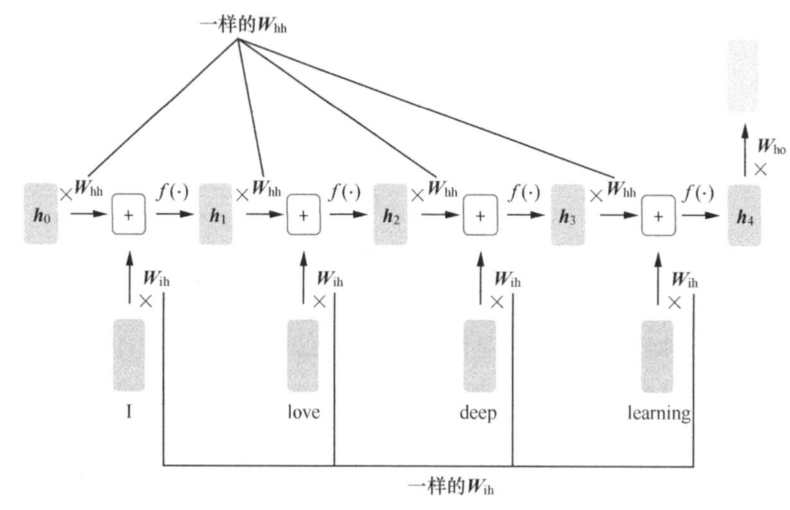

图 10-13　循环神经网络

下面列出了该循环神经网络模型的计算过程。在循环神经网络模型中，通常隐藏层到隐藏层和隐藏层到输出层的运算都包含截距项（分别为 $\boldsymbol{b}_{\text{hh}}$ 和 $\boldsymbol{b}_{\text{ho}}$）。为了更加简洁，图 10-13 省略了截距项 $\boldsymbol{b}_{\text{hh}}$ 和 $\boldsymbol{b}_{\text{ho}}$。

$$\boldsymbol{h}_1=f(\boldsymbol{h}_0\boldsymbol{W}_{\text{hh}}+\boldsymbol{x}_0\boldsymbol{W}_{\text{ih}}+\boldsymbol{b}_{\text{hh}})$$
$$\boldsymbol{h}_2=f(\boldsymbol{h}_1\boldsymbol{W}_{\text{hh}}+\boldsymbol{x}_1\boldsymbol{W}_{\text{ih}}+\boldsymbol{b}_{\text{hh}})$$
$$\boldsymbol{h}_3=f(\boldsymbol{h}_2\boldsymbol{W}_{\text{hh}}+\boldsymbol{x}_2\boldsymbol{W}_{\text{ih}}+\boldsymbol{b}_{\text{hh}})$$
$$\boldsymbol{h}_4=f(\boldsymbol{h}_3\boldsymbol{W}_{\text{hh}}+\boldsymbol{x}_3\boldsymbol{W}_{\text{ih}}+\boldsymbol{b}_{\text{hh}})$$
$$\text{output}=\text{sigmoid}(\boldsymbol{h}_4\boldsymbol{W}_{\text{ho}}+\boldsymbol{b}_{\text{ho}})$$

式中，$\boldsymbol{x}_0$，$\boldsymbol{x}_1$，$\boldsymbol{x}_2$，$\boldsymbol{x}_3$ 分别为“I love deep learning”中 4 个单词的独热码。

因为 $\boldsymbol{W}_{\text{hh}}$ 不再是单位矩阵，且引入了激活函数 $f(\cdot)$，“I love deep learning”的编码将会与“deep learning love I”不同。图 10-13 所示的模型即循环神经网络模型。在循环神经网络中，

$\boldsymbol{h}_0$，$\boldsymbol{h}_1$，$\boldsymbol{h}_2$，$\boldsymbol{h}_3$，$\boldsymbol{h}_4$都称为隐藏层。

有时候，为了方便，我们也会把循环神经网络画成图 10-14 所示的简洁形式。图 10-14 表示多个输入数据按顺序输入模型，最后得到一个输出值。就像电影评论数据中一样，输入评论的多个单词后，得到一条电影评论的预测值。

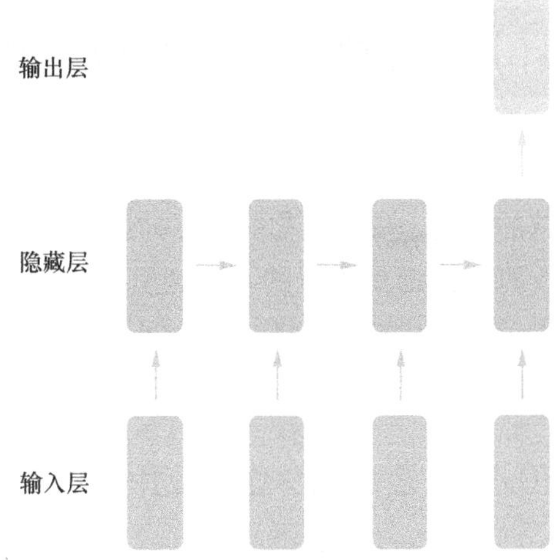

图 10-14　循环神经网络（简洁形式）

在实际应用中，根据任务，循环神经网络模型有多种不同的形式。下面列出了 5 种较常见的形式。

- 一个输入对一个输出（one to one），循环神经网络退化为普通的神经网络。
- 一个输入对多个输出（one to many），例如，输入是一幅图片，输出为图片的名称（名称为长度不固定的短语或者句子）。
- 多个输入对一个输出（many to one），例如，电影评论数据中，输入为评论（长度不固定且序列很重要的句子），输出为评论代表的观众情绪。
- 多个输入对多个输出（many to many），例如，对于机器翻译，输入为一句话（长度不固定且序列很重要的句子），输入整个句子之后，输出另一种语言的一句话（长度不固定且序列很重要的句子）。
- 多个输入对多个输出（many to many），例如，在识别视频中出现的物体时，输入为一长段视频，输出为每一小段视频中出现的物体。

图 10-15 展示了上面这 5 种循环神经网络的结构。

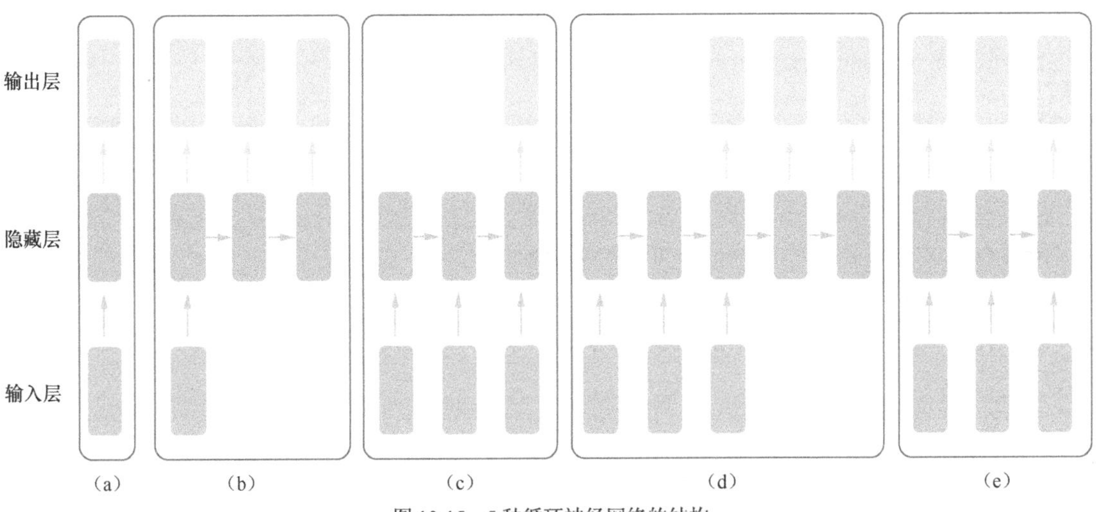

图 10-15　5 种循环神经网络的结构

10.4 从零开始实现循环神经网络

根据任务，循环神经网络的结构各异。但是，总的来说，每种结构的循环神经网络的基本原理和计算方法都是类似的。在这里，我们将以图 10-16 所示的循环神经网络结构为例学习循环神经网络模型的训练过程。

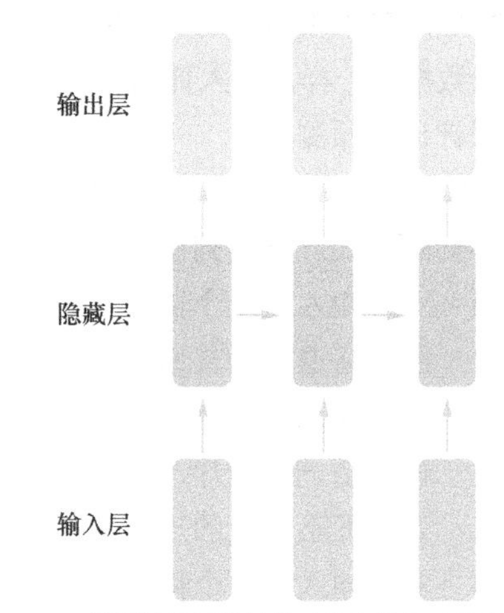

图 10-16　循环神经网络结构（多个输入对多个输出）

10.4.1　莎士比亚作品应用示例

在本节中，我们尝试一个非常具有挑战性的任务——像莎士比亚一样写作。具体来说，我们希望模型可以通过一些给定字符（字母、标点等符号），预测下一个字符。在训练模型时，使用莎士比亚的作品作为输入数据训练模型，因此，我们希望该模型的输出可以具备莎士比亚的风格。

首先，读入莎士比亚的作品。下面列出了莎士比亚的作品中的前 200 个字符，可以看到文本是以戏剧剧本形式呈现的。

```
np.random.seed(1)
with open("./data/shakespeare.txt", 'r') as file:
    data = file.read()
print(data[0:200])

First Citizen:
Before we proceed any further, hear me speak.

All:
Speak, speak.

First Citizen:
You are all resolved rather to die than to famish?

All:
Resolved. resolved.

First Citizen:
First, you
```

然后，简单处理数据。chars 包含了作品中出现的 65 个字符，包括英文大小写字母、标点符号、空格符、换行符等。载入的莎士比亚作品包含了 1115394 个字符。同时，我们还为每个字符创建了编号，得到两个字典型数据——char_to_indx 和 index_to_char。char_to_indx 把字符对应到编码，index_to_char 把编码对应到字符。

```
chars = list(set(data))
data_size, vocab_size = len(data), len(chars)
print ('
Data has %d characters, and %d unique ones.' % (data_size, vocab_size))
char_to_index = { ch:i for i,ch in enumerate(chars) }
index_to_char = { i:ch for i,ch in enumerate(chars) }

Data has 1115394 characters, and 65 unique ones.
```

下面列出了 char_to_indx 中的 10 个元素，字母 T 的编号为 0，字母 g 的编号为 1，依次类推。

```
dict(list(char_to_index.items())[0:10])
{'T': 0, 'g': 1, 'M': 2, 't': 3, 'h'
: 4, '3': 5,\
 'N': 6, 'o': 7, 'B': 8, 'O': 9}
```

在正式开始实现循环神经网络模型之前，我们先看一个简单的例子，较直观地了解如何根据一些字符预测下一个字符。现在，假设训练数据很简单，只有一个单词——hello。这时，chars 包含 4 个字符，即['h','e','l','o']，这 4 个字符分别编码为{'h':0, 'e':1, 'l':2, 'o':3}，这 4 个字符的独热码分别为

$$\begin{pmatrix}1\\0\\0\\0\end{pmatrix}\quad\begin{pmatrix}0\\1\\0\\0\end{pmatrix}\quad\begin{pmatrix}0\\0\\1\\0\end{pmatrix}\quad\begin{pmatrix}0\\0\\0\\1\end{pmatrix}$$

在训练模型时，计算流程如下所示。

（1）输入字符 h，得到输出层中各个字母的概率值，然后依据这些概率值，随机抽取一个字符，计算损失函数。

（2）输入 e，通过 h和e 得到输出层中各个字母的概率值，然后依据这些概率值，随机抽取一个字符，计算损失函数。

（3）输入 l，通过 h、e和l 得到输出层中各个字母的概率值，然后依据这些概率值，随机抽取一个字符，计算损失函数。

（4）输入 l，通过 h、e、l和l 得到输出层中各个字母的概率值，然后依据这些概率值，随机抽取一个字符，计算损失函数。

模型的训练过程如图 10-17 所示。

在使用模型时，计算流程如下所示。

（1）输入字符 h，得到输出层中各个字母的概率值，然后依据这些概率值，随机抽取一个字符，例如，抽取到字符 e。

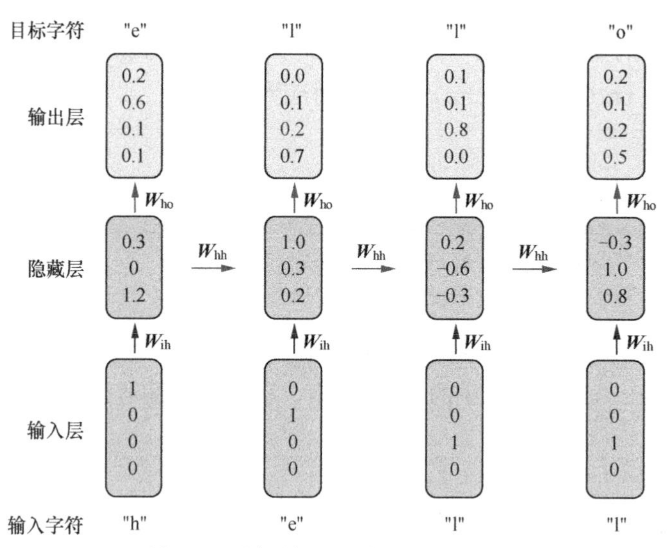

图 10-17　循环神经网络模型的训练过程

（2）输入抽取到的字符e，通过h与e，得到输出层中各个字母的概率值，然后依据这些概率值，随机抽取一个字符，例如，抽取到字符o。

（3）输入o，通过h、e与o，得到输出层中各个字母的概率值，然后依据这些概率值，随机抽取一个字符，例如，抽取到字符l。

（4）输入l，通过h、e、o与l，得到输出层中各个字母的概率值，然后依据这些概率值，随机抽取一个字符，例如，抽取到字符o。

模型的预测过程如图 10-18 所示。

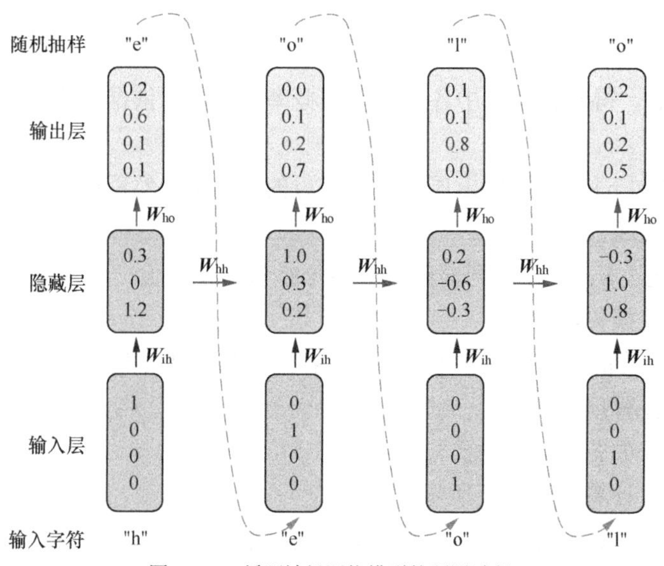

图 10-18　循环神经网络模型的预测过程

10.4.2 正向传播算法

我们开始学习循环神经网络模型的具体训练方法。图 10-13 所示的模型中有 5 个需要训练的参数，即 3 个权重矩阵($\boldsymbol{W}_{\text{ih}}$，$\boldsymbol{W}_{\text{hh}}$，$\boldsymbol{W}_{\text{ho}}$)和两个截距项向量($\boldsymbol{b}_{\text{hh}}$，$\boldsymbol{b}_{\text{ho}}$)。图 10-19 所示为图 10-13 中循环神经网络的正向传播算法计算过程。该图省略了截距项 $\boldsymbol{b}_{\text{hh}}$ 和 $\boldsymbol{b}_{\text{ho}}$。图 10-19 看上去非常复杂，其实我们只要看明白了虚线框部分便可以明白整个计算过程。整个计算过程只是重复虚线框中的计算 4 次。在简单的例子中，$\boldsymbol{x}_0$，$\boldsymbol{x}_1$，$\boldsymbol{x}_2$，$\boldsymbol{x}_3$ 分别为 h，e，l，l 的独热编码；$\boldsymbol{y}_0$，$\boldsymbol{y}_1$，$\boldsymbol{y}_2$，$\boldsymbol{y}_3$ 分别为 e，l，l，o 的独热码；$\boldsymbol{h}_{-1}$ 为一个维度元素全为 0 的行向量。输入数据为 $\boldsymbol{x}_0,\boldsymbol{x}_1,\boldsymbol{x}_2,\boldsymbol{x}_3$，目标数据为 $\boldsymbol{y}_0,\boldsymbol{y}_1,\boldsymbol{y}_2,\boldsymbol{y}_3$。注意，在这里，初始隐藏层记为 $\boldsymbol{h}_{-1}$。

根据图 10-19，对于简单例子，正向传播算法的计算步骤可以用如下文字描述。

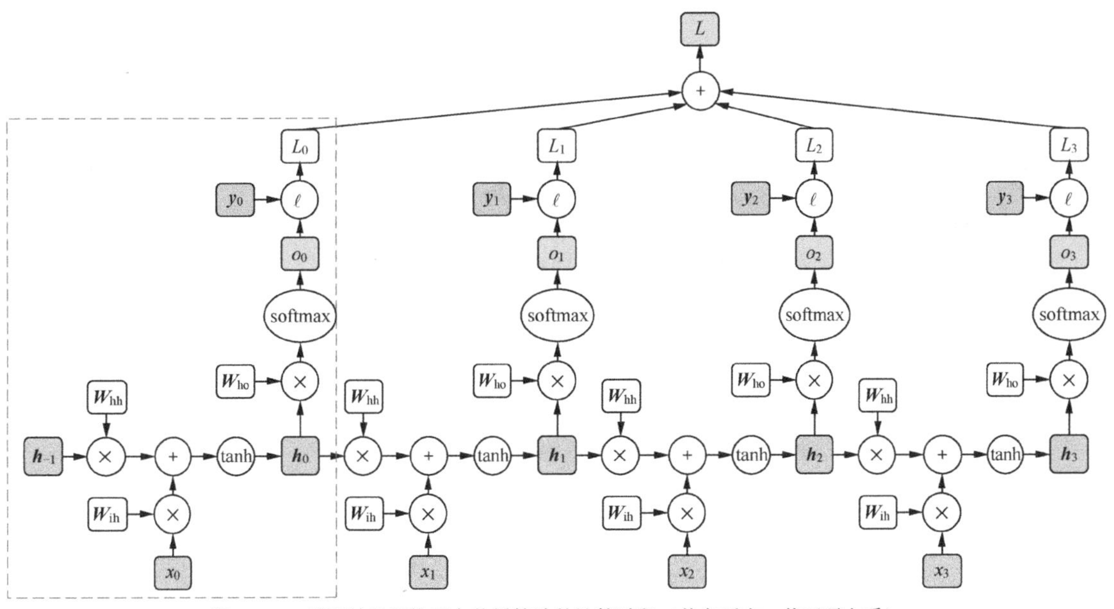

图 10-19 循环神经网络正向传播算法的计算过程（从左至右，从下至上看）

（1）输入数据 $\boldsymbol{x}_0,\boldsymbol{x}_1,\boldsymbol{x}_2,\boldsymbol{x}_3$，目标数据 $\boldsymbol{y}_0,\boldsymbol{y}_1,\boldsymbol{y}_2,\boldsymbol{y}_3$，初始隐藏层 $\boldsymbol{h}_{-1}$。

（2）循环，令 $t=0,1,2,3$。

① 计算隐藏层 $\boldsymbol{h}_t$，$\boldsymbol{h}_t = f((\boldsymbol{h}_{t-1}\boldsymbol{W}_{\text{hh}} + \boldsymbol{b}_{\text{hh}}) + \boldsymbol{x}_t\boldsymbol{W}_{\text{ih}})$。

② 计算输出值，$\boldsymbol{o}_t = \text{softmax}(\boldsymbol{h}_t\boldsymbol{W}_{\text{ho}} + \boldsymbol{b}_{\text{ho}})$。

③ 计算损失函数，$L_t = \ell(\boldsymbol{y}_t, \boldsymbol{o}_t)$。在莎士比亚写作的例子中，采用交叉熵作为损失函数。

（3）计算损失函数，损失函数为 4 个输出值 $\boldsymbol{o}_0,\boldsymbol{o}_1,\boldsymbol{o}_2,\boldsymbol{o}_3$ 对应的损失函数的和，即 $L = L_0 + L_1 + L_2 + L_3$。

在下面的代码中，逐步定义函数 `lossFun()`，该函数有 3 个参数。

- inputs：当前输入的字符编号。
- targets：目标字符编号。
- prev_hidden：前一个隐藏层的状态，初始值为元素全为 0 的向量。

函数 lossFun()的第一部分实现了正向传播算法。需要训练的参数有 5 个，即 $\boldsymbol{W}_{ih}$，$\boldsymbol{W}_{hh}$，$\boldsymbol{W}_{ho}$，$\boldsymbol{b}_{hh}$，$\boldsymbol{b}_{ho}$。$\boldsymbol{W}_{ih}$，$\boldsymbol{W}_{hh}$，$\boldsymbol{W}_{ho}$ 都从方差为10^{-4}的正态分布产生；$\boldsymbol{b}_{hh}$，$\boldsymbol{b}_{ho}$ 的初始值都设为 0。这里使用 tanh 函数作为隐藏层的激活函数。需要注意的是，图 10-19 中的正向传播算法计算过程是根据简单例子画的（输入序列的长度固定为 4）；在函数 lossFun()中，我们对一般的情况进行编程（允许输入序列长度是给定的任意数）。

```
"""
参数初始化
w_ih: 从输入层到隐藏层的权重矩阵
w_hh: 从隐藏层到隐藏层的权重矩阵
w_ho: 从隐藏层到输出层的权重矩阵
b_hh：从隐藏层到隐藏层的截距项
b_ho：从隐藏层到输出层的截距项
"""
hidden_size = 20
w_ih = np.random.randn(vocab_size, hidden_size)*0.01
w_hh = np.random.randn(hidden_size, hidden_size)*0.01
w_ho = np.random.randn(hidden_size, vocab_size)*0.01
b_hh = np.zeros((1, hidden_size))
b_ho = np.zeros((1, vocab_size))

"""
函数 lossFun()的正向传播算法部分
inputs, targets：输入数据、目标数据，都是整数序列(字符编码)
prev_hidden: 隐藏层初始值
返回损失函数、参数梯度及最后一个隐藏层
"""
def lossFun(inputs, targets, prev_hidden):

    input_states, hidden_states, output_states = {}, {}, {}
    hidden_states[-1] = np.copy(prev_hidden)
    loss = 0

    # 第一部分：正向传播算法
    for t in range(len(inputs)):
        # 字符的独热码
        input_states[t] = np.zeros((1, vocab_size))
        input_states[t][0, inputs[t]] = 1
        # 计算隐藏层的值
        hidden_states[t] = np.tanh(np.dot(input_states[t], w_ih)\
                  + (np.dot(hidden_states[t-1], w_hh) + b_hh))
```

```
        # 计算输出层加权值
        logits = np.dot(hidden_states[t], w_ho) + b_ho
        # 计算输出层的值
        output_states[t] = np.exp(logits) / np.sum(np.exp(logits))
        # 预测误差
        loss += -np.log(output_states[t][0, targets[t]])
```

10.4.3 反向传播算法

现在介绍反向传播算法。把正向传播算法计算过程中的箭头都取反方向，即得到反向传播算法的计算过程，如图 10-20 所示。

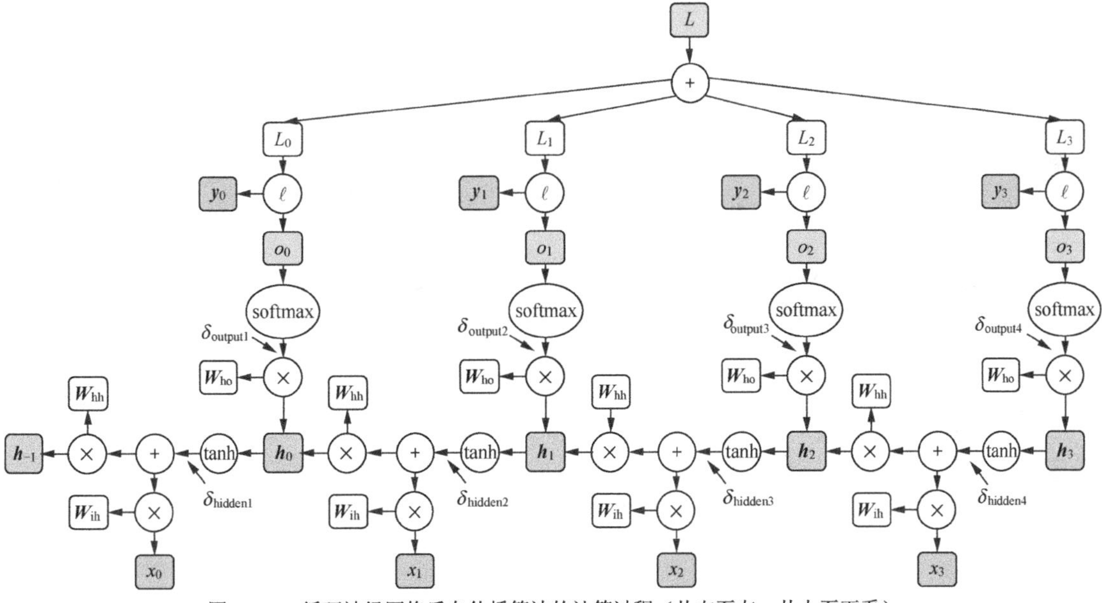

图 10-20 循环神经网络反向传播算法的计算过程（从右至左，从上至下看）

根据反向传播算法的计算过程，按照如下步骤计算 $\boldsymbol{W}_{\text{ih}}$，$\boldsymbol{W}_{\text{hh}}$，$\boldsymbol{W}_{\text{ho}}$，$\boldsymbol{b}_{\text{hh}}$，$\boldsymbol{b}_{\text{ho}}$ 的梯度。

（1）$\dfrac{\partial L}{\partial \boldsymbol{W}_{\text{ho}}}$，$\dfrac{\partial L}{\partial \boldsymbol{b}_{\text{ho}}}$，$\dfrac{\partial L}{\partial \boldsymbol{W}_{\text{hh}}}$，$\dfrac{\partial L}{\partial \boldsymbol{b}_{\text{hh}}}$，$\dfrac{\partial L}{\partial \boldsymbol{W}_{\text{ih}}}$ 的初始值都设为 0，维度分别与 $\boldsymbol{W}_{\text{ho}}$，$\boldsymbol{b}_{\text{ho}}$，$\boldsymbol{W}_{\text{hh}}$，$\boldsymbol{b}_{\text{hh}}$，$\boldsymbol{W}_{\text{ih}}$ 相同。设置 `grad_hidden_next` 的初始值全为 0，维度与隐藏层的维度相同。

（2）循环，令 $t = 3, 2, 1, 0$。

（3）计算 delta_output_t（由图 10-20 中 softmax 函数处的箭号标记），$\text{delta\_output}_t = \boldsymbol{o}_t - \boldsymbol{y}_t$（假设输出层的激活函数为 softmax）。

（4）计算 L_t 关于 $\boldsymbol{W}_{\text{ho}}$，$\boldsymbol{b}_{\text{ho}}$ 的梯度。

$$\frac{\partial L_t}{\partial \boldsymbol{W}_{\text{ho}}} = \boldsymbol{h}_t^{\top}(\boldsymbol{o}_t - \boldsymbol{y}_t)，\quad \frac{\partial L_t}{\partial \boldsymbol{b}_{\text{ho}}} = (\boldsymbol{o}_t - \boldsymbol{y}_t)$$

（5）分别按照 $\frac{\partial L_t}{\partial \boldsymbol{W}_{\text{ho}}}$，$\frac{\partial L_t}{\partial \boldsymbol{b}_{\text{ho}}}$ 递增 $\frac{\partial L}{\partial \boldsymbol{W}_{\text{ho}}}$ 和 $\frac{\partial L}{\partial \boldsymbol{b}_{\text{ho}}}$ 。

（6）计算 L_t 关于 $\boldsymbol{h}_t$ 的梯度。

$$\frac{\partial L_t}{\partial \boldsymbol{h}_t} = (\boldsymbol{o}_t - \boldsymbol{y}_t)\boldsymbol{W}_{\text{ho}}^{\top}$$

（7）计算 delta_hidden_t（由图 10-20 中 tanh 函数处的箭号标记）。

$$\text{delta\_hidden}_t = \left(\frac{\partial L_t}{\partial \boldsymbol{h}_t} + \text{grad\_hidden\_next}\right) \circ (1 - \boldsymbol{h}_t^2)$$

（8）分别按照 $\boldsymbol{h}_{t-1}^{\top}\text{delta\_hidden}_t, \boldsymbol{x}_t^{\top}\text{delta\_hidden}_t, \text{delta\_hidden}_t$，递增 L 关于 $\boldsymbol{W}_{\text{hh}}$，$\boldsymbol{W}_{\text{ih}}$，$\boldsymbol{b}_{\text{hh}}$ 的梯度。

（9）计算 grad_hidden_next，$\text{grad\_hidden\_next} = \text{delta\_hidden}_t \boldsymbol{W}_{\text{hh}}^{\top}$ 。

在函数 lossFun()的第二部分，根据上面的算法编程实现了反向传播算法。为了使梯度下降法的迭代更平稳，在函数 lossFun()中，使用函数 np.clip()对参数梯度进行截断，把参数梯度控制在 $-2 \sim +2$ 。

```
"""
inputs, targets: 输入数据，目标数据，都是整数序列(字符编码)
prev_hidden: 隐藏层初始值
返回损失函数，参数梯度，最后一个隐藏层
"""
def lossFun(inputs, targets, prev_hidden):

    input_states, hidden_states, output_states = {}, {}, {}
    hidden_states[-1] = np.copy(prev_hidden)
    loss = 0

    # 第一部分：正向传播算法
    for t in range(len(inputs)):
        input_states[t] = np.zeros((1, vocab_size))
        input_states[t][0, inputs[t]] = 1
        hidden_states[t] = np.tanh(np.dot(input_states[t], w_ih)
                  + (np.dot(hidden_states[t-1], w_hh) + b_hh))
        logits = np.dot(hidden_states[t], w_ho) + b_ho
        output_states[t] = np.exp(logits)/np.sum(np.exp(logits))
        loss += -np.log(output_states[t][0, targets[t]])

    # 第二部分：反向传播算法
    grad_w_ih, grad_w_hh, grad_w_ho = np.zeros_like(w_ih), \
                    np.zeros_like(w_hh), np.zeros_like(w_ho)
    grad_b_hh, grad_b_ho = np.zeros_like(b_hh), np.zeros_like(b_ho)
    grad_hidden_next = np.zeros_like(hidden_states[0])
    for t in reversed(range(len(inputs))):
```

```
        delta_output = np.copy(output_states[t])
        delta_output[0,targets[t]] -= 1
        grad_w_ho += np.dot(hidden_states[t].T, delta_output)
        grad_b_ho += delta_output
        grad_hidden = np.dot(delta_output, w_ho.T) + grad_hidden_next
        delta_hidden = (1 - hidden_states[t]*hidden_states[t])* grad_hidden

        grad_b_hh += delta_hidden
        grad_w_ih += np.dot(input_states[t].T, delta_hidden)
        grad_w_hh += np.dot(hidden_states[t-1].T, delta_hidden)
        grad_hidden_next = np.dot(delta_hidden, w_hh.T)
    for grad_param in [grad_w_ih, grad_w_hh, grad_w_ho, grad_b_hh, grad_b_ho]:

        np.clip(grad_param, -2, 2, out=grad_param)
    return loss, grad_w_ih, grad_w_hh, grad_w_ho, grad_b_hh, \
                    grad_b_ho, hidden_states[len(inputs)-1]
```

下面定义函数 sample()。该函数有两个参数，init_chars 为输入的小段初始字符序列，n 为输出的字符长度。在函数 sample() 中，通过 init_chars 的字符序列得到一个隐藏层状态 hidden。在产生字符序列的过程中，每次输入一个字符，通过正向传播算法得到下一个字符的预测概率向量。然后依据该预测概率向量随机抽取下一个字符，再把抽取到的字符作为输入字符。

```
# 函数 sample()，使用正向传播算法，通过随机抽样得到预测字符
def sample(init_chars, n):
    """
      从模型中随机抽样，得到一个正数序列
      h 是隐藏层状态
    """
    hidden = np.zeros((1, hidden_size))
    s = []
    for t in range(len(init_chars) + n):
        if t < (len(init_chars)):
            ix = char_to_index[init_chars[t]]
            input = np.zeros((1, vocab_size))
            input[0, ix] = 1
        else:
            logits = np.dot(hidden, w_ho) + b_ho
            prob = np.exp(logits) / np.sum(np.exp(logits))
            ix = np.random.choice(range(vocab_size),    \
                                  p=prob.ravel())
            input = np.zeros((1,vocab_size))
            input[0,ix] = 1

        hidden = np.tanh(np.dot(input, w_ih) + \
                         (np.dot(hidden, w_hh) + b_hh))
        s.append(ix)
```

```
    return s
```

最后，使用上面定义的函数 lossFun() 训练模型，并且使用函数 sample() 得到预测字符序列。循环神经网络中字符序列长度为 25。为了让训练过程更加稳定，我们使用了两个小技巧。

- smooth_loss 的初始值为一个较大的数。在训练过程中，每次小比例更新训练误差。这可以让输出的损失函数的值更加平稳。
- 当更新权重和截距项时，令梯度除以对应梯度累加和的平方根。这可以让学习步长逐步变小。

每迭代 10 次，我们以 First Citizen 为起始序列随机抽样产生 200 个字符。

```
epochs = 30
# 超参数设置：隐藏层长度、输入序列长度、学习步长
hidden_size, seq_length, lr = 20, 25, 0.1
seq_num = int((len(data)-1)/seq_length)

# 设置累积梯度初始值
mem_w_ih, mem_w_hh, mem_w_ho = np.zeros_like(w_ih), \
                    np.zeros_like(w_hh), np.zeros_like(w_ho)
mem_b_hh, mem_b_ho = np.zeros_like(b_hh), np.zeros_like(b_ho)

smooth_loss = -np.log(1.0/vocab_size)*seq_length
for e in range(epochs):
    prev_hidden = np.zeros((1, hidden_size))
    for i in range(seq_num):
        # 准备输入数据、输出数据
        seq_start, seq_end = i*seq_length, (i+1)*seq_length
        inputs = [char_to_index[ch] for ch in \
                           data[seq_start:seq_end]]
        targets = [char_to_index[ch] for ch  in \
                       data[(seq_start+1):(seq_end+1)]]

        # 调用函数 lossFun，得到预测误差、参数梯度、隐藏层
        loss, grad_w_ih, grad_w_hh, grad_w_ho, grad_b_hh,\
         grad_b_ho, prev_hidden = \
                  lossFun(inputs, targets, prev_hidden)
        smooth_loss = smooth_loss * 0.999 + loss * 0.001

        for param, grad_param, mem in \
            zip([w_ih, w_hh, w_ho, b_hh, b_ho],\
                [grad_w_ih, grad_w_hh, grad_w_ho, grad_b_hh, grad_b_ho],\
                [mem_w_ih, mem_w_hh, mem_w_ho, mem_b_hh, mem_b_ho]):
            mem += np.abs(grad_param)
            param -= lr * grad_param/np.sqrt(mem + 1e-8)
```

```
    # 随机抽样，得到预测结果
      if(e % 5 == 0 or e == (epochs - 1)):
          print('Epoch %d, loss: %f' % (e, smooth_loss))
          sample_ix = sample(data[0:14], 200)
          s = ''.join(index_to_char[ix] for ix in sample_ix)
          print('----\n %s \n----' % (s))

Epoch 0, loss: 53.249057
----
 First Citizen:
Kin'
 nstedyer sowi! Cear,
And a apdridbed your hiwith.
Pay the siges lare'
 shalles wils:
Aw.
Wo mime thou fe lpothes:
But tow thath, tive,
The theasptenttorp sang mususay that unate!
I.

SION:
A:
A o
----
Epoch 10, loss: 51.379775
----
 First Citizen: he it batticen aid my madlues dot wo dissienfop.

TERWIO:
I'
 fillrt.

ERSPERTIO:
Whous.

PBick:
SVouliges:
Tour nom xey now me trexturood
Andace in!

TANUMITABES:
Nor ber me tall anever have not thee
----
Epoch 20, loss: 51.202619
```

```
----
 First Citizen: couraly ud minn
Thriclion as saxt ene bo low my amis here ste?

GLENUC:

RDUTAY:
Mare may, I sheathr;

ID II
:
You, mord not sar more spicher ard,
I plofor:
Groek saands oable
-Pran; thin he cors Good
----
Epoch 29, loss: 51.090442
----
 First Citizen: thine on gide the ro beay that sho's for arrt in Frow to.
Their this stenive a. thou Torlans wasters gofe, reswaid:
Lattsent?
I.
But you, wralf faindowice, you, the maly il now you his tell prokes' l
----
```

10.5 本章小结

在本章中，我们主要学习了词嵌入和循环神经网络。词嵌入可以使用较少的维度对单词进行高效编码，而且意思相似的单词有着相近的词嵌入编码。通过建立隐藏层之间的关系，循环神经网络可以更加有效地使用数据的序列特征，从而提高神经网络模型的预测精度。

与之前学过的模型相比，循环神经网络模型的训练过程更加复杂。你可以尝试自己推导循环神经网络的正向传播算法、反向传播算法及独立从零开始实现循环神经网络模型，巩固自己对循环神经网络的理解。

从关于莎士比亚作品的例子可以看到，循环神经网络模型从莎士比亚的作品中学习了莎士比亚的部分风格，如输出的文本类似于剧本的形式，产生的字符中用空格分开不同的单词，用标点符号分开句子，有些单词的拼写是对的，等等。然而，总体来说，该循环神经网络模型的表现还远远没达到理想水平。在接下来的几章中，我们将学习在实践中常用的预测效果更好的循环神经网络模型。

习题

1．分析 IMDB 中的数据，建立图 10-3 所示的神经网络模型。在建模过程中，尝试使用计算 `layer_1` 和 `weights_0_1` 的方式，即使用矩阵乘法计算 `layer_1` 及 `weights_0_1` 的梯度。比较以前章节学习的计算方式和本章学习的计算方式的计算结果与运算时间。

2．分析 IMDB 中的数据，建立神经网络模型。如果我们把每条评论编码为单词出现的频率，模型的表现会更好吗？想想有什么办法可以改进模型。例如，and、you、the 等单词在每条评论中出现的频率都很高，但这些单词并没有提供有关观众情绪的信息。尝试去除诸如 and、you、the 之类的无用单词，判断预测准确度是否提高了。

3．在关于莎士比亚作品的示例中，尝试更长的输入，输出序列；尝试不同的隐藏层长度；尝试不同的梯度截断范围；看看不同的超参数设置对模型结果的影响。

4．在关于莎士比亚作品的示例中，我们对每个字母进行编码，逐次输入一个字符，预测一个字母。请尝试对每个单词进行编码，逐次输入一个单词，预测一个单词。这时，单词的数量将会很大，请使用词嵌入提高代码的运行效率。

第 11 章　搭建深度学习框架

在本章中，我们将自己搭建一个深度学习框架。除深度学习框架 TensorFlow 之外，还有其他性能优良的深度学习框架。为什么要自己搭建一个深度学习框架呢？原因有两点。

（1）搭建一个深度学习框架，有助于我们更加深入地了解深度学习的原理和实现过程，如自动求导和梯度下降法等。虽然自建的深度学习框架与 TensorFlow、PyTorch 等有很大不同，但是这依然可以帮助我们了解这些框架的特性，加深对已有深度学习框架的理解。

（2）我们将在第 12 章学习两种常用的循环神经网络——LSTM 和 GRU。这两种模型的结构比较复杂，计算过程也比较复杂。在自建框架下，我们可以更方便从零实现，且更好地理解 LSTM 网络和 GRU。

11.1 类 Tensor 和自动求导

11.1.1 类

与大多数编程语言一样，Python 允许创建面向对象的类（class）。类可以用来将数据与处理数据的代码相关联。类的这种特性可以降低程序设计和代码编写的复杂度，降低错误率，使得代码更容易维护和扩展。简单来讲，类是对现实生活中一类具有共同特征的事物的抽样，类的函数可以对类的数据进行处理。实例是具体的类的一个例子。例如，水果是一个类，而苹果是水果的一个实例，香蕉也是水果的一个实例。

Python 使用 `class` 创建类。每一个类都有一个特殊的函数——`__init__()`，其作用是初始化实例。在面向对象的术语中，类的函数也称为方法。下面的代码定义类 `abc`，它有两个函数——`__init__()`和 `add()`。

```
    class abc():
```

```
    def __init__(self, value=1):
        self.score = value
    def add(self, new_value):
        self.score += new_value
```

初学者可能会对函数__init__()的参数 self 有点疑惑。self 表示实例自己，是类的一个非常重要的参数。每一个类的函数都有参数 self。下面请看一个简单的例子。

```
a = abc()
b = abc(2)

print("a's score: "+str(a.score))
print("b's score: "+str(b.score))

a's score: 1
b's score: 2
```

在上面的代码中，创建实例的过程中具体发生了如下函数调用。

- a = abc()实际上调用了类 abc 的__init__()，等同于 abc().__init__(a)；这里，a 传给了参数 self，所以参数 self 表示实例自己。这里没有写明参数 value 的值，value 的默认值为1。因此，a = abc()也等同于 abc().__init__(a, 1)。在函数 abc().__init__(a, 1)中，令 self.score=value。这里，self 即 a，同时 value=1，因此，a.score 等于 1。
- b = abc(2)实际上也调用了类 abc 的函数__init__()，即 abc().__init__(b, 2)。这里，b 传给了参数 self，同时 value=2，因此 b.score = 2。

类 abc 包含唯一的数据（也称为属性）score。在 Python 中，使用实例名+点+属性名的方式调用属性，如 a.score。类 abc 中还有另一个函数 add()，该函数可以让属性 score 加 new_value。在类中，调用函数的方法是实例名+点+函数名，例如：

```
a.add(4)
print(a.score)
5
```

a.add(4)相当于调用了函数 abc().add(a, 4)。函数 add()中的 self 即 a，self.score += new_value 即令 a 的属性 score 加上 new_value。

类允许通过继承现有的其他类来创建一个新的类。新定义的类继承了原来的类的所有功能。类的继承可以减少创建类的工作量，提高代码的可拓展性。例如，通过继承类 abc，下面的代码创建类 ABC。

```
class ABC(abc):
    def __init__(self, other_score):
        super().__init__()              # 初始化类 abc 的属性
        self.other_score = other_score
    def substract(self):
        self.score = self.score - self.other_score
```

类ABC有两个属性，即score和other_score；还有两个方法，即add()和substract()。其中，属性 score、方法 add()继承自类 abc；类 ABC 新增了属性 other_score、方法 substract()。类ABC的使用方法和普通的类是一样的。

```
c = ABC(3)
print("c's score: " + str(c.score))
print("c's other_score: " + str(c.other_score))

c's score: 1
c's other_score: 3

c.add(10)
print("c's score: " + str(c.score))
print("c's other_score: " + str(c.other_score))

c's score: 11
c's other_score: 3

c.substract()

print("c's score: " + str(c.score))
print("c's other_score: " + str(c.other_score))

c's score: 8
c's other_score: 3
```

关于类的定义和使用，本节先介绍这么多。接下来，我们将使用类搭建一个神经网络框架。在这个过程中，我们可以继续学习和理解类。

11.1.2　类 Tensor

到目前为止，我们学习了普通神经网络、卷积神经网络和循环神经网络。回忆和总结学过的知识可以发现，神经网络模型中需要保存的数据主要是各个层（输入层、隐藏层和输出层）和连接各个层的权重。层和权重可以使用向量、矩阵或者张量表示。矩阵是一个 2 维的张量，向量是一个 1 维的张量。因此，张量可以用来保存神经网络层和权重的数据。在自建的框架中，首先定义类 Tensor。类 Tensor 的基本结构可以使用以下代码定义。

```
import numpy as np

class Tensor():
    def __init__(self, data):
        self.data = np.array(data)

    def __add__(self, other):
        return Tensor(self.data + other.data)
```

```
    def __repr__(self):
        return str(self.data.__repr__())

    def __str__(self):
        return str(self.data.__str__())
```

现在，类 Tesnor 包含了 4 个函数。

- 类的初始化函数__init__(self, data)：设置类的 data 属性的值。
- 加法函数__add__()：两个 Tensor 对象相加，对应的属性值 data 相加，返回一个 Tensor 对象。
- 两个标准的类函数__repr__()和__str__()：这两个函数可以把 Tensor 对象的属性 data 用字符串表示，方便输出。

下面创建一个 Tensor 实例 x。

```
x = Tensor([1, 2, 3])
print(x)

[1 2 3]

y = x.__add__(x)
print(y)
[2 4 6]
```

x.__add__(x)的计算结果 y 是一个 Tensor 对象，y 的元素值为 x 的元素值的 2 倍。在 Python 中，部分函数的名称两边各有两条下画线，这类函数称为魔法函数，可用于运算符重载。例如，函数__add__()可以重载加法运算符“+”。类 Tensor 定义了函数__add__()，因此类 Tensor 可以使用加号，即 x.__add__(x)等同于 x+x。

```
z = x + x
print(z)

[2 4 6]
```

11.1.3 自动求导

在前面章节中，当我们从零建立神经网络模型时，我们需根据反向传播算法的计算流程自行推导所有权重的导数，然后在代码中根据权重导数公式实现权重导数的计算过程，最后根据梯度下降法训练模型。TensorFlow 则可以自动计算权重导数，并实现梯度下降法。反向传播算法是神经网络训练过程中最繁杂、最容易出错的部分，如果算法可以自动求权重导数，则可以极大地减少编写代码的工作量，减少错误。因此，我们希望自建的深度学习框架也可以实现自动求导。为此，在类 Tensor 中定义函数 backward()。

下面对类 Tensor 的基本结构进行了修改，请注意添加或者修改了哪些代码。

```
import numpy as np

class Tensor():

    # 修改函数__init__()，增加 3 个属性
    def __init__(self, data, creators=None, creation_op=None):
        self.data = np.array(data)
        self.creation_op = creation_op
        self.creators = creators
        self.grad = None

    # 修改函数__add__()
    def __add__(self, other):
        return Tensor(self.data + other.data, \
                      creators=[self, other], \
                      creation_op="add")

    # 增加函数 backward()
    def backward(self, grad=None):
        if self.grad is None:
            self.grad = grad
        else:
            self.grad += grad
        if(self.creation_op == "add"):
            self.creators[0].backward(self.grad)
            self.creators[1].backward(self.grad)

    def __repr__(self):
        return str(self.data.__repr__())

    def __str__(self):
        return str(self.data.__str__())
```

上面代码修改了两个函数，即__init__()和__add__()，并增加了一个函数 backward()。

（1）修改初始化函数__init__()，为 Tensor 增加 3 个属性。

- creators：用于记录当前创建的 Tensor 对象的来源。
- creation_op：用于记录当前创建的 Tensor 对象的计算方法。
- grad：当前创建的 Tensor 对象的导数，默认值为 None。

（2）修改求和函数__add__()。这里可以看到初始化函数__init__()中两个新参数 creators 和 creation_op 的作用。函数__add__()计算 Tensor 对象 self 和 other 的和，返回一个 Tensor 对象。返回的 Tensor 对象的 creators 设为[self, other]，creation_op 设为"add"。

（3）增加自动求导函数 backward()。当 self.creation_op=="add"时，计算当前对象的所有 creators 的导数。

下面是一个简单的例子。创建 Tensor 实例 x 和 y，并求和，和记为 z。假设进一步通过 z 计算损失函数 L，且损失函数 L 关于 z 的偏导数为[1,1,1]。损失函数 L 关于 x 和 y 的导数分别是什么？

```
x = Tensor([1,2,3])
y = Tensor([4,5,6])
z = x + y

# 假设损失函数 L 关于 z 的偏导数为[1,1,1]
# 求损失函数 L 关于 x 和 y 的偏导数
z.backward(Tensor(np.array([1,1,1])))

print(x.grad)
print(y.grad)

[1 1 1]
[1 1 1]

print(z.creators)
print(z.creation_op)

[array([1, 2, 3]), array([4, 5, 6])]
add
```

计算 $z=x+y$ 的过程，实质上是建立图 11-1（a）所示的正向传播算法的计算图。

当调用函数 z.backward(Tensor(np.array([1,1,1])))时，函数 backward()根据建立好的计算图，依次计算 x 和 y 的导数，而且 x 和 y 的导数等于 z 的导数，如图 11-1（b）所示。

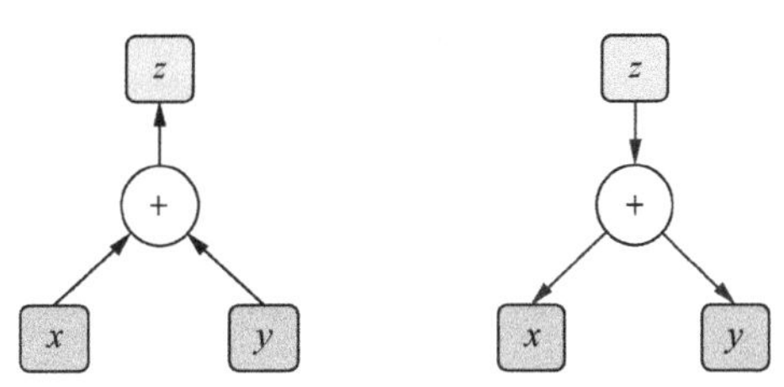

（a）正向传播算法的计算图　　（b）反向传播算法的计算图

图 11-1　$z=x+y$ 的正向传播算法和反向传播算法计算图

总体来说，上面定义的 Tensor 在进行加法运算时可以自动建立计算图，函数 backward()可以实现递归算法，自动根据计算图逐步计算每一个 Tensor 对象的导数。我们尝试一个稍微复杂的计算，如图 11-2 所示。

a 和 b 为 e 的 creators，c 和 d 为 f 的 creators，e 和 f 为 g 的 creators。

在计算导数时，先计算 e 的导数，然后计算 a 和 b 的导数，接着计算 f 的导数，接下来，计算 c 和 d 的导数。最终得到 a，b，c，d 的导数。作为示例，下面的代码输出了 a 的导数。我们可以逐个查看 a，b，c，d 的导数，这些变量的导数都是[1 1 1]。在这个例子中，函数 backward()正确地求出所有变量的导数。请认真思考函数 backward()的计算过程，确保自己完全明白其中的递归过程。

```
a = Tensor([1,2,3])
b = Tensor([2,2,2])
```

```
c = Tensor([4,5,6])
d = Tensor([-1,-2,-3])
e = a + b
f = c + d
g = e + f
g.backward(Tensor(np.array([1,1,1])))

print(a.grad)
[1 1 1]
```

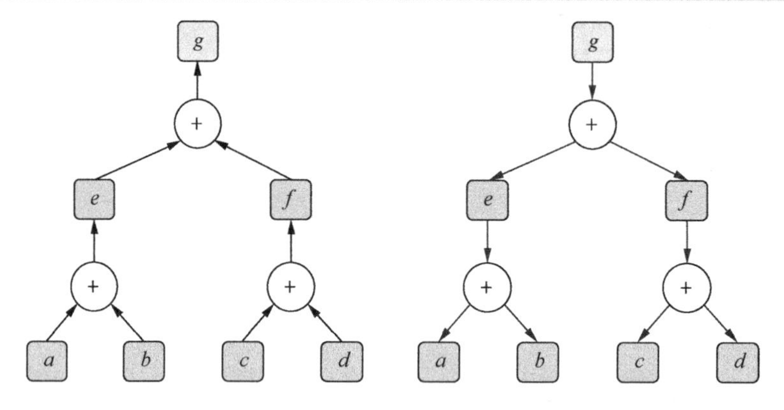

（a）正向传播算法的计算图　　（b）反向传播算法的计算图

图 11-2　$e=a+b$，$f=c+d$，$g=e+f$ 的正向传播算法和反向传播算法的计算图

再看另外一个例子，计算过程如图 11-3 所示。

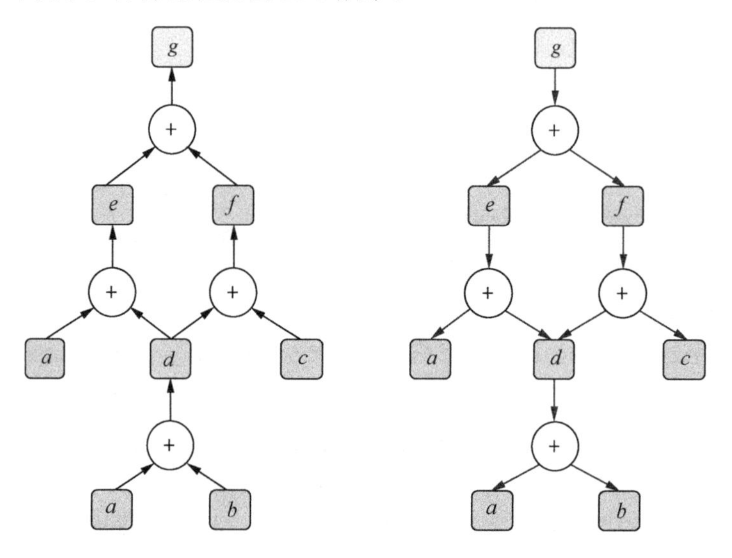

（a）正向传播算法的计算图　　（b）反向传播算法的计算图

图 11-3　$d=a+b$，$e=a+d$，$f=d+c$，$g=e+f$ 的正向传播算法和反向传播算法的计算图

```
a = Tensor([1,2,3])
b = Tensor([2,2,2])
c = Tensor([4,5,6])
d = a + b
e = a + d
f = d + c
g = e + f
g.backward(Tensor(np.array([1,1,1])))
print(a.grad)
print(b.grad)

[4 4 4]
[3 3 3]
```

在计算 g 的过程中，b 实际上出现了 2 次，a 出现了 3 次（因为 d 被加了 2 次）。因此，a 的导数应为[3, 3, 3]，b 的导数应为[2, 2, 2]。然而，由函数 `backward()` 得到的 a 的导数为[4, 4, 4]，b 的导数为[3, 3, 3]。函数 `backward()` 的求导结果是错误的。

下面详细分析函数 `g.backward(Tensor(np.array([1,1,1])))` 的计算过程。

首先，计算 e 的导数，然后计算 a 和 d 的导数（这时，a 的导数为[1, 1, 1]）。然后，计算 a 和 b 的导数（这时，a 的导数为[2, 2, 2]，b 的导数为[1, 1, 1] ）。

接着，计算 f 的导数，计算 d 的导数（这时，d 的导数为[2, 2, 2]）。接下来，计算 a 和 b 的导数（这时，a 的导数为[4, 4, 4]，b 的导数为[3, 3, 3]）。最后，计算 c 的导数。

从上面的分析可以看到，在求导过程中，a 和 b 都多算了一次。进一步观察图 11-3 中的计算图可以知道正确的计算过程应该是如下所述的。

首先，计算 e 的导数。然后，计算 a 和 d 的导数（这时，a 和 d 的导数都是[1, 1, 1]）。

接着，计算 f 的导数，计算 d 的导数（这时，d 的导数为[2, 2, 2]）。接下来，计算 a 和 b 的导数（这时，a 的导数为[3, 3, 3]，b 的导数为[2, 2, 2]）。最后，计算 c 的导数。

对比错误和正确的计算过程可以发现，上面的代码计算错误的主要原因是，计算 e 关于 d 的导数后，不能直接计算 d 关于 a 和 b 的导数，因为这时候 d 的导数是错误的，d 的导数有两个来源，即 e 和 f，而现在刚刚计算了 e 关于 d 的导数，还没有计算 f 关于 d 的导数。基于此，需要进一步修改类 `Tensor` 的初始化函数 `__init__()` 和求导函数 `backward()`，并且增加一个函数 `all_children_grads_accounted_for()`。新增的函数可以判断一个 `Tensor` 对象是否已经完成了导数的计算。请注意代码修改前后的区别。

```
class Tensor():
    # 修改函数__init__()，增加属性 children、id
    def __init__(self, data, autograd=False, creators=None, \
                                    creation_op=None, id=None):
        self.data = np.array(data)
        self.creation_op = creation_op
        self.creators = creators
```

```
        self.grad = None

        # ========================================
        # 函数__init__()的新增代码
        # 为 Tensor 增加 id，并且把该 id 记录到 creators 的 children 中
        self.autograd = autograd
        if (id is None):
            id = np.random.randint(0, 1000000)
        self.id = id

        self.children={}
        if(creators is not None):
            for c in creators:
                if (self.id not in c.children):
                    c.children[self.id] = 1
                else:
                    c.children[self.id] += 1

    # ========================================
    # 新增函数
    # 判断当前对象是否已经考虑了所有 children 的导数
    def all_children_grads_accounted_for(self):
        for id, cnt in self.children.items():
            if (cnt!=0):
                return False
        return True

    # 修改函数__add__()的部分代码
    def __add__(self, other):
        if(self.autograd and other.autograd):
            return Tensor(self.data + other.data, \
                          autograd=True, \
                          creators=[self, other], \
                          creation_op="add")
        return Tensor(self.data + other.data)

    # 修改函数 backward()的部分代码
    def backward(self, grad=None, grad_origin=None):

        if(self.autograd):
            if(grad_origin is not None):
                if(self.children[grad_origin.id] == 0):
                    raise Exception("cannot backprop more than once")
                else:
                    self.children[grad_origin.id] -= 1
```

```
            if(self.grad is None):
                self.grad = grad
            else:
                self.grad += grad

            if(self.creators is not None and \
               (self.all_children_grads_accounted_for() \
                                    or grad_origin is None)):

                if(self.creation_op == "add"):
                    self.creators[0].backward(self.grad, self)
                    self.creators[1].backward(self.grad, self)

    def __repr__(self):
        return str(self.data.__repr__())

    def __str__(self):
        return str(self.data.__str__())
```

上面的代码给所有 Tensor 对象都指定了 id，并且增加了属性 children。例如，实例 a 的 children 为 d 和 e，表明 d 和 e 都曾使用 a 做运算；d 和 e 的 creators 都包含 a。

```
a = Tensor([1,2,3], autograd=True)
b = Tensor([2,2,2], autograd=True)
c = Tensor([4,5,6], autograd=True)
d = a + b
e = a + d
f = d + c
g = e + f
print("id of d is %d; id of e is %d。"%(d.id, e.id))
print("a's children is: \n ", a.children)
print("a: \n", a)
print("creators of d is: \n ", d.creators)
print("creators of e is: \n ", e.creators)

id of d is 876527; id of e is 327012。
a's children is:
  {876527: 1, 327012: 1}
a:
 [1 2 3]
creators of d is:
  [array([1, 2, 3]), array([2, 2, 2])]
creators of e is:
  [array([1, 2, 3]), array([3, 4, 5])]
```

新增函数 all_children_grads_accounted_for() 可以判断当前 Tensor 对象是否已经考虑了所有 children 的导数。同时，函数 backward() 中增加了一个判读语句，如果函数 all_children_grads_accounted_for() 的结果为 False，那么程序不会继续计算当前 Tensor 对象的 creators 的导数。计算 a 和 b 的导数的过程将变成如下形式。

（1）计算 e 的导数，计算 a 和 d 的导数（a 和 d 的导数都为[1, 1, 1]）。在 d 中，self.all_children_grads_accounted_for() 为 False，因此不会继续计算 d 关于 a 和 b 的导数。

（2）计算 f 的导数，计算 d 的导数（这时，d 的导数为[2, 2, 2]），计算 a 和 b 的导数（这时，a 的导数为[3, 3, 3]，b 的导数为[2, 2, 2]），计算 c 的导数。

可以看到，这个过程便是正确的计算过程。从下面的代码和运行结果可以看到，这次 a 和 b 的导数都计算正确了。

```
g.backward(Tensor(np.array([1,1,1])))
print(a.grad)
print(b.grad)

[3 3 3]
[2 2 2]
```

11.2 为 Tensor 类添加运算函数并建立神经网络模型

11.2.1 为 Tensor 类添加运算函数

至此，我们已经实现了类 Tensor 的创建、加法运算及加法运算的自动求导。在深度学习中，我们不仅需要进行张量的加法运算，还需要进行其他的运算。在下面的代码中，我们为 Tensor 增加的其他运算函数如下。

- 函数 __neg__()：求相反数。
- 函数 __sub__()：用于实现减法。
- 函数 __mul__：用于实现逐点乘法。
- 函数 sum()：求和。
- 函数 expand()：扩张张量。
- 函数 transpose()：求转置矩阵或张量。
- 函数 mm()：用于实现矩阵乘法。

另外，我们还需要在函数 backward() 中增加这些运算的相应的求导方法。

```
class Tensor():
    def __init__(self, data, autograd=False, creators=None, \
                            creation_op=None, id=None):
        self.data = np.array(data)
        self.creation_op = creation_op
        self.creators = creators
        self.grad = None
        self.autograd = autograd
        self.children={}
```

```
        if (id is None):
            id = np.random.randint(0, 1000000)
        self.id = id

        if(creators is not None):
            for c in creators:
                if (self.id not in c.children):
                    c.children[self.id] = 1
                else:
                    c.children[self.id] += 1

    def all_children_grads_accounted_for(self):
        for id, cnt in self.children.items():
            if (cnt!=0):
                return False
        return True

    def __add__(self, other):
        if(self.autograd and other.autograd):
            return Tensor(self.data + other.data,
                      autograd=True,
                      creators=[self, other],
                      creation_op="add")
        return Tensor(self.data + other.data)

    # ========================================
    # 新增的运算函数
    def __neg__(self):
        if(self.autograd):
            return Tensor(self.data * (-1), \
                          autograd=True, \
                          creators=[self], \
                          creation_op="neg")
        return Tensor(self.data * (-1))

    def __sub__(self, other):
        if(self.autograd and other.autograd):
            return Tensor(self.data - other.data, \
                          autograd=True, \
                          creators=[self, other], \
                          creation_op="sub")
        return Tensor(self.data - other.data)

    def __mul__(self, other):
        if(self.autograd and other.autograd):
            return Tensor(self.data * other.data, \
                          autograd=True, \
                          creators=[self, other], \
```

```
                          creation_op="mul")
        return Tensor(self.data * other.data)

    def sum(self, dim):
        if(self.autograd):
            return Tensor(self.data.sum(dim), \
                          autograd=True, \
                          creators=[self], \
                          creation_op="sum_"+str(dim))
        return Tensor(self.data.sum(dim))

    def expand(self, dim, copies):
        trans_cmd = list(range(0, len(self.data.shape)))
        trans_cmd.insert(dim, len(self.data.shape))
        new_shape = list(self.data.shape) + [copies]
        new_data = self.data.repeat(copies).reshape(new_shape)
        new_data = new_data.transpose(trans_cmd)

        if(self.autograd):
            return Tensor(new_data, \
                          autograd=True, \
                          creators=[self], \
                          creation_op="expand_"+str(dim))
        return Tensor(new_data)

    def transpose(self):
        if(self.autograd):
            return Tensor(self.data.transpose(),\
                          autograd=True, \
                          creators=[self], \
                          creation_op="transpose")
        return Tensor(self.data.transpose())

    def mm(self, other):
        if(self.autograd and other.autograd):
            return Tensor(self.data.dot(other.data), \
                          autograd=True, \
                          creators=[self, other], \
                          creation_op="mm")
        return Tensor(self.data.dot(other.data))
    # ==========================================

    def backward(self, grad=None, grad_origin=None):
        if(self.autograd):
            if(grad_origin is not None):
                if(self.children[grad_origin.id] == 0):
                    raise Exception("cannot backprop more than once")
```

```
            else:
                self.children[grad_origin.id] -= 1

        if(self.grad is None):
            self.grad = grad
        else:
            self.grad += grad

        if(self.creators is not None and \
               (self.all_children_grads_accounted_for()\
                or grad_origin is None)):

            if(self.creation_op == "add"):
                self.creators[0].backward(self.grad, self)
                self.creators[1].backward(self.grad, self)

            # ==============================================
            # 新增运算的导数
            if(self.creation_op == "neg"):
                self.creators[0].backward(\
                                     self.grad.__neg__(), self)


            if(self.creation_op == "sub"):
                self.creators[0].backward(self.grad, self)
                self.creators[1].backward( \
                                     self.grad.__neg__(), self)

            if(self.creation_op == "mul"):
                new = Tensor(self.grad.data * \
                                 self.creators[1].data)
                self.creators[0].backward(new, self)
                new = Tensor(self.grad.data * \
                                 self.creators[0].data)
                self.creators[1].backward(new, self)

            if(self.creation_op == "mm"):
                layer = self.creators[0].data
                weights = self.creators[1].data
                new = Tensor( \
                      self.grad.data.dot(weights.transpose()))
                self.creators[0].backward(new, self)
                new = Tensor(layer.transpose().dot(\
                                      self.grad.data))
                self.creators[1].backward(new, self)

            if(self.creation_op == "transpose"):
```

```
                    self.creators[0].backward(\
                                self.grad.transpose(), self)

                if("sum" in self.creation_op):
                    dim = int(self.creation_op.split("_")[1])
                    copies = self.creators[0].data.shape[dim]
                    self.creators[0].backward(\
                            self.grad.expand(dim, copies), self)

                if("expand" in self.creation_op):
                    dim = int(self.creation_op.split("_")[1])
                    self.creators[0].backward( \
                                self.grad.sum(dim), self)
# ==============================================

    def __repr__(self):
        return str(self.data.__repr__())

    def __str__(self):
        return str(self.data.__str__())
```

至此，我们已经学习了大部分运算的求导方法。下面将详细学习函数 sum()和 expand()。函数 sum()可以对张量的某一维度求和。例如，创建如下 2×3 的 Tensor。

```
x = Tensor(np.array([[1,2,3], [4,5,6]]), autograd=True)
x
array([[1, 2, 3], [4, 5, 6]])
```

对于函数 x.sum(dim)，需要传入参数 dim，dim 表示 x 求和的维度。如果 dim=0，则 x.sum(0)将根据列求和；如果 dim=1，则 x.sum(1)将根据行求和。

```
x.sum(0)
array([5, 7, 9])

x.sum(1)
array([ 6, 15])
```

函数 sum()的导数是什么呢？我们通过一个简单例子来学习。首先，把上面例子中的数字变成字母形式：

$$\boldsymbol{X}=\begin{pmatrix} x_{11} & x_{12} & x_{13} \\ x_{21} & x_{22} & x_{23} \end{pmatrix}$$

且 $\boldsymbol{y}=\boldsymbol{X}.\mathrm{sum}(0)=\begin{pmatrix} y_1 & y_2 & y_3 \end{pmatrix}=\begin{pmatrix} x_{11}+x_{21} & x_{12}+x_{22} & x_{13}+x_{23} \end{pmatrix}$。假设损失函数 L 关于 $\boldsymbol{y}$ 的偏导数为 $\begin{pmatrix} 1 & 1 & 1 \end{pmatrix}$，那么

$$\frac{\partial L}{\partial \boldsymbol{x}}=\begin{pmatrix} \frac{\partial L}{\partial y_1}\frac{\partial y_1}{\partial x_{11}} & \frac{\partial L}{\partial y_2}\frac{\partial y_2}{\partial x_{12}} & \frac{\partial L}{\partial y_3}\frac{\partial y_3}{\partial x_{13}} \\ \frac{\partial L}{\partial y_1}\frac{\partial y_1}{\partial x_{21}} & \frac{\partial L}{\partial y_2}\frac{\partial y_2}{\partial x_{22}} & \frac{\partial L}{\partial y_3}\frac{\partial y_3}{\partial x_{23}} \end{pmatrix}=\begin{pmatrix} 1 & 1 & 1 \\ 1 & 1 & 1 \end{pmatrix}$$

从以下代码的运行结果可以看到，由函数 backward( )得到了与推导同样的结果。

```
y = x.sum(0)
y.backward(Tensor([1,1,1]))
x.grad

array([[1, 1, 1], [1, 1, 1]])
```

函数 `sum()` 可以降低 `Tensor` 的维度，函数 `expand()` 则会增加 `Tensor` 的维度。例如，定义 `z=x.expand(dim=0, copies=4)`，z 有 3 个维度（4×2×3），x 复制了 4 次。

```
z = x.expand(dim=0, copies=4)
print(z)
[[[1 2 3]
  [4 5 6]]

 [[1 2 3]
  [4 5 6]]

 [[1 2 3]
  [4 5 6]]

 [[1 2 3]
  [4 5 6]]]
```

定义 `z=x.expand(dim=1, copies=4)`，z 有 3 个维度（2×4×3），x 的每一行复制了 4 次。

```
z=x.expand(dim=1, copies=4)
print(z)
[[[1 2 3]
  [1 2 3]
  [1 2 3]
  [1 2 3]]

 [[4 5 6]
  [4 5 6]
  [4 5 6]
  [4 5 6]]]
```

函数 `expand()` 的导数是什么呢？我们举一个简单的例子。

$$\boldsymbol{y}=\begin{pmatrix} y_1 & y_2 & y_3 \end{pmatrix}$$

记 `z=y.expand(0, 2)`，即

$$\boldsymbol{z}=\begin{pmatrix} z_{11} & z_{12} & z_{13} \\ z_{21} & z_{22} & z_{23} \end{pmatrix}=\begin{pmatrix} y_1 & y_2 & y_3 \\ y_1 & y_2 & y_3 \end{pmatrix}$$

在反向传播算法中，假设

$$\frac{\partial L}{\partial \boldsymbol{z}}=\begin{pmatrix}\frac{\partial L}{\partial z_{11}} & \frac{\partial L}{\partial z_{12}} & \frac{\partial L}{\partial z_{13}} \\ \frac{\partial L}{\partial z_{21}} & \frac{\partial L}{\partial z_{22}} & \frac{\partial L}{\partial z_{23}}\end{pmatrix}$$

那么

$$\begin{aligned}\frac{\partial L}{\partial \boldsymbol{y}}&=\begin{pmatrix}\frac{\partial L}{\partial z_{11}}\frac{\partial z_{11}}{\partial y_1}+\frac{\partial L}{\partial z_{21}}\frac{\partial z_{21}}{\partial y_1} & \frac{\partial L}{\partial z_{12}}\frac{\partial z_{12}}{\partial y_2}+\frac{\partial L}{\partial z_{22}}\frac{\partial z_{22}}{\partial y_2} & \frac{\partial L}{\partial z_{13}}\frac{\partial z_{13}}{\partial y_3}+\frac{\partial L}{\partial z_{23}}\frac{\partial z_{23}}{\partial y_3}\end{pmatrix}\\&=\begin{pmatrix}\frac{\partial L}{\partial z_{11}}+\frac{\partial L}{\partial z_{21}} & \frac{\partial L}{\partial z_{12}}+\frac{\partial L}{\partial z_{22}} & \frac{\partial L}{\partial z_{13}}+\frac{\partial L}{\partial z_{23}}\end{pmatrix}\end{aligned}$$

式中，$\frac{\partial z_{11}}{\partial y_1}$，$\frac{\partial z_{21}}{\partial y_1}$，$\frac{\partial z_{12}}{\partial y_2}$，$\frac{\partial z_{22}}{\partial y_2}$，$\frac{\partial z_{13}}{\partial y_3}$，$\frac{\partial z_{23}}{\partial y_3}$都为 1。

假设$\frac{\partial L}{\partial \boldsymbol{z}}$中所有元素都等于 1，那么损失函数 L 关于 $\boldsymbol{y}$ 的偏导数$\frac{\partial L}{\partial \boldsymbol{y}}$应该等于[2, 2, 2]。从以下代码的运行结果可以看到，函数 backward()得到了同样的结果。

```
y = Tensor([1,2,3], autograd=True)
z = y.expand(dim=0, copies=2)
z.backward(Tensor([[1,1,1],[1,1,1]]))
y.grad

array([2, 2, 2])
```

11.2.2　使用 Tensor 类建立神经网络模型

下面的代码用于实现第 4 章中从零开始建立神经网络模型的方法。在这里，目的是描述建模过程，因此，这里只使用一个简单的例子，并省略了截距项。在第 4 章的方法中，需要明确写出权重偏导数，即 `weights_0_1_update` 和 `weights_1_2_update`。

```
lr = 0.1
data = np.array([[0,0],[0,1],[1,0],[1,1]])
target = np.array([[0],[1],[0],[1]])

weights_0_1 = np.random.rand(2,3)
weights_1_2 = np.random.rand(3,1)

for i in range(10):
    layer_1 = data.dot(weights_0_1)
    layer_2 = layer_1.dot(weights_1_2)
    diff = layer_2 - target
    sqdiff = diff * diff
    loss = sqdiff.sum(0)
```

```
    delta_layer_2 = layer_2 - target
    delta_layer_1 = delta_layer_2.dot(weights_1_2.T)

     # 明确写出偏导数计算过程
    weights_1_2_update = layer_1.T.dot(delta_layer_2)
    weights_0_1_update = data.T.dot(delta_layer_1)

    weights_1_2 -= lr * weights_1_2_update
    weights_0_1 -= lr * weights_0_1_update
    if (i%3==0 or i==9):
        print(loss)
[5.06643999]
[0.35298133]
[0.20785392]
[0.1161398]
```

使用类Tensor只需要用函数backward()便可以自动得到weights_0_1和weights_1_2的导数。具体代码如下。这样我们可以不用每次都推导神经网络权重的梯度，同时简化代码。对于复杂的神经网络模型，这些优点可以更好地体现出来。

```
lr = 0.1
data = Tensor(np.array([[0,0],[0,1],[1,0],[1,1]]), autograd=True)
target = Tensor(np.array([[0],[1],[0],[1]]), autograd=True)

weights_0_1 = Tensor(np.random.rand(2,3), autograd=True)
weights_1_2 = Tensor(np.random.rand(3,1), autograd=True)

for i in range(10):
    layer_1 = data.mm(weights_0_1)
    layer_2 = layer_1.mm(weights_1_2)
    diff = layer_2 - target
    sqdiff = diff * diff
    loss = sqdiff.sum(0)

    # 自动求导数
    loss.backward(Tensor(np.ones_like(loss.data)))
    # 更新权重后，需要令梯度为0
    weights_1_2.data -= lr * weights_1_2.grad.data
    weights_1_2.grad.data *= 0
    weights_0_1.data -= lr * weights_0_1.grad.data
    weights_0_1.grad.data *= 0
    if (i%3==0 or i==9):
        print(loss)
[0.58128304]
[0.34489412]
[0.17538853]
[0.06849361]
```

11.3 类 SGD、类 Layer 和激活函数

11.3.1　类 SGD

我们定义类 SGD，以实现梯度下降法。函数__init__()有两个参数——parameters 和 lr。

- parameters：列表，包含模型中所有需要训练的参数。
- lr：学习步长，为正实数。

类 SGD 还包含另一个函数——step()。函数 step()的主要功能是更新权重。

```
class SGD():
    def __init__(self, parameters, lr=0.1):
        self.parameters = parameters
        self.lr = lr

    def step(self, zero=True):
        for p in self.parameters:
            p.data -= p.grad.data * self.lr
            if(zero):
                p.grad.data *= 0
```

使用类 SGD 可以使神经网络模型训练过程变得更加简单。现在，把所有参数放在一个列表中，然后建立类 SGD 的实例 optim。在模型训练过程中，使用函数 optim.step()便可以更新列表中所有权重。

```
data = Tensor(np.array([[0,0],[0,1],[1,0],[1,1]]), autograd=True)
target = Tensor(np.array([[0],[1],[0],[1]]), autograd=True)

w = list()
w.append(Tensor(np.random.rand(2,3), autograd=True))
w.append(Tensor(np.random.rand(3,1), autograd=True))
optim = SGD(parameters=w, lr=0.1)

for i in range(10):
    pred = data.mm(w[0]).mm(w[1]) # 正向传播算法
    diff = pred - targetloss = (diff * diff).sum(0)    # 计算损失函数

    # 反向传播算法
    loss.backward(Tensor(np.ones_like(loss.data)))
    optim.step() # 更新权重

    if (i%3==0 or i==9):
        print(loss)
```

```
[0.58128304]
[0.34489412]
[0.17538853]
[0.06849361]
```

11.3.2 类 Layer

在 TensorFlow 中建立模型时，只需要设置每个层的类型和参数，然后使用函数 tf.keras.Sequential()把所有层结合在一起，如下面的代码所示。

```
import tensorflow as tf
model = tf.keras.Sequential([
                tf.keras.layers.Dense(3, input_shape=(5,), activation='relu'),
                tf.keras.layers.Dense(3, activation='relu'),
                tf.keras.layers.Dense(2, activation='softmax')])
```

在自建的深度学习框架中，我们也可以尝试实现类似的功能。

首先，创建类 Layer。类 Layer 的结构很简单，只包含两个函数，即__init__()和 get_parameters()。

```
class Layer():
    def __init__(self):
        self.parameters = list()
    def get_parameters(self):
        return self.parameters
```

- 函数__init__()用于把参数赋值给参数 self.parameters。
- 函数 get_parameters()用于返回参数列表 self.parameters。

通过继承类 Layer，我们可以创建一些非常有用的类。例如，类 Linear 可以实现线性运算，创建一个线性层。

函数__init__()除有参数 self 外，还有另外 3 个参数，即 n_inputs、n_outputs 和 bias。

- n_inputs 表示线性层中输入数据的维度。
- n_outputs 表示线性层中输出数据的维度。
- bias 表示线性层是否包含截距项。

在以下代码中，函数__init__()用于初始化权重和截距项，并且把权重和截距项放入列表 self.parameters 中。向函数 forward()输入参数 input，返回线性运算的结果。

```
class Linear(Layer):
    def __init__(self, n_inputs, n_outputs, bias=True):
        super().__init__()

        self.use_bias = bias
```

```
        w = np.random.randn(n_inputs,n_outputs)* np.sqrt(2.0/n_inputs)
        self.weights = Tensor(w, autograd=True)
        self.parameters.append(self.weights)

        if(self.use_bias):
            self.bias = Tensor(np.zeros(n_outputs), autograd=True)
            self.parameters.append(self.bias)

    def forward(self, input):
        if(self.use_bias):
            return input.mm(self.weights) + self.bias.expand(0, len(input.data))
        else:
            return input.mm(self.weights)
```

接着，创建类 Sequential，它的主要属性是 layers。类 Sequential 的功能与 TensorFlow 的 tf.keras.Sequential()相似，该类可以把多个层结合起来。类 Sequential 有 3 个函数。

- 函数 add()：用于添加层。
- 函数 forward()：逐个计算层，实现正向传播算法。
- 函数 get_parameters()：返回所有层的参数。

```
class Sequential(Layer):
    def __init__(self, layers=list()):
        super().__init__()
        self.layers = layers

    def add(self, layer):
        self.layers.append(layer)

    def forward(self, input):
        for layer in self.layers:
            input = layer.forward(input)
        return input

    def get_parameters(self):
        params = list()
        for l in self.layers:
            params += l.get_parameters()
        return params
```

使用刚刚创建的类 Linear 和类 Sequential，可以使代码更加简洁和高效。现在，根据以下步骤建立一个有两个线性层的神经网络。

（1）使用类 Sequential 建立模型，该模型包含了两个线性层，即 Linear(2,3)和 Linear(3,1)。

（2）创建类 SGD，模型所有的参数都为 SGD 对象的属性。

（3）使用 model.forward(data) 实现正向传播算法。

（4）计算损失函数，loss = ((pred - target) * (pred - target)).sum(0)。

（5）使用 loss.backward(Tensor(np.ones_like(loss.data))) 实现反向传播算法。

（6）使用 optim.step() 更新所有参数。具体代码如下。

```
data = Tensor(np.array([[0,0],[0,1],[1,0],[1,1]]), autograd=True)
target = Tensor(np.array([[0],[1],[0],[1]]), autograd=True)

model = Sequential([Linear(2,3),Linear(3,1)])
optim = SGD(parameters=model.get_parameters(), lr=0.05)

for i in range(10):
    pred = model.forward(data)
    loss = ((pred - target) * (pred - target)).sum(0)

    loss.backward(Tensor(np.ones_like(loss.data)))
    optim.step()

    if (i%3==0 or i==9):
        print(loss)
[2.33428272]
[0.04079507]
[0.01925443]
[0.00889602]
```

在上面的代码中，当计算损失函数时，需要详细写出计算过程。为了进一步减少这部分代码，创建类 MSELoss。类 MSELoss 的函数 forward() 可以计算均方损失函数。

```
class MSELoss(Layer):
    def __init__(self):
        super().__init__()

    def forward(self, pred, target):
        return ((pred - target)*(pred-target)).sum(0)
```

现在，我们可以使用如下代码实现具有两个线性层的神经网络模型。

```
data = Tensor(np.array([[0,0],[0,1],[1,0],[1,1]]), autograd=True)
target = Tensor(np.array([[0],[1],[0],[1]]), autograd=True)

model = Sequential([Linear(2,3),Linear(3,1)])
criterion  = MSELoss()
optim = SGD(parameters=model.get_parameters(), lr=0.05)

for i in range(10):
    pred = model.forward(data)
    loss = criterion.forward(pred, target)
```

```
    loss.backward(Tensor(np.ones_like(loss.data)))
    optim.step()
    if (i%3==0 or i==9):
        print(loss)
[2.33428272]
[0.04079507]
[0.01925443]
[0.00889602]
```

11.3.3　激活函数

上面的神经网络只能实现线性层，还不能实现非线性运算。神经网络通过激活函数才可以得到非线性决策边界。在这里，函数 sigmoid()、函数 tanh()、函数 relu()分别实现 3 个常用的激活函数 sigmoid、tanh 和 ReLU。把下面的代码添加到类 Tensor 中。

```
def sigmoid(self):
    if(self.autograd):
        return Tensor(1.0/(1+np.exp(-self.data)), \
                      autograd=True, \
                      creators=[self], \
                      creation_op="sigmoid")
    return Tensor(1.0/(1+np.exp(-self.data)))

def tanh(self):
    if(self.autograd):
        return Tensor(np.tanh(self.data), \
                      autograd=True, \
                      creators=[self], \
                      creation_op="tanh")
    return Tensor(np.tanh(self.data))

def relu(self):
    if(self.autograd):
        return Tensor((self.data >= 0)*self.data, \
                       autograd=True, \
                       creators=[self], \
                       creation_op="relu")
    return Tensor((self.data >= 0)*self.data)
```

为了计算激活函数的导数，需要把以下代码添加到类 Tensor 的函数 backward()中。

```
if(self.creation_op == "sigmoid"):
    ones = Tensor(np.ones_like(self.grad.data))
    self.creators[0].backward(self.grad * (self * (ones - self)))

if(self.creation_op == "tanh"):
    ones = Tensor(np.ones_like(self.grad.data))
    self.creators[0].backward(self.grad * (ones - self*self))
```

```
if(self.creation_op == "relu"):
    self.creators[0].backward(self.grad * Tensor(1 * (self.data>=0)))
```

在 11.3.2 节中，我们创建了类 MSELoss 以实现均方损失函数。下面定义的函数 cross_entropy()可以为多分类定性数据的因变量实现 softmax 激活函数，并且计算交叉熵损失函数。

```
def cross_entropy(self, target_indices):
    temp = np.exp(self.data)
    softmax_output = temp / np.sum(temp, axis =  \
                     len(self.data.shape)-1, keepdims=True)
    t = target_indices.data.flatten()
    p = softmax_output.reshape(len(t), -1)
    target_dist = np.eye(p.shape[1])[t]
    loss = -(np.log(p)*target_dist).sum(1).mean()
    if(self.autograd):
       out = Tensor(loss, \
                autograd=True, \
                creators=[self], \
                creation_op="cross_entropy")
       out.softmax_output = softmax_output
       out.target_dist = target_dist
       return out
    return Tensor(loss)
```

为了在反向传播算法中对激活函数求导数，我们需要把以下代码添加到类 Tensor 的函数 backward()中。

```
if(self.creation_op == "cross_entropy"):
    dx = self.softmax_output - self.target_dist
    self.creators[0].backward(Tensor(dx))
```

下面修改类 Tensor，为类 Tensor 添加 4 个函数，即函数 sigmoid()、函数 tanh()、函数 relu()、函数 cross_entropy()，并且在函数 backward()中添加相应求激活函数导数的代码。

```
class Tensor():
    def __init__(self, data, autograd=False, creators=None, \
                                creation_op=None, id=None):
        self.data = np.array(data)
        self.creation_op = creation_op
        self.creators = creators
        self.grad = None
        self.autograd = autograd
        self.children={}
        if (id is None):
            id = np.random.randint(0, 1000000)
        self.id = id
```

```
        if(creators is not None):
            for c in creators:
                if (self.id not in c.children):
                    c.children[self.id] = 1
                else:
                    c.children[self.id] += 1

    def all_children_grads_accounted_for(self):
        for id, cnt in self.children.items():
            if (cnt!=0):
                return False
        return True

    def __add__(self, other):
        if(self.autograd and other.autograd):
            return Tensor(self.data + other.data, \
                          autograd=True, \
                          creators=[self, other], \
                          creation_op="add")
        return Tensor(self.data + other.data)


    def __neg__(self):
        if(self.autograd):
            return Tensor(self.data * (-1), \
                              autograd=True, \
                              creators=[self], \
                              creation_op="neg")
        return Tensor(self.data * (-1))

    def __sub__(self, other):
        if(self.autograd and other.autograd):
            return Tensor(self.data - other.data, \
                              autograd=True, \
                              creators=[self, other], \
                              creation_op="sub")
        return Tensor(self.data - other.data)

    def __mul__(self, other):
        if(self.autograd and other.autograd):
            return Tensor(self.data * other.data, \
                              autograd=True, \
                              creators=[self, other], \
                              creation_op="mul")
        return Tensor(self.data * other.data)
```

```
    def sum(self, dim):
        if(self.autograd):
            return Tensor(self.data.sum(dim), \
                          autograd=True, \
                          creators=[self], \
                          creation_op="sum_"+str(dim))
        return Tensor(self.data.sum(dim))

    def expand(self, dim, copies):
        trans_cmd = list(range(0, len(self.data.shape)))
        trans_cmd.insert(dim, len(self.data.shape))
        new_shape = list(self.data.shape) + [copies]
        new_data = self.data.repeat(copies).reshape(new_shape)
        new_data = new_data.transpose(trans_cmd)

        if(self.autograd):
            return Tensor(new_data, \
                          autograd=True, \
                          creators=[self], \
                          creation_op="expand_"+str(dim))
        return Tensor(new_data)

    def transpose(self):
        if(self.autograd):
            return Tensor(self.data.transpose(),\
                          autograd=True, \
                          creators=[self], \
                          creation_op="transpose")
        return Tensor(self.data.transpose())

    def mm(self, other):
        if(self.autograd and other.autograd):
            return Tensor(self.data.dot(other.data), \
                          autograd=True, \
                          creators=[self, other], \
                          creation_op="mm")
        return Tensor(self.data.dot(other.data))

    # =========================================
    # 激活函数
    def sigmoid(self):
        if(self.autograd):
            return Tensor(1.0/(1+np.exp(-self.data)), \
                          autograd=True, \
                          creators=[self], \
                          creation_op="sigmoid")
```

```
        return Tensor(1.0/(1+np.exp(-self.data)))

    def tanh(self):
        if(self.autograd):
            return Tensor(np.tanh(self.data), \
                          autograd=True, \
                          creators=[self], \
                          creation_op="tanh")
        return Tensor(np.tanh(self.data))

    def relu(self):
        if(self.autograd):
            return Tensor((self.data >= 0)*self.data, \
                          autograd=True, \
                          creators=[self], \
                          creation_op="relu")
        return Tensor((self.data >= 0)*self.data)

    def cross_entropy(self, target_indices):
        temp = np.exp(self.data)
        softmax_output = temp / np.sum(temp, axis = \
                         len(self.data.shape)-1, keepdims=True)
        t = target_indices.data.flatten()
        p = softmax_output.reshape(len(t), -1)
        target_dist = np.eye(p.shape[1])[t]
        loss = -(np.log(p)*target_dist).sum(1).mean()


        cnt = 0
        for i in range(len(p)):
            cnt += int(np.argmax(p[i:i+1]) == t[i])

        if(self.autograd):
            out = Tensor(loss, \
                         autograd=True, \
                         creators=[self], \
                         creation_op="cross_entropy")
            out.softmax_output = softmax_output
            out.target_dist = target_dist
            out.cnt = cnt
            return out
        return Tensor(loss)
    # ==========================================
    # 在函数 backward()中修改新增的 4 个函数的求导代码
    def backward(self, grad=None, grad_origin=None):
        if(self.autograd):
```

```
        if(grad_origin is not None):
            if(self.children[grad_origin.id] == 0):
                raise Exception("cannot backprop more than once")
            else:
                self.children[grad_origin.id] -= 1

        if(self.grad is None):
            self.grad = grad
        else:
            self.grad += grad

        if(self.creators is not None and \
              (self.all_children_grads_accounted_for() or \
              grad_origin is None)):

            if(self.creation_op == "add"):
                self.creators[0].backward(self.grad, self)
                self.creators[1].backward(self.grad, self)


            if(self.creation_op == "neg"):
                self.creators[0].backward(    \
                         self.grad.__neg__(), self)

            if(self.creation_op == "sub"):
                self.creators[0].backward(self.grad, self)
                self.creators[1].backward(   \
                                self.grad.__neg__(), self)

            if(self.creation_op == "mul"):
                self.creators[0].backward(self.grad * \
                                    self.creators[1], self)
                self.creators[1].backward(self.grad * \
                                    self.creators[0], self)

            if(self.creation_op == "mm"):
                layer = self.creators[0]
                weights = self.creators[1]
                new = self.grad.mm(weights.transpose())
                self.creators[0].backward(new, self)
                new = layer.transpose().mm(self.grad)
                self.creators[1].backward(new, self)

            if(self.creation_op == "transpose"):
                self.creators[0].backward(   \
                                 self.grad.transpose())
```

```
                if("sum" in self.creation_op):
                    dim = int(self.creation_op.split("_")[1])
                    copies = self.creators[0].data.shape[dim]
                    self.creators[0].backward(  \
                                self.grad.expand(dim, copies))

                if("expand" in self.creation_op):
                    dim = int(self.creation_op.split("_")[1])
                    self.creators[0].backward(\
                                         self.grad.sum(dim))

                # ===============================================
                # 激活函数的导数
                if(self.creation_op == "sigmoid"):
                    ones = Tensor(np.ones_like(self.grad.data))
                    self.creators[0].backward(self.grad * \
                                     (self * (ones - self)))

                if(self.creation_op == "tanh"):
                    ones = Tensor(np.ones_like(self.grad.data))
                    self.creators[0].backward(self.grad * \
                                       (ones - self*self))



                if(self.creation_op == "relu"):
                    self.creators[0].backward(self.grad * \
                                 Tensor(1 * (self.data>=0)))

                if(self.creation_op == "cross_entropy"):
                    dx = self.softmax_output - self.target_dist
                    self.creators[0].backward(Tensor(dx))
            # ===============================================

    def __repr__(self):
        return str(self.data.__repr__())

    def __str__(self):
        return str(self.data.__str__())
```

为了在建模中更方便地使用激活函数，我们为所有的激活函数创建了类。激活函数的类都继承自类 Layer。

```
class Tanh(Layer):
    def __init__(self):
        super().__init__()
```

```
    def forward(self, input):
        return input.tanh()

class Sigmoid(Layer):
    def __init__(self):
        super().__init__()

    def forward(self, input):
        return input.sigmoid()

class Relu(Layer):
    def __init__(self):
        super().__init__()

    def forward(self, input):
        return input.relu()


class CrossEntropyLoss(Layer):
    def __init__(self):
        super().__init__()

    def forward(self, input, target):
        return input.cross_entropy(target)
```

在下面的代码中，隐藏层 Linear(2,3)使用激活函数 ReLU，输出层使用激活函数 softmax。

```
data = Tensor(np.array([[0,0],[0,1],[1,0],[1,1]]), autograd=True)
target = Tensor(np.array([[0],[1],[0],[1]]), autograd=True)

model = Sequential([Linear(2,3), Relu(), Linear(3,2)])
criterion  = CrossEntropyLoss()
optim = SGD(parameters=model.get_parameters(), lr=0.5)

for i in range(10):
    pred = model.forward(data)
    loss = criterion.forward(pred, target)

    loss.backward(Tensor(np.ones_like(loss.data)))
    optim.step()
    if (i%3==0 or i==9):
        print(loss)
0.9823836067584629
0.14596335888495676
0.08474426293458275
0.05803507001434595
```

11.4 词嵌入和循环神经网络

现在，我们为自建的深度学习框架实现词嵌入和循环神经网络。

11.4.1　词嵌入

在词嵌入中，我们需要从词嵌入矩阵中提取与单词编号对应的单词。为此，在类 Tensor 中需要添加函数 index_select()。

```
def index_select(self, indices):
    if(self.autograd):
        new = Tensor(
                 self.data[indices.data.flatten()], \
                 autograd=True, \
                 creators=[self], \
                 creation_op="index_select")
                 new.index_select_indices = indices
        return new
    return Tensor(self.data[indices.data.flatten()])
```

为了实现自动求导，在函数 backward()中需要添加如下代码以计算词嵌入过程涉及的导数。

```
if(self.creation_op == "index_select"):
    new_grad = np.zeros_like(self.creators[0].data)
    indices_ = self.index_select_indices.data.flatten()
    grad_ = grad.data.reshape(len(indices_), -1)
    for i in range(len(indices_)):
        new_grad[indices_[i]] += grad_[i]
    self.creators[0].backward(Tensor(new_grad), self)
```

然后，把函数 index_select()放入类 Tensor 中，并且把 index_select()求导的代码放入函数 backward()中。下面是更新的类 Tensor。

```
class Tensor():
    def __init__(self, data, autograd=False, creators=None, \
                                    creation_op=None, id=None):
        self.data = np.array(data)
        self.creation_op = creation_op
        self.creators = creators
        self.grad = None
        self.autograd = autograd
        self.children ={}
        if(id is None):
            id = np.random.randint(0, 1000000)
        self.id = id
```

```
        if(creators is not None):
            for c in creators:
                if (self.id not in c.children):
                    c.children[self.id] = 1
                else:
                    c.children[self.id] += 1

    def all_children_grads_accounted_for(self):
        for id, cnt in self.children.items():
            if (cnt!=0):
                return False
        return True

    def __add__(self, other):
        if(self.autograd and other.autograd):
            return Tensor(self.data + other.data, \
                          autograd=True, \
                          creators=[self, other], \
                          creation_op="add")
        return Tensor(self.data + other.data)


    def __neg__(self):
        if(self.autograd):
            return Tensor(self.data * (-1), \
                          autograd=True, \
                          creators=[self], \
                          creation_op="neg")
        return Tensor(self.data * (-1))

    def __sub__(self, other):
        if(self.autograd and other.autograd):
            return Tensor(self.data - other.data, \
                          autograd=True, \
                          creators=[self, other], \
                          creation_op="sub")
        return Tensor(self.data - other.data)

    def __mul__(self, other):
        if(self.autograd and other.autograd):
            return Tensor(self.data * other.data, \
                          autograd=True, \
                          creators=[self, other], \
                          creation_op="mul")
        return Tensor(self.data * other.data)
```

```
    def sum(self, dim):
        if(self.autograd):
            return Tensor(self.data.sum(dim), \
                          autograd=True, \
                          creators=[self], \
                          creation_op="sum_"+str(dim))
        return Tensor(self.data.sum(dim))

    def expand(self, dim, copies):
        trans_cmd = list(range(0, len(self.data.shape)))
        trans_cmd.insert(dim, len(self.data.shape))
        new_shape = list(self.data.shape) + [copies]
        new_data = self.data.repeat(copies).reshape(new_shape)
        new_data = new_data.transpose(trans_cmd)

        if(self.autograd):
            return Tensor(new_data, \
                          autograd=True, \
                          creators=[self], \
                          creation_op="expand_"+str(dim))
        return Tensor(new_data)

    def transpose(self):
        if(self.autograd):
            return Tensor(self.data.transpose(), \
                          autograd=True, \
                          creators=[self], \
                          creation_op="transpose")
        return Tensor(self.data.transpose())

    def mm(self, other):
        if(self.autograd and other.autograd):
            return Tensor(self.data.dot(other.data), \
                          autograd=True, \
                          creators=[self, other], \
                          creation_op="mm")
        return Tensor(self.data.dot(other.data) )


    def sigmoid(self):
        if(self.autograd):
            return Tensor(1.0/(1+np.exp(-self.data)), \
                          autograd=True, \
                          creators=[self], \
                          creation_op="sigmoid")
        return Tensor(1.0/(1+np.exp(-self.data)))
```

```
    def tanh(self):
        if(self.autograd):
            return Tensor(np.tanh(self.data), \
                          autograd=True, \
                          creators=[self], \
                          creation_op="tanh")
        return Tensor(np.tanh(self.data))

    def relu(self):
        if(self.autograd):
            return Tensor((self.data >= 0)*self.data, \
                          autograd=True, \
                          creators=[self], \
                          creation_op="relu")
        return Tensor((self.data >= 0)*self.data)

    def cross_entropy(self, target_indices):
        temp = np.exp(self.data)
        softmax_output = temp / np.sum(temp, \
                  axis = len(self.data.shape)-1, keepdims=True)
        t = target_indices.data.flatten()
        p = softmax_output.reshape(len(t), -1)
        target_dist = np.eye(p.shape[1])[t]
        loss = -(np.log(p)*target_dist).sum(1).mean()

        cnt = 0
        for i in range(len(p)):
            cnt += int(np.argmax(p[i:i+1]) == t[i])

        if(self.autograd):
            out = Tensor(loss, \
                         autograd=True, \
                         creators=[self], \
                         creation_op="cross_entropy")
            out.softmax_output = softmax_output
            out.target_dist = target_dist
            out.cnt = cnt
            return out
        return Tensor(loss)


    # ========================================
    # Index_select
    def index_select(self, indices):
        if(self.autograd):
            new = Tensor(self.data[indices.data.flatten()], \
                         autograd=True, \
                         creators=[self], \
                         creation_op="index_select")
```

```
            new.index_select_indices = indices
            return new
        return Tensor(self.data[indices.data.flatten()])
    # ==========================================

    def softmax(self):
        temp = np.exp(self.data)
        softmax_output = temp / np.sum(temp, \
                    axis=len(self.data.shape)-1, keepdims=True)
        return softmax_output

    def backward(self, grad=None, grad_origin=None):
        if(self.autograd):
            if(grad_origin is not None):
                if(self.children[grad_origin.id] == 0):
                    raise Exception("cannot backprop more than once")
                else:
                    self.children[grad_origin.id] -= 1

            if(grad is None):
                grad = Tensor(np.ones_like(self.data))

            if(self.grad is None):
                self.grad = grad
            else:
                self.grad += grad

            if(self.creators is not None and \
                    (self.all_children_grads_accounted_for()\
                     or grad_origin is None)):

                if(self.creation_op == "add"):
                    self.creators[0].backward(self.grad, self)
                    self.creators[1].backward(self.grad, self)


                if(self.creation_op == "neg"):
                    self.creators[0].backward( \
                                    self.grad.__neg__(), self)

                if(self.creation_op == "sub"):
                    self.creators[0].backward(self.grad, self)
                    self.creators[1].backward(  \
                        self.grad.__neg__(), self)

                if(self.creation_op == "mul"):
                    new = Tensor(self.grad.data * \
                                        self.creators[1].data)
```

```
                self.creators[0].backward(new, self)
                new = Tensor(self.grad.data * \
                                       self.creators[0].data)
                self.creators[1].backward(new, self)

            if(self.creation_op == "mm"):
                layer = self.creators[0].data
                weights = self.creators[1].data
                new = Tensor(\
                    self.grad.data.dot(weights.transpose()))
                self.creators[0].backward(new, self)
                new = Tensor(layer.transpose().dot(\
                                          self.grad.data))
                self.creators[1].backward(new, self)

            if(self.creation_op == "transpose"):
                self.creators[0].backward(\
                                 self.grad.transpose(), self)

            if("sum" in self.creation_op):
                dim = int(self.creation_op.split("_")[1])
                copies = self.creators[0].data.shape[dim]
                self.creators[0].backward(\
                        self.grad.expand(dim, copies), self)

            if("expand" in self.creation_op):
                dim = int(self.creation_op.split("_")[1])
                self.creators[0].backward(\
                                   self.grad.sum(dim), self)


            if(self.creation_op == "sigmoid"):
                ones = np.ones_like(self.grad.data)
                new = Tensor(self.grad.data * \
                          (self.data * (ones - self.data)))
                self.creators[0].backward(new, self)

            if(self.creation_op == "tanh"):
                ones = np.ones_like(self.grad.data)
                new = Tensor(self.grad.data * \
                               (ones - self.data*self.data))
                self.creators[0].backward(new, self)


            if(self.creation_op == "relu"):
                new = Tensor(self.grad.data*(self.data >= 0))
                self.creators[0].backward(new, self)
```

```
                if(self.creation_op == "cross_entropy"):
                    dx = self.softmax_output - self.target_dist
                    self.creators[0].backward(Tensor(dx), self)

                # ==============================================
                # index select 的导数
                if(self.creation_op == "index_select"):
                    new_grad = np.zeros_like(self.creators[0].data)
                    indices_ = self.index_select_indices.data.flatten()
                    grad_ = grad.data.reshape(len(indices_), -1)
                    for i in range(len(indices_)):
                        new_grad[indices_[i]] += grad_[i]
                    self.creators[0].backward(Tensor(new_grad), self)
                # ==============================================

    def __repr__(self):
        return str(self.data.__repr__())

    def __str__(self):
        return str(self.data.__str__())
```

词嵌入也可以看成神经网络的一个层。通过继承类 `Layer`，创建类 `Embedding`。在函数 `__init__()` 中，随机产生词嵌入矩阵；在函数 `forward()` 中，调用类 `Tensor` 的函数 `index_select()`。

```
class Embedding(Layer):
    def __init__(self, vocab_size, dim):
        super().__init__()

        self.vocab_size = vocab_size
        self.dim = dim

        self.weight = Tensor((np.random.rand(vocab_size, dim)- 0.5)/dim, \
                              autograd=True)
        self.parameters.append(self.weight)

    def forward(self, input):
        return self.weight.index_select(input)
```

在下面的代码中，建立一个简单的神经网络模型：隐藏层为一个词嵌入层，激活函数为 tanh；输出层为线性层，激活函数为 ReLU。

```
data = Tensor(np.array([1,2,1,2]), autograd=True)
target = Tensor(np.array([[0],[1],[0],[1]]), autograd=True)

model = Sequential([Embedding(5, 3), Tanh(), Linear(3,1), Sigmoid()])
criterion  = MSELoss()
optim = SGD(parameters=model.get_parameters(), lr=0.5)
```

```
for i in range(10):
    pred = model.forward(data)
    loss = criterion.forward(pred, target)

    loss.backward(Tensor(np.ones_like(loss.data)))
    optim.step()
    if (i%3==0 or i==9):
        print(loss)
[0.98874126]
[0.31608168]
[0.13120515]
[0.07387834]
```

11.4.2 循环神经网络

本节中，我们使用自建的深度学习框架像莎士比亚一样写作。具体来说，我们将建立如下多个输入对多个输出（many to many）的循环神经网络模型，如图 11-4 所示。

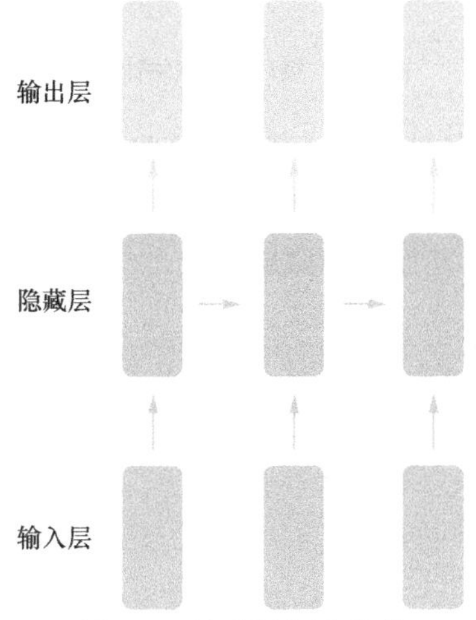

图 11-4 循环神经网络模型

到现在为止，我们已经建立了一个自动求导并更新参数的框架，现在只需要额外添加一个类 `RNNCell` 即可以实现循环神经网络。类 `RNNCell` 实现图 11-5 中虚线框所示的计算步骤。

类 RNNCell 包含 3 个函数——`__init__()`、`forward()`和`__init__hidden()`。

函数`__init__()`主要有 4 个参数。

- ❑ `n_inputs`：输入数据的维度。
- ❑ `n_hidden`：隐藏层的维度。
- ❑ `n_output`：输出数据的维度。
- ❑ `activation`：隐藏层的激活函数。

函数`__init__()`用于创建 3 个线性层——`w_ih`、`w_hh`、`w_ho`。

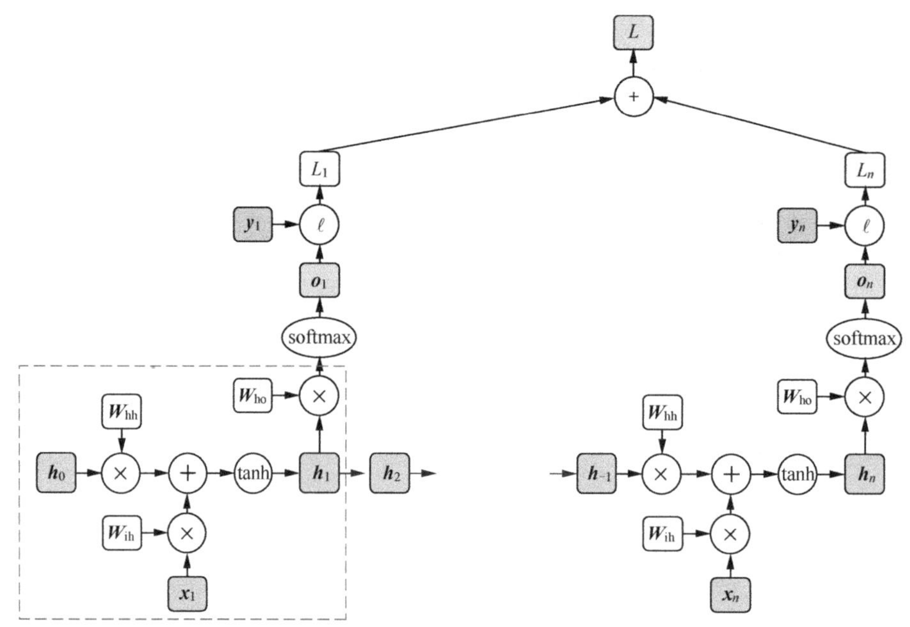

图 11-5　循环神经网络计算图

函数 forward()用于实现具体运算。其中，首先把输入数据的线性变换与隐藏层的线性变换相加，然后通过一个激活函数得到隐藏层。输出数据为新的隐藏层的线性变换。

函数 init_hidden()用于初始化隐藏层。

RNNCell 类的代码如下。

```
class RNNCell(Layer):
    def __init__(self, n_inputs, n_hidden, n_output, activation="tanh"):
        super().__init__()

        self.n_inputs = n_inputs
        self.n_hidden = n_hidden
        self.n_output = n_output

        if(activation == "sigmoid"):
            self.activation = Sigmoid()
        elif(activation == "tanh"):
            self.activation = Tanh()
        elif(activation == "relu"):
            self.activation = Relu()
        else:
            raise Exception("Non-Linearity not found")

        self.w_ih = Linear(n_inputs, n_hidden, bias=False)
        self.w_hh = Linear(n_hidden, n_hidden)
        self.w_ho = Linear(n_hidden, n_output)
```

```
        self.parameters += self.w_ih.get_parameters()
        self.parameters += self.w_hh.get_parameters()
        self.parameters += self.w_ho.get_parameters()

    def forward(self, input, hidden, out=True):
        combined = self.w_ih.forward(input) + self.w_hh.forward(hidden)
        new_hidden = self.activation.forward(combined)

        output = self.w_ho.forward(new_hidden)
        return output, new_hidden

    def init_hidden(self, batch_size=1):
        return Tensor(np.zeros((batch_size, self.n_hidden)), autograd=True)
```

现在需要预处理莎士比亚的作品，读入数据，建立字母与字母编码的对应关系（使用函数char_to_index和index_to_char实现），把整部作品都转化成编码形式。

```
np.random.seed(1)
with open("./data/shakespeare.txt", 'r') as file:
data = file.read()

chars = list(set(data))
data_size, vocab_size = len(data), len(chars)
print ('Data has %d characters, and %d unique ones.' % (data_size, vocab_size))
char_to_index = { ch:i for i,ch in enumerate(chars) }
index_to_char = { i:ch for i,ch in enumerate(chars) }
indices = np.array(list(map(lambda x:char_to_index[x], data)))

Data has 1115394 characters, and 65 unique ones.
```

我们将使用批量随机梯度下降法训练RNN模型。现在需要把数据转化成合适的形式。设置batch_size=32，bptt=25。bptt表示RNN模型中循环的长度。

```
batch_size, bptt = 32, 25
num_batches = int((indices.shape[0]/batch_size))

trimmed_indices = indices[:num_batches*batch_size]
batched_indices = trimmed_indices.reshape(batch_size, num_batches)
batched_indices.shape

(32, 34856)
```

batched_indices为一个二维数组，batched_indices的行数为batch_size，这里等于32。下面显示前5行。

```
batched_indices[0:5]
array([[61, 15, 27, ...,  5,  3, 35],
       [34, 16, 27, ...,  7, 13,  3],
       [35, 36, 16, ..., 32,  1, 59],
```

```
        [ 7, 16,  3, ..., 21, 13, 41],
        [57, 32, 35, ..., 53,  1,  1]])
```

对 batched_indices 进行转置。然后，以除最后一行之外的数据作为输入数据，以除第一行之外的数据作为输出数据。接着，分别得到 input_batches 和 target_batches，两者都是 3 维数据，数据的维度都是（n_bptt，bptt，batch_size）。

```
batched_indices = batched_indices.transpose()
input_batched_indices = batched_indices[0:-1]
target_batched_indices = batched_indices[1:]

n_bptt = int((num_batches-1)/bptt)
input_batches = input_batched_indices[:n_bptt*bptt]
input_batches = input_batches.reshape(n_bptt, bptt, batch_size)
target_batches = target_batched_indices[:n_bptt*bptt]
target_batches = target_batches.reshape(n_bptt, bptt, batch_size)
```

下面分别显示了 input_batches 和 target_batches 的第一批（前 5 行和前 6 列）数据。认真看 input_batches 和 target_batches 的对应的每一列，可以发现一些规律。

```
input_batches[0][0:5, 0:6]

array([[46, 12, 41, 44, 18,  5],
       [51, 36, 63, 36,  1, 42],
       [29, 29, 36, 17, 41, 47],
       [17, 41, 29,  7, 36, 60],
       [22, 42, 51, 41, 29, 10]])

target_batches[0][0:5, 0:6]

array([[51, 36, 63, 36,  1, 42],
       [29, 29, 36, 17, 41, 47],
       [17, 41, 29,  7, 36, 60],
       [22, 42, 51, 41, 29, 10],
       [41, 36, 36, 44, 41, 54]])
```

例如，input_batches 的第一列为 46，51，29，17，22，target_batches 的第一列为 51，29，17，22，41。对应关系如下。

- 输入 46，输出为 51；
- 输入 51，输出为 29；
- 输入 29，输出为 17；
- 输入 17，输出为 22；
- 输入 22，输出为 41。

现在，建立循环神经网络模型。把输入字符进行词嵌入编码，然后作为输入值代入循环层，最后使用交叉熵计算损失函数。

```
embed = Embedding(vocab_size=len(chars), dim=20)
```

```
model = RNNCell(n_inputs=20, n_hidden=256, n_output=len(chars))
criterion = CrossEntropyLoss()params = model.get_parameters() + embed.get_parameters()
optim = SGD(parameters=params, lr=0.001)
```

接下来，开始训练 RNN 模型。每一次迭代开始，把隐藏层的值全设置为 0。这里设置 `optim.lr *= 0.99`，在每一次训练结束后都缩小步长。

```
epochs = 100

for e in range(epochs):

    total_loss = 0
    hidden = model.init_hidden(batch_size=batch_size)
    for batch_i in range(len(input_batches)):
        hidden = Tensor(hidden.data, autograd=True)
        losses = list()
        for t in range(bptt):
            input = Tensor(input_batches[batch_i][t], autograd=True)
            rnn_input = embed.forward(input=input)
            output, hidden= model.forward(input=rnn_input, hidden=hidden)

            target = Tensor(target_batches[batch_i][t], autograd=True)
            batch_loss = criterion.forward(output, target)

            if(t == 0):
                losses.append(batch_loss)
            else:
                losses.append(batch_loss + losses[-1])
        loss = losses[-1]

        loss.backward()
        optim.step()
        total_loss += loss.data/bptt

    optim.lr *= 0.99

    if(e % 10 == 0):
        print("Epoch: %2d - Loss:%0.3f"%(e, total_loss/(batch_i+1)))

Epoch:  0 - Loss:73.881
Epoch: 10 - Loss:2.376
Epoch: 20 - Loss:2.325
Epoch: 30 - Loss:1.965
Epoch: 40 - Loss:1.874
Epoch: 50 - Loss:1.782
Epoch: 60 - Loss:1.719
Epoch: 70 - Loss:1.706
```

```
Epoch: 80 - Loss:1.661
Epoch: 90 - Loss:1.644
```

最后，使用建立好的模型自动产生一段文字。从产生的文字可以看到，虽然模型的输出结果离莎士比亚的作品还很远，但是模型学会了莎士比亚作品的一些风格，其中包括一些类似的单词、词组、标点符号以及断句，还像剧本一样的结构。

```
def sample(init_chars, n):
    """
      从模型中随机抽样，得到一个正数序列
      h 是隐藏层状态
    """
    hidden = model.init_hidden(batch_size=1)
    s = []
    for t in range(len(init_chars)+n):
        if t < (len(init_chars)):
            ix = char_to_index[init_chars[t]]
            input = Tensor(np.array(ix))
        else:
            prob = output.softmax().ravel() * 5
            prob = prob/np.sum(prob)
            ix = np.random.choice(range(len(chars)), p=prob)
            input = Tensor(np.array([ix]))

        s.append(ix)
        rnn_input = embed.forward(input)
        output, hidden = model.forward(input=rnn_input, hidden=hidden)

    return s
sample_ix = sample(init_chars=data[0:15], n=500)
s = ''.join(index_to_char[ix] for ix in sample_ix)
print(s)

First Citizen:
Thell and lowd off that we undy,
Cel repaichaak
Olly Angull bebuty.

First so frown me.

ESES:
Ahad yield,
As and good, lot for all him.
Upour the crown be so some it soos in his state:
To for digsmerlus then when is his was all you my sound,
The add fet the mine all A welt,
Of he kiorn,
```

```
On these doturaing more his sates,
And the mools shall me for youngser
Gieis yet thou give me solerve's Edward my en:
Thife! I as abrudite, affald either,
For, what thungs and I be set off Camour.

SLOLIO:
Bo,
t
```

11.5 本章小结

在本章中，我们自建了一个深度学习框架。在这个过程中，我们不仅复习了之前章节中的大部分内容，深入地了解了深度学习建模过程中非常重要的部分——自动求导，还从另一个角度了解了深度学习框架，从而更好地理解实际应用的框架，如 TensorFlow。

本章的代码比较长，也较复杂，如果你对编程不是很熟悉，则这可能是较大的挑战。然而，经过认真学习，反复琢磨，自己编程，相信你可以很好地掌握本章的内容，加深对神经网络和深度学习框架的理解，并且使自己的 Python 编程技巧得到提升！

习题

1．分析第 3 章中的 Advertising 数据，使用自建深度学习框架，建立具有一个隐藏层的神经网络模型。

2．分析 MNIST 数据集，使用自建深度学习框架，建立具有两个隐藏层的神经网络，尝试使用不同的隐藏层激活函数。

3．请为自建深度学习框架添加 L_2 惩罚功能。分析 Fasion-MNIST 数据集，使用自建的深度学习框架，建立具有两个隐藏层的神经网络，并使用 L_2 惩罚法控制过拟合。

4．分析 IMDB 中的数据，使用自建的深度学习框架，建立具有一个隐藏层的神经网络。

第 12 章　长短期记忆模型与门控循环单元模型

循环神经网络在实际应用（如机器翻译、语音转文字及其他序列数据处理）中已经展现出了优异效果。然而，工程师很少通过建立简单循环神经网络模型达到好的效果。当输入序列较长时，简单循环神经网络模型容易出现梯度消失或者梯度爆炸问题，这使得简单循环神经网络模型在实际应用中较难捕捉序列中距离较大的依赖关系。

本章将探索简单循环神经网络模型的主要缺陷——梯度消失或者梯度爆炸，并介绍实际应用中经典的改良循环神经网络模型——长短期记忆（Long Short Term Memory, LSTM）模型，以及越来越流行的循环神经网络模型——门控循环单元（Gated Recurrent Unit，GRU）。

12.1 简单循环神经网络的主要缺陷

首先，回顾简单循环神经网络模型的计算过程。图 12-1 表示一个简单循环神经网络的结构。

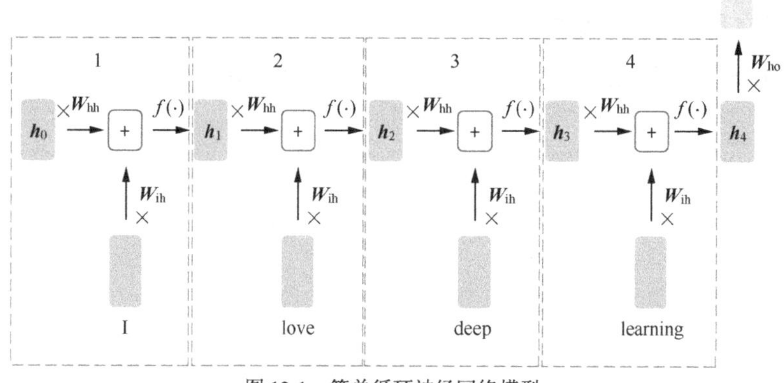

图 12-1　简单循环神经网络模型

该模型有 3 个权重矩阵($\boldsymbol{W}_{\text{ih}}$，$\boldsymbol{W}_{\text{hh}}$，$\boldsymbol{W}_{\text{ho}}$)及两个截距项向量($\boldsymbol{b}_{\text{hh}}$，$\boldsymbol{b}_{\text{ho}}$)。为了方便表示，图 12-1 中省略了截距项。函数 $f(\cdot)$ 为激活函数。

记输入序列的编码为 $\boldsymbol{x}_0$，$\boldsymbol{x}_1$，$\boldsymbol{x}_2$，$\boldsymbol{x}_3$。对于图 12-1 所示的循环神经网络模型，首先，使用正向传播算法逐步计算隐藏层 $\boldsymbol{h}_1$，$\boldsymbol{h}_2$，$\boldsymbol{h}_3$，$\boldsymbol{h}_4$。

$$\boldsymbol{h}_1 = f(\boldsymbol{x}_0\boldsymbol{W}_{\text{ih}} + \boldsymbol{h}_0\boldsymbol{W}_{\text{hh}} + \boldsymbol{b}_{\text{hh}})$$
$$\boldsymbol{h}_2 = f(\boldsymbol{x}_1\boldsymbol{W}_{\text{ih}} + \boldsymbol{h}_1\boldsymbol{W}_{\text{hh}} + \boldsymbol{b}_{\text{hh}})$$
$$\boldsymbol{h}_3 = f(\boldsymbol{x}_2\boldsymbol{W}_{\text{ih}} + \boldsymbol{h}_2\boldsymbol{W}_{\text{hh}} + \boldsymbol{b}_{\text{hh}})$$
$$\boldsymbol{h}_4 = f(\boldsymbol{x}_3\boldsymbol{W}_{\text{ih}} + \boldsymbol{h}_3\boldsymbol{W}_{\text{hh}} + \boldsymbol{b}_{\text{hh}})$$

然后，计算输出，$\text{output} = g(\boldsymbol{h}_4\boldsymbol{W}_{\text{ho}} + \boldsymbol{b}_{\text{ho}})$，$g(\cdot)$ 为输出层的激活函数。记损失函数为 L，且假设 L 关于 $\boldsymbol{h}_4$ 的导数为 $\partial L/\partial \boldsymbol{h}_4$。$f'(\cdot)$ 为激活函数 $f(\cdot)$ 的导数。在下面的步骤中，$f'(\cdot)$ 可能表示不同的值，但是为了方便，都写成统一形式。例如，当 $f(\cdot)=\sigma(\cdot)$ 为 sigmoid 函数时，如果 $\sigma(\cdot)=\boldsymbol{h}_3$，那么 $f'(\cdot)=\boldsymbol{h}_3\circ(\boldsymbol{1}-\boldsymbol{h}_3)$；如果 $\sigma(\cdot)=\boldsymbol{h}_4$，那么 $f'(\cdot)=\boldsymbol{h}_4\circ(\boldsymbol{1}-\boldsymbol{h}_4)$。$L$ 关于 $\boldsymbol{h}_3$，$\boldsymbol{h}_2$，$\boldsymbol{h}_1$ 的导数如下。

$$\frac{\partial L}{\partial \boldsymbol{h}_3} = \left(f'(\cdot)\circ\frac{\partial L}{\partial \boldsymbol{h}_4}\right)\boldsymbol{W}_{\text{hh}}^{\top}$$

$$\frac{\partial L}{\partial \boldsymbol{h}_2} = \left(f'(\cdot)\circ\frac{\partial L}{\partial \boldsymbol{h}_3}\right)\boldsymbol{W}_{\text{hh}}^{\top} = \left\{f'(\cdot)\circ\left[\left(f'(\cdot)\circ\frac{\partial L}{\partial \boldsymbol{h}_4}\right)\boldsymbol{W}_{\text{hh}}^{\top}\right]\right\}\boldsymbol{W}_{\text{hh}}^{\top}$$

$$\frac{\partial L}{\partial \boldsymbol{h}_1} = \left(f'(\cdot)\circ\frac{\partial L}{\partial \boldsymbol{h}_2}\right)\boldsymbol{W}_{\text{hh}}^{\top} = \left\{f'(\cdot)\circ\left\{f'(\cdot)\circ\left[\left(f'(\cdot)\circ\frac{\partial L}{\partial \boldsymbol{h}_4}\right)\boldsymbol{W}_{\text{hh}}^{\top}\right]\boldsymbol{W}_{\text{hh}}^{\top}\right\}\right\}\boldsymbol{W}_{\text{hh}}^{\top}$$

在模型中，权重矩阵 $\boldsymbol{W}_{\text{ih}}$ 出现在 4 个地方。在图 12-1 中，每个虚线框都包含一个 $\boldsymbol{W}_{\text{ih}}$。因此，损失函数 L 关于 $\boldsymbol{W}_{\text{ih}}$ 的偏导数由 4 项组成。

$$\frac{\partial L}{\partial \boldsymbol{W}_{\text{ih}}} = \boldsymbol{x}_0^{\top}\left[\frac{\partial L}{\partial \boldsymbol{h}_1}\circ f'(\cdot)\right] + \boldsymbol{x}_1^{\top}\left[\frac{\partial L}{\partial \boldsymbol{h}_2}\circ f'(\cdot)\right] + \boldsymbol{x}_2^{\top}\left[\frac{\partial L}{\partial \boldsymbol{h}_3}\circ f'(\cdot)\right] + \boldsymbol{x}_3^{\top}\left[\frac{\partial L}{\partial \boldsymbol{h}_4}\circ f'(\cdot)\right]$$

其中，每一项分别如下。

$$\boldsymbol{x}_0^{\top}\left[\frac{\partial L}{\partial \boldsymbol{h}_1}\circ f'(\cdot)\right] = \boldsymbol{x}_0^{\top}\left\{\left\{f'(\cdot)\circ\left\{f'(\cdot)\circ\left[\left(f'(\cdot)\circ\frac{\partial L}{\partial \boldsymbol{h}_4}\right)\boldsymbol{W}_{\text{hh}}^{\top}\right]\boldsymbol{W}_{\text{hh}}^{\top}\right\}\boldsymbol{W}_{\text{hh}}^{\top}\right\}\circ f'(\cdot)\right\}$$

$$\boldsymbol{x}_1^{\top}\left[\frac{\partial L}{\partial \boldsymbol{h}_2}\circ f'(\cdot)\right] = \boldsymbol{x}_1^{\top}\left\{\left\{f'(\cdot)\circ\left[\left(f'(\cdot)\circ\frac{\partial L}{\partial \boldsymbol{h}_4}\right)\boldsymbol{W}_{\text{hh}}^{\top}\right]\boldsymbol{W}_{\text{hh}}^{\top}\right\}\circ f'(\cdot)\right\}$$

$$\boldsymbol{x}_2^{\top}\left[\frac{\partial L}{\partial \boldsymbol{h}_3}\circ f'(\cdot)\right] = \boldsymbol{x}_2^{\top}\left[\left(f'(\cdot)\circ\frac{\partial L}{\partial \boldsymbol{h}_4}\right)\boldsymbol{W}_{\text{hh}}^{\top}\circ f'(\cdot)\right]$$

$$\boldsymbol{x}_3^{\top}\left[\frac{\partial L}{\partial \boldsymbol{h}_4}\circ f'(\cdot)\right] = \boldsymbol{x}_3^{\top}\left(\frac{\partial L}{\partial \boldsymbol{h}_4}\circ f'(\cdot)\right)$$

同样，损失函数 L 关于 $\boldsymbol{W}_{\text{hh}}$ 的偏导数也由 4 项组成。

$$\frac{\partial L}{\partial \boldsymbol{W}_{\text{hh}}}=\boldsymbol{h}_0^{\top}\left[\frac{\partial L}{\partial \boldsymbol{h}_1}\circ f'(\cdot)\right]+\boldsymbol{h}_1^{\top}\left[\frac{\partial L}{\partial \boldsymbol{h}_2}\circ f'(\cdot)\right]+\boldsymbol{h}_2^{\top}\left[\frac{\partial L}{\partial \boldsymbol{h}_3}\circ f'(\cdot)\right]+\boldsymbol{h}_3^{\top}\left[\frac{\partial L}{\partial \boldsymbol{h}_4}\circ f'(\cdot)\right]$$

其中，每一项分别如下。

$$\boldsymbol{h}_0^{\top}\left[\frac{\partial L}{\partial \boldsymbol{h}_1}\circ f'(\cdot)\right]=\boldsymbol{h}_0^{\top}\left\{\left\{f'(\cdot)\circ\left\{f'(\cdot)\circ\left[\left(f'(\cdot)\circ\frac{\partial L}{\partial \boldsymbol{h}_4}\right)\boldsymbol{W}_{\text{hh}}^{\top}\right]\boldsymbol{W}_{\text{hh}}^{\top}\right\}\boldsymbol{W}_{\text{hh}}^{\top}\right\}\circ f'(\cdot)\right\}$$

$$\boldsymbol{h}_1^{\top}\left[\frac{\partial L}{\partial \boldsymbol{h}_2}\circ f'(\cdot)\right]=\boldsymbol{h}_1^{\top}\left\{\left\{f'(\cdot)\circ\left[\left(f'(\cdot)\circ\frac{\partial L}{\partial \boldsymbol{h}_4}\right)\boldsymbol{W}_{\text{hh}}^{\top}\right]\boldsymbol{W}_{\text{hh}}^{\top}\right\}\circ f'(\cdot)\right\}$$

$$\boldsymbol{h}_2^{\top}\left[\frac{\partial L}{\partial \boldsymbol{h}_3}\circ f'(\cdot)\right]=\boldsymbol{h}_2^{\top}\left[\left(f'(\cdot)\circ\frac{\partial L}{\partial \boldsymbol{h}_4}\right)\boldsymbol{W}_{\text{hh}}^{\top}\circ f'(\cdot)\right]$$

$$\boldsymbol{h}_3^{\top}\left[\frac{\partial L}{\partial \boldsymbol{h}_4}\circ f'(\cdot)\right]=\boldsymbol{h}_3^{\top}\left[\frac{\partial L}{\partial \boldsymbol{h}_4}\circ f'(\cdot)\right]$$

认真观察损失函数 L 关于 $\boldsymbol{h}_1$，$\boldsymbol{h}_2$，$\boldsymbol{h}_3$，$\boldsymbol{h}_4$ 的导数，以及损失函数 L 关于 $\boldsymbol{W}_{\text{ih}}$ 和 $\boldsymbol{W}_{\text{hh}}$ 的导数，可以发现以下规律。

- 在损失函数 L 关于 $\boldsymbol{h}_1$，$\boldsymbol{h}_2$，$\boldsymbol{h}_3$，$\boldsymbol{h}_4$ 的偏导数中，离输出结果越远，损失函数 L 关于 $\boldsymbol{h}_i(i=1,2,3,4)$ 的偏导数中有更多的 $f'(\cdot)$ 相乘。
- 在损失函数 L 关于 $\boldsymbol{W}_{\text{ih}}$ 和 $\boldsymbol{W}_{\text{hh}}$ 的编导数中，第 1 项均包含 4 个 $f'(\cdot)$，第 2 项均包含 3 个 $f'(\cdot)$，第 3 项均包含两个 $f'(\cdot)$，第 4 项均包含 1 个 $f'(\cdot)$。

在上面的例子中，句子“I love deep learning”很短，仅包含 4 个单词。对于一个很长的句子，可以想象，在损失函数 L 关于 $\boldsymbol{W}_{\text{ih}}$ 和 $\boldsymbol{W}_{\text{hh}}$ 的导数中，前面的项将包含很多 $f'(\cdot)$。这会对模型训练有什么影响呢？

先看一个简单例子，考虑函数 $y=x^n$（见图 12-2）。如果 $x<1$，则随着 n 增大，y 将越来越小；如果 $x>1$，则随着 n 增大，y 将越来越大。

使用以下代码绘制函数 y=0.9^n 与 y=1.1^n 的图像。

```
%config InlineBackend.figure_format = 'retina'
import matplotlib.pyplot as plt
import numpy as np

n = np.arange(30)
plt.plot(n, 0.9**n, label="x=0.9")
plt.plot(n, 1.1**n, label="x=1.1")
plt.legend(fontsize=16)
plt.show()
```

输出结果如图 12-2 所示。

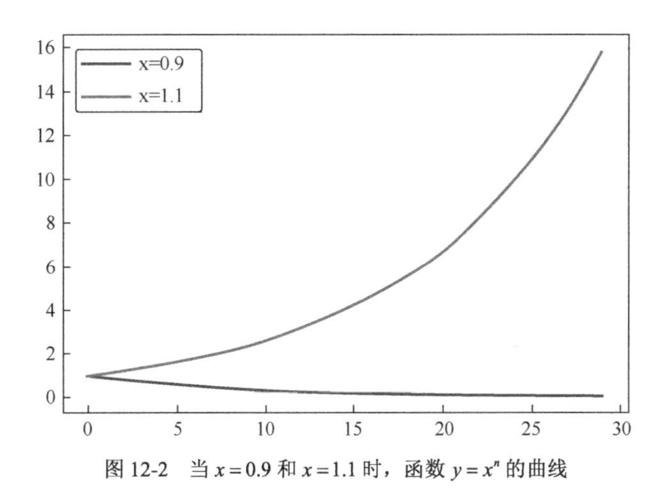

图 12-2 当 $x=0.9$ 和 $x=1.1$ 时，函数 $y=x^n$ 的曲线

进一步观察损失函数 L 关于 $\boldsymbol{W}_{\text{hh}}$ 和 $\boldsymbol{W}_{\text{ih}}$ 的偏导数 $\partial L/\partial\boldsymbol{W}_{\text{hh}}$ 和 $\partial L/\partial\boldsymbol{W}_{\text{ih}}$。$\partial L/\partial\boldsymbol{W}_{\text{hh}}$ 和 $\partial L/\partial\boldsymbol{W}_{\text{ih}}$ 都包含了 4 项，第 1 项均包含 4 个 $f'(\cdot)$、3 个 $\boldsymbol{W}_{\text{hh}}$；第 2 项均包含 3 个 $f'(\cdot)$、两个 $\boldsymbol{W}_{\text{hh}}$；第 3 项均包含两个 $f'(\cdot)$、一个 $\boldsymbol{W}_{\text{hh}}$；第 4 项均包含一个 $f'(\cdot)$。

如果 $f'(\cdot)$ 的元素较大（例如，当输入为正值时，ReLU 函数和 Leaky ReRU 函数的导数值都为 1），那么第 1 项、第 2 项的元素由于多个 $\boldsymbol{W}_{\text{hh}}$ 相乘可能会变得很大。最终，$\partial L/\partial\boldsymbol{W}_{\text{hh}}$ 和 $\partial L/\partial\boldsymbol{W}_{\text{ih}}$ 的某些元素会很大。在梯度下降法中，梯度太大可不是好事，容易造成算法不收敛。这是梯度爆炸问题。在实际中，使用截断梯度方法控制梯度，例如：

$$\frac{\partial L}{\partial \boldsymbol{W}_{\text{hh}}}=\min\left(\frac{\partial L}{\partial \boldsymbol{W}_{\text{hh}}},\eta\right)$$

在这里，$\partial L/\partial\boldsymbol{W}_{\text{hh}}$ 为一个矩阵，min 为求最小值的逐点运算，η 为一个较小的正数。这样就把 $\partial L/\partial\boldsymbol{W}_{\text{hh}}$ 的所有元素值控制在 η（如 $\eta=2$）内，避免过大的梯度造成梯度下降法发散。

如果 $f'(\cdot)$ 的元素较小（例如，sigmoid 函数或者 tanh 函数的导数都小于 1，且有可能接近 0），那么第 1 项的某些元素将会变得很小（包含 4 个 $f'(\cdot)$），第 2 项的某些元素也有比较小（包含 3 个 $f'(\cdot)$）。最终，第 1 项、第 2 项占 $\partial L/\partial\boldsymbol{W}_{\text{hh}}$（或者 $\partial L/\partial\boldsymbol{W}_{\text{ih}}$）的比例将会很小，因此第 1 项和第 2 项对更新 $\boldsymbol{W}_{\text{hh}}$（或者 $\boldsymbol{W}_{\text{ih}}$）的贡献很小。也就是说，句子开始的单词将对模型训练过程的影响很小。因此，模型无法运用输入序列前面的信息。这是梯度消失问题。

为了模拟循环神经网络利用反向传播算法计算权重偏导数的过程，考虑两个激活函数——tanh 函数和 ReLU 函数。

以下代码使用 tanh 函数。

```
def tanh(x):
    return np.tanh(x)


weights = np.array([[1,2],[2,1]])
activation = tanh(np.array([0.5, 0.5]))
```

```
print("Tanh Activations:")
activations = list()
for e in range(10):
    activation = tanh(activation.dot(weights))
    activations.append(activation)
    print(activation)

print("\n Tanh Gradients:")
gradient = np.ones_like(activation)
for activation in reversed(activations):
    gradient = (1 - activation * activation) * gradient
    gradient = gradient.dot(weights.transpose())
    print(gradient)

Tanh Activations:
[0.88236559 0.88236559]
[0.99000884 0.99000884]
[0.99475004 0.99475004]
[0.9948969 0.9948969]
[0.99490139 0.99490139]
[0.99490152 0.99490152]
[0.99490153 0.99490153]
[0.99490153 0.99490153]
[0.99490153 0.99490153]
[0.99490153 0.99490153]

 Tanh Gradients:
[0.03051285 0.03051285]
[0.00093103 0.00093103]
[2.84084902e-05 2.84084902e-05]
[8.66823911e-07 8.66823911e-07]
[2.64492868e-08 2.64492868e-08]
[8.07065296e-10 8.07065296e-10]
[2.46481387e-11 2.46481387e-11]
[7.74372805e-13 7.74372805e-13]
[4.61894002e-14 4.61894002e-14]
[3.0683291e-14 3.0683291e-14]
```

对于 tanh 函数，可以看到，导数很快变小，最后几乎等于 0，模型出现梯度消失问题。

以下代码使用 ReLU 函数。

```
def relu(x):
    return (x > 0).astype(float) * x

weights = np.array([[1,2],[2,1]])
activation = relu(np.array([0.5, 0.5]))
```

```
print("ReLU Activations:")
activations = list()
for e in range(10):
    activation = relu(activation.dot(weights))
    activations.append(activation)
    print(activation)

print("\n ReLU Gradients:")
gradient = np.ones_like(activation)
for activation in reversed(activations):
    gradient = ((activation > 0) * gradient)
    gradient = gradient.dot(weights.transpose())
    print(gradient)

ReLU Activations:
[1.5 1.5]
[4.5 4.5]
[13.5 13.5]
[40.5 40.5]
[121.5 121.5]
[364.5 364.5]
[1093.5 1093.5]
[3280.5 3280.5]
[9841.5 9841.5]
[29524.5 29524.5]

 ReLU Gradients:
[3. 3.]
[9. 9.]
[27. 27.]
[81. 81.]
[243. 243.]
[729. 729.]
[2187. 2187.]
[6561. 6561.]
[19683. 19683.]
[59049. 59049.]
```

对于 ReLU 函数，可以看到，导数很快变大，最后达到将近 60000，模型出现梯度爆炸问题。

总的来说，因为简单循环神经网络训练过程中容易出现梯度消失或者梯度爆炸问题，所以简单循环神经网络在实际中较难捕捉序列中距离较大的输入数据间的依赖关系。如果训练过程中出现梯度爆炸问题，则梯度下降法容易不收敛；如果训练过程中出现梯度消失问题，则输入序列前面的信息对结果影响较小。如图 12-3 所示，$\boldsymbol{x}_0$和$\boldsymbol{x}_1$对$\boldsymbol{o}_{t-1}$和$\boldsymbol{o}_t$的影响有可能很大，也有可能很小。梯度爆炸相对来说比较容易处理，我们可以采用梯度截断的方式控制梯度大小，以减少梯度爆炸的影响。梯度消失问题处理起来比较困难，我们需要设计更加复杂的隐藏层结构，如接下来将要学习的改良循环神经网络模型——LSTM 模型和 GRU。

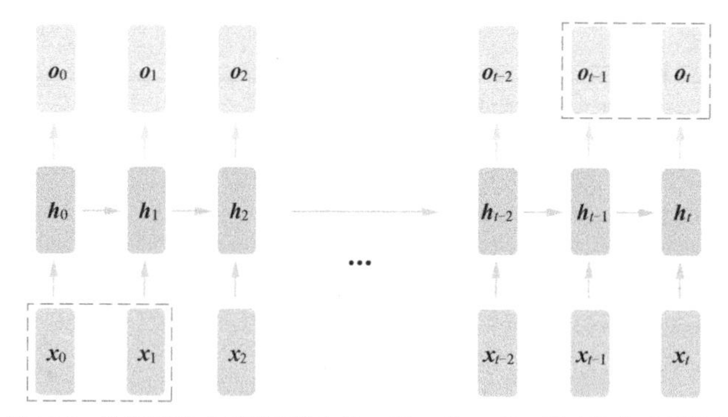

图 12-3　梯度爆炸或者梯度消失使 $\boldsymbol{x}_0$和$\boldsymbol{x}_1$ 对 $\boldsymbol{o}_{t-1}$和$\boldsymbol{o}_t$ 影响较大或者较小

12.2 长短期记忆模型

在第 10 章中，我们已经对循环神经网络模型的示意图做了很多次改动。现在，我们再做一次变化。在图 12-4 中，把左边示意图变成右边示意图。可以看到，循环神经网络的主要计算步骤为 $\boldsymbol{h}_{i+1}=\tanh(\boldsymbol{x}_i\boldsymbol{W}_{\text{ih}}+\boldsymbol{h}_i\boldsymbol{W}_{\text{hh}}+\boldsymbol{b}_{\text{hh}})(i=1,2,\cdots,n)$，即 $\boldsymbol{h}_{i+1}$ 为 $\boldsymbol{x}_i$ 和 $\boldsymbol{h}_i$ 的加权和，再通过激活函数得到的值。权重矩阵 $\boldsymbol{W}_{\text{hh}}$ 决定 $\boldsymbol{h}_i$ 传递什么信息及传递多少信息给 $\boldsymbol{h}_{i+1}$；权重矩阵 $\boldsymbol{W}_{\text{ih}}$ 决定 $\boldsymbol{x}_i$ 传递什么信息及传递多少信息给 $\boldsymbol{h}_{i+1}$。

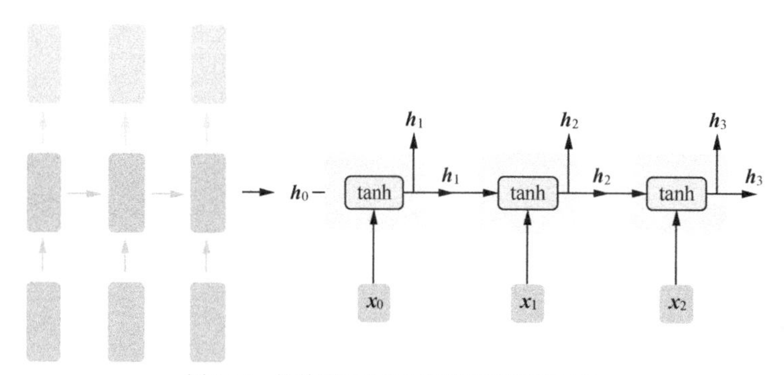

图 12-4　简单循环神经网络模型示意图变换

进一步把图 12-4 右边的示意图拓展成图 12-5 的形式，对应的循环神经网络模型称为 LSTM 模型。为了缓解简单循环神经网络模型的梯度消失和梯度爆炸问题，LSTM 模型的整个结构更加复杂。图 12-5 所示的模型看上去较复杂，不过没关系，我们将详细地介绍 LSTM 模型的结构和原理。

在图 12-5 中，图例如图 12-6（a）～图 12-6（e）所示。具体描述如下。

- 圆角矩形框表示节点，矩形框内的字符表示计算节点使用的激活函数。σ 表示 sigmoid

函数，tanh 表示 tanh 函数。

- 圆圈表示逐点运算。圆圈中如果是加号，表示逐点相加；如果是乘号，表示逐点相乘。
- 融合表示两处不同来源的数据将共同用于箭头所指的节点。
- 复制表示同一个数据将作用于不同地方。
- 不相交表示两个数据互不影响。

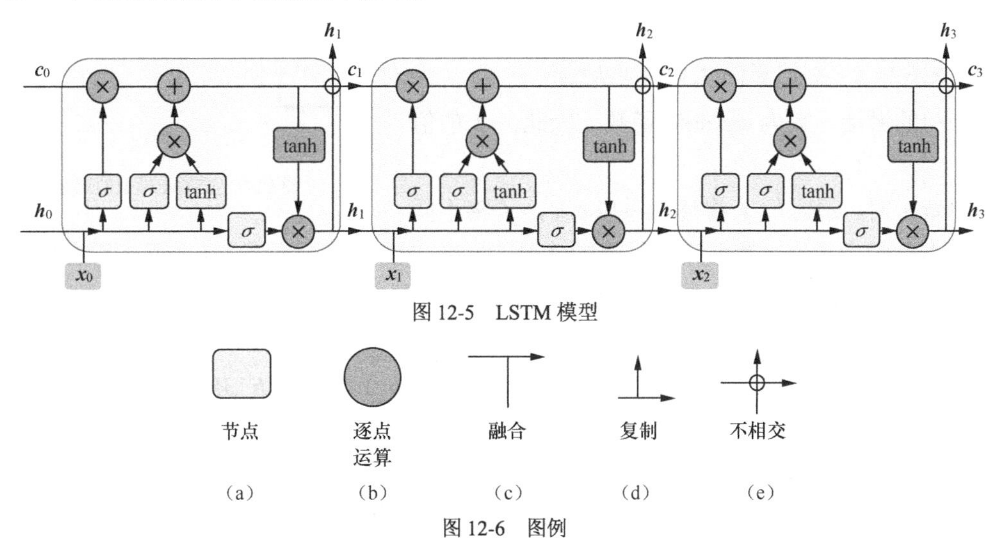

图 12-5　LSTM 模型

图 12-6　图例

12.2.1　LSTM 模型的核心思想

LSTM 模型通过 $\boldsymbol{c}_t$ $(t=0,1,2,\cdots)$，传递隐藏层的信息。$\boldsymbol{c}_t$ 常称为单元状态（cell state）。$\boldsymbol{c}_t$ 就像传送带一样把信息从一个隐藏层传递到下一个隐藏层，是 LSTM 防止梯度消失和梯度爆炸的“最大功臣”，如图 12-7 所示。

从 $\boldsymbol{c}_{t-1}$ 到 $\boldsymbol{c}_t$ 只有一个逐点相乘和一个逐点相加的运算，没有使用任何激活函数。

在反向传播算法中，损失函数 L 关于 $\boldsymbol{c}_{t-1}$ 的导数为 L 关于 $\boldsymbol{c}_t$ 的导数逐点乘以一个矩阵。

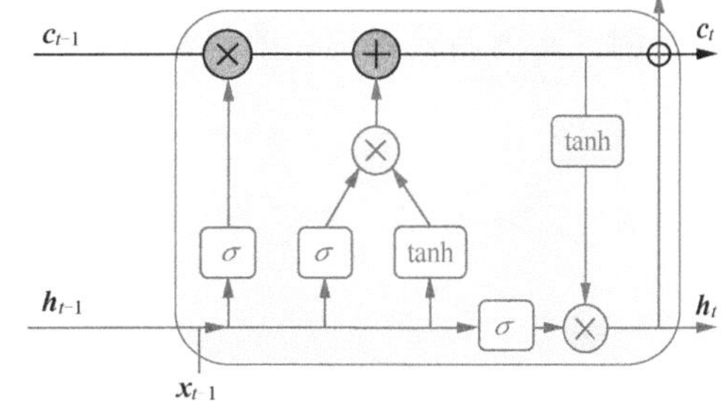

图 12-7　LSTM 模型用 c_t 传递信息

在 LSTM 模型中，隐藏层的信息传递没有使用激活函数，从 $\boldsymbol{c}_{t-1}$ 到 c_t 只有简单的逐点相乘和逐点相加运算，因此在反向传播算法中，LSTM 模型不容易出现梯度消失或者梯度爆炸问题。这确保了 LSTM 模型可以长距离传递信息。

12.2.2　详解 LSTM 模型

LSTM 模型中有 4 个节点，分别称为遗忘门（forget gate，$\boldsymbol{f}_t$）、输入门（input gate，$\boldsymbol{i}_t$）、

输出门（output gate，$\boldsymbol{o}_t$）和更新向量（update vector，$\boldsymbol{u}_t$）。这 4 个节点相互作用，共同决定了信息的保存、遗忘和更新，使得 $\boldsymbol{c}_t$ 可以传递合适的信息。

对于遗忘门，$\boldsymbol{f}_t = \sigma(\boldsymbol{h}_{t-1}\boldsymbol{W}_{hf} + \boldsymbol{x}_{t-1}\boldsymbol{W}_{xf} + \boldsymbol{b}_{hf})$，如图 12-8 所示。遗忘门由 $\boldsymbol{h}_{t-1}$ 和 $\boldsymbol{x}_{t-1}$ 共同决定。

$\boldsymbol{W}_{hf}$ 表示从 $\boldsymbol{h}_{t-1}$ 到遗忘门 $\boldsymbol{f}_t$ 的权重矩阵，$\boldsymbol{b}_{hf}$ 表示从 $\boldsymbol{h}_{t-1}$ 到遗忘门 $\boldsymbol{f}_t$ 的截距项向量。

$\boldsymbol{W}_{xf}$ 表示从 $\boldsymbol{x}_{t-1}$ 到遗忘门 $\boldsymbol{f}_t$ 的权重矩阵。

遗忘门的激活函数为 sigmoid 函数。因此，$\boldsymbol{f}_t$ 的值取 0～1。

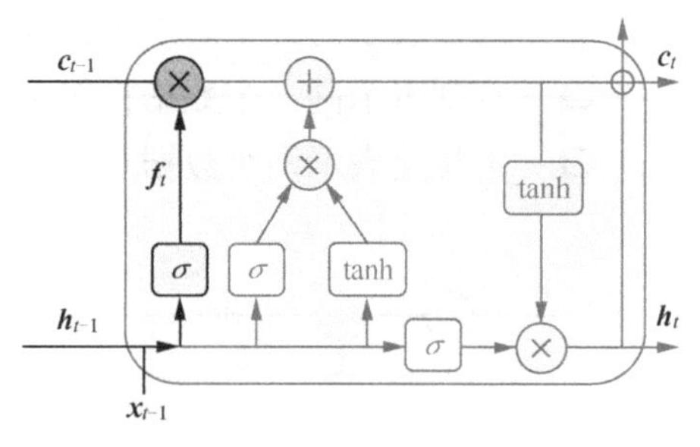

图 12-8　LSTM 模型的遗忘门

在更新 $\boldsymbol{c}_t$ 时，遗忘门 $\boldsymbol{f}_t$ 将逐点乘以 $\boldsymbol{c}_{t-1}$，$\boldsymbol{f}_t$ 将不同程度地缩小 $\boldsymbol{c}_t$ 的元素值。考虑比较极端的情况：如果 $\boldsymbol{f}_t$ 的所有元素都为 0，那么所有历史信息将被遗忘；如果 $\boldsymbol{f}_t$ 的所有元素都为 1，那么所有历史信息将被保留。因此，通过遗忘门，LSTM 模型可以根据上下文决定 $\boldsymbol{c}_{t-1}$ 传递的信息的保留比例。

输入门 $\boldsymbol{i}_t$ 和更新向量 $\boldsymbol{u}_t$ 分别为 $\sigma(\boldsymbol{h}_{t-1}\boldsymbol{W}_{hi} + \boldsymbol{x}_{t-1}\boldsymbol{W}_{xi} + \boldsymbol{b}_{hi})$ 和 $\tanh(\boldsymbol{h}_{t-1}\boldsymbol{W}_{hu} + \boldsymbol{x}_{t-1}\boldsymbol{W}_{xu} + \boldsymbol{b}_{hu})$，如图 12-9 所示。

$\boldsymbol{W}_{hi}$ 和 $\boldsymbol{W}_{xi}$ 分别为 $\boldsymbol{h}_{t-1}$ 和 $\boldsymbol{x}_{t-1}$ 到 $\boldsymbol{i}_t$ 的权重矩阵，$\boldsymbol{b}_{hi}$ 为截距项向量。

$\boldsymbol{W}_{hu}$ 和 $\boldsymbol{W}_{xu}$ 分别为 $\boldsymbol{h}_{t-1}$ 和 $\boldsymbol{x}_{t-1}$ 到 $\boldsymbol{u}_t$ 的权重矩阵，$\boldsymbol{b}_{hu}$ 为截距项向量。

输入门的激活函数为 sigmoid 函数，更新向量的激活函数为 tanh 函数。

输入门的激活函数为 sigmoid 函数，$\boldsymbol{i}_t$ 的值取 0～1。输入门决定了更新向量 $\boldsymbol{u}_t$ 更新 $\boldsymbol{c}_{t-1}$ 的比例。更新向量 $\boldsymbol{u}_t$ 由 $\boldsymbol{h}_{t-1}$ 和 $\boldsymbol{x}_{t-1}$ 决定，激活函数为 tanh 函数，$\boldsymbol{u}_t$ 决定了新的输入值 $\boldsymbol{x}_{t-1}$ 和隐藏层的值 $\boldsymbol{h}_{t-1}$ 向 $\boldsymbol{c}_t$ 提供的信息。

更新 $\boldsymbol{c}_t$，$\boldsymbol{c}_t = \boldsymbol{f}_t \circ \boldsymbol{c}_{t-1} + \boldsymbol{i}_t \circ \boldsymbol{u}_t$，如图 12-10 所示。其中，$\boldsymbol{c}_{t-1}$ 为旧信息；$\boldsymbol{f}_t$ 为旧信息保留的比例；$\boldsymbol{u}_t$ 为新输入提供的信息；$\boldsymbol{i}_t$ 为新信息用于更新 $\boldsymbol{c}_t$ 的比例。

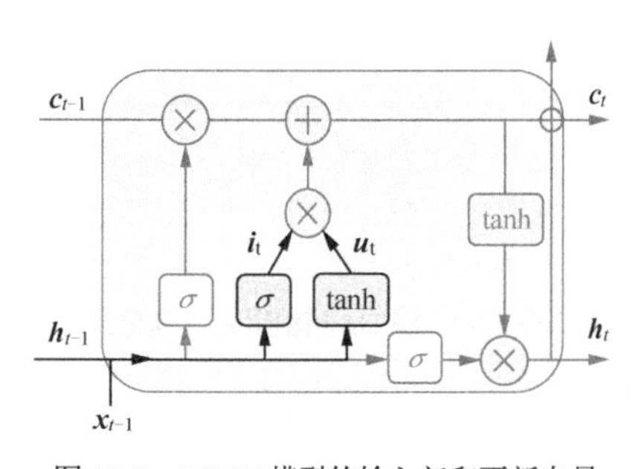

图 12-9　LSTM 模型的输入门和更新向量

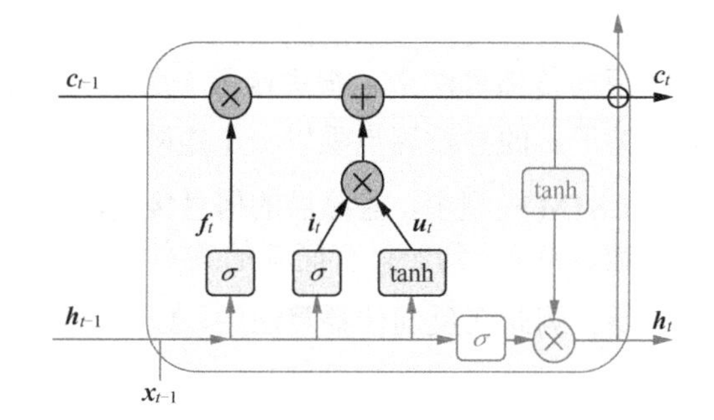

图 12-10　更新 $\boldsymbol{c}_t$

对于输出门，$\boldsymbol{o}_t = \sigma(\boldsymbol{h}_{t-1}\boldsymbol{W}_{ho} + \boldsymbol{x}_{t-1}\boldsymbol{W}_{xo} + \boldsymbol{b}_{ho})$，同时，$h_t = \boldsymbol{o}_t \circ \tanh(\boldsymbol{c}_t)$，如图 12-11 所示。

W_{ho} 和 W_{xo} 分别为 h_{t-1} 和 x_{t-1} 到 o_t 的权重矩阵，b_{ho} 为截距项向量。

h_t 为 c_t 的变换版本。首先，通过函数 tanh，使得 h_t 的值在 −1～+1；其次，o_t 决定了 tanh(c_t) 元素的输出比例。h_t 主要由 c_t 决定，是 c_t 通过 tanh 函数变换的值。o_t 的激活函数为 sigmoid 函数，决定了 c_t 在当前输出信息中的比例。

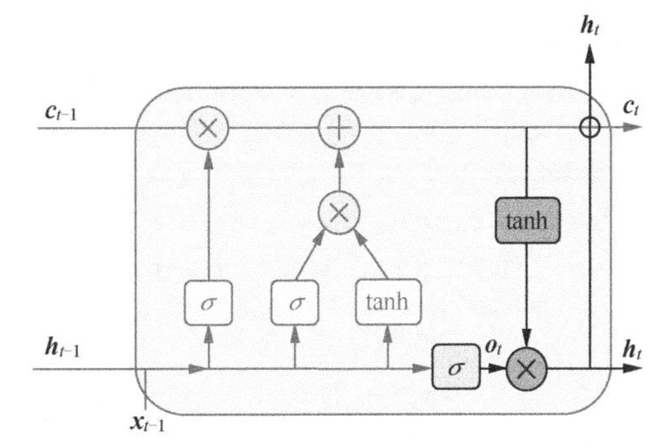

图 12-11　LSTM 模型的输出门

LSTM 模型巧妙地使用 c_t 传递信息，在信息传递过程中避免复杂运算，以及激活函数的使用。这使得 LSTM 模型可以长距离保留信息，不容易发生梯度消失和梯度爆炸。认真观察 LSTM 模型的结构，可以发现计算 h_t 多次使用了激活函数，运算很复杂，我们可能会担心 h_t 发生梯度消失或者梯度爆炸问题。在计算 h_t 的过程中，我们使用激活函数 sigmoid 和 tanh。函数 sigmoid 和 tanh 的导数都在 0～1，这使得 h_t 不太可能发生梯度爆炸。另外，函数 sigmoid 和 tanh 的使用可能造成 h_t 发生梯度消失。不过，h_t 由 c_t 所决定，只要 c_t 不发生梯度消失，h_t 就不容易发生梯度消失。长距离的信息传递由 c_t 负责，h_t 只负责在局部区域解释 c_t 的信息。

12.2.3　实现 LSTM 模型

类 LSTMCell 包含 3 个函数，分别是 `__init__()`、`forward()` 和 `init_hidden()`。

函数 `__init__()` 的参数有 3 个。

- `n_inputs`：输入数据的维度 。
- `n_hidden`：隐藏层的维度。
- `n_output`：输出数据的维度。

函数 `__init__()` 包含 4 个不含截距项的线性层，即 `xf`，`xi`，`xo`，`xu`，分别表示遗忘门、输入门、输出门和更新向量从输入数据到隐藏层的加权和运算；包含 4 个含截距项的线性层，即 `hf`，`hi`，`ho`，`hu`，分别表示遗忘门、输入门、输出门和更新向量从隐藏层到隐藏层的加权和运算；还有一个输出 h_t 的线性层，即 `w_ho`。

函数 `forward()` 实现具体的运算。

在函数 `forward()` 中，hidden 包含两个分量，即 h_t 和 c_t 。

f_t，i_t，o_t 的计算方式和激活函数都是一样的，只是具体的权重矩阵不同。u_t 的激活函数是 tanh。

函数 `init_hidden()` 初始化 h_t 和 c_t，初始 h_t 和 c_t 的元素大部分设为 0，第一列的元素均设为 1。根据经验，这么做有可能使模型表现得更好。

在 LSTM 模型中，需要使用第 11 章中定义的类 `Tensor` 等实现自动求导和梯度下降法等。

因此，我们把类 Tensor、类 Layer、类 Linear、类 Sequential、类 Tanh、类 Sigmoid、类 Relu、类 CrossEntropyLoss、类 Embedding 和类 SGD 放在文件 tensor.py 中，然后使用 from tensor import *载入这些类。具体代码如下。

```
from tensor import *

class LSTMCell(Layer):
    def __init__(self, n_inputs, n_hidden, n_output):
        super().__init__()

        self.n_inputs = n_inputs
        self.n_hidden = n_hidden
        self.n_output = n_output

        # 从输入序列到隐藏层的线性层
        self.xf = Linear(n_inputs, n_hidden, bias=False)
        self.xi = Linear(n_inputs, n_hidden, bias=False)
        self.xo = Linear(n_inputs, n_hidden, bias=False)
        self.xu = Linear(n_inputs, n_hidden, bias=False)

        # 从隐藏层到隐藏层的线性层
        self.hf = Linear(n_hidden, n_hidden)
        self.hi = Linear(n_hidden, n_hidden)
        self.ho = Linear(n_hidden, n_hidden)
        self.hu = Linear(n_hidden, n_hidden)

        # 从隐藏层到输出层的线性层
        self.w_ho = Linear(n_hidden, n_output)

        # 记录所有的参数
        self.parameters += self.xf.get_parameters()
        self.parameters += self.xi.get_parameters()
        self.parameters += self.xo.get_parameters()
        self.parameters += self.xu.get_parameters()
        self.parameters += self.hf.get_parameters()
        self.parameters += self.hi.get_parameters()
        self.parameters += self.ho.get_parameters()
        self.parameters += self.hu.get_parameters()

        self.parameters += self.w_ho.get_parameters()

    def forward(self, input, hidden):
        prev_hidden = hidden[0]
        prev_cell = hidden[1]
```

```
        # 计算遗忘门对应的节点值
        f = (self.xf.forward(input) + self.hf.forward(prev_hidden)).sigmoid()

        # 计算输入门对应的节点值
        i = (self.xi.forward(input) + self.hi.forward(prev_hidden)).sigmoid()

        # 计算输出门对应的节点值
        o = (self.xo.forward(input) + self.ho.forward(prev_hidden)).sigmoid()

        # 计算更新向量
        g = (self.xu.forward(input) + self.hu.forward(prev_hidden)).tanh()

        # 更新传递的信息 c
        c = (f * prev_cell) + (i * g)

        # 新的 h
        h = o * c.tanh()

        output = self.w_ho.forward(h)
        return output, (h, c)

    def init_hidden(self, batch_size=1):
        h = Tensor(np.zeros((batch_size, self.n_hidden)), autograd=True)
        c = Tensor(np.zeros((batch_size, self.n_hidden)), autograd=True)
        h.data[:,0] += 1
        c.data[:,0] += 1
        return (h, c)
```

我们仍然以像莎士比亚一样写作为例。莎士比亚作品的预处理方式与第 11 章一样。

```
with open("./data/shakespeare.txt", 'r') as file:
data = file.read()

chars = list(set(data))
data_size, vocab_size = len(data), len(chars)
print ('Data has %d characters, and %d unique ones.' % (data_size, vocab_size))
char_to_index = { ch:i for i,ch in enumerate(chars) }
index_to_char = { i:ch for i,ch in enumerate(chars) }
indices = np.array(list(map(lambda x:char_to_index[x], data)))

batch_size, bptt = 32, 25
num_batches = int((indices.shape[0]/batch_size))

trimmed_indices = indices[:num_batches*batch_size]
batched_indices = trimmed_indices.reshape(batch_size, num_batches)
batched_indices = batched_indices.transpose()
input_batched_indices = batched_indices[0:-1]
target_batched_indices = batched_indices[1:]
```

```
n_bptt = int((num_batches-1)/bptt)
input_batches = input_batched_indices[:n_bptt*bptt]
input_batches = input_batches.reshape(n_bptt, bptt, batch_size)
target_batches = target_batched_indices[:n_bptt*bptt]
target_batches = target_batches.reshape(n_bptt, bptt, batch_size)

Data has 1115394 characters, and 65 unique ones.
```

下面建立 LSTM 模型，并且训练模型。

```
embed = Embedding(vocab_size=len(chars), dim = 20)
model = LSTMCell(n_inputs=20, n_hidden=256,
n_output=len(chars))model.w_ho.weights.data *= 0

criterion = CrossEntropyLoss()
optim = SGD(parameters=model.get_parameters() + \
                            embed.get_parameters(), lr = 0.005)
epochs = 400
for e in range(epochs):
    total_loss = 0
    hidden = model.init_hidden(batch_size=batch_size)
    for batch_i in range(len(input_batches)):
        hidden = (Tensor(hidden[0].data, autograd=True), \
                  Tensor(hidden[1].data, autograd=True))
        losses = list()
        for t in range(bptt):
            input = Tensor(input_batches[batch_i][t], autograd=True)
            rnn_input = embed.forward(input=input)
            output, hidden= model.forward(input=rnn_input, hidden=hidden)

            target = Tensor(target_batches[batch_i][t], autograd=True)
            batch_loss = criterion.forward(output, target)

            if(t == 0):
                losses.append(batch_loss)
            else:
                losses.append(batch_loss + losses[-1])
        loss = losses[-1]

        loss.backward()
        optim.step()
        total_loss += loss.data/bptt

    optim.lr *= 0.99

    if(e % 50 == 0 or e == (epochs - 1)):
        print("Epoch: %2d; Loss:%0.3f"%(e, total_loss/(batch_i+1)))
```

```
Epoch: 0;    Loss:1.893
Epoch: 50 ;  Loss:1.177
Epoch: 100;  Loss:1.137
Epoch: 150;  Loss:1.063
Epoch: 200;  Loss:1.015
Epoch: 250;  Loss:0.986
Epoch: 300;  Loss:0.955
Epoch: 350;  Loss:0.937
Epoch: 399;  Loss:0.926
```

大部分代码与第 11 章中建立和训练 RNN 的代码类似。不一样的地方有如下两点。

- 令输出 h_t 的权重矩阵初始值为 0（即 `model.w_ho.weights.data *= 0`）。根据经验，这样的模型会表现得更好。
- hidden 有两个分量，即`(h, c)`。

最后，使用建立好的模型自动产生一段文字。这里添加了一行代码 `output.data *= 5`，`output.data` 乘以 5 可以让概率值集中在少数位置。

```
"""
通过随机抽样产生一个字符序列
"""
def sample(init_chars, n):
    hidden = model.init_hidden(batch_size=1)
    s = []
    for t in range(len(init_chars)+n):
        if t < (len(init_chars)):
            ix = char_to_index[init_chars[t]]
            input = Tensor(np.array(ix))
        else:
            output.data *= 5
            prob = output.softmax().ravel()
            prob = prob/np.sum(prob)
            ix = np.random.choice(range(len(chars)), p=prob)
            input = Tensor(np.array([ix]))

        s.append(ix)
        rnn_input = embed.forward(input)
        output, hidden = model.forward(input=rnn_input, hidden=hidden)

    return s

sample_ix = sample(init_chars=data[0:14], n=500)
s = ''.join(index_to_char[ix] for ix in sample_ix)
print(s)

First Citizen:
I will be the storm of the world.
```

```
KING RICHARD II
:
And I do lose the way to live in the heart.

KING RICHARD III:
Then he shall be spent, and the most noble time,
I come to her and the state and stand to the crown,
And with the storm of the world,
And then to be a power to the state to see him out of such a blow
That which he should be done, my lord.

LEONTES:
What is the matter?

CORIOLANUS:
Why, then thou lovest my son,
And therefore let me be a prince's death.

POLIXENES:
The sacrament I ha
```

12.3 门控循环单元模型

LSTM 模型由两位德国科学家 Hochreiter 和 Schmidhuber 于 1997 年提出。至今为止，LSTM 模型仍然是应用较广泛的 RNN 模型之一。多年来，科学家们基于 LSTM 模型的思想，提出了 LSTM 模型的很多变体，希望可以进一步提高 RNN 模型的预测精度或训练效率。其中，LSTM 模型最流行的变体是 Cho 等人于 2014 年提出的门控循环单元（Gated Recurrent Unit，GRU）。

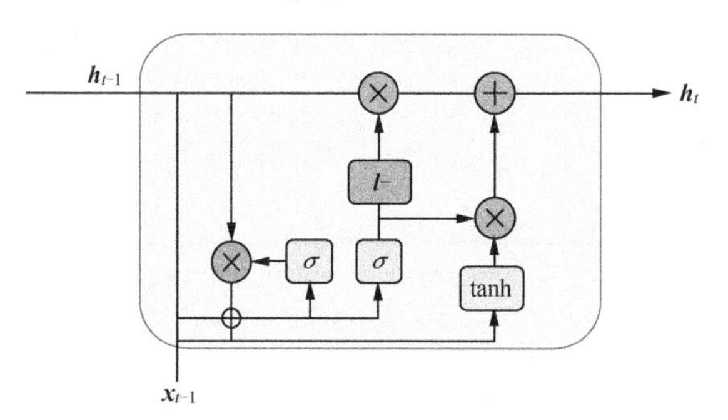

图 12-12　GRU 模型

与 LSTM 模型相比，GRU 模型的结构更加简洁（见图 12-12），该模型包含 3 个节点，信息传递只通过 $\boldsymbol{h}_t$ 实现，舍弃了 $\boldsymbol{c}_t$。GRU 模型也继承了 LSTM 模型的优点，从 $\boldsymbol{h}_{t-1}$ 到 $\boldsymbol{h}_t$ 只需要经过简单运算，不需要使用激活函数。在对 LSTM 模型结构的分析中，我们已经看到这样的结构可以有效地减少梯度消失和梯度爆炸问题。

12.3.1 详解 GRU 模型

对于更新门，$\boldsymbol{u}_t = \sigma(\boldsymbol{h}_{t-1}\boldsymbol{W}_{hu} + \boldsymbol{x}_{t-1}\boldsymbol{W}_{xu} + \boldsymbol{b}_{hu})$，如图 12-13 所示。

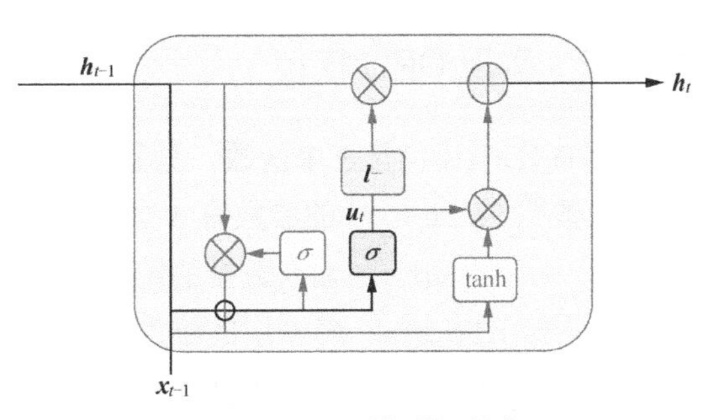

图 12-13　GRU 模型的更新门

$\boldsymbol{W}_{hu}$ 和 $\boldsymbol{W}_{xu}$ 分别为 $\boldsymbol{h}_{t-1}$ 和 $\boldsymbol{x}_{t-1}$ 到 $\boldsymbol{u}_t$ 的权重矩阵，$\boldsymbol{b}_{hu}$ 为截距项向量。

更新门的激活函数为 sigmoid 函数。更新门决定了 $\boldsymbol{h}_{t-1}$ 和候选隐藏层在更新 $\boldsymbol{h}_t$ 时的比例。如果 $\boldsymbol{u}_t$ 的元素值很小，那么 $\boldsymbol{h}_t$ 将保留 $\boldsymbol{h}_{t-1}$ 的大部分信息；如果 $\boldsymbol{u}_t$ 的元素值很大，那么 $\boldsymbol{h}_t$ 将有较大的比例被更新。

对于重置门，$\boldsymbol{r}_t = \sigma(\boldsymbol{h}_{t-1}\boldsymbol{W}_{hr} + \boldsymbol{x}_{t-1}\boldsymbol{W}_{xr} + \boldsymbol{b}_{hr})$；对于候选隐藏层，$\boldsymbol{s}_t = \sigma((\boldsymbol{r}_t \circ \boldsymbol{h}_{t-1})\boldsymbol{W}_{hs} + \boldsymbol{x}_{t-1}\boldsymbol{W}_{xs} + \boldsymbol{b}_{hs})$，如图 12-14 所示。

$\boldsymbol{W}_{hr}$ 和 $\boldsymbol{W}_{xr}$ 分别为 $\boldsymbol{h}_{t-1}$ 和 $\boldsymbol{x}_{t-1}$ 到 $\boldsymbol{r}_t$ 的权重矩阵，$\boldsymbol{b}_{hr}$ 为截距项向量。

$\boldsymbol{W}_{hs}$ 和 $\boldsymbol{W}_{xs}$ 分别为 $\boldsymbol{h}_{t-1}$ 和 $\boldsymbol{x}_{t-1}$ 到 $\boldsymbol{s}_t$ 的权重矩阵，$\boldsymbol{b}_{hs}$ 为截距项向量。

重置门的激活函数为 sigmoid 函数，候选隐藏层的激活函数为 tanh 函数。

重置门在一定程度上决定了候选隐藏层中 $\boldsymbol{h}_{t-1}$ 所占的比例。如果 $\boldsymbol{r}_t$ 的元素值都很小，那么候选隐藏层将主要由新的输入 $\boldsymbol{x}_{t-1}$ 决定；如果 $\boldsymbol{r}_t$ 的元素值都很大，那么 $\boldsymbol{h}_{t-1}$ 对候选隐藏层有较大的作用。候选隐藏层由 $\boldsymbol{h}_{t-1}$ 和输入数据共同决定。

更新 $\boldsymbol{h}_t$，$\boldsymbol{h}_t = (1-\boldsymbol{u}_t) \circ \boldsymbol{h}_{t-1} + \boldsymbol{u}_t \circ \boldsymbol{s}_t$，如图 12-15 所示。其中，$\boldsymbol{s}_t$ 为新的输入数据提供的信息，$\boldsymbol{u}_t$ 为新信息用于更新 $\boldsymbol{h}_t$ 的比例。

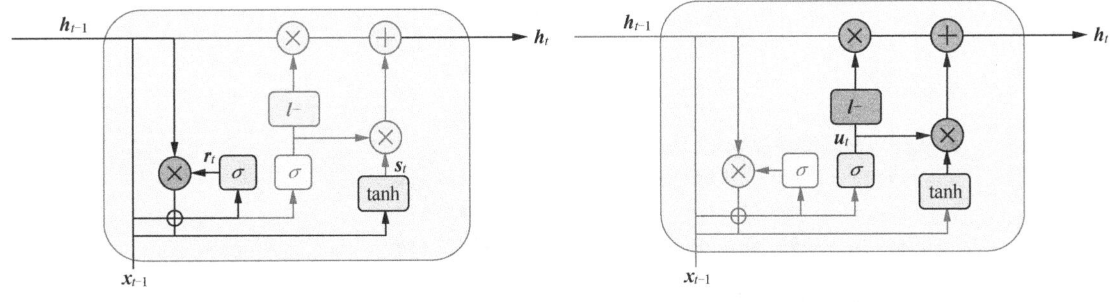

图 12-14　GRU 模型的重置门和候选隐藏层

图 12-15　更新 $\boldsymbol{h}_t$

可以看到，GRU 模型把 LSTM 模型的遗忘门和输入门合并为更新门，GRU 模型还合并了 LSTM 模型的 $\boldsymbol{c}_t$ 和 $\boldsymbol{h}_t$。同时，GRU 模型还做了一些结构上的修改，如计算候选隐藏层时考虑 $\boldsymbol{h}_{t-1}$ 所占比例。根据一些对比研究，在有些例子中，LSTM 模型的预测效果好一些；但是在有些例子中，GRU 模型的预测效果好一些。相对而言，GRU 模型的结构更加简单，训练和运行效率更高，因此，GRU 模型越来越流行。

12.3.2　实现 GRU 模型

类 GRUCell 包含 3 个函数，分别是`__init__()`、`forward()`和`init_hidden()`。

函数`__init__()`的参数有 3 个。

- `n_inputs`：输入数据的维度。
- `n_hidden`：隐藏层的维度。
- `n_output`：输出数据的维度。

函数`__init__()`包括 3 个不包含截距项的线性层，即`xz`，`xr`，`xs`，它们分别表示更新门、重置门和候选隐藏层从输入数据到隐藏层的加权和运算；包括 3 个包含截距项的线性层，即`hz`，`hr`，`hs`，它们分别表示更新门、重置门和候选隐藏层从隐藏层到隐藏层的加权和运算；还有一个输出 $\boldsymbol{h}_t$ 的线性层，即`w_ho`。

函数`forward()`实现具体运算。

在函数`forward()`中，`hidden`包含一个分量，即 $\boldsymbol{h}_t$。

$\boldsymbol{r}_t$，$\boldsymbol{z}_t$ 的计算方式与激活函数都是一样的，只是具体的权重矩阵不同。$\boldsymbol{s}_t$ 的计算方式与更新门是一样的，只是激活函数是 tanh。

函数`init_hidden()`初始化 $\boldsymbol{h}_t$。

GRUCell 的代码如下。

```
class GRUCell(Layer):
    def __init__(self, n_inputs, n_hidden, n_output):
        super().__init__()

        self.n_inputs = n_inputs
        self.n_hidden = n_hidden
        self.n_output = n_output

        # 从输入序列到隐藏层的线性层
        self.xz = Linear(n_inputs, n_hidden, bias=False)
        self.xr = Linear(n_inputs, n_hidden, bias=False)
        self.xs = Linear(n_inputs, n_hidden, bias=False)

        # 从隐藏层到隐藏层的线性层
        self.hz = Linear(n_hidden, n_hidden)
        self.hr = Linear(n_hidden, n_hidden)
        self.hs = Linear(n_hidden, n_hidden)

        # 从隐藏层到输出层的线性层
        self.w_ho = Linear(n_hidden, n_output)
```

```
        # 记录所有的参数
        self.parameters += self.xz.get_parameters()
        self.parameters += self.xr.get_parameters()
        self.parameters += self.xs.get_parameters()
        self.parameters += self.hz.get_parameters()
        self.parameters += self.hr.get_parameters()
        self.parameters += self.hs.get_parameters()

        self.parameters += self.w_ho.get_parameters()

    def forward(self, input, hidden):

        # 计算更新门对应的节点值
        z = (self.xz.forward(input) + self.hz.forward(hidden)).sigmoid()
        # 计算重置门对应的节点值
        r = (self.xr.forward(input) + self.hr.forward(hidden)).sigmoid()
        # 计算候选隐藏层对应的节点值
        s = (self.xs.forward(input) + self.hs.forward(hidden*r)).tanh()

        # 更新 h
        ones = Tensor(np.zeros_like(z.data), autograd=True)
        h = (ones - z) * hidden + z * s

        # 计算输出
        output = self.w_ho.forward(h)
        return output, h

    def init_hidden(self, batch_size=1):
        h = Tensor(np.zeros((batch_size, self.n_hidden)), autograd=True)
        return h
```

接着，建立 GRU 模型，并且训练模型。大部分代码与训练 LSTM 模型和简单循环神经网络模型的代码类似。同样地，模型训练好之后，我们使用建立好的模型自动产生一段文字。

```
embed = Embedding(vocab_size=len(chars), dim = 20)
model = GRUCell(n_inputs=20, n_hidden=256, n_output=len(chars))
model.w_ho.weights.data *= 0

criterion = CrossEntropyLoss()
optim = SGD(parameters=model.get_parameters() + embed.get_parameters(), lr = 0.01)
epochs = 200

for e in range(epochs):
    total_loss = 0
    hidden = model.init_hidden(batch_size=batch_size)
    for batch_i in range(len(input_batches)):
        hidden = Tensor(hidden.data, autograd=True)
```

```
        losses = list()
        for t in range(bptt):
            input = Tensor(input_batches[batch_i][t], autograd=True)
            rnn_input = embed.forward(input=input)
            output, hidden= model.forward(input=rnn_input, hidden=hidden)

            target = Tensor(target_batches[batch_i][t], autograd=True)
            batch_loss = criterion.forward(output, target)

            if(t == 0):
                losses.append(batch_loss)
            else:
                losses.append(batch_loss + losses[-1])
        loss = losses[-1]

        loss.backward()
        optim.step()
        total_loss += loss.data/bptt

    optim.lr *= 0.99

    if(e % 30 == 0 or e == (epochs - 1)):
        print("Epoch: %2d; Loss:%0.3f"%(e, total_loss/(batch_i+1)))

Epoch:  0;  Loss:2.055
Epoch: 30;  Loss:1.312
Epoch: 60;  Loss:1.271
Epoch: 90;  Loss:1.238
Epoch: 120; Loss:1.210
Epoch: 150; Loss:1.186
Epoch: 180; Loss:1.168
Epoch: 199; Loss:1.152

sample_ix = sample(init_chars=data[0:14], n=500)
s = ''.join(index_to_char[ix] for ix in sample_ix)
print(s)

First Citizen:
What is the matter, and then the house of Lancaster.

POMPEY:
The princess to the common people.

First Musician:
Why, then the streets to the world and the sun he shall be so much words to the death
of the sun hath been a service and my son of Gloucester, and the state,
That I do not stay with me,
```

```
And then to his life, sir, the sea shall be made to the strong to the common people.

CORIOLANUS:
The silly the body to the maid that we have been a present is the state and so straight
of his son sh
```

12.4 本章小结

在本章中，我们学习了循环神经网络模型的两个改良模型——LSTM 模型和 GRU 模型。LSTM 模型和 GRU 模型可以很好地处理序列数据，在实际应用中取得了很好的效果。总的来说，LSTM 模型和 GRU 模型的特点如下。

- LSTM 模型和 GRU 模型在传递信息中都只需要经过简单运算，没有使用激活函数。
- LSTM 模型和 GRU 模型都通过设计一些“门”控制信息的流动。
- LSTM 模型和 GRU 模型都可以应对循环神经网络模型中的梯度消失和梯度爆炸问题，可以更好地捕捉序列数据中距离较大的依赖关系。

习题

1．在像莎士比亚写作的例子中，建立 LSTM 模型，尝试更长的输入、输出序列。

2．在像莎士比亚写作的例子中，对每个单词进行编码，每次输入一个单词，预测一个单词，建立 GRU 模型。这时，单词的数量将会很大，请使用词嵌入的方式提高代码运行效率。

3．在 LSTM 模型的实现过程中，我们没有推导损失函数关于权重矩阵和截距项的梯度，而使用第 11 章搭建的深度学习框架实现反向传播算法中的自动求导。请尝试使用反向传播算法自行推导损失函数关于权重矩阵和截距项的梯度。

4．请尝试使用反向传播算法自行推导 GRU 模型中损失函数关于权重矩阵和截距项的梯度。因为有了深度学习框架，所以现在我们并不需要推导参数梯度。然而，自行推导参数梯度可以帮助我们更加直观地了解 LSTM 模型和 GRU 模型的结构特征，加深对反向传播算法的理解。

5．比较 LSTM 模型和 GRU 模型的表现。预测效果及运行时间。

第 13 章　基于 TensorFlow 2 搭建循环神经网络模型

在前面的章节中，我们学习了简单循环神经网络模型，以及两种特殊结构的循环神经网络模型——LSTM 模型和 GRU 模型。另外，我们自己搭建了一个深度学习框架，基于深度学习框架，可以轻松地从零实现简单循环神经网络、LSTM 模型和 GRU 模型。不过，自建框架只适合研究深度学习，而不能作为实际应用的工具。基于 TensorFlow 框架，我们将在本章学习在实际工作中建立循环神经网络模型的方式。在本章中，我们主要的任务如下：

- 建立 LSTM 模型，分析 IMDB 中的数据；
- 建立 GRU 模型，像莎士比亚一样写作。

13.1 建立 LSTM 模型

分析 IMDB 中数据的目的是根据电影评论预测观众的情绪，即判断电影评论表示的观众情绪是 POSITIVE 还是 NEGATIVE。为了建立结构如图 13-1 所示的 LSTM 模型，要完成以下任务。

（1）使用词嵌入对单词进行编码。

（2）以 LSTM 模型作为隐藏层。

（3）实现一个激活函数为 sigmoid 的输出层。

为了根据一条电影评论（把评论分拆成单词），得到一个观众情绪预测结果，需要建立多对一的循环神经网络。

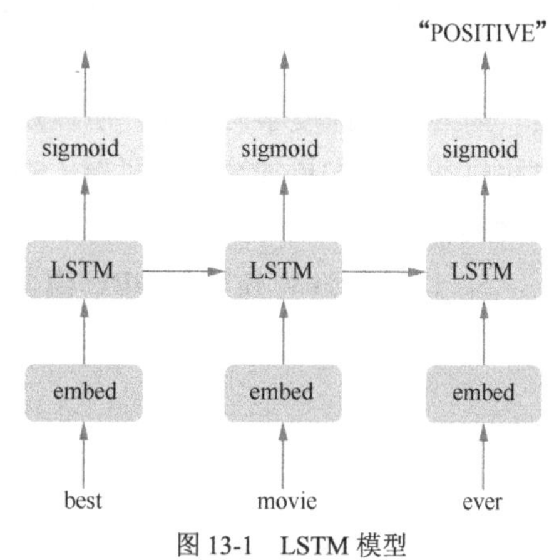

图 13-1　LSTM 模型

13.1.1 预处理数据

首先，载入数据分析将会用到的包。

```
%config InlineBackend.figure_format = 'retina'
import numpy as np
import tensorflow as tf
import matplotlib.pyplot as plt
from collections import Counter
from string import punctuation
```

然后，读入数据，并对单词和因变量进行编码。

```
print(punctuation)
!"#$%&'()*+,-./:;<=>?@[\]^_`{|}~

# 读入数据
np.random.seed(1)
with open('./data/reviews.txt', 'r') as f:
    raw_reviews = list(map(lambda x:x[:-1], f.readlines()))

with open('./data/labels.txt', 'r') as f:
    raw_labels = list(map(lambda x:x[:-1].upper(), f.readlines()))

# 去除标点符号
reviews = []
words = []
for sentence in raw_reviews:
    text = ''.join([c for c in sentence if c not in punctuation])
    reviews.append(text)
    words.extend(text.split())

 # 对因变量编码
targets = list()
for label in raw_labels:
    if label == "POSITIVE":
        targets.append(1)
    else:
        targets.append(0)
targets = np.array(targets)

# 对单词编码
counts = Counter(words)
vocab = sorted(counts, key=counts.get, reverse=True)
vocab_to_int = {word: ii for ii, word in enumerate(vocab, 1)}

# 把评论中的每个单词都转化成编码
reviews_ints = []
```

```
for each in reviews:
    reviews_ints.append([vocab_to_int[word] for word in each.split()])

len(vocab_to_int)
74072
```

这里的处理方式与第 10 章对这些数据的处理方式类似，其中有两个不同点。

- 去掉了句子中的标点符号。punctuation 是包含 32 个标点符号的字符串，我们将从句子中去掉 punctuation 包含的标点符号。
- 从 1 开始对单词进行编码，0 留着填充评论长度。

下面的代码计算每一条评论的长度。

```
len_reviews = np.zeros(len(reviews_ints))
for i, row in enumerate(reviews_ints):
    len_reviews[i] = len(row)
_ = plt.hist(len_reviews, bins=20)
```

从输出结果（见图 13-2）可以看到，大部分评论的长度小于 1200。

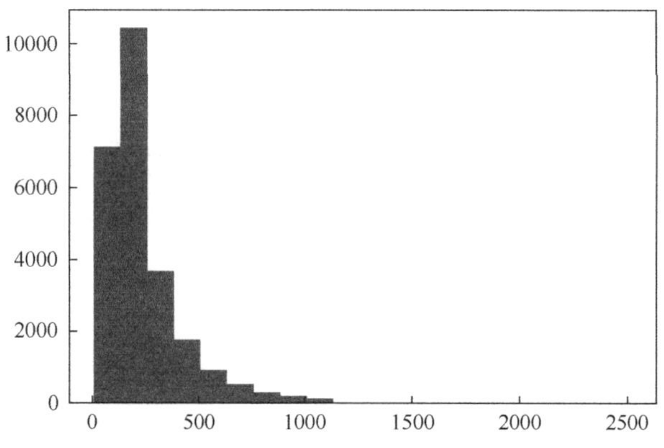

图 13-2　关于 IMDB 中每条评论的单词数的直方图

作为模型的输入，每一条评论的长度需要一样。我们设置评论长度为 1200。如果评论长度大于或等于 1200，则取前 1200 个单词；如果评论长度小于 1200，则取所有的单词，并且在句子前面用 0 把评论长度扩充为 1200。下面的代码输出了第一条评论的前 50 个字符的编码。该评论的长度小于 1200，因此前面部分填充了 0。

```
seq_len = 1200
features = np.zeros((len(reviews_ints), seq_len), dtype=int)
for i, row in enumerate(reviews_ints):
    # 截断评论或者填充 0
    features[i, -len(row):] = np.array(row)[:seq_len]
features[0,0:50]
array([0, 0, 0, 0, 0, 0, 0, 0, 0, 0, 0, 0, 0, 0, 0, 0, 0, 0, 0, 0, 0, 0, 0, 0, 0,
0, 0, 0, 0, 0, 0, 0, 0, 0, 0, 0, 0, 0, 0, 0, 0,0, 0, 0, 0, 0, 0, 0, 0])
```

数据预处理的最后一步是，把数据分成训练数据、验证数据和测试数据，各个部分包含的观测点数分别为 20000、2500 和 2500。具体代码如下。

```
split_frac = 0.8
split_idx = int(len(features)*0.8)
train_x, val_x = features[:split_idx], features[split_idx:]
train_y, val_y = targets[:split_idx], targets[split_idx:]

test_idx = int(len(val_x)*0.5)
val_x, test_x = val_x[:test_idx], val_x[test_idx:]
val_y, test_y = val_y[:test_idx], val_y[test_idx:]

print("\t\t\tShapes:")
print("Train set: \t\t{}".format(train_x.shape), \
      "\nValidation set: \t{}".format(val_x.shape), \
      "\nTest set: \t\t{}".format(test_x.shape))

                          Shapes:
Train set:              (20000, 1200)
Validation set:         (2500, 1200)
Test set:               (2500, 1200)
```

13.1.2 基于 TensorFlow 建立 LSTM 模型

为了建立 LSTM 模型，使用函数 `tf.keras.Sequential()` 把下面描述的层结合起来。

- 第 1 层使用函数 `tf.keras.layers.Embedding()`。第 1 个参数为输入数据的维度 `input_dim`，在这里为 `len(vocab)+1`，因为评论中出现的所有字符为 vocab 中的所有单词和表示空白字符的 0；第 2 个参数为输出值的维度，这里设为 32。
- 第 2 层为 LSTM 层，使用函数 `tf.keras.layers.LSTM()`，隐藏层的维度设为 32，并且使用了丢弃法，`dropout` 设为 0.5 。
- 第 3 层为输出层，激活函数为 sigmoid。

具体代码如下。

```
model = tf.keras.Sequential([tf.keras.layers.Embedding(len(vocab)+1, 32),   \
                             tf.keras.layers.LSTM(32, dropout=0.5),          \
                             tf.keras.layers.Dense(1, activation='sigmoid')])
```

输出结果如下。

```
model.summary()
Model: "sequential"
_________________________________________________________________
Layer (type)                 Output Shape              Param #
=================================================================
embedding (Embedding)        (None, None, 32)          2370336
_________________________________________________________________
lstm (LSTM)                  (None, 32)                8320
_________________________________________________________________
```

```
dense (Dense)                (None, 1)                 33
=================================================================
Total params: 2,378,689
Trainable params: 2,378,689
Non-trainable params: 0
_________________________________________________________________
```

从函数 `model.summary()` 的输出结果可以看到，该模型的参数总数为 2 378 689。

- 第 1 层：用于实现词嵌入，参数个数为 $74\,073 \times 32 = 2\,370\,336$ 。总的单词数为 74 072，还需要权重矩阵的一行代表填充的 0，因此输入数据的维度为 $74\,072 + 1 = 74\,073$ 。
- 第 2 层：LSTM 层，参数个数为 $32 \times 32 \times 4 + 32 \times 32 \times 4 + 32 \times 4 = 8320$ ；如图 13-3 所示，LSTM 模型中有 4 个节点，每个节点从输入数据到隐藏层的权重矩阵为 32×32 维的，隐藏层到隐藏层的权重矩阵为 32×32 维的，截距项向量为 1×32 维的。
- 第 3 层：输出层，参数个数为 $32 + 1 = 33$ 。

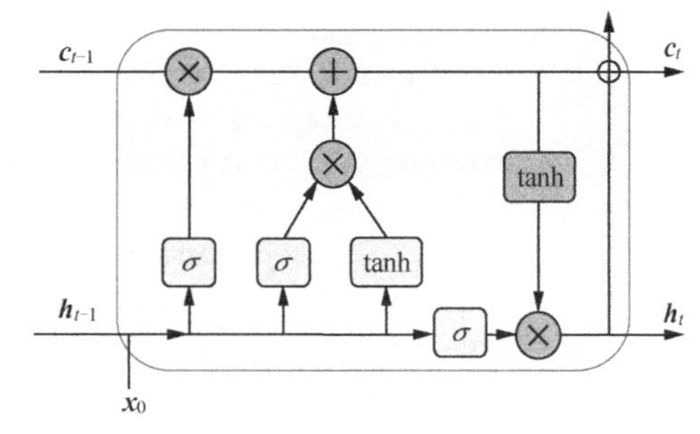

图 13-3　LSTM 模型

接下来，使用函数 `model.compile()` 设置最优化方法、损失函数和评价指标，使用函数 `model.fit()` 训练模型。

```
model.compile(loss='binary_crossentropy', \
              optimizer='adam', \
              metrics=['accuracy'])

imbd_history = model.fit(train_x, train_y, batch_size=128, \
            epochs=2, verbose=2, validation_data=(val_x, val_y))

Train on 20000 samples, validate on 2500 samples
Epoch 1/2
20000/20000 - 198s - loss: 0.5552 - accuracy: 0.7007 - val_loss: 0.4447 - val_accuracy: 0.7880
Epoch 2/2
20000/20000 - 180s - loss: 0.2923 - accuracy: 0.8860 - val_loss: 0.3285 - val_accuracy: 0.8672
```

最后，计算该 LSTM 模型的测试误差。

```
model.evaluate(test_x, test_y, verbose=2)
2500/1 - 16s - loss: 0.2098 - accuracy: 0.8568

[0.33841066099405287, 0.8568]
```

13.2 基于 TensorFlow 建立 GRU 模型

在前面的章节中，我们建立了循环神经网络模型以模拟莎士比亚的写作风格。本节将使用

TensorFlow 建立结构更加复杂的 GRU 模型，如图 13-4 所示。在预测时，每次预测一个字符，然后以预测结果作为输入。使用循环神经网络也可以建立隐藏层更多的模型，这里用两个 GRU 层。

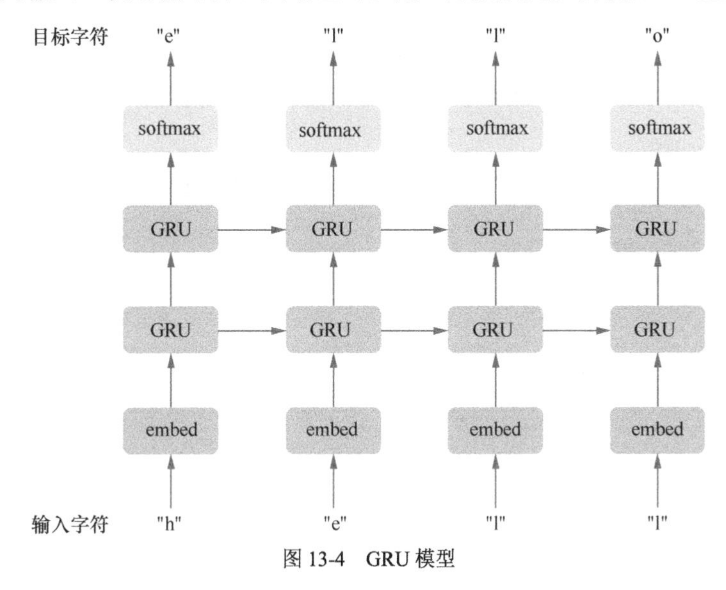

图 13-4 GRU 模型

到现在为止，循环神经网络模型不能像 CNN 模型一样，有几十个甚至上百个的隐藏层。主要原因如下。

- 以现在的技术，增加很多循环神经网络隐藏层并不能提高模型的预测效果。
- 循环神经网络模型的计算复杂度很大，且很难实现并行运算。

首先，读入 shakespeare 数据，并适当进行预处理。然后，对所有字符进行编码。接着，创建一个字典型数据和一个 NumPy 数组。最后，把所有作品的字符都转换成编码。具体代码如下。

```
np.random.seed(1)
with open("./data/shakespeare.txt", 'r') as file:
    text = file.read()

# 文本中的非重复字符
vocab = sorted(set(text))
print ('{} unique characters'.format(len(vocab)))

# 创建从非重复字符到索引的映射
char2idx = {u:i for i, u in enumerate(vocab)}
idx2char = np.array(vocab)

text_as_int = np.array([char2idx[c] for c in text])
65 unique characters
```

以下代码用于完成 3 个任务。首先，设置输入句子的最大长度为 128。然后，把数据

text_as_int 转化成 TensorFlow 的数据形式。最后，把数据转化成批量的形式，每个序列长度为 seq_length+1。

```
# 设定每个输入句子的最大长度
seq_length = 128
examples_per_epoch = len(text)//seq_length

# 创建训练样本 / 目标
char_dataset = tf.data.Dataset.from_tensor_slices(text_as_int)

for i in char_dataset.take(5):
    print(idx2char[i.numpy()])

F
i
r
s
t

sequences = char_dataset.batch(seq_length+1, drop_remainder=True)

for item in sequences.take(5):
    print(repr(''.join(idx2char[item.numpy()])))

'First Citizen:\nBefore we proceed any further, hear me speak.\n\nAll:\nSpeak,
speak.\n\nFirst Citizen:\nYou are all resolved rather to d'
'
ie than to famish?\n\nAll:\nResolved. resolved.\n\nFirst Citizen:\nFirst, you know
Caius Marcius is chief enemy to the people.\n\nAll:\nWe'
" know't, we know't.\n\nFirst Citizen:\nLet us kill him, and we'll have corn at our
own price.\nIs't a verdict?\n\nAll:\nNo more talking "
"on't; let it be done: away, away!\n\nSecond Citizen:\nOne word, good citizens.\n\
nFirst Citizen:\nWe are accounted poor citizens, the p"
'
atricians good.\nWhat authority surfeits on would relieve us: if they\nwould yield
us but the superfluity, while it were\nwholesome,'
```

然后，把每一段数据分成输入数据和输出数据。

```
def split_input_target(chunk):
    input_text = chunk[:-1]
    target_text = chunk[1:]
    return input_text, target_text

dataset = sequences.map(split_input_target)
for input_example, target_example in  dataset.take(1):
    print ('Input data: ', \
    repr(''.join(idx2char[input_example.numpy()])))
```

```
    print ('Target data:' , repr(''.join(idx2char[target_example.numpy()])))
```

输出结果如下。

```
Input data:  'First Citizen:\nBefore we proceed any further, hear me 
speak.\n\nAll:\nSpeak, speak.\n\nFirst Citizen:\nYou are all resolved rather to '
Target data: 'irst Citizen:\nBefore we proceed any further, hear me 
speak.\n\nAll:\nSpeak, speak.\n\nFirst Citizen:\nYou are all resolved rather to d'
```

接下来，判断数入数据的预期输出。

```
Input_target = zip(input_example[:5],target_example[:5])
for i, (input_idx, target_idx) in enumerate(Input_target):
     print("Step {:4d}".format(i))

     repr_input = repr(idx2char[input_idx])
     print("  input: {} ({:s})".format(input_idx, repr_input))

     print("  expected output: {} ({:s})".format(target_idx, \
                                                  repr(idx2char[target_idx])))
```

输出结果如下。

```
Step    0
  input: 18 ('F')
  expected output: 47 ('i')
Step    1
  input: 47 ('i')
  expected output: 56 ('r')
Step    2
  input: 56 ('r')
  expected output: 57 ('s')
Step    3
  input: 57 ('s')
  expected output: 58 ('t')
Step    4
  input: 58 ('t')
  expected output: 1 (' ')
```

从输出结果可以看到，输出数据始终比输入数据滞后一个位置。例如，数据中前 6 个字符为'First '输入数据 18('F')的预期输出为 47('i')，输入数据 47('i')的预期输出为 56('r')，输入数据 56('r')的预期输出为 57('s')。

接下来，设置每一批观测点的个数，令 batch_size=256，并用函数 dataset.shuffle().batch_size()把数据整合成批量形式。

```
# 每一批数据大小
BATCH_SIZE = 256

BUFFER_SIZE = 10000
dataset = dataset.shuffle(BUFFER_SIZE).batch(BATCH_SIZE, drop_remainder=True)
```

```
dataset
<BatchDataset shapes: ((256, 128), (256, 128)), types: (tf.int32, tf.int32)>
```

接下来，设置词嵌入的维度为 128，GRU 的维度为 512。

```
# 词集的长度
vocab_size = len(vocab)
# 词嵌入的维度
embedding_dim = 128
# GRU 的维度
rnn_units = 512
```

为了建立循环神经网络模型，使用函数 tf.keras.Sequential() 把下面描述的各个层结合起来。

- 第 1 层使用函数 tf.keras.layers.Embedding()，第 1 个参数对应输入数据的维度 input_dim，第 2 个参数对应输出值的维度 output_dim。
- 第 2 层和第 3 层均为 GRU 层，使用函数 tf.keras.layers.GRU()，隐藏层的维度设为 512。设置参数 return_sequences=True，表示每次输入之后都需要得到一个输出结果。
- 第 3 层为输出层，节点数为字符数。

具体代码如下。

```
def build_model(vocab_size, embedding_dim, rnn_units, batch_size):

    model = tf.keras.Sequential([
        tf.keras.layers.Embedding(vocab_size, embedding_dim, \
                    batch_input_shape=[batch_size, None]), \
        tf.keras.layers.GRU(rnn_units, return_sequences=True,\
                stateful=True, \
                recurrent_initializer='glorot_uniform'), \
        tf.keras.layers.GRU(rnn_units, return_sequences=True, \
                stateful=True, \
                recurrent_initializer='glorot_uniform'), \
        tf.keras.layers.Dense(vocab_size)])
    return model
model = build_model(
    vocab_size = len(vocab), \
    embedding_dim  = embedding_dim, \
    rnn_units = rnn_units, \
    batch_size = BATCH_SIZE)
model.summary()
```

输出结果如下。

```
Model: "sequential"
_________________________________________________________________
Layer (type)                 Output Shape              Param #
=================================================================
embedding (Embedding)        (256, None, 128)          8320
```

```
_________________________________________________________________
gru (GRU)                    (256, None, 512)          986112
_________________________________________________________________
gru_1 (GRU)                  (256, None, 512)          1575936
_________________________________________________________________
dense (Dense)                (256, None, 65)           33345
=================================================================
Total params: 2,603,713
Trainable params: 2,603,713
Non-trainable params: 0
_________________________________________________________________
```

从输出结果可以看到，模型的参数总数为2 603 713。

- 第1层：用于实现词嵌入，参数个数为 $65\times128=8320$。整本书中出现过的字符数为65。
- 第2层：GRU层，参数个数为 $128\times512\times3+512\times3+512\times512\times3+512\times3=986112$，如图13-5所示。在基于TensorFlow的GRU中，从输入层和隐藏层到每个节点都有截距项，因此有两个 512×3。
- 第3层：GRU层，参数个数为 $512\times512\times3+512\times3+512\times512\times3+512\times3=1575936$。
- 第4层：输出层，参数个数为 $512\times65+65=33345$。

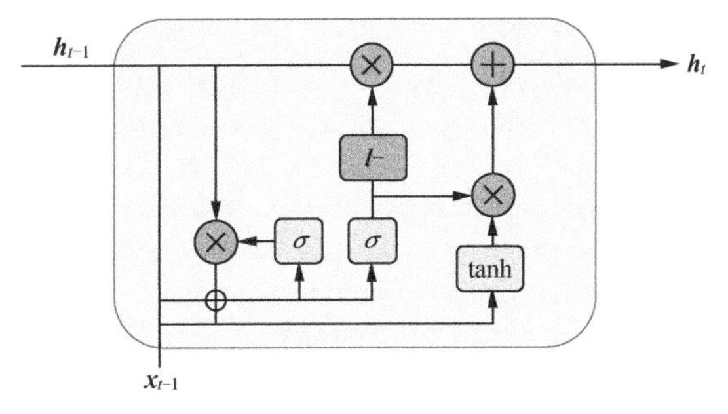

图13-5　GRU模型

下面对其中一个批量的输入数据用 `model` 进行预测，可以看到输出结果的维度为 `(256, 128, 65)`。

```
for input_example_batch, target_example_batch in dataset.take(1):

    example_batch_predictions = model(input_example_batch)
    print(example_batch_predictions.shape, \
          "# (batch_size, sequence_length, vocab_size)")

(256, 128, 65) # (batch_size, sequence_length, vocab_size)
```

另外，函数 `tf.random.categorical()` 可以根据得到的预测概率值 `example_batch_predictions[0]` 随机抽取最终的预测值。

```
sampled_indices = tf.random.categorical(example_batch_predictions[0], \
              num_samples=1)

sampled_indices = tf.squeeze(sampled_indices,axis=-1).numpy()

print("Input: \n", repr("".join(idx2char[input_example_batch[0]])))

print()
print("Next Char Predictions: \n", repr("".join(idx2char[sampled_indices ])))

Input:
 "
ill-wheels strike. Then was this island--\nSave for the son that she did litter
here,\nA freckled whelp hag-born--not honour'
d wit"

Next Char Predictions:
"&ImFQCpcNTBo&k:QGBsBVGiqIcabf,BTmSbCpUNGoiLhMVoU.llIr&?jVo\nKUQ:ejJ?sbtTFEgbVPl'
&A!z3ptdo?;
pzP?DD\nalTPnTFP OeaPBR!zD'I-Y3DCuh.gYS"
```

现在用函数`tf.keras.losses.sparse_categorical_crossentropy()`定义损失函数，并且计算其中一个批次数据的损失函数值。

```
def loss(labels, logits):
    return tf.keras.losses.sparse_categorical_crossentropy( \
                              labels, logits, from_logits=True)

example_batch_loss  = loss(target_example_batch, example_batch_predictions)
print("Prediction shape: ", example_batch_predictions.shape, \
              " # (batch_size, sequence_length, vocab_size)")
print("scalar_loss:      ", example_batch_loss.numpy().mean())

Prediction shape:  (256, 128, 65)
scalar_loss:       4.1745467
```

然后，使用函数`model.compile()`设置最优化方法、损失函数。接着，使用函数`model.fit()`训练模型。这里设置了`checkpoint_callback`。这样，当运行函数`model.fit()`时，每一次迭代后，当前训练得到的模型参数值都会被记录下来。

```
model.compile(optimizer='adam', loss=loss)
# 检查点保存至的目录
import os
checkpoint_dir = './training_checkpoints'

# 检查点对应的文件名
checkpoint_prefix = os.path.join(checkpoint_dir, "ckpt_{epoch}")
```

```
checkpoint_callback=tf.keras.callbacks.ModelCheckpoint(     \
                                filepath=checkpoint_prefix,\
                                save_weights_only=True)
EPOCHS = 100
history = model.fit(dataset, epochs=EPOCHS, \
                    callbacks=[checkpoint_callback])
Epoch 1/100
33/33 [==========================] - 109s 3s/step - loss: 3.7351
Epoch 10/100
33/33 [==========================] - 116s 4s/step - loss: 1.8115
Epoch 20/100
33/33 [==========================] - 114s 3s/step - loss: 1.4427
Epoch 30/100
33/33 [==========================] - 125s 4s/step - loss: 1.3067
Epoch 40/100
33/33 [==========================] - 141s 4s/step - loss: 1.2150
Epoch 50/100
33/33 [==========================] - 162s 5s/step - loss: 1.1225
Epoch 60/100
33/33 [==========================] - 212s 6s/step - loss: 1.0195
Epoch 70/100
33/33 [==========================] - 216s 7s/step - loss: 0.9057
Epoch 80/100
33/33 [==========================] - 253s 8s/step - loss: 0.7874
Epoch 90/100
33/33 [==========================] - 255s 8s/step - loss: 0.6823
Epoch 100/100
33/33 [==========================] - 276s 8s/step - loss: 0.5960
```

函数 `tf.train.latest_checkpoint()` 用于输出最后的训练记录。例如：

```
tf.train.latest_checkpoint(checkpoint_dir)

'./training_checkpoints\\ckpt_100'
```

现在，我们重新建立一个模型，并设置 `batch_size=1`。然后，使用函数 `load_weights()` 把最后训练的权重赋值给新建立的模型。最后，创建函数 `generate_text()` 根据模型预测产生一串字符串。

建立模型和为模型指定权重的代码如下。

```
model = build_model(vocab_size, embedding_dim, rnn_units, \
                    batch_size=1)

model.load_weights(tf.train.latest_checkpoint(checkpoint_dir))
model.build(tf.TensorShape([1, None]))
model.summary()

Model: "sequential_1"
_________________________________________________________________
```

```
Layer (type)                 Output Shape              Param #
=================================================================
embedding_1 (Embedding)      (1, None, 128)            8320
_________________________________________________________________
gru_2 (GRU)                  (1, None, 512)            986112
_________________________________________________________________
gru_3 (GRU)                  (1, None, 512)            1575936
_________________________________________________________________
dense_1 (Dense)              (1, None, 65)             33345
=================================================================
Total params: 2,603,713
Trainable params: 2,603,713
Non-trainable params: 0
_________________________________________________________________
```

以下代码用于定义函数 generate_text()，使用建立好的模型自动产生一段文字。在函数 generate_text()中，设定 temperature=1。如果 temperature 较小，则 softmax 得到的概率值会比较集中，降低抽样的随机性；如果 temperature 较大，则 softmax 得到的概率值会更加分散，增加抽象的随机性。

```
def generate_text(model, start_string, num_generate = 500):

    # 将起始字符串转换为数字（向量化）
    input_eval = [char2idx[s] for s in start_string]
    input_eval = tf.expand_dims(input_eval, 0)

    # 空字符串用于存储结果
    text_generated = []

    # 低 temperature 会生成更可预测的文本
    # 高 temperature 会生成更令人惊讶的文本
    # 通过试验以找到最好的设定
    temperature = 1.0

    # 这里批大小为 1
    model.reset_states()
    for i in range(num_generate):
        predictions = model(input_eval)
        # 删除批次的维度
        predictions = tf.squeeze(predictions, 0)

        # 用分类分布预测模型返回的字符

predictions = predictions / temperature
        predicted_id = tf.random.categorical(predictions,\
                                    num_samples=1)[-1,0].numpy()
```

```
            # 把预测字符和前面的隐藏状态一起传递给模型作为下一个输入
            input_eval = tf.expand_dims([predicted_id], 0)

            text_generated.append(idx2char[predicted_id])

        return (start_string + ''.join(text_generated))
    print(generate_text(model, start_string=text[0:14]))
```

输出结果如下。

```
First Citizen:
You are well met, man, the worst as that we'll make words before we stabred at.
O, well-addee hang; and though thou keep'st a respected hour,
Cominius, speak to his grace and grief.

Boy:
Grandam, if we are mons mooryed treason, sickly bound to me.

GONZALO:
He had, by some, thy kingdampe is not the
complaints which call me some cover to the dead,
Begar in heaven and his lovely bocks ease him come.

AUFIDIUS:
I beseech your grace within,
But yet not so, for it even so much forth.

NORTHUMBERLAN
```

从产生的文字可以看到，GRU 模型学会了莎士比亚作品的一些风格，例如，其中包括一些类似的单词、词组、标点符号及断句，还具有像剧本一样的结构等。然而，GRU 模型产生的结果与莎士比亚的作品依然有很大的差距。GRU 模型表现不佳的原因之一可能是在模型中逐个预测字母或者标点，这样的任务对于人类来说是很难完成的。

13.3 本章小结

在本章中，我们学习了如何使用 TensorFlow 建立循环神经网络——LSTM 模型和 GRU 模型。两者的建立方式类似。

- 在建立 LSTM 时，使用函数 `tf.keras.layers.LSTM()`。
- 在建立 GRU 时，使用函数 `tf.keras.layers.GRU()`。

在关于循环神经网络模型的章节中，我们的例子都是关于语言文字的。其实，LSTM 模型和 GRU 模型并不局限于语言数据，它们也可以很好地处理大部分序列数据，如股票数据、天气

数据等。

习题

1．对于 IMDB 中的数据，使用 TensorFlow 2 建立 GRU 模型，并且调整超参数，可以得到更高的测试准确率吗？

2．在像莎士比亚写作的例子中，使用 TensorFlow 2 建立 LSTM 模型，尝试更长的输入序列。

3．在像莎士比亚写作的例子中，对每个单词进行编码，每次输入一个单词，预测一个单词，使用 TensorFlow 2 建立 GRU 模型。这时，单词的数量将会很大，我们可以使用词嵌入提高代码运行效率。

4．找一本或者多本中文书，使用 TensorFlow 2 建立 LSTM 或者 GRU 模型，模仿原作者的写作风格。